Digitaler Schatten der Kundeninteraktionen produzierender Unternehmen

Digital Shadow of Customer Interactions of Manufacturing Companies

Von der Fakultät für Maschinenwesen
der Rheinisch-Westfälischen Technischen Hochschule Aachen
zur Erlangung des akademischen Grades eines
Doktors der Ingenieurwissenschaften
genehmigte Dissertation

vorgelegt von

Maximilian Schacht

Berichter/in:

Univ.-Prof. Dr.-Ing. Dipl.-Wirt. Ing. Günther Schuh
apl. Prof. Dr.-Ing. Volker Stich

Tag der mündlichen Prüfung: 02. November 2022

SCHRIFTENREIHE RATIONALISIERUNG

Maximilian Schacht

Digitaler Schatten der Kundeninteraktionen produzierender Unternehmen

Herausgeber:
Prof. Dr.-Ing. Dipl.-Wirt. Ing. G. Schuh

Band 186

fir an der RWTH Aachen

Bibliografische Information der Deutschen Nationalbibliothek
Die Deutsche Nationalbibliothek verzeichnet diese Publikation in der Deutschen Nationalbibliografie; detaillierte bibliografische Daten sind im Internet über https://portal.dnb.de abrufbar.

Maximilian Schacht:

Digitaler Schatten der Kundeninteraktionen produzierender Unternehmen

1. Auflage, 2022

Gedruckt auf holz- und säurefreiem Papier, 100% chlorfrei gebleicht.

Apprimus Verlag, Aachen, 2022
Wissenschaftsverlag des Instituts für Industriekommunikation und Fachmedien an der RWTH Aachen
Steinbachstr. 25, 52074 Aachen
Internet: www.apprimus-verlag.de, E-Mail: info@apprimus-verlag.de

Druck: CPI Druckdienstleistungen GmbH, Ferdinand-Jühlke-Straße 7 I 99095 Erfurt

ISBN 978-3-98555-132-3

D 82 (Diss. RWTH Aachen University, 2022)

Digitaler Schatten der Kundeninteraktionen produzierender Unternehmen

Produzierenden Unternehmen fällt es im globalen Markt zunehmend schwerer, sich allein über die technische Leistungsfähigkeit ihrer Produkte einen Wettbewerbsvorteil erarbeiten zu können. Es gilt daher, den Kunden umfassende Lösungen für deren Bedürfnisse anzubieten, welche neben dem Produkt auch Dienstleistungen und digitale Produkte beinhalten. Um den Kunden jedoch eine optimale Lösung anbieten zu können, müssen Unternehmen deren genauen Bedürfnisse auch wirklich kennen. Über Smarte Produkte, die in der Lage sind, Daten zu erfassen und zu übermitteln, stehen produzierenden Unternehmen dafür erstmals Daten aus der Nutzungsphase der Produkte zur Verfügung. Diese Daten können mit anderen kundenbezogenen Daten des Unternehmens analysiert werden, um die Bedürfnisse der Kunden datenbasiert zu ermitteln. Voraussetzung dafür ist es, dass produzierende Unternehmen verstehen, wie sie in Kontakt mit ihren Kunden stehen, welche Daten bei den Interaktionen entstehen und wie sie diese Daten auch logisch verknüpfen können.

Ziel dieser Arbeit ist es demgemäß, produzierende Unternehmen bei der Gestaltung einer auswertbaren Datenbasis sämtlicher Kundeninteraktionen, eines sogenannten digitalen Schattens, zu unterstützen. Über Fallstudien werden dafür zunächst Kundeninteraktionen in der produzierenden Industrie ausführlich beschrieben. Daraus wird abgeleitet, welche Daten aus diesen Kundeninteraktionen heraus generiert werden können und es wird erklärt, in welchem Zusammenhang diese Daten zueinander stehen. Anschließend wird ein konkretes Implementierungsvorgehen für die betriebliche Praxis abgeleitet.

Die Arbeit liefert drei zentrale Ergebnisse: Das erste Ergebnis ist ein Referenzprozessmodell zur systematischen Erfassung der Kundeninteraktionen produzierender Unternehmen sowie der daran beteiligten Rollen auf Kunden- und Anbieterseite und der erbrachten Leistungen. Das zweite Ergebnis ist ein darauf basierendes Datenmodell eines digitalen Schattens von Kundeninteraktionen, welches die logische Verknüpfung dieser am Prozess beteiligten Entitäten aufzeigt. Drittes Ergebnis ist ein Vorgehensmodell zur Implementierung des digitalen Schattens der Kundeninteraktionen bei produzierenden Unternehmen.

Digital Shadow of Customer Interactions of Manufacturing Companies

In the global market, it is becoming increasingly difficult for manufacturing companies to gain a competitive advantage purely through the technical performance of their products. It is therefore important to offer customers extensive solutions for their needs, which include not only the product but also services and digital products. However, to be able to offer customers an optimal solution, companies must know their exact needs. For the first time, smart products that can collect and transmit data provide manufacturing companies with data from the usage phase of the products. This data can be analyzed in conjunction with other customer-related data from the company to determine the data-based needs of customers. The prerequisite for this is that manufacturing companies understand where they are in contact with their customers, what data is generated during the interactions and can also logically link this data.

Accordingly, the goal of this thesis is to support manufacturing companies in creating an analyzable database of all customer interactions, a so-called digital shadow. Case studies are used to describe customer interactions in the manufacturing industry in detail. From this, it is derived which data can be generated from these customer interactions and explained how these data are related to each other. Subsequently, a concrete implementation procedure for the operational practice is derived.

The work delivers three central results. The first result is a reference process model for the systematic collection of the customer interactions of producing enterprises as well as the roles involved on customer and provider side and the performed services. The second result is a data model of a digital shadow of customer interactions based on this model, which shows the logical linkage of these entities involved in the process. The third result is a process model for implementing the digital shadow of customer interactions at manufacturing companies.

Inhaltsverzeichnis

Abbildungsverzeichnis

Tabellenverzeichnis

Abkürzungsverzeichnis

ARIS	Architektur integrierter Informationssysteme
BI	Business-Intelligence
B2B	Business-to-Business
B2C	Business-to-Customer
CDP	Customer-Data-Platform
CRM	Customer-Relationship-Management
DSR	Design-Science-Research
DV	Datenverarbeitung
EDI	Electronic-Data-Interchange
eEPK	Erweiterte ereignisgesteuerte Prozesskette
eERM	Erweitertes Entity-Relationship-Modell
EPK	Ereignisgesteuerte Prozesskette
ERM	Entity-Relationship-Modell
ERP	Enterprise-Resource-Planning
FAT	Factory-Acceptance-Test
KAM	Key-Account-Management
IoT	Internet of Things (Internet der Dinge)
KBV	Knowledge-based View
PSM	Paid-Search-Marketing
RBV	Resource-based View
RFP	Request For Proposal
RFQ	Request For Quotation
SAT	Site-Acceptance-Test
SCM	Supply-Chain-Management
SEO	Search-Engine-Optimization

1 Einleitung

1.1 Ausgangssituation und Problemstellung

"What the customer buys and considers value is never a product. It is always utility, that is, what a product or a service does for him."

- s. DRUCKER 2008, S. 98

Kunden kaufen keine Produkte oder Dienstleistungen, sie kaufen den Nutzen, den diese stiften. Entsprechend müssen sich Unternehmen stets fragen, welche Bedürfnisse ihrer Kunden noch nicht erfüllt sind und welchen Nutzen sie bieten können, um diese zu erfüllen (s. DRUCKER 2008, S. 103). Die Identifikation dieser Bedürfnisse ist allerdings eine Herausforderung, da Kunden diese teilweise selbst nicht bewusst wahrnehmen und entsprechend auch nicht äußern können. Unternehmen müssen also in der Lage sein, diese sogenannten latenten Bedürfnisse aufzudecken, um den größtmöglichen Nutzen für ihre Kunden bieten zu können (s. VAN AUKEN 2016, S. 147).

Unternehmen steht durch die Digitalisierung eine enorme Menge an Daten zur Verfügung. Die Analyse von Kundendaten im Kontext von Big Data, um Bedürfnisse der Kunden zu identifizieren, gewinnt daher an Bedeutung (s. KUNZ ET AL. 2017, S. 163). Daten aus der Nutzung einer Leistung haben dabei einen besonders hohen Wert. Sie offenbaren, wie ein Kunde dieses tatsächlich in Anspruch nimmt, was ultimativ zeigt, ob der angestrebte Nutzen seitens des Anbieters auch erreicht wird (s. VAN HORN ET AL. 2012, S. 870).

Ein Beispiel für eine konsequente Generierung von Wissen über Kundenbedürfnisse auf Basis von Daten ist Netflix. Die Entscheidungen, mit „House of Cards" eine politikbezogene Serie über den amerikanischen Senat zu filmen, die Hauptrolle mit Kevin Spacey zu besetzen und David Fincher als Direktor zu engagieren, sind alles Ergebnisse von Analysen des Verhaltens von Kunden seitens Netflix (s. MARKMAN 2019). Auch begleitende Dienstleistungen wie der Vorschlag weiterer Filme und Serien werden durch Erkenntnisse optimiert, die aus der Analyse von Daten gewonnen wurden. So wird ein Nutzerprofil eines jeden Kunden erstellt, in dem z. B. Vorlieben für bestimmte Genres oder Schauspielerinnen und Schauspieler gespeichert werden. Entsprechend bekommen Kunden dann nicht nur gemäß ihren Präferenzen passende neue Filme und Serien vorgeschlagen, sondern auch die angezeigten Cover-Bilder werden entsprechend angepasst (vgl. Abbildung 1-1).

Abbildung 1-1 Anzeige von Coverbildern auf Netflix auf Basis des Verhaltens von Kunden (CHANDRASHEKAR ET AL. 2017)

Ermöglicht wird dies durch ein datenbasiertes Abbild des Kunden. Entscheidend für dessen Funktionalität ist dabei eine holistische Betrachtung des Kunden und all seiner Kontaktpunkte mit dem Unternehmen, über den dieses Abbild erstellt werden soll. Oberstes Ziel ist es, Bedürfnisse des Kunden zu erkennen und das Leistungsangebot auf diese Bedürfnisse auszurichten. Als Konsequenz daraus erreicht Netflix höhere Werte in der Zufriedenheit der Kundschaft als die direkte Konkurrenz, sowohl mit ihrer Plattform, auf der eine Vielzahl von Filmen und Serien angeboten werden (s. ASCI 2019, S. 10), als auch mit Eigenproduktionen (s. SPANGLER 2019). Damit einher geht auch eine hohe Loyalität gegenüber dem Unternehmen (SHEETZ 2019).

Davon könnte gleichermaßen die produzierende Industrie profitieren, steht aber vor Herausforderungen. Die Fähigkeit zu wissen, was ein Kunde will, stellt auch im Business-to-Business(B2B)-Segment einen strategischen Vorteil dar (s. ALMQUIST ET AL. 2018, S. 11). Durch mit Sensorik ausgestattete und vernetzte Produkte ist es produzierenden Unternehmen nun auch möglich, Daten der Produktnutzung zu erheben (s. CHOWDHURY ET AL. 2018, S. 29). 43 Prozent und damit fast die Hälfte der Industrieunternehmen bieten bereits mit der Cloud verknüpfte Produkte an und weitere 27 Prozent haben dies geplant (s. BLEY ET AL. 2019, S. 15). Das Internet der Dinge (IoT) verknüpft dabei diese Produkte (s. KEYUR U. SUNIL 2016, S. 6125). Und diese Verfügbarkeit von Daten aus vernetzten Produkten wird weiterhin steigen (siehe Abbildung 1-2).

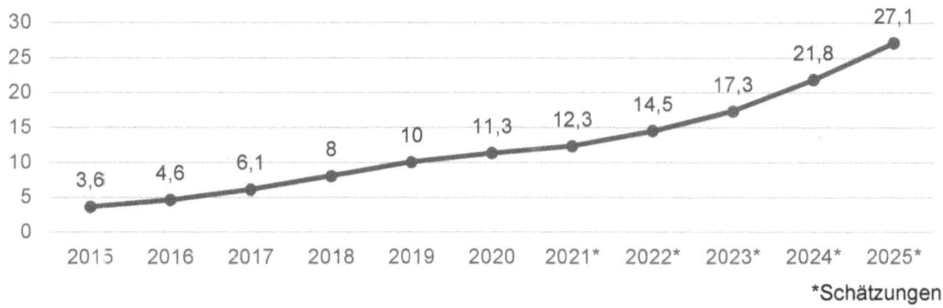

Abbildung 1-2 Globale Anzahl aktiver IoT-Vernetzungen in Milliarden (eigene Darstellung i. A. a. SINHA 2021)

Dazu müssten produzierende Unternehmen aber in der Lage sein, die aus der Produktnutzung erhobenen Daten als kundenbezogene Daten zu identifizieren und mit anderen Kundendaten zu verknüpfen. Es sind aber lediglich 20 Prozent der Maschinenbau-Unternehmen überhaupt in der Lage, Daten aus ihrem CRM-System mit Daten aus anderen kundenrelevanten Systemen zu verbinden (s. MIRWALD 2019, S. 5). Zusätzlich sind Unternehmen nicht in der Lage, die richtigen Daten zu identifizieren, zu sammeln, auszuwerten und zu verwerten (s. ANTONS U. BREIDBACH 2018, S. 17). Ein potenzielles Ordnungsmoment zur Zusammenführung von Kundendaten wäre die Customer-Journey, die Abfolge potenzieller Kontaktpunkte zwischen Anbieter und Kunde (s. GLOPPEN 2016, S. 120). Eine Verknüpfung sämtlicher Kanäle entlang dieser Customer-Journey findet aber nur bei 12 Prozent der Unternehmen statt (s. WELLS ET AL. 2020, S. 75).

Wesentliche Herausforderungen in der produzierenden Industrie bei der Identifizierung der relevanten Kundendaten liegen zunächst in dem komplexen Leistungsangebot aus Produkten und digitalen sowie nicht digitalen Dienstleistungen wie auch in einer mehrdimensionalen Kundenstruktur. Unternehmen des Maschinen- und Anlagenbaus verkaufen nicht mehr reine Produkte, sondern bieten begleitend klassische Dienstleistungen, aber auch schon digitale Dienstleistungen in sogenannten *Smart-Product-Service-Systems* an (s. CHOWDHURY ET AL. 2018, S. 27). Während ein Kunde von Netflix lediglich eine Customer-Journey für den Konsum von Filmen und Serien durchläuft, ist es bei Unternehmen in der produzierenden Industrie daher ein Mix aus Kontaktpunkten in den Bereichen „Produkt" und „klassische" sowie „digitale Dienstleistungen". Dementsprechend komplexer sind auch die Kundenkontaktpunkte innerhalb der Customer-Journey und damit steigt auch die Komplexität der potenziellen Datenpunkte (s. AICHNER U. GRUBER 2017, S. 132). Die Verantwortung von unterschiedlichen Abteilungen für verschiedene Aspekte der Leistungserbringung begünstigt dabei die Entstehung von Datensilos, zwischen denen Daten nicht mehr ausgetauscht werden (s. LUCAS-NÜLLE 2019, S. 120). Nicht einmal die Hälfte der Industrieunternehmen stellt so sicher, dass alle Abteilungen auf sämtliche Daten im Unternehmen zugreifen kann (s. GENTNER ET AL. 2017, S. 36). Dabei ist auch die interne Weitergabe von Kundeninformationen zwischen Funktionsbereichen eine Herausforderung (s. STÅHLE ET AL.

2019, S. 146). Eine konsistente und standardisierte Aufnahme von Daten ist dabei Voraussetzung zur verlässlichen Analyse ebendieser Daten (s. MATTHIAS ET AL. 2017, S. 47).

Ein weiterer Punkt ist nicht nur die Komplexität des Prozesses, sondern auch des Kunden an sich. Die Anzahl der Kunden ist zwar oftmals niedriger als im B2C-Segment, aber die Beziehungen dauern länger an, beinhalten mehrere Personen, mit denen an verschiedenen Punkten interagiert wird und die Produkte und Dienstleistungen enthalten oftmals einen Grad an Individualisierung. So sind in eine durchschnittliche Kaufentscheidung im B2B-Bereich im Schnitt 6,8 Personen involviert (s. BARNES 2017) wobei diese Zahl sogar steigend ist (s. HALCHAK 2017, S. 2).

Ein digitaler Schatten der Kundeninteraktionen, also ein auf der Verknüpfung sämtlicher Daten aus Kundenkontaktpunkten basierendes digitales Abbild der Kunden, bietet ein großes Potenzial für produzierende Unternehmen. Unternehmen, die intensiv ihre Kunden analysieren, treten so generell besser als Wettbewerber am Markt auf (s. FIEDLER ET AL. 2016, S. 3). Die Analyse von Kundendaten ist dabei traditionell besonders stark im Marketing (s. WEDEL U. KANNAN 2016, S. 97) und Vertrieb verankert (s. DREMEL ET AL. 2017, S. 83), z. B. im Bereich der Kundensegmentierung (s. TAVAKOLI ET AL. 2018, S. 119). Aber auch in der Entwicklung von Produkten und Services bringt die Analyse von Kunden Impulse für neue Entwicklungen (s. TRONVOLL ET AL. 2019, S. 75). Firmen, die Kundendaten besser analysieren können, melden auch überdurchschnittlich viele Patente an (s. SALDANHA ET AL. 2017, S. 280). Zusätzlich ist die Analyse von Kundendaten auch noch wesentlich günstiger als aufwendige Marktrecherchen bei ähnlicher Genauigkeit (s. BENTLEY ET AL. 2017, S. 1098). Eine wissenschaftliche Auseinandersetzung mit dem Thema eines holistischen datenbasierten Abbildes von Kunden zur Analyse von Bedürfnissen kann also eine wesentliche Wertsteigerung für Marketing und Vertrieb sowie die Entwicklung von neuen Produkten und Dienstleistungen bei produzierenden Unternehmen bringen.

Der sich ergebende Wettbewerbsvorteil durch die Analyse der Kundendaten hängt primär von der Bereitstellung einer entsprechenden Dateninfrastruktur ab, die diese Analysen überhaupt erst ermöglichen (s. FIEDLER ET AL. 2016, S. 3; WAMBA ET AL. 2017, S. 362). Grundlage für die Kundenanalyse ist nämlich eine verwertbare Datenbasis, bei der sämtliche vorhandenen kundenbezogenen Daten logisch miteinander verknüpft sind. Die Phase der Datenvorbereitung nimmt typischerweise bis zu 80 Prozent von Datenanalyseprojekten ein (s. HEINEN 2019) und bindet damit wertvolle Kapazitäten von Experten, ohne einen direkten Nutzen zu stiften. Eine umfangreiche Basis kundenbezogener Daten, die verschiedene Analysen ermöglicht, würde diese Ressourcen schonen.

Aus wissenschaftlich-technischer Sicht fehlt zusammengefasst ein Modell für einen digitalen Schatten der Customer-Journey, das folglich Datenpunkte entlang des gesamten Kundenprozesses und über die funktionalen Einheiten eines Unternehmens, wie z. B. Marketing, Vertrieb, Entwicklung und Service, berücksichtigt.

1.2 Zielsetzung und Forschungsfragen

Ziel des Forschungsvorhabens ist mit der Gestaltung des digitalen Schattens der Kundeninteraktionen produzierender Unternehmen die Lösung der zuvor beschriebenen Problemstellung. Mit diesem digitalen Schatten werden Unternehmen befähigt, umfangreiche Analysen ihrer Kunden, insbesondere unter Einbezug der Nutzungsphase, durchzuführen. Dieses Ziel des Dissertationsvorhabens lässt sich in vier Teilziele unterteilen, die im Folgenden erläutert werden (siehe Abbildung 1-3).

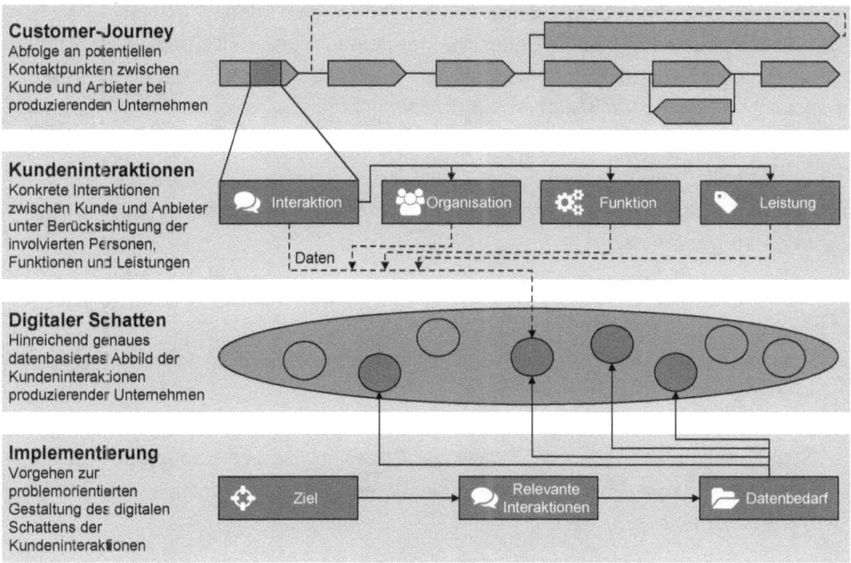

Abbildung 1-3 Zielsetzung des Dissertationsvorhabens (eigene Darstellung)

(1) Erstes Ziel dieser Arbeit ist die *Beschreibung der Customer-Journey* von Kunden produzierender Unternehmen. Eine Übersicht über potenzielle Kontaktpunkte zwischen Kunden und Anbietern soll Unternehmen dabei unterstützen, ein besseres Verständnis über den Kundenkontakt zu erlangen. Entsprechend sind nicht nur allgemeine Phasen, sondern auch detailliertere Tätigkeitsbereiche zu beschreiben.

(2) Darauf aufbauend soll die *Beschreibung der Kundeninteraktionen* produzierender Unternehmen als zweites Ziel folgen. Kommt es innerhalb eines potenziellen Kontaktpunktes zu einer konkreten Interaktion, führt auf Kundenseite eine Rolle eine konkrete Funktion durch und hat dabei möglicherweise Kontakt mit einer Rolle auf der Seite des Anbieters und nimmt Leistungen in Anspruch. Um zu verstehen, welche Daten aus Kundeninteraktionen gewonnen werden können, ist ein Verständnis der daran beteiligten Entitäten unabdingbar.

(3) Drittes Ziel ist die *Erklärung der Entitäten und Attribute der Daten* aus Kundeninteraktionen, woraus der digitale Schatten als hinreichend genaues Abbild der

Kundeninteraktionen folgt. Es soll darüber hinaus auch in einem Datenmodell aufgezeigt werden, wie die Entitäten in Beziehung zueinander stehen.

(4) Viertes und letztes Ziel ist die *Gestaltung eines Vorgehens* zur Implementierung des digitalen Schattens der Kundeninteraktionen. Hierdurch sollen Unternehmen darin unterstützt werden, einen digitalen Schatten der Kundeninteraktionen aufzubauen und auch zu nutzen.

Zur Erreichung der Zielsetzung werden im vorliegenden Dissertationsvorhaben somit Kundeninteraktionen produzierender Unternehmen beschrieben und es wird analysiert, wie daraus entstehende Daten im Sinne eines digitalen Schattens der Kundeninteraktionen verknüpft werden können und wie dieser digitale Schatten in Unternehmen zur Auswertung von Daten aus Kundeninteraktionen implementiert werden kann. Auf Basis der zuvor identifizierten Problemstellung sowie der Zielsetzung ergibt sich die Forschungsfrage wie folgt:

Wie ist ein digitaler Schatten der Kundeninteraktionen produzierender Unternehmen zu gestalten?

Zur Beantwortung dieser Forschungsfrage sollen in dem Dissertationsvorhaben die folgenden Unterfragen beantwortet werden:

- Wie kann ein Referenzprozess von Kundeninteraktionen im Rahmen der Customer-Journey beschrieben werden?
- Welche Daten stehen aus Kundeninteraktionen zur Gestaltung eines digitalen Schattens zur Verfügung und in welcher Beziehung stehen diese zueinander?
- Wie kann ein konkretes Vorgehen zur Implementierung des digitalen Schattens gestaltet werden?

1.3 Forschungskonzeption

Aus praktischen Problemstellungen der Ingenieurwissenschaft heraus motiviert, werden in der vorliegenden interdisziplinären Dissertationsschrift sowohl Fragestellungen im Bereich der Betriebswirtschaftslehre, als auch der Informatik und der Verhaltenswissenschaften behandelt. Die Schnittstelle zwischen diesen Disziplinen bildet dabei die Wirtschaftsinformatik, in deren Rahmen sich die Arbeit somit verorten lassen kann (s. MERTENS 2019). Die Wirtschaftsinformatik ist Teil der Realwissenschaften (s. HEINRICH ET AL. 2011, S. 3). Im Gegensatz zu den Formalwissenschaften, die sich der Konstruktion von Sprachen widmen, beschäftigen sich die Realwissenschaften mit der Beschreibung, Erklärung und Gestaltung von „empirisch wahrnehmbaren Wirklichkeitsausschnitten“ (s. ULRICH U. HILL 1976, S. 305). Genauer handelt es sich um angewandte Wissenschaft mit dem Bestreben des Gestaltens technischer Systeme (s. ULRICH U. HILL 1976, S. 305). Dies entspricht dem Ziel der gestaltungsorientierten Wirtschaftsinformatik, die mit ingenieurwissenschaftlichen Methoden die konkrete Lösung praktischer Probleme zum Ziel hat (s. ABTS U. MÜLDER 2017, S. 5). Dabei gilt es im Forschungsprozess, stets sowohl die praktische Relevanz als auch die wissenschaftliche Rigorosität zu beachten. Um die Relevanz der Forschung zu gewährleisten, müssen neben der praktischen Motivation auch stets die Interessen möglicher Anwender berücksichtigt und die Einflussmöglichkeiten auf die zukünftige Praxis identifiziert werden (s. BENBASAT U. ZMUD 1999, S. 14). Die wissenschaftliche Rigorosität begründet sich in der Stärke der Argumentationskette, die in der Verwendung anerkannter Methoden ihre Anwendung findet (s. BIGGS U. BÜCHLER 2007, S. 69).

Der sich ergebende Anspruch der Lösung praktischer Probleme bei gleichzeitiger Rigorosität der Forschung muss von der anzuwendenden Forschungsmethodik erfüllt werden. Daher folgt diese Arbeit der *Design Science Research* (DSR), die genau diesem Anspruch gerecht wird (s. BASKERVILLE ET AL. 2018, S. 358). Der aus dem Englischen stammende Begriff, dessen Verwendung im deutschen Sprachgebrauch ebenfalls üblich ist, lässt sich mit gestaltungswissenschaftlicher Forschung übersetzen. Die DSR wird vor allem im Bereich der Ingenieurwissenschaften und der Informatik angewandt (s. GREGOR U. HEVNER 2013, 338). Sie hat dabei zum Ziel, möglichst universell anwendbar Artefakte zur Verbreitung von Wissen zu gestalten (s. BASKERVILLE ET AL. 2018, S. 367). Artefakte sind künstliche, also menschengemachte Konstrukte, Modelle, Methoden oder Instanzen (s. MARCH U. SMITH 1995, S. 256). Die DSR bewegt sich bei der Gestaltung dieser Artefakte stets zwischen der Relevanz für die Praxis und der Rigorosität der Forschung. Die genaue Position zwischen diesen beiden Extremen ist bedingt durch den gewählten Forschungsgegenstand, dem betrachteten Forschungsfeld und zuletzt der persönlichen Neigung des Forschers (s. HEINRICH ET AL. 2011, S. 125). HEVNER ET AL. haben ein Forschungsrahmenwerk gestaltet, das genau diese beiden Aspekte der Relevanz und Rigorosität in ein Verhältnis zur DSR setzt. Dieses ist in Abbildung 1-4 in der Übersicht dargestellt und wird im Folgenden im Detail erläutert.

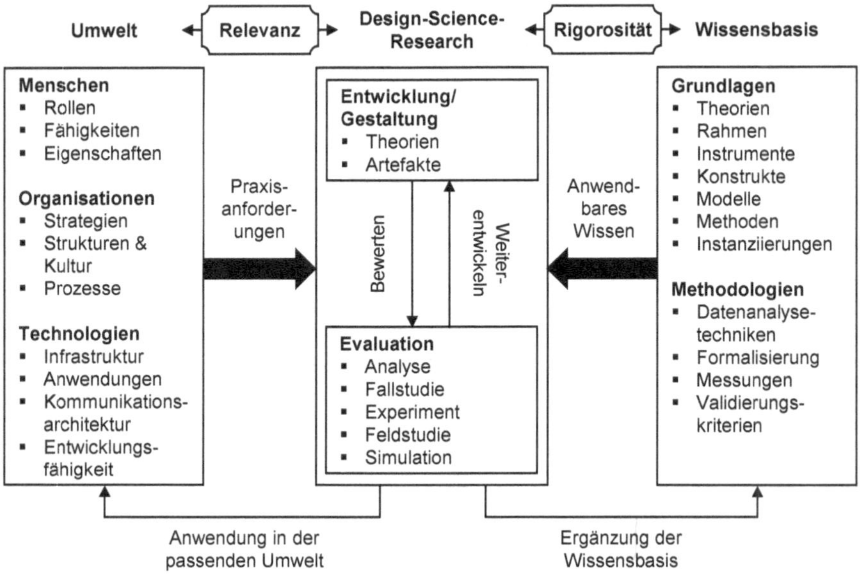

Abbildung 1-4 Forschungsrahmenwerk der DSR (eigene Darstellung i. A. a. HEVNER ET AL. 2004, S. 80)

Im Forschungsrahmen links ist die *Umwelt* abgebildet, welche den Problembereich aufspannt. Hierzu werden von Menschen wahrgenommene Herausforderungen im Kontext ihr Organisation evaluiert und in Beziehung zu bestehenden Technologien gesetzt (s. HEVNER ET AL. 2004, S. 79). Aus diesen Herausforderungen können dann konkrete Bedürfnisse von Unternehmen hergeleitet werden. Die *DSR* selbst ist in zwei Phasen zu unterscheiden. Zum einen werden Artefakte gestaltet respektive Theorien entwickelt. Zum anderen werden diese dann evaluiert oder gerechtfertigt (s. HEVNER ET AL. 2004, S. 79). Durch diese zwei komplementären und iterativ durchzuführenden Phasen werden eine Wahrheit der Theorie und eine Nutzbarkeit der Artefakte angestrebt (s. HEVNER ET AL. 2004, S. 80). Die rechte Seite stellt die *Wissensgrundlage* dar. Im Rahmen der Grundlagen werden hier theoretische Konstrukte zur Verfügung gestellt, um die Phase der Gestaltung und Entwicklung zu fundieren (s. HEVNER ET AL. 2004, S. 80). Ein weiterer Aspekt sind die Methoden. Diese geben einen Rahmen zur Durchführung der Rechtfertigung und Evaluierung vor (s. HEVNER ET AL. 2004, S. 80).

Aktivitäten im Forschungsprozess der DSR können auf Basis dieses Forschungsrahmenplans in drei Zyklen unterteilt werden (siehe Abbildung 1-5). Hinter dem *Relevanz-Zyklus* steckt die Motivation der DSR, die Umwelt, in der sie stattfindet, zu verbessern (s. HEVNER 2007, S. 88). In ihm wird der Anwendungskontext herausgestellt. Dies bedeutet, dass sowohl die zugrunde liegende Problemstellung erläutert als auch die Lösung im Anwendungszusammenhang evaluiert wird. Der *Rigorositätszyklus* beschäftigt sich mit der wissenschaftlichen Stringenz. In ihm wird existierendes Wissen analysiert, um einen Forschungsbedarf abzuleiten, aber auch zur Identifikation bestehender

Artefakte, die zur Anwendung im Forschungskontext geeignet sind (s. HEVNER 2007, S. 89). Die Ergebnisse der DSR fließen dann als Erweiterung der im Rahmen der Forschung untersuchten Theorien und Methoden in die Wissensgrundlage zurück (s. HEVNER 2007, S. 90). Der *Design-Zyklus* steht im Zentrum der Aktivitäten der DSR. In diesen fließen Anforderungen aus dem Relevanz-Zyklus sowie Theorien und Methoden aus dem Rigorositätszyklus ein (s. HEVNER 2007, S. 90). Die Gestaltung und Evaluierung der Artefakte erfolgt dann in einem iterativen Vorgehen relativ unabhängig von den beiden anderen Zyklen (s. HEVNER 2007, S. 91).

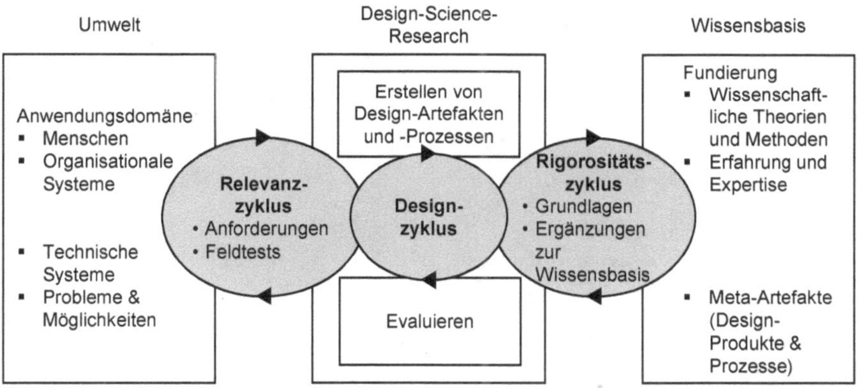

Abbildung 1-5 Forschungszyklen der DSR (eigene Darstellung i. A. a. HEVNER 2007, S. 88)

1.4 Aufbau der Arbeit

Der Aufbau der vorliegenden Dissertationsschrift orientiert sich an der DSR. Zum einen ist jedes Kapitel und damit auch sämtliche Forschungsaktivitäten entweder dem Relevanz-, dem Rigorositäts- oder dem Gestaltungszyklus zuzuordnen (s. HEVNER ET AL. 2004, S. 83). Zum anderen gewährleistet der Aufbau der Arbeit auch die Berücksichtigung der sieben Design-Science-Richtlinien (s. HEVNER 2007, S. 88). Eine Übersicht ist in Tabelle 1-1 gegeben.

Tabelle 1-1 Gliederung der Arbeit und Verortung der Design-Science-Zyklen und Richtlinien (eigene Darstellung)

Zyklus		Kapitel der Arbeit	Richtlinie
Relevanz	1	**Einleitung** • Einführung in die Problemstellung • Zielsetzung der Arbeit	Relevanz des Problems
	2	**Begriffliche Grundlagen und Eingrenzung** • Erläuterung relevanter Begriffe • Einordnung in Forschungsdisziplinen • Eingrenzung des Untersuchungsbereichs	
Rigorosität	3	**Stand der Forschung** • Bewertung bestehender relevanter Studien • Ableitung eines Forschungsbedarfs	Forschungs-beiträge
	4	**Theoretische Grundlagen und Forschungsmethodik** • Darlegung der theoretischen Grundlagen • Präzisierung der Forschungsmethodik • Ableitung von Anforderungen an die Arbeit	Rigorosität in der Forschung
Design	5	**Referenzprozessmodell der Kundeninteraktionen** • Konzeptualisierung der Architektur • Durchführung der Fallstudien • Ausgestaltung des Referenzprozesses	Design als Suchprozess & Design als Artefakt
	6	**Datenmodell des digitalen Schattens** • Konzeptualisierung des Aufbaus • Gestaltung des Fachbegriffsmodells • Zuordnung der Attribute	
	7	**Vorgehensmodell zur Implementierung** • Auswahl eines Vorgehensmodells • Ausgestaltung des Vorgehens	
Rigorosität	8	**Validierung** • Beschreibende Validierung • Beobachtende Validierung	Design-Bewertung
Relevanz	9	**Zusammenfassung und Ausblick** • Darstellung der Ergebnisse • Ausblick auf weiteren Forschungsbedarf	Kommunikation der Forschung

Die Arbeit beginnt mit einem Relevanz-Zyklus, in dem die Motivation hinter dem Forschungsvorhaben und das Umfeld, in der dieses durchgeführt wird, erläutert wird. In Kapitel 1 erfolgt eine Erläuterung der zugrunde liegenden Problemstellung aus Sicht der Praxis und der Forschung. Aus dieser Motivation heraus folgen die Zielsetzung und die sich daraus ergebenden Forschungsfragen. Weiterhin erfolgt die Forschungskonzeption und der Aufbau der Arbeit wird dargestellt. In Kapitel 2 werden die begrifflichen Grundlagen im Bereich des digitalen Schattens, der Kundeninteraktion und der produzierenden Industrie gelegt. Außerdem wird die Arbeit in die Forschungsdisziplinen der Dienstleistungsforschung und der Wirtschaftsinformatik verortet. Das Kapitel schließt mit der Eingrenzung des Untersuchungsbereichs.

Im folgenden Rigorositätszyklus erfolgen die Untersuchung des Stands der Forschung sowie die Erläuterung der theoretischen und methodischen Grundlagen. In Kapitel 3 werden dazu zunächst Kriterien an die Studienauswertungen entwickelt und unter deren Anwendung dann der aktuelle Stand der Forschung untersucht. Darauf basierend wird ein Forschungsbedarf abgeleitet. In Kapitel 4 werden die für dieses Dissertationsvorhaben relevanten Theorien erläutert. Weiterhin werden die zur Lösung der Problemstellung notwendigen Methoden dargestellt und Anforderungen an das Forschungsvorhaben gestellt.

Der Hauptteil der Forschungsarbeit findet im Gestaltungszyklus statt, in dem die Artefakte zur Lösung der Problemstellung entwickelt werden. Dazu wird in Kapitel 5 zunächst ein Referenzprozessmodell der Kundeninteraktionen über eine Fallstudienuntersuchung gestaltet. Im anschließenden Kapitel 6 wird ein Datenmodell für den digitalen Schatten der Kundeninteraktionen beschrieben. Dafür werden die im Referenzprozessmodell erfassten Objekte in Entitäten überführt und deren Relation zu Kundeninteraktionen aufgezeigt. Abschließend wird in Kapitel 7 ein Vorgehensmodell zur Implementierung des digitalen Schattens der Kundeninteraktionen konzipiert.

Im zweiten Rigorositätszyklus werden die gestalteten Artefakte sowie der Forschungsprozess validiert und diskutiert. In Kapitel 8 erfolgt dazu eine theoretische Validierung auf Grundlage der in Kapitel 4 gestellten Anforderungen und eine praktische Validierung auf Basis der Problemstellung. Mit der Kommunikation der Ergebnisse im zweiten Relevanz-Zyklus erfolgt der Abschluss der Arbeit. In Kapitel 9 werden hierfür die Ergebnisse zusammengefasst, konkrete Empfehlungen an die Praxis gegeben und der wissenschaftliche Beitrag herausgestellt.

2 Begriffliche Grundlagen und Eingrenzung

Dieses Kapitel führt in die begrifflichen Grundlagen dieser Dissertationsschrift ein und bietet damit einen Rahmen für die Forschungsaktivitäten. Im Sinne der Design-Science-Research wird damit die thematische Umwelt des Dissertationsvorhabens definiert, aus der dieses seine praktische Relevanz zieht (s. HEVNER ET AL. 2004, S. 79). Es werden in Kapitel 2.1 zunächst die begrifflichen Grundlagen erläutert. In Kapitel 2.2 erfolgt die fachliche Einordnung in die Dienstleistungsforschung sowie in die Wirtschaftsinformatik und in angrenzende Disziplinen. Abschließend wird in Kapitel 2.3 der Untersuchungsgegenstand auf Basis der zwei vorgehenden Kapitel eingegrenzt.

2.1 Begriffliche Grundlagen

In diesem Kapitel wird die Grundlage der für die Dissertationsschrift wesentlichen Begriffe gebildet. Dafür werden die Bereiche *Produzierende Unternehmen*, *Kundeninteraktionen* und *Digitaler Schatten* im Detail erläutert.

2.1.1 Produzierende Unternehmen

Begriffsdefinition *Produzierende Unternehmen*

Der Begriff des *Unternehmens* ist von dem des *Betriebes* zu differenzieren (siehe Abbildung 2-1). Sinn eines Betriebes ist es, *„Güter materieller Art zu produzieren oder Güter immaterieller Art bereitzustellen"* (s. GUTENBERG 1983, S. 1). Ein Betrieb ist konstituiert durch drei Merkmale: Erstens wird durch die Kombination der betrieblichen Produktionsfaktoren, Arbeit, Betriebsmittel und Werkstoffe, eine Leistung erbracht (s. GUTENBERG 1983, S. 2). Zweitens sind diese Produktionsfaktoren nach dem Prinzip der Wirtschaftlichkeit zu kombinieren (s. GUTENBERG 1971, S. 471). Dieses Prinzip verlangt maximalen Erfolg bei minimalem Einsatz (s. THOMMEN 2018b). Drittens handelt ein Betrieb nach dem Prinzip des finanziellen Gleichgewichts, er kann sich also langfristig selbst finanzieren (s. GUTENBERG 1971, S. 459). Diese Merkmale sind von einem Wirtschaftssystem unabhängig und damit indifferent (s. GUTENBERG 1971, S. 10). Ein Betrieb kann ein Unternehmen darstellen, wenn er drei weitere auf das System der Marktwirtschaft bezogene Merkmale erfüllt (s. GUTENBERG 1971, S. 457). Zunächst darf nach dem Autonomieprinzip keine staatliche oder sonstige Stelle ein Mitbestimmungsrecht im Betrieb haben (s. GUTENBERG 1971, S. 460). Überdies ist das Ziel eines Unternehmens, einen Gewinn nach dem erwerbswirtschaftlichen Prinzip zu generieren (s. GUTENBERG 1971, S. 465). Zuletzt haben Kapitaleigner eines Unternehmens durch das Prinzip des Privateigentums Einfluss auf den Betrieb nach dem Prinzip des Privateigentums (s. GUTENBERG 1971, S. 488).

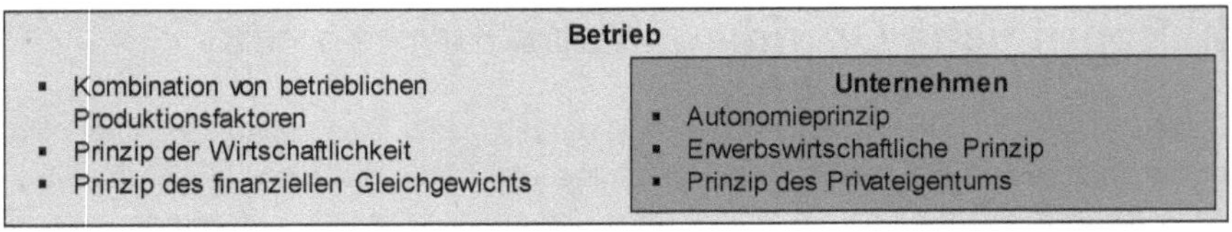

Abbildung 2-1 Unternehmen als Teilmenge des Betriebsbegriff (eigene Darstellung i. A. a. Härdler 2012, S. 59)

Produzierende Unternehmen sind nun solche, die dem produzierenden Gewerbe zugeordnet werden. Der sekundäre Sektor, auch industrieller Sektor, stellt dabei das produzierende Gewerbe dar (s. Klodt 2018). Das produzierende Gewerbe beinhaltet nach amtlichen Statistiken die Wirtschaftszweige des *Bergbaus*, des *verarbeitenden Gewerbes*, der *Energieversorgung*, der *Wasserversorgung* und des *Baugewerbes* (s. Frank u. Grimm 2010, S. 13). In Deutschland hat dabei der Wirtschaftszweig des verarbeitenden Gewerbes den mit Abstand größten Umsatz (s. Rudnicka 2022). Dieser ist definiert durch die *„mechanische, physikalische oder chemische Umwandlung von Stoffen oder Teilen in Waren"* (s. Statistisches Bundesamt 2020, S. 186). Der Wirtschaftszweig des verarbeitenden Gewerbes kann selbst wieder in vier Hauptgruppen unterteilt werden: das *Nahrungs- und Genussmittelgewerbe*, das *Verbrauchsgüter produzierende Gewerbe*, das *Investitionsgüter produzierende Gewerbe* und das *Grundstoff- und Produktionsgütergewerbe* (s. bpb 2016).

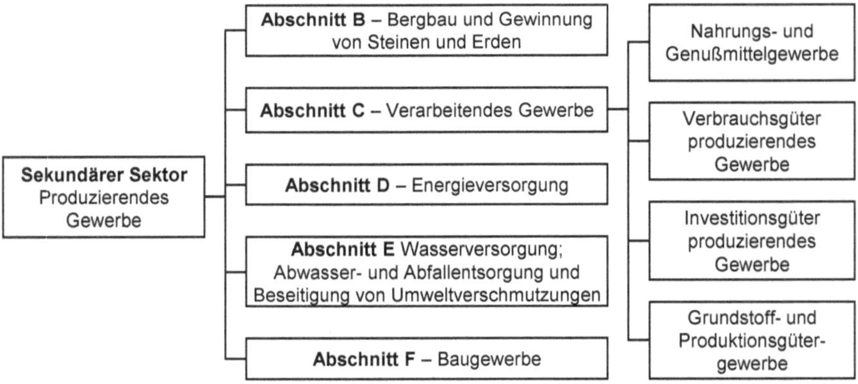

Abbildung 2-2 Einordnung des verarbeitenden Gewerbes in den sekundären Sektor (eigene Darstellung i. A. a. Klodt 2018; Frank u. Grimm 2010, S. 13; bpb 2016)

Nach Gutenberg und Klodt ergibt sich damit folgende Definition für produzierende Unternehmen (Gutenberg 1971, S. 457; Klodt 2018):

Definition | Produzierende Unternehmen
„Gesamtheit der Betriebe, die autonom in Privateigentum nach Gewinn streben und dem produzierenden Gewerbe zuzuordnen sind".

Leistungsangebot produzierender Unternehmen

Produzierende Unternehmen stellen eine Vielzahl von Sachgütern her, die in verschiedene Kategorien auf Basis ihres Verwendungszwecks eingeteilt werden können. Diese lassen sich grundsätzlich in Konsumgüter und Produktionsgüter unterteilen und können dann wiederum in Gebrauchs- und Verbrauchsgüter unterteilt werden (s. BUNDESZENTRALE FÜR POLITISCHE BILDUNG 2016). Produktionsgüter, oder auch Kapitalgüter genannt, sind dabei solche Güter, welche zur Herstellung anderer Güter gebraucht werden (s. BECK 2017, S. 7). Diesen stehen Konsumgüter gegenüber, die von einem Endverbraucher genutzt oder verbraucht werden (s. PIEKENBROCK UND KIRCHGEORG 2018). Verbrauchsgüter werden, wie der Name schon ausdrückt, bei der Nutzung verbraucht, existieren danach also nicht mehr in der ursprünglichen Form (s. KIRCHGEORG UND VOIGT 2018). Gebrauchsgüter sind langlebiger und werden mehrfach benutzt (s. VOIGT 2018a). Die entsprechenden Definitionen nach Einteilung in Gebrauchs- und Verbrauchsgüter sowie aus einer produktions- und konsumorientierten Betrachtung sind in Tabelle 2-1 dargestellt.

Tabelle 2-1 Unterteilung der Sachgüter (eigene Darstellung i. A. a. VOIGT 2018a; KIRCHGEORG UND VOIGT 2018)

Sachgüter	Produktionsorientiert	Konsumorientiert
Gebrauchsgüter	Technische Potenziale, die in Kombination mit anderen Gebrauchsgütern und/oder Arbeitskräften Produktionsvorgänge bewirken können (z.B. Maschinen)	Dauerhafte Konsumgüter, die dem mehrmaligen Gebrauch dienen (z.B. Kraftfahrzeuge)
Verbrauchsgüter	Güter, die in andere Güter eingehen oder zum Prozessablauf beitragen (z.B. Antriebsenergie)	Güter, die durch den Konsumakt vernichtet werden (z.B. Nahrungsmittel)

Die westeuropäische Industrie sieht schon seit längerer Zeit einen schwindenden Qualitätsvorsprung gegenüber dem internationalen Wettbewerb bei ihren Produkten (s. BELZ ET AL. 1997, S. 14). Neben den hergestellten Sachgütern gewinnen daher industrielle Dienstleistungen zunehmend an Bedeutung für produzierende Unternehmen, um sich vom internationalen Wettbewerb differenzieren zu können (s. SCHUH U. GUDERGAN 2016, S. 1). Diesen Wechsel von einem produktzentrierten auf ein dienstleistungszentriertes Geschäftsmodell bezeichnet man als *Servitization* (s. KOWALKOWSKI ET AL. 2017, S. 8). Statt dem reinen Produkt bieten produzierende Unternehmen damit verstärkt *Produkt-Service-Systeme* an. Diese Produkt-Service-Systeme zielen als Geschäftsmodell auf die Bereitstellung einer Mischung aus Produkten und Dienstleistungen ab, die zur ganzheitlichen Erfüllung der Kundenbedürfnisse angeboten werden (s. ANNARELLI ET AL. 2016, S. 1017). Das integrierte Produkt- und Dienstleistungsangebot schafft so gerade in einer unter Kostendruck stehenden Branche einen Wettbewerbsvorteil (s. BAINES ET AL. 2009, S. 547). Während beim reinen Produkt noch eine generelle Ansprache des Kunden erfolgt, bedarf es mit fortschreitendem Leistungsumfang eines individuelleren Marketings (siehe Abbildung

2-3). Entsprechend steigt damit bei komplexer werdenden Leistungssystemen auch die Notwendigkeit, den individuellen Kunden besser zu verstehen, um das Marketing entsprechend individuell anpassen zu können.

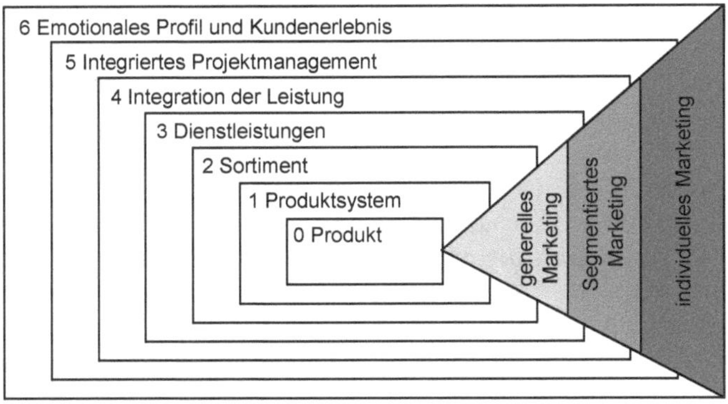

Abbildung 2-3 Leistungssystem produzierender Unternehmen und Marketingansprache (eigene Darstellung i. A. a. Belz et al. 1997, S. 50)

Ein wesentlicher Bestandteil des Marketings ist die Promotion respektive auch Kommunikation mit Kunden. Die Marketingkommunikation mit Kunden beinhaltet alle Instrumente, um Produkte oder Dienstleistungen oder auch das Unternehmen an sich zu bewerben (s. Pelsmacker et al. 2013, S. 3). Da Kommunikation der Austausch von Informationen ist (s. Lackes et al. 2018), können *Informationsleistungen* entsprechend als dritter Leistungstyp neben Sach- und Dienstleistungen im Leistungssystem produzierender Unternehmen nach Belz et al. gesehen werden (s. Belz et al. 1997, S. 50).

Digitalisierung des Leistungsangebots

Produzierende Unternehmen sehen sich einem starken Wandel durch die Digitalisierung gegenüber. Die *Digitalisierung* beschreibt dabei die ganze oder teilweise Ersetzung analoger Leistungserbringung durch eine digitale Leistungserbringung (s. Wolf u. Strohschen 2018, S. 58). Ehemals analoge Prozesse werden also durch digitale ergänzt oder ersetzt. Dies ermöglicht die Beherrschung komplexer Szenarien und neue Wertschöpfungsmechanismen. Ein zentraler Begriff in der produzierenden Industrie bei der Digitalisierung ist Industrie 4.0 (s. Schuh et al. 2018a, S. 6). *Industrie 4.0* ist die „echtzeitfähige, intelligente, horizontale und vertikale Vernetzung von Menschen, Maschinen, Objekten und IKT-Systemen zur dynamischen Beherrschung komplexer Systeme“ (s. Schuh et al. 2018a, S. 6). Es kann also als System verstanden werden, um die durch die Digitalisierung digitalisierten Prozesse zu ordnen.

Neben Daten aus digitalisierten Prozessen stehen Unternehmen darüber auch Daten aus der konkreten Nutzung der Produkte zur Verfügung (s. Capello et al. 2016, S. 3). Grundlage hierfür ist das *Internet der Dinge*, in dem mit Sensorik ausgestattete physische Objekte Daten aufzeichnen können und untereinander austauschen (s. Huber u. Kaiser 2017, S. 19). Üblicherweise spricht man auch von IoT, der Abkürzung der englischen Bezeichnung *Internet of Things*. Der Begriff des Internets der Dinge kann neben dem sich ergebenden globalen Netzwerk Intelligenter Objekte auch eine weitere Bedeutung haben. Diese meint die unterstützenden Technologien zur Realisierung dieses Ziels wie auch die Anwendungen und Dienstleistungen, die diese Technologien nutzen, um neue Geschäftsmöglichkeiten zu verwirklichen, bezeichnen (s. MIORANDI ET AL. 2012, S. 1497–1498).

Sind Produkte in der Lage, diese Technologien zu nutzen und entsprechend mit Sensorik sowie der Fähigkeit der Vernetzung ausgerüstet, handelt es sich um *Smart Products* (s. MÜHLHÄUSER 2008, S. 163). Smart Products ermöglichen produzierenden Unternehmen dann, ihr Leistungsangebot um digitale Produkte zu erweitern. Bei diesen digitalen Produkten auf Basis von Produktdaten handelt es sich um *Smart Services* (s. WUENDERLICH ET AL. 2015, S. 443). Analog zum Angebot des Angebots einer Lösung aus Produkt und Dienstleistungen als Produkt-Service-System kann nun von einem Smarten Produkt-Service-System gesprochen werden (s. ZHENG ET AL. 2019, S. 2).

2.1.2 Kundeninteraktion

Begriffsdefinition *Kundeninteraktion*

Eine einfache Definition der Kundeninteraktion kann über die Begrifflichkeiten des Kunden und der Interaktion erfolgen. Ein Kunde ist dabei ein „tatsächlicher oder potenzieller Nachfrager auf Märkten“ (s. KIRCHGEORG 2018). Soziologisch gesehen ist die Interaktion das „aufeinander bezogenes Handeln zweier oder mehrerer Personen“ (DUDEN 2020). Eine genauere Definition lässt sich über den Informationsfluss zwischen Kunde und Unternehmen finden (siehe Abbildung 2-4). Dieser lässt sich in drei Stufen einteilen (s. JÜNGST 2011, S. 4): In der ersten Stufe, der Kommunikation, erfolgt lediglich eine Übermittlung von Informationen, wie es z. B. bei Plakatwerbung der Fall ist (s. KERSTEN ET AL. 2006, S. 347). Ein Unternehmen gibt durch Bild und Text Informationen über ein bestimmtes Produkt oder eine Dienstleistung an einen potenziellen Kunden. Ob und wie der Kunde diese Information aufnimmt, erfährt das Unternehmen nicht direkt. In der zweiten Stufe, der Interaktion, findet ein aktiver Austausch statt. Dies erfolgt im Aktions-Reaktions-Prinzip (s. KERSTEN ET AL. 2006, S. 347): Beide Seiten erhalten Informationen und teilen Informationen. Dies ist z. B. bei einem Telefonat der Fall. In Stufe drei, der Integration, erfolgt eine gemeinsame Entwicklung und Generierung von Informationen (s. KERSTEN ET AL. 2006, S. 348). Ein Beispiel hierfür wäre die Customer-Co-Creation, bei der Unternehmen gemeinsam mit Kunden an neuen Produkten arbeiten.

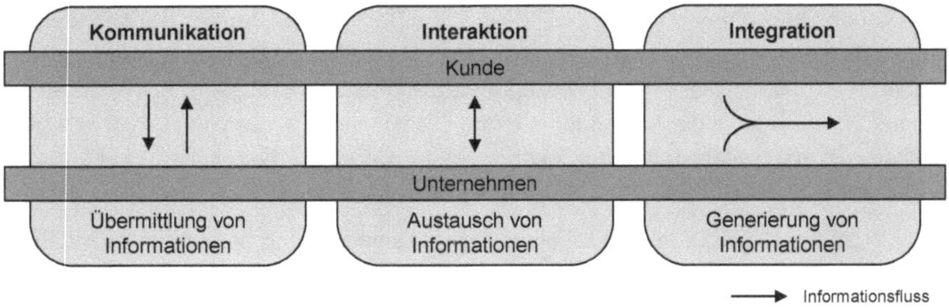

Abbildung 2-4 Intensitätsstufen des Informationsaustauschs (eigene Darstellung i. A. a. KERSTEN ET AL. 2006, S. 347)

Nach KIRCHGEORG und KERSTEN ET AL. ergibt sich damit folgende Definition (KIRCHGEORG 2018; KERSTEN ET AL. 2006, S. 347):

Definition | Kundeninteraktion

„Austausch von Informationen zwischen Unternehmen und der Gesamtheit der tatsächlichen oder potenziellen nach einer Leistung nachfragenden Unternehmen auf Märkten".

Einordnung in das Kundenerlebnis

Das Kundenerlebnis ist die Folge von Kontaktpunkten eines Kunden mit einem Unternehmen und dessen Reaktion darauf (s. HOMBURG ET AL. 2017, S. 384). Ein konkreter Kontakt innerhalb eines Kontaktpunktes ist dabei eine Kundeninteraktion (s. AICHNER U. GRUBER 2017, S. 131). Im Deutschen im Anwendungsbereich des Marketings werden dabei für Kontaktpunkte und deren Abfolge die englischen Begriffe der Customer-Touchpoints und der Customer-Journey verwendet (s. BELZ ET AL. 2010, S. 5). Ebenfalls kann für das Kundenerlebnis die Bezeichnung Customer-Experience verwendet werden, wobei dieser Begriff dann auch die Kundenerfahrung einschließt (s. BRUHN U. HADWICH 2012, S. 8). Damit ergibt sich die in Abbildung 2-5 dargestellte Beziehung zwischen Kundeninteraktion und Kundenerlebnis. Zum besseren Verständnis der Kundeninteraktion sollen die Begriffe des Customer-Touchpoints und der Customer-Journey im Folgenden erläutert werden.

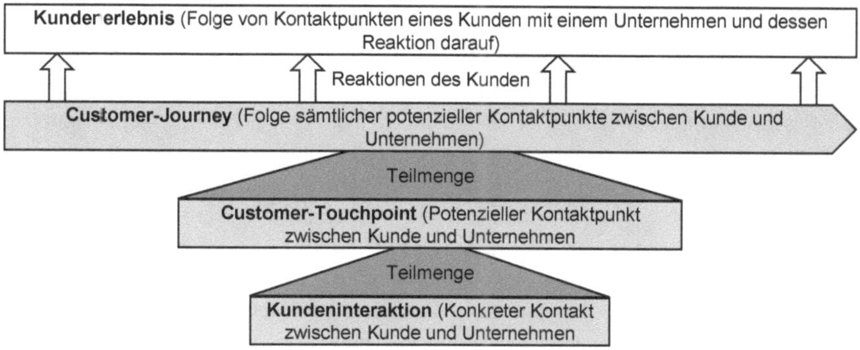

Abbildung 2-5 Beziehung zwischen Kundenerlebnis und Kundeninteraktion (eigene Darstellung i. A. a. AICHNER U. GRUBER 2017, S. 131; HOMBURG ET AL. 2017, S. 384)

Ein potenzieller Kontaktpunkt, bei dem eine Interaktion zwischen Unternehmen und Kunde erfolgen kann, wird als *Customer-Touchpoints* bezeichnet (s. AICHNER U. GRUBER 2017, S. 131). Dabei ist es „gerade das herausragende Merkmal der Customer-Touchpoint-Sicht, dass nichts definiert wird" (s. BELZ ET AL. 2010, S. 5). Dieses Zitat verweist auf die Tatsache, dass der Kunde bestimmt, auf welchem Wege er mit einem Unternehmen in Kontakt treten möchte. Ein Anbieter kann damit keine bestimmten Kontaktpunkte definieren, sondern muss diese durch die Beobachtung der Kunden identifizieren. Customer-Touchpoints sind „alle Berührungspunkte einer Marke mit dem Kunden, die verbale und nonverbale Eindrücke zu dieser vermitteln und dadurch das Markenbild und die Markenpräferenz prägen" (s. ESCH ET AL. 2010, S. 8). Dies umfasst alle Orte, Personen, Produkte sowie Marketing- und Kommunikationsmaßnahmen (s. ESCH U. KNÖRLE 2016, S. 124).

Zur Optimierung der Kundenerfahrung sind die einflussreichsten Kundenkontaktpunkte entlang der Customer-Journey zu identifizieren, da sich vorwiegend bei ihnen eine Investition lohnt (s. HOGAN ET AL. 2005, S. 14). Sie bilden die „Moments of Truth", sind also besonders kaufentscheidend (s. ESCH U. KNÖRLE 2016, S. 136). Wichtig ist jedoch, dass jeder Kundenkontaktpunkt große Auswirkungen auf die Erfahrung mit einer Marke haben kann, wobei insbesondere der Problemlösungsprozess überdurchschnittlich große Effekte in sowohl positiver als auch negativer Weise nach sich ziehen kann (s. HOGAN ET AL. 2005, S. 3). Studien haben zudem gezeigt, dass eine negative Erfahrung erst durch zwölf positive wieder aufgewogen werden kann (s. ESCH ET AL. 2010, S. 9). Daher wird bei der Optimierung der Kundenkontaktpunkte neben der Qualität vorrangig das Ziel der Kohärenz verfolgt. Unter dem Begriff der Omni-Channel-Strategie wird die gemeinsame Ausrichtung der oft über 100 Kundenkontaktpunkte an einer zentralen Markenidentität bezeichnet (s. ESCH U. KNÖRLE 2016, S. 128). Durch eine nahtlose Kommunikation des Nutzenversprechens wird so ein klares Vorstellungsbild der Marke transportiert. Unterschiedliche Produkte und Branchen benutzen dabei verschiedene Arten von Customer-Touchpoints (s. AICHNER U. GRUBER 2017,

S. 132). Die von einem Kunden benutzten Kontaktpunkte wandeln sich zudem während der Lebenszeit, so ist z. B. in den letzten Jahrzehnten die Bedeutung digitaler Kontaktpunkte enorm gewachsen (s. ESCH ET AL. 2010, S. 13).

Eine reine Betrachtung der Customer-Touchpoints greift aber zu kurz, da die Kontakte mit verschiedenen funktionalen Silos innerhalb eines Unternehmens erfolgen, die sich in ihrem Verhalten unterscheiden können (s. RAWSON ET AL. 2013, S. 93). Die Kundenerfahrung muss daher über den kompletten Lebenszyklus über Abteilungsgrenzen hinweg betrachtet und gestaltet werden (s. RAWSON ET AL. 2013, S. 94). Dies geschieht über die *Customer-Journey*, welche eine visuelle Beschreibung der Kundenprozesse, -bedürfnisse und -erwartungen in der Beziehung zu einem Unternehmen darstellt (s. TEMKIN 2010, 2). Diese kundenzentrierte Übersicht über die Folge sämtlicher Customer-Touchpoints hilft, ein besseres Verständnis für das Handeln der Kunden und deren Empfindung dabei zu entwickeln (RICHARDSON 2016). Das auf diesem Verständnis aufbauende aktive Management einzelner Kontaktpunkte ist zwar schon länger im Marketingumfeld etabliert (s. ESCH ET AL. 2010, S. 9), aber gerade die Zusammenführung aller Kontaktpunkte in der Customer-Journey besitzt noch einen Neuheitswert außerhalb des Marketings und wird vor allem für die Gestaltung digitaler Produkte genutzt (s. EDELMAN U. SINGER 2015, S. 9).

Je nach Definition beinhaltet die Customer-Journey verschiedene Phasen, die in Phasen vor, während und nach dem Kauf unterteilt werden können (s. LEMON U. VERHOEF 2016, S. 76). Hier gibt es viele verschiedene Ansätze für eine genauere Einteilung, welche vor allem logischen Phasen von Kundenprozessen im Betrachtungsraum folgen müssen. In Abbildung 2-6 ist beispielhaft eine oft verwendete Aufteilung in fünf Phasen dargestellt, nach der Kunden zuerst auf eine Leistung aufmerksam werden, diese in Betracht ziehen, eine Kaufentscheidung treffen, die Leistung dann erhalten und nutzen, um abschließend die Leistung anzupassen oder zu erneuern (s. VISSER 2017). Die Customer-Journey ist dabei sehr individuell. Eine allgemeine Darstellung kann daher nicht für jeden Kunden gelten, sondern es handelt sich um eine hypothetische und statische Ausführung, die das potenzielle Leistungsangebot widerspiegelt (s. HALVORSRUD ET AL. 2016, S. 846). Der Abwägung der Darstellung zwischen tatsächlich stattfindenden individuellen Journeys und eines generellen Ordnungsrahmens folgt damit auch die Wahl einer passenden Detailtiefe. Hierbei können einzelne Phasen der Customer-Journey dann über Sub-Journeys genauer ausgeführt werden (s. TINCHER 2019).

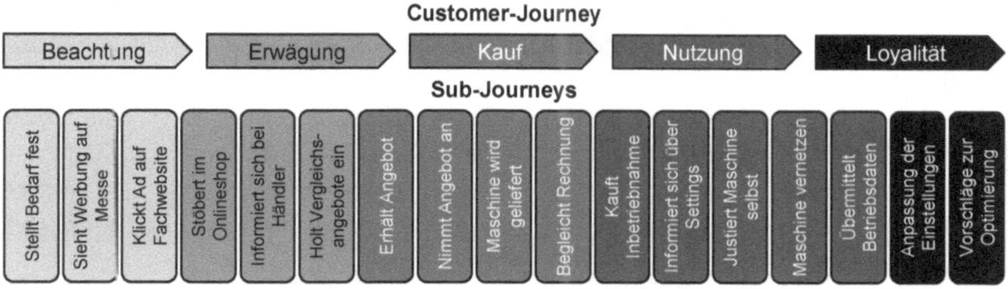

Abbildung 2-6 Beispielhafte Darstellung einer Customer-Journey in der produzierenden Industrie (eigene Darstellung)

Einordnung in das Kundenbeziehungsmanagement

Das Kundenerlebnis ist zwar wichtig, um die Zufriedenheit der Kunden zu steigern, es ist allerdings ungeeignet, um eine langfristige Beziehung mit einem Kunden zu planen und steuern (s. PALMER 2010, S. 196). Mit dieser Fragestellung beschäftigt sich daher das Kundenbeziehungsmanagement, um systematisch zu erfassen, was Unternehmen über Kunden wissen (siehe Tabelle 2-2).

Tabelle 2-2 Gegenüberstellung des CRMs mit dem CEM (eigene Darstellung i. A. a. SCHWAGER U. MEYER 2007, S. 8)

	Was?	Wann?	Wie überwacht?	Wer nutzt die Informationen?	Relevanz für zukünftige Leistung?
Customer-Experience-Management (CEM)	Erfasst und teilt, was ein Kunde über ein Unternehmen denkt	Am Punkt der Kunden-interaktion: „Kontakt-punkte"	Umfragen, gezielte Studien, beobachtende Studien, „Stimme des Kunden"	Geschäfts- oder Funktionsleiter, um erfüllbare Erwartungen und bessere Erfahrungen mit Produkten und Dienstleistungen zu schaffen	Leading: findet Stellen, an denen Angebote in die Lücken zwischen Erwartungen und Erfahrungen eingefügt werden können
Customer-Relationship-Management (CRM)	Erfasst und teilt, was ein Unternehmen über Kunden weiß	Nachdem eine Aufzeichnung über eine Kundeninter-aktion besteht	Verkaufsdaten, Marktrecherche, Website-Tracking, automatische Verfolgung der Verkäufe	kundenorientierte Gruppen wie Vertrieb, Marketing, Außendienst und Kundendienst, um eine effizientere und effektivere Ausführung zu erreichen	Lagging: fördert Cross-Selling, indem nachgefragte Produkte mit nicht nachgefragten gebündelt werden

Das Kundenbeziehungsmanagement, häufiger Customer-Relationship-Management (CRM), befasst sich mit der aktiven Gestaltung der Kundenbeziehungen und integriert und beinhaltet neben dem Bereich der CRM-Systeme zur Zusammenführung von kundenbezogenen Daten auch eine allgemeine Kundenorientierung als Unternehmensstrategie (s. LEUßER ET AL. 2011, S.18). Ein CRM ist also mehr als eine Datenbank (s. KURT ET AL. 2018, S. 209). Ultimatives Ziel ist die „Steigerung des Unternehmenswertes durch höhere Kundenzufriedenheit und -bindung" (s. HELMKE ET AL. 2017, S. 8). Nach HELMKE ET AL. müssen dafür die Unterziele der höheren Qualität der

Kundenbearbeitung, die Verbesserung der internen Bearbeitungsprozesse, ein verbessertes Kundendatenmanagement sowie die Verbesserung der Schnittstellen zum Kunden erreicht werden (s. HELMKE ET AL. 2017, S. 8). In Abbildung 2-7 ist die Beziehung des CRMs zu Kundeninteraktionen aus der Informationssicht dargestellt. Dabei integriert das CRM Informationen aus Kundeninteraktionen über sämtliche Customer-Touchpoints hinweg sowie Informationen aus dem Unternehmen (s. HIPPNER U. WILDE 2003, S. 12). Diese aggregierten Informationen stehen dann wieder anwendungsbezogen innerhalb der Customer-Touchpoints zur Verfügung.

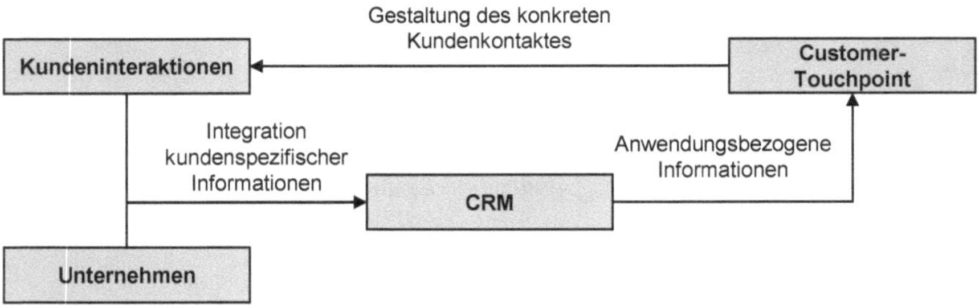

Abbildung 2-7 Beziehung von Kundeninteraktionen zum Kundenbeziehungsmanagement aus Informationssicht (eigene Darstellung i. A. a. HIPPNER U. WILDE 2003, S. 12)

Fokus des CRMs ist primär die langfristige Kundenbindung (s. KOTOROV 2003, S. 566) und damit die Maximierung des Customer-Lifetime-Values, also des Wertes des Kunden für das Unternehmen über seine Lebenszeit (s. LEMON U. VERHOEF 2016, S. 72). Damit ist es hauptsächlich ein Instrument zur Erhöhung der Prozesseffizienz, wobei sich drei Formen des CRMs ausmachen lassen: strategisch, operativ und analytisch (s. BUTTLE U. MAKLAN 2019, S. 6). Die strategische Seite widmet sich einer kundenzentrischen Geschäftsstrategie sowie der Gewinnung, Entwicklung und dem Halten profitabler Kunden. Operativ werden alle kundenzugewandten Prozesse wie Verkauf, Marketing und Kundenservice (Beschwerdemanagement) meist über ein zentrales CRM-System automatisiert koordiniert. In der analytischen Form befasst sich CRM mit jeglicher Form kundenbezogener Daten. Dazu trägt das CRM-System diese zusammen und analysiert sie, um Einblicke und Antworten für den strategischen und operativen Teil zu gewinnen (s. BUTTLE U. MAKLAN 2019, S. 6).

CRM-Systeme sind damit technologiebasierte Management-Werkzeuge, die es ermöglichen, Wissen über Kunden in Form von Daten zu sammeln und zu verarbeiten, um im Rahmen des CRMs profitable Kundenbeziehungen zu erzeugen, auszubauen und zu stärken (s. FOSS ET AL. 2008, S. 69). Dies macht sie zu einem essenziellen Teil der CRM-Strategie und einem unverzichtbaren Standard (s. UEBEL U. HELMKE 2017, S. 231). Im Jahr 2018 hatten über 70 Prozent der Unternehmen mit mehr als 250 Mitarbeitern ein solches System implementiert (s. KYKALOVÁ ET AL. 2018, S. 42).

CRM-Systeme besitzen vielfältige Aufgaben, die in analytische und operative Bereiche unterteilt werden können. Analytische Aufgaben umfassen die Aggregation von

Kundendaten sowie deren Analyse mittels Technologien wie Data-Mining. Damit wird nach Mustern in den Datensätzen gesucht, beispielsweise, um Zusammenhänge zwischen verkaufssteigernden Aktivitäten und den tatsächlichen Verkaufszahlen erkennen zu können (GIRCHENKO ET AL. 2017). Die daraus generierten Aussagen bilden die Basis für Planungen von Marketingaktivitäten oder zur Durchführung eines erfolgreichen Interessenten-, Kundenbindungs- und Rückgewinnungsmanagements (s. HIPPNER U. WILDE 2017, S. 152). Auf der operativen Seite beschäftigen sich CRM-Systeme mit der Effizienz- und Effektivitätssteigerung von Vertriebsprozessen, also der Kostenreduktion sowie der Generierung von mehr Nutzen für den Kunden (s. FOSS ET AL. 2008, S. 70). Dies umfasst alle Aktivitäten in Kontakt mit dem Kunden wie Kundensupport, Vertriebskanäle und die Automatisierung des Verkaufsprozesses, die sich zur erfolgreichen Durchführung der Informationen eines zentralen Data-Warehouse bedienen (GIRCHENKO ET AL. 2017).

Bei der Implementierung von CRM-Systemen müssen die vielfältigen Anforderungen seitens des Datenschutzes, der Vertriebs- und Marketingstrategie, der jeweiligen Branchenstruktur, der IT und nicht zuletzt des bereitstehenden Budgets beachtet werden. Durch die starke Verbreitung der Systeme existiert dabei mittlerweile für fast jeden Fall ein passend ausgestaltetes CRM-System (s. MIDDERHOFF 2017, S. 265). Das CRM-System muss in erster Linie eine gewinnbringende Investition sein (s. MIDDERHOFF 2017, S. 262), wobei beachtet werden sollte, dass bei einer größeren Kundenbasis Mehrkosten primär durch die zusätzlich benötigten Mitarbeiter zur Pflege des Systems und Lizenzen für diese entstehen (s. FOSS ET AL. 2008, S. 73).

Die effektive Implementierung von CRM-Systemen scheitert, wenn diese lediglich als ein weiteres IT-Tool betrachtet oder nur teilweise genutzt werden, beispielsweise, weil der Aufwand für die Datenauswertung unterschätzt wird (s. MIDDERHOFF 2017, S. 271). CRM-Systeme bilden aber das Rückgrat eines erfolgreichen CRMs und erfordern daher motivierte und gut ausgebildete Mitarbeiter, um ihr volles Potenzial auszuschöpfen.

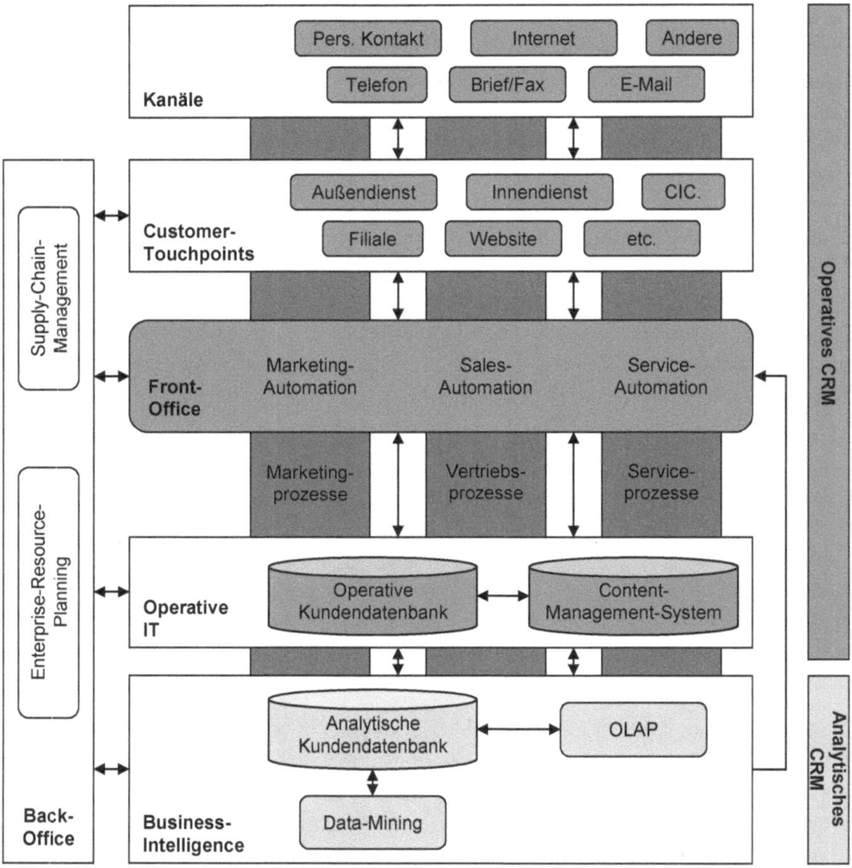

Abbildung 2-8 Komponenten eines CRM-Systems (eigene Darstellung i. A. a. LEUßER ET AL. 2011, S. 48)

Aggregation und Analyse von Kundendaten

Kundendaten sind kundenspezifische Daten über und von bestehenden und potenziellen Kunden innerhalb eines Unternehmens (s. ROLLINS 2008, S. 36). Diese Daten lassen sich in verschiedene Kategorien unterteilen, je nach Objekt, auf das sie sich beziehen (siehe Abbildung 2-9). *Markt- oder Industriedaten* beziehen sich auf die allgemeine Marktsituation, in der die Kunden eines Unternehmens agieren (s. ROLLINS 2008, S. 37). Beispiel ist hier das Wachstum einer gesamten Branche. *Organisations- respektive Unternehmensdaten* sind sämtliche Daten über und von einer Kundenorganisation (s. ROLLINS 2008, S. 37). Ein Beispiel wäre eine komplette Bestellhistorie des betrachteten Unternehmens. Eine Teilmenge davon sind *Geschäftseinheitsdaten (s. ROLLINS 2008, S. 38)*. Diese Daten können einer Abteilung des Kunden zugeordnet werden, z. B. der Bedarf an Ersatzteilen verschiedener Werke. Zuletzt stehen *personenbezogene Daten, die* mit einzelnen Mitarbeitern des Kunden in Beziehung gesetzt werden können (s. ROLLINS 2008, S. 38). Diese Daten sind jedoch besonders geschützt. Gerade in der EU und im Speziellen in Deutschland herrschen strenge Vorschriften bezüglich personenbezogener Daten, die weltweit Datenschutzvorschriften als Vorbild dienen (s. MOREY ET AL. 2015, S. 103).

Abbildung 2-9 Bezugskategorien von Kundendaten (eigene Darstellung i. A. a. ROLLINS 2008, S. 36)

Unternehmen, die transparent zeigen, welche Kundendaten sie sammeln, ihren Kunden Kontrolle darüber geben und den Kunden dafür einen Mehrwert bieten, erschaffen Vertrauen und erhalten darüber auch einen fortlaufenden Zugang zu den Daten (s. MOREY ET AL. 2015, S. 99). Diese Kundendaten können genutzt werden, um bestehende Leistungsangebote zu verbessern oder um den Kunden das Leistungsangebot gezielter anzubieten. Auch ein Weiterverkauf an Dritte ist möglich. (s. PALMATIER U. MARTIN 2019, S. 136) Eine dafür benötigte Qualität der Kundendaten liegt dann vor, wenn sie das individuelle und kollektive Verhalten und die Stimmung akkurat reflektieren (s. PELTIER ET AL. 2013, S. 2). Daten über Kunden können je nach Quelle aber stark in ihrer Subjektivität, Strukturiertheit, Spezifität, Umfang, Aktualität und auch den Erhebungskosten variieren (Tabelle 2-3).

Tabelle 2-3 Kundenbezogene Datentypen (eigene Darstellung i. A. a. BRIELE ET AL. 2022, S. 325)

Kundenbezogene Daten	Subjektivität	Grad der Strukturierung	Grad der Spezifität	Anzahl der Datenpunkte	Häufigkeit der Aktualisierung	Kosten
Social-Media-Daten	●	○	◔	●	●	◑
Beschwerdedaten	◕	◔	◕	◕	●	◔
Daten aus Kundenstudien	●	●	●	◔	◔	●
Nutzungsdaten	◑	●	◔	●	●	◔
Benutzerdaten	◔	●	○	◔	◑	◔
Verkaufsdaten	◔	●	◔	◔	◑	◔
CRM-Daten	◔	◕	○	◔	◑	◔
Marktdaten	◔	◑	○	◑	◕	◑

Um Nutzen aus Kundendaten realisieren zu können, ist ein möglichst umfassendes und datenbasiertes Bild des Kunden notwendig (s. KUNZ ET AL. 2017, S. 162). Neben der vorgestellten analytischen und operativen Datenbank innerhalb eines CRM-Systems stehen hier verschiedene Lösungen zur *Aggregation der Kundendaten* zur Verfügung (siehe Tabelle 2-4).

Tabelle 2-4 Vergleich von Lösungen zum Management von Kundendaten (eigene Darstellung i. A. a. CDP INSTITUTE 2018, S. 31)

	Data-warehouse	Data-Lake	Customer-Data-Plattform
Strukturierte Daten einlesen	✓	✓	✓
Aufnahme von halb- und unstrukturierten Daten	begrenzt	✓	✓
Leichte Anpassung an den Wandel	×	✓	✓
Beibehaltung der ursprünglichen Details	✓	✓	✓
Daten in verwertbare Formate umwandeln	✓	×	✓
Daten dauerhaft speichern	✓	✓	✓
Identitäten systemübergreifend auflösen	✓	×	✓
Identitäten im Laufe der Zeit verfolgen	✓	×	✓
Einfacher Datenaustausch mit anderen Systemen	begrenzt	✓	✓

In einem *Data Warehouse* werden typischerweise strukturierte Daten gespeichert (s. BAKER U. THIEN 2020, S. 26). Ein Großteil der Daten liegt jedoch in unstrukturierter Form vor (s. KELLY 2015, S. 2). Daher bedarf es einer vorherigen Aufbereitung der unstrukturierten Daten, um diese in einem Data-Warehouse speichern zu können (s. BAKER U. THIEN 2020, S. 26). Weiterhin haben viele Modelliersprachen eines Data-Warehouse Schwächen bei der Integration neuer Datenquellen und neuer Anforderungen (s. DI TRIA ET AL. 2017, S. 10).

In einem *Data-Lake* wird eine große Menge an Rohdaten in ihrem Ursprungsformat gespeichert (s. KHINE U. WANG 2018, S. 2). Im Gegensatz zu einem Data-Warehouse kann ein Data-Lake damit auch problemlos unstrukturierte Daten aufnehmen (s. MILOSLAVSKAYA U. TOLSTOY 2016, S. 302). Da in einem Data-Lake nur Rohdaten liegen, müssen bei einer späteren Nutzung die Daten erst transformiert werden, um sie nutzbar zu machen (s. KHINE U. WANG 2018, S. 3). Die gespeicherten Daten erhalten zwar eine einzigartige Kennung innerhalb des Data-Lakes, sind aber abhängig von weiteren Metadaten, um eine Beziehung zwischen verschiedenen Daten herstellen zu können (s. WALKER U. ALREHAMY 2015, S. 165). Es können daher Redundanzen entstehen, wenn verschiedene Systeme bestimmte Metadaten unterschiedlich bezeichnen.

Eine *Customer Data Platform* (CDP) dient als zentrales Repository für Daten aus Kundeninteraktionen aus einer Vielzahl interner und externer Quellen (s. EARLEY 2018, S. 69). Eine CDP ist dabei skalierbar, um die Einbindung neuer Daten und größerer Datenmengen zu gewährleisten, und bietet Schnittstellen zu anderen Systemen und Applikationen (s. KITAZAWA 2019, S. 107). Die Auswertung der Daten in der Plattform ermöglicht es, Erkenntnisse über Kunden zu gewinnen und darauf basierend Entscheidungen zu verbessern oder sogar automatisiert zu treffen (s. BOUDET ET AL. 2017, S. 2)

Um einen Mehrwert aus den aggregierten Daten zu ziehen, müssen Unternehmen die *Kundendaten analysieren*. Die Analyse großer Datenmengen im Bereich der CRM-Systeme steht im direkten Zusammenhang mit der Verbesserung der Kundenbeziehungen und diese wiederum mit einem Umsatzwachstum (s. HALLIKAINEN ET AL. 2020, S. 94). Durch die Auswertung der großen Anzahl an Kundendaten können Unternehmen allgemein bessere Entscheidungen treffen (s. MCAFEE ET AL. 2012, S. 63). Bisherige Ansätze im Bereich der Analyse von Kunden fokussieren primär einzelne Transaktionen, anstatt ganzheitlich die Beziehung zwischen Kunden und Unternehmen zu untersuchen (s. KITCHENS ET AL. 2018, S. 547). Mit der Verwendung eines Data-Lakes oder einer CDP stehen Unternehmen nun genau diese ganzheitlichen Kundendaten in großer Menge zur Verfügung. Besonders vernetzte Geräte bieten dabei neue Informationsquellen, über die ein besseres Verständnis der Kunden erlangt werden kann (s. COOKE U. ZUBCSEK 2017, S. 165).

Die große Menge an verfügbaren strukturierten, semistrukturierten und unstrukturierten Kundendaten aus verschiedenen Quellen fällt in den Bereich *Big Data* und kann nicht auf herkömmliche Weise verarbeitet werden (s. DAVENPORT 2014, S. 1). Die Kundendaten bedürfen spezieller Technologien und Algorithmen zur Auswertung (s. OUSSOUS ET AL. 2018, S. 433). Die Fähigkeit, solch große Mengen an unstrukturierten Daten verarbeiten zu können, stellt für Unternehmen einen wesentlichen Wettbewerbsvorteil dar (s. WAMBA ET AL. 2017, S. 362). Charakterisiert wird Big Data durch die 4 Vs: *Volume*, *Velocity*, *Variety* und *Veracity* (s. LUGMAYR ET AL. 2017, S. 197). Daten werden also in einem hohen Volumen in Echtzeit in einer hohen Varietät mit einer Richtigkeit erfasst und müssen ausgewertet werden. Ein wesentliches Merkmal ist dabei die Verbindung verschiedener Datenquellen (s. HILBERT 2016, S. 138). Zur Analyse im Bereich Big Data kommen neben klassischen statistischen Methoden und Optimierungen vorrangig das Machine Learning und das Data-Mining zur Anwendung (s. CHOI ET AL. 2018, S. 1870).

Im Rahmen der Business-Intelligence (BI) erfolgt die konkrete Auswertung von Daten zur Erlangung von Erkenntnissen im Unternehmenskontext. Ein Teilbereich der BI ist die Customer-Intelligence, die den Kunden und seine Bedürfnisse fokussiert (s. COOKE U. ZUBCSEK 2017, S. 165). Zu den Aktivitäten im Rahmen der BI zählen bereits das Zusammenführen und Speichern von Daten (siehe Abbildung 2-10). Um Echtzeitdaten auswerten zu können, sind darauf spezialisierte Engines verfügbar (s. CHAUDHURI ET AL. 2011, S. 90). Die Speicherung der Daten im Rahmen der Customer-Intelligence entspricht dabei dem zuvor genannten Konzept der CDP. Auf dieser Datenbasis bauen verschiedene Mid-Tier-Server mit spezialisierten Funktionen auf, z. B. zur Online-Analytik, Datenverarbeitung (OLAP) oder um Reports zu erstellen (s. CHAUDHURI ET AL. 2011, S. 90).

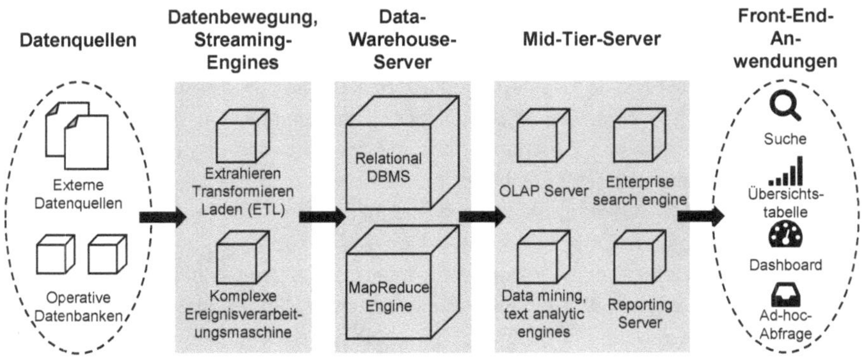

Abbildung 2-10 Business-Intelligence-Architektur (eigene Darstellung i. A. a CHAUDHURI ET AL. 2011, S. 90)

2.1.3 Digitaler Schatten

Begriffsdefinition *Digitaler Schatten*

Der Begriff des *digitalen Schattens* ist eng mit denen des *digitalen Modells* und des *digitalen Zwillings* verbunden und es finden sich verschiedene Definitionen (s. KRITZINGER ET AL. 2018, S. 1019). Entsprechend gilt es, eine genaue Definition des digitalen Schattens für diese Dissertationsschrift zu geben und von den Definitionen des digitalen Modells und des digitalen Zwillings abzugrenzen.

Den Definitionen gemein ist, dass der digitale Schatten Daten aus einem physischen Objekt aggregiert (siehe Abbildung 2-11). Nach STARK ET AL. ist der digitale Schatten die Gesamtheit an Daten eines Produktes oder Produktionssystems, die in ein digitales Modell einfließen und zusammen mit diesem den digitalen Zwilling dieser Objekte bilden (s. STARK ET AL. 2017, S. 169). Der Zweck des digitalen Schattens ist also die Anreicherung des digitalen Modells mit Daten. Nach STECKEN ET AL. ist der digitale Schatten dagegen lediglich eine mögliche Erweiterung des digitalen Zwillings, der hier mit einem digitalen Modell gleichgesetzt wird, durch die Verknüpfung mit Echtzeit-Daten (s. STECKEN ET AL. 2019, S. 205). Das Konzept des digitalen Schattens wird bei SCHUH ET AL. am weitesten gefasst: Hier ist der digitale Schatten ein „hinreichend genaues Abbild der Prozesse, Informationen und Daten eines Unternehmens“ (s. SCHUH ET AL. 2016e, S. 745). Nach diesem Verständnis ist es das Ziel, einem Unternehmen eine „echtzeitfähige Auswertungsbasis aller relevanten Daten“ bereitzustellen (s. BAUERNHANSL ET AL. 2016, S. 23). SCHUH ET AL. fassen damit den Begriff des digitalen Schattens am weitesten, indem die Daten allgemeinen Applikationen zur Verfügung gestellt werden und nicht nur ein digitales Modell des Objekts, aus dem diese Daten stammen, im Sinne des digitalen Zwillings anreichern.

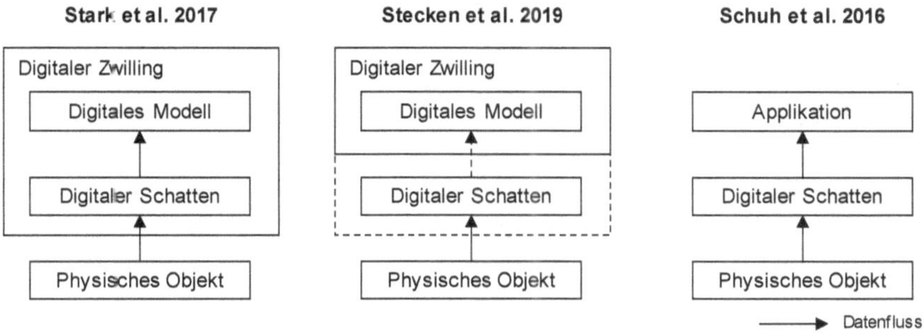

Abbildung 2-11 Konzept des digitalen Schattens (eigene Darstellung i. A. a. STARK ET AL. 2017, S. 169; STECKEN ET AL. 2019, S. 205; SCHUH ET AL. 2016e, S. 745)

KRITZINGER ET AL. stellen zur Unterscheidung der Konzepte des digitalen Schattens von einem digitalen Modell oder digitalen Zwilling eine Logik hinsichtlich des Levels der Datenintegration zur Verfügung, wie in Abbildung 2-12 dargestellt. Wesentlicher Unterschied ist hierbei die Art des Datenflusses zwischen dem digitalen Objekt und dem abzubildenden physischen Objekt, etwa der hergestellten Maschine eines produzierenden Unternehmens. Während bei einem digitalen Modell kein automatisierter Austausch an Daten zwischen den Objekten stattfindet und beim digitalen Zwilling dieser nur automatisiert stattfindet, erfolgt beim digitalen Schatten eine automatisierte Anreicherung des digitalen Objekts aus Daten des physischen Objekts, ohne dass eine Statusänderung des digitalen Objekts das Physische beeinflussen würde (s. KRITZINGER ET AL. 2018, S. 1017).

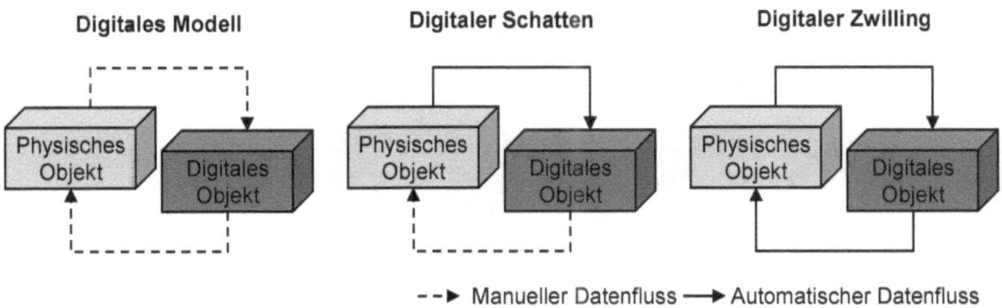

Abbildung 2-12 Datenflüsse im digitalen Modell, digitalen Schatten und digitalen Zwilling (eigene Darstellung i. A. a. KRITZINGER ET AL. 2018, S. 1017)

Eine weitere Differenzierung der Begriff des digitalen Schattens und des digitalen Zwillings kann weiterhin über die Auflösung der Daten, die vom physischen Objekt gesammelt werden, erfolgen. So erfordert der digitale Zwilling die bestmögliche Datengrundlage, um das physische Objekt möglichst detailgetreu abzubilden (s. GLAESSGEN U. STARGEL 2012, S. 7). Der digitale Schatten hingegen verlangt lediglich die Generierung „tatsächlich notwendiger Datensätze“ (s. SCHUH ET AL. 2016e, S. 745).

Das vorliegende Dissertationsvorhaben folgt dem Verständnis von SCHUH ET AL., da dieses den digitalen Schatten als Aggregation von Daten aus Objekten und Prozessen versteht, die für verschiedene Applikationen zur Verfügung stehen. Dies entsprecht dem Ziel des Vorhabens, über den Prozess der Kundeninteraktionen Daten zu sammeln und diese für die Analyse der Kundenbedürfnisse zur Verfügung zu stellen. Entsprechend wird der Begriff des digitalen Schattens in Anlehnung an SCHUH ET AL. und BAUERNHANSL ET AL. wie folgt definiert (SCHUH ET AL. 2016e, S. 745; BAUERNHANSL ET AL. 2016, S. 23):

Definition | Digitaler Schatten

„Der digitale Schatten ist ein hinreichend genaues Abbild der Prozesse, Informationen und Daten eines Unternehmens zur Bereitstellung einer echtzeitfähigen Auswertungsbasis aller relevanten Daten“.

Daten und Datenqualität

Nach der Definition des digitalen Schattens sind Daten ein zentraler Aspekt; somit ist ein Verständnis von Daten und dem Begriff der Datenqualität damit von Bedeutung für dieses Forschungsvorhaben. Dabei ist der Begriff der Daten hauptsächlich von dem der Informationen und des Wissens abzugrenzen, die hierarchisch aufeinander aufbauen, wie in Abbildung 2-13 dargestellt. Die Basis bilden über eine Syntax zu *Daten* verknüpfte *Zeichen* (s. KRCMAR 2015, S. 13). Durch das Platzieren der Daten in einen Kontext erhält man *Informationen* (s. KRCMAR 2015, S. 11). Von *Wissen* spricht man bei zu einem Netzwerk verknüpften Informationen, gepaart mit Erfahrungen und Werten (s. KRCMAR 2015, S. 19).

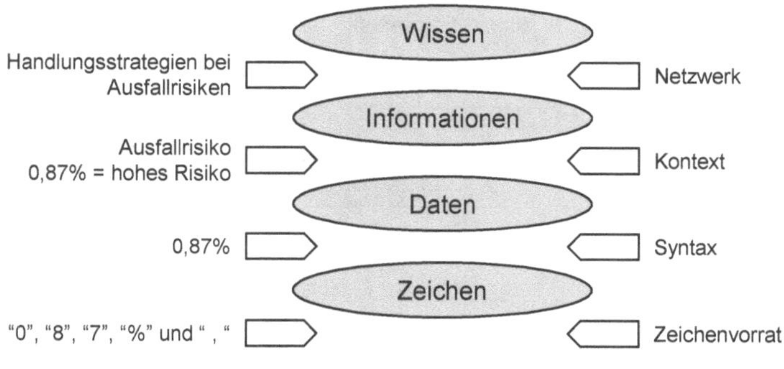

Abbildung 2-13 Ebenen der Begriffshierarchie (eigene Darstellung i. A. a. KRCMAR 2015, S. 12)

Grundsätzlich lassen sich Daten in Unternehmen in Stammdaten und Dispositionsdaten unterteilen. Stammdaten bilden Grunddaten, welche unverändert durch die operativen Prozesse eines Unternehmens bleiben (s. LEGNER U. OTTO 2007, S. 562). Sie dienen der Beschreibung betrieblicher Objekte (s. OTTO U. LEGNER 2016, S. 9). Die Stammdaten sollten redundanzfrei im Unternehmen vorliegen, um eine einheitliche Datenbasis zu erhalten (s. KRCMAR 2015, S. 176). Demgegenüber sind

Dispositionsdaten solche, die durch operative Prozesse im Unternehmen einer Änderung unterliegen (s. LEGNER U. OTTO 2007, S. 562). Weiterhin lassen sich Daten auch in strukturierte Daten, die in Datenbanken gespeichert werden können, und unstrukturierte Daten außerhalb der Datenbanken unterteilen (s. OTTO ET AL. 2011, S. 8). Die Datenbanken werden dabei im Rahmen verschiedener betrieblicher Anwendungssysteme in produzierenden Unternehmen verwendet (Abbildung 2-14). Zentrales System ist dabei das Enterprise-Resource-Planning (ERP) (s. SCHMIDT ET AL. 2014, S. 282).

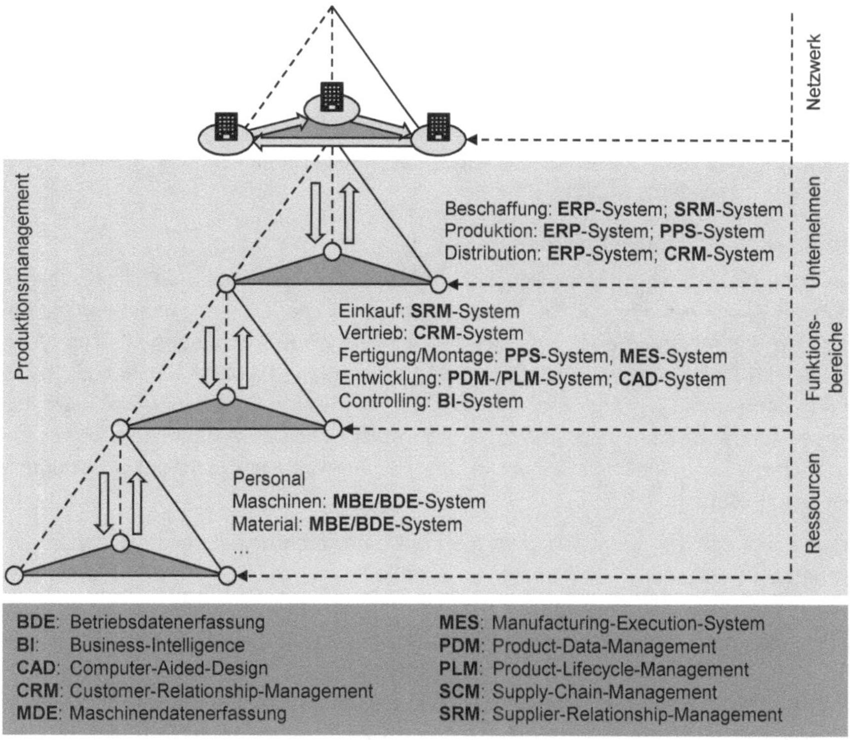

Abbildung 2-14 Betriebliche Anwendungssysteme im Umfeld des Produktionsmanagements (eigene Darstellung i. A. a. SCHMIDT ET AL. 2014, S. 283)

Wesentlicher Aspekt von Daten im Unternehmenskontext ist die *Datenqualität*. Eine hohe Qualität der Daten ist Voraussetzung für viele Anwendungen in Unternehmen (s. OTTO ET AL. 2011, S. 5). Der Begriff der Datenqualität ist definiert durch eine Gebrauchstauglichkeit für den Nutzer der Daten (s. WANG U. STRONG 1996, S. 6). Damit lässt sich im Rahmen des digitalen Schattens der Schluss ziehen, dass Daten dann eine ausreichende hohe Qualität haben, wenn sie durch Anwendungen, die auf den digitalen Schatten zugreifen, zu gebrauchen sind. Dieser allgemeine Qualitätsbegriff kann in verschiedene Dimensionen der Datenqualität unterteilt werden (siehe Abbildung 2-15). Diese detaillierte Betrachtung der Datenqualität ermöglicht es Unternehmen, eine subjektive und objektive Bewertung ihres Datenmanagements durchzuführen (s. PIPINO ET AL. 2002, S. 215). Subjektive Kriterien beziehen sich auf die Bedürfnisse der involvierten Interessenvertreter, während sich objektive Kriterien auf die Daten direkt beziehen (s. PIPINO ET AL. 2002, S. 211).

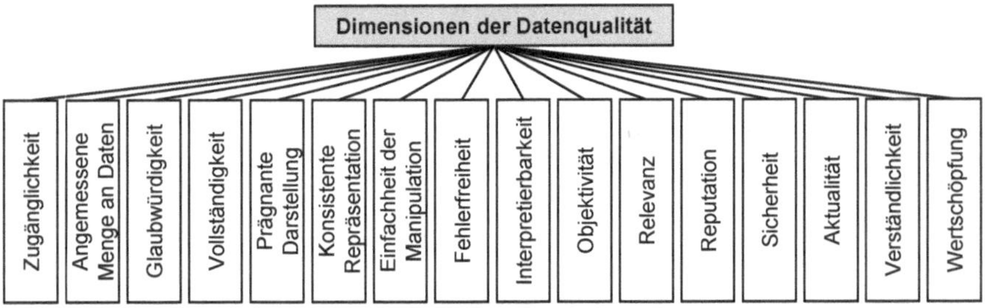

Abbildung 2-15 Dimensionen der Datenqualität (eigene Darstellung i. A. a. PIPINO ET AL. 2002, S. 212)

Aufbau eines digitalen Schattens

Nächster Aspekt des digitalen Schattens ist dessen Aufbau. Aus der Definition ergibt sich der Zweck des digitalen Schattens, Daten physischer Objekte zusammen mit anderen zu aggregieren und diese gezielt verschiedenen Anwendungen zur Verfügung zu stellen. Damit ergeben sich gewisse Anforderungen an seine Funktionalität, die durch den Aufbau gewährleistet sein müssen. Er muss in der Lage sein, Daten aus verschiedenen Systemen, sowohl logisch als auch technisch, zusammenzuführen, die Daten zwischenzuspeichern, um diese dann den Anwendungen schnell zur Verfügung stellen zu können.

In seiner Arbeit vergleicht HARLAND die Funktionalitäten des digitalen Schattens im Rahmen verschiedener Systemarchitekturen (s. HARLAND 2019, S. 77). Hier zeigen sich zwei Ansätze, die die geforderten Funktionalitäten durch eine detaillierte Beschreibung verschiedener Komponenten erfüllen (siehe Abbildung 2-16). Dies ist zum einen SCHUH ET AL., der in der Systemarchitektur des *Internet of Production* die Datenintegration, das Datenmodell, die Datenspeicherung und das Caching sowie eine kontextsensitive Verarbeitung als Komponenten eines digitalen Schattens aufführt (s. SCHUH ET AL. 2017, S. 121). Die Plattforminfrastruktur, Daten, ein Applikationscode und eine Geschäftsansicht sind nach DAVENPORT Komponenten für einen digitalen Schatten (s. DAVENPORT 2014, S. 119). Es zeigt sich, dass die Komponenten beider Ansätze übereinstimmen in der Erfüllung der Funktionen eines digitalen Schattens. Im Folgenden werden die Komponenten unterschieden nach ihrer Funktion im Detail erläutert.

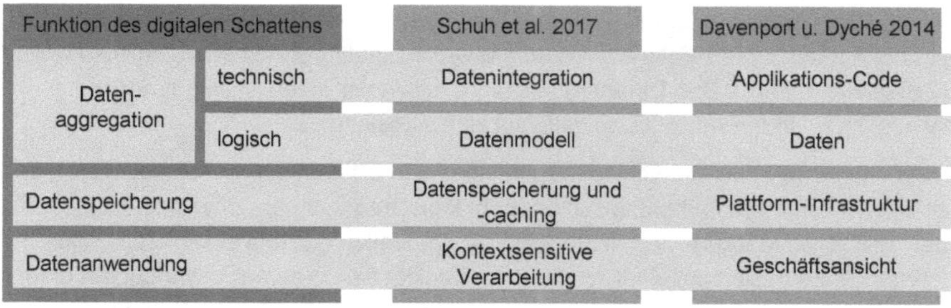

Abbildung 2-16 Komponenten des digitalen Schattens (eigene Darstellung i. A. a. SCHUH ET AL. 2017, S. 121; DAVENPORT 2014, S. 119)

Die erste Funktion, die ein digitaler Schatten erfüllen muss, ist die technische Aggregation der Daten. Die *Datenintegration*, die nach SCHUH ET AL. eine Komponente des digitalen Schattens darstellt, liefert ein System zur Kombination von Daten verschiedener Quellen, um einem Benutzer eine einheitliche Sicht auf diese Daten zu bieten (s. LENZERINI 2002, S. 234). Zur Modellierung der Datenquellen hat sich der Global-local-as-view (GLAV) durchgesetzt. Hierbei ist die Sicht auf die Datenquellen als eine Sicht auf das globale Schema definiert (s. GOLSHAN ET AL. 2017, S. 102). Gerade durch die immer größer werdende Menge an Daten aus verschiedenen Quellen spielt diese Funktion eine wichtige Rolle. Das Volumen, die Geschwindigkeit, die Varianz und die Richtigkeit sind von Bedeutung. In Tabelle 2-5 sind diesbezüglich Integrationstechniken dargestellt, die helfen, Schemata darzustellen, Aufzeichnungen zu verknüpfen und Daten zu fusionieren. Im *Applikationscode* nach DAVENPORT wird eine konkrete Beschreibung der Datenintegration erläutert. Ein Beispiel ist hier die Transformation und die Zusammenführung von Daten über die Skriptsprache *Apache Pig* (s. DAVENPORT 2014, S. 123).

Tabelle 2-5 Datenintegrationstechniken für Herausforderungen durch Big Data (eigene Darstellung i. A. a. DONG U. SRIVASTAVA 2013, S. 1247)

	Schema-Zuordnung	Verknüpfung von Datensätzen	Datenfusion
Volumen	Integration von Deep Web, Web-Tabellen/Listen	Adaptive Blockierung, MapReduce-basierte Verknüpfung	Online-Fusion
Geschwindigkeit		Inkrementelle Verknüpfung	Fusion in einer dynamischen Welt
Vielzahl	Dataspace-Systeme	Verknüpfung von Text mit strukturierten Daten	Kombination von Fusion und Verknüpfung
Richtigkeit		Wert-Sorten-tolerante Kopplung	Entdeckung der Wahrheit

Die nächste Funktion der Datenintegration bezieht sich auf die logische Verknüpfung der Daten. Ein *Datenmodell* ist hierbei eine wesentliche Komponente des digitalen Schattens, in dem geregelt wird, wie Daten aus verschiedenen Datenbanken logisch miteinander zu verknüpfen sind. Die Sicht auf *Daten* nach DAVENPORT bezieht sich in diesem Sinne auch auf das Datenmanagement (s. DAVENPORT 2014, S. 122). Definiert ist ein Datenmodell als „Modell in der Datenorganisation der zu beschreibenden und verarbeitenden Daten eines Anwendungsbereichs und ihrer Beziehungen zueinander" (SIEPERMANN 2018). Das Datenmodell hat damit immer einen Anwendungsbezug und ist folglich für jeden Anwendungsfall speziell zu gestalten.

Dabei muss zwischen verschiedenen funktionalen Ebenen von Datenmodellen unterschieden werden: dem konzeptuellen, dem logischen und dem physischen Datenmodell (s. ZACHMAN 2000). Grundlage von Datenmodellen ist stets ein konzeptuelles Datenmodell. Es basiert auf einer Analyse der Realität der späteren Anwendungsdomäne und ist unabhängig von der Implementierung (s. SIEPERMANN 2020). Damit spiegelt es als Modell eher reale Dinge und ihre Beziehungen miteinander wider als ein Modell der Daten über diese Dinge (s. WEST 2011, S. 25). Im logischen Datenmodell werden die Daten so detailliert wie möglich beschrieben und das physische Datenmodell beschreibt dann die genaue physische Implementierung (s. SHAHBAZ UL HAQ 2016, S. 7). Es findet somit ein fließender Übergang des Fokus vom Menschen hin zum Computer statt, wie in Abbildung 2-17 zu sehen.

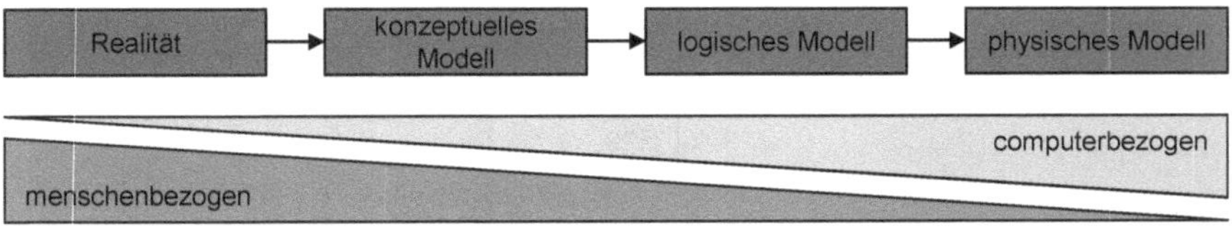

Abbildung 2-17 Ebenen eines Datenmodells (eigene Darstellung i. A. a. SHAHBAZ UL HAQ 2016, S. 8)

Die *Datenspeicherung* ist eine weitere Funktion des digitalen Schattens, die SCHUH ET AL. noch um den Aspekt des Cachings ergänzen (s. SCHUH ET AL. 2017, S. 121). Um den wachsenden Anforderungen durch die Menge an Daten gerecht zu werden, bedarf es hierzu einer hoch skalierbaren, verlässlichen und effizienten Speicherung von dynamisch wachsenden Daten (s. OLIVEIRA ET AL. 2012, S. 577). Dementsprechend unterscheidet sich die Datenspeicherung in herkömmlichen Datenbanken von der in Speicherungssystemen für große Datenmengen. Klassische relationale Datenbanken können zwar vertikal skaliert werden, indem die Prozessoreinheit auf einem Server verstärkt wird und komplexe Anfragen ausführt, sie haben aber nur eine limitierte Speicherkapazität (s. SIDDIQA ET AL. 2017, S. 1043). Eine dezentrale Serverinfrastruktur kann hingegen im Rahmen von Big Data in der Größe beliebig erweitert werden (s. SIDDIQA ET AL. 2017, S. 1043). Die *Plattform-Infrastruktur* wird von DAVENPORT vor allem in Bezug auf *Apache Hadoop* als Framework zur Skalierung der Speicherung großer Datenmengen beschrieben (s. DAVENPORT 2014, S. 121). Das *Caching* beschreibt zuletzt eine Technologie zur Speicherung populärer Daten in einen Kurzzeitspeicher, um einen schnelleren Abruf der Daten zu ermöglichen (s. MADDAH-ALI U. NIESEN 2014, S. 2856).

Die letzte Funktion des digitalen Schattens bezieht sich auf die Datenanwendung. Die *kontextsensitive Verarbeitung* beschreibt als Komponente die Befähigung eines digitalen Schattens, Daten situationsgemäß nutzbar zu machen. Abhängig vom Anwendungsfall sollen also nur diejenigen Daten betrachtet werden, die für die Lösung einer Problemstellung notwendig sind. Durch den geringeren Datenumfang kann die Prozessgeschwindigkeit gesteigert werden (s. SCHUH ET AL. 2017, S. 120). Die *Geschäftsansicht* hat zum Ziel, die Datenverfügbarkeit für Anwendungen zu gewährleisten. Damit soll auch die Nutzung der Daten für bestehende Anwendungen ermöglicht und vor allem auch das Expertenwissen in einer Organisation unterstützt werden (s. DAVENPORT 2014, S. 123).

Anwendung des digitalen Schattens

Die Verwendung des Begriffs des Schattens im digitalen Kontext erfolgte bereits 1993 durch RHEINGOLD. Er bezeichnete damit eine datenbasierte und dauerhafte Überwachung eines jeden Bürgers im Internet im Sinne eines Panoptikums, also eines Gefängnisses, bei dem ein Wärter möglichst viele Zellen gleichzeitig überwachen kann (s. RHEINGOLD 1993, S. 14). Inzwischen wird der digitale Schatten als Begriff vorrangig im Zusammenhang mit der datenbasierten Überwachung betrieblicher Prozesse, primär der Produktion, verwendet. In dieser Funktion ist der digitale Schatten ein wesentlicher Bestandteil der Industrie 4.0, also dem Internet der Dinge in der vernetzten Produktion (s. BAUERNHANSL ET AL. 2016, S. 6). Im Kontext verschiedener Bausteine von Industrie 4.0 sammelt der digitale Schatten Daten von physischen Systemen und Menschen, generiert daraus ein Echtzeitmodell und stellt dieses Softwarediensten zur Verfügung (siehe Abbildung 2-18).

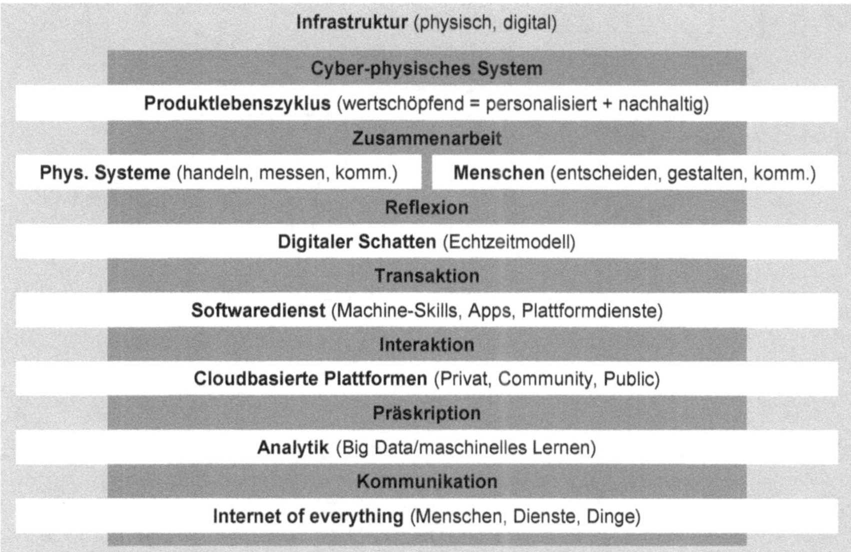

Abbildung 2-18 Bausteine der Industrie 4.0 (eigene Darstellung i. A. a. BAUERNHANSL ET AL. 2016, S. 6)

SCHUH ET AL. erweitern die Anwendung des digitalen Schattens der Produktion um eine Betrachtung der Entwicklung und Nutzung des Produktes in der Struktur des *Internet of Production* (s. SCHUH ET AL. 2017, S. 121). Damit wird der komplette Produktlebenszyklus im digitalen Schatten inkludiert. Eine weitere Anwendung liegt in den produktionsnahen Bereichen der Instandhaltung, Reparatur und Betrieb (s. SCHUH ET AL. 2018c, S. 272). Im englischsprachigen Raum kann der Begriff auch für illegale, aber nicht kriminelle Aktivitäten im Internet, digitale Schattenwirtschaft genannt, stehen (s. REMEIKIENE ET AL. 2018, S. 707). Dieser Anwendungsfall widerspricht aber der zuvor gegebenen Definition des digitalen Schattens.

Der digitale Schatten als Grundlage einer echtzeitfähigen Auswertungsbasis relevanter Daten bietet in der Praxis einen großen Mehrwert durch die Verringerung der Zeit zwischen dem Auftreten eines Ereignisses und einer darauffolgenden datenbasierten Entscheidung, wie auf das Ereignis zu reagieren ist. Der Wert einer Reaktion auf ein Ereignis ist nämlich höher, je früher diese erfolgt (siehe Abbildung 2-19). Der digitale Schatten verkürzt dabei die Datenlatenz, also die Zeit zwischen einem Geschäftsereignis und dem Vorliegen von Daten darüber. Um danach auch einen tatsächlichen geschäftlichen Mehrwert zu erlangen, muss aber auch die Analyse- und Entscheidungslatenz gesenkt werden, also die Zeit, bis aus den vorliegenden Daten auch Informationen aus einer Analyse der Daten vorliegen und basierend auf den Informationen Maßnahmen abgeleitet wurden (s. HACKATHORN 2002, S. 25).

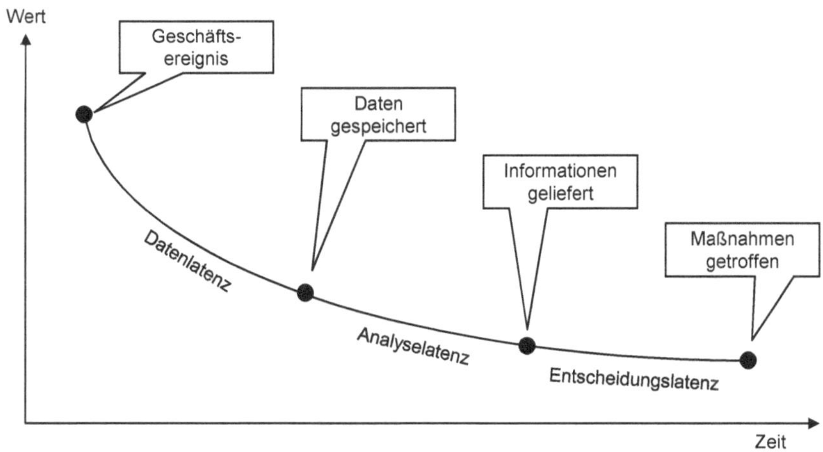

Abbildung 2-19 Zusammenhang zwischen dem Wert einer Entscheidung und vergangener Zeit (eigene Darstellung i. A. a. HACKATHORN 2002, S. 24)

Ein wesentlicher Aspekt der Anwendung des digitalen Schattens ist also auch die Fähigkeit, Informationen aus der großen und inhomogenen Menge verfügbarer Daten zu gewinnen, die er bereitstellt (s. SCHUH ET AL. 2016a, S. 26). Liegen die Daten dabei in großer Menge mit hoher Vielfalt vor und werden mit einer hohen Geschwindigkeit mehr Daten generiert, spricht man auch von *Big Data* (s. MEIER 2018, S. 6). Zur Auswertung dieser Daten sind Technologien wie das Machine Learning, statistische Verfahren, neuronale Netzwerke oder das Data-Mining zu verwenden (s. SILVA ET AL. 2019, S. 20). Diese Technologien ermöglichen durch die Auswertung der Daten Aussagen über Zusammenhänge bis hin zur Vorhersage von Ereignissen und wie auf diese zu reagieren ist, jeweils mit steigender Komplexität der Analysen (s. SHI-NASH U. HARDOON 2017, S. 331).

2.2 Fachliche Einordnung

Die vorliegende Dissertationsschrift ist eine interdisziplinäre Arbeit. Zur Lösung der Forschungsfrage bedarf es des Wissens aus verschiedenen Bereichen der Wissenschaft. Die fachliche Einordnung der Arbeit hat zum Ziel, ein Verständnis für die Perspektive zu entwickeln, die diese Arbeit einnehmen soll, und eine Grundlage für die Literaturrecherche zu legen.

2.2.1 Dienstleistungsforschung

Wie bereits in Kapitel 2.1.1. dargestellt, gewinnen Dienstleistungen an Bedeutung für produzierende Unternehmen. Die Dienstleistungsforschung untersucht Dienstleistungssysteme und schafft die Basis für eine systematische Weiterentwicklung von Dienstleistungen (s. MAGLIO U. SPOHRER 2008, S. 18). In Deutschland ist die Dienstleistungsforschung vor allem von der Sicht produzierender Unternehmen geprägt und beschäftigt sich mit einem zusätzlichen Angebot an Dienstleistungen neben dem Sachgut (s. BEVERUNGEN ET AL. 2019, S. 229). Dabei muss sich die Dienstleistungsforschung mit der Entwicklung, Vermarktung und Erbringung von Dienstleistungen beschäftigen (siehe Abbildung 2-20).

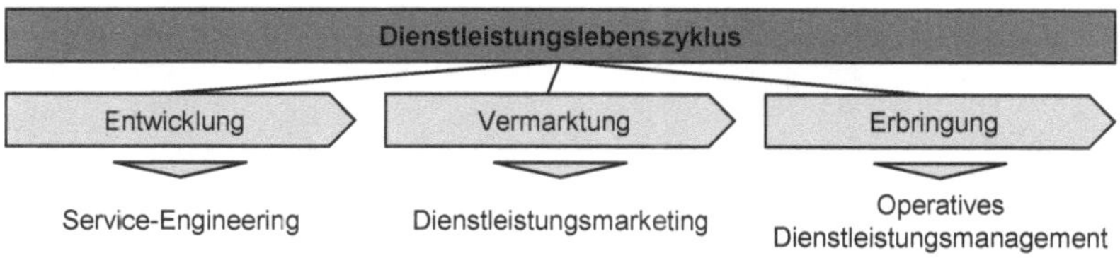

Abbildung 2-20 Betrachtungsphasen der Dienstleistungsforschung (eigene Darstellung i. A. a. MEIER U. UHLMANN 2012, S. V)

Service-Engineering hat die systematische und strukturierte Entwicklung von Dienstleistungen zum Ziel (s. SCHUH ET AL. 2016c, S. 169). Dafür ist eine Kundenorientierung wesentlich. Dienstleistungen sind so zu entwickeln, dass sie die Bedürfnisse von Kunden erfüllen (s. SCHUH ET AL. 2016c, S. 170). Für die strukturierte Entwicklung von Dienstleistungen gibt es eine Vielzahl an standardisierten Prozessmodellen. Für klassische industrielle Dienstleistungen existiert die DIN PAS 1082, in der der Entwicklungsprozess in 39 Schritten in sieben Phasen unterteilt ist (s. DIN 2008). Die Digitalisierung und entsprechende datenbasierte Dienstleistungen verlangen agilere

Vorgehen, für die ebenfalls Service-Engineering-Modelle entwickelt wurden (s. JUSSEN ET AL. 2019, S. 385).

Das *Dienstleistungsmarketing* als weiterer Aspekt der Dienstleistungsforschung hat eine „*eng am Markt orientierte Analyse, Planung, Durchführung und Kontrolle sämtlicher Marktaktivitäten*" zum Ziel (s. BRUHN ET AL. 2018, S. 2). Werden dabei Dienstleistungen begleitend zu Sachleistungen von produzierenden Unternehmen angeboten, handelt es sich um funktionelles oder auch industrielles Dienstleistungsmarketing (s. BRUHN ET AL. 2018, S. 11). Auch im Dienstleistungsmarketing ist der Kunde ein zentrales Objekt der Untersuchungen (s. BRUHN ET AL. 2018, S. 20). Gerade die Nachfrage nach personalisierten Dienstleistungen, die auf technologischen Entwicklungen und einer Kenntnis der individuellen Kundenbedürfnisse basieren, steigt und stellt Unternehmen vor eine Herausforderung (s. HADWICH 2020, S. 171).

Während das Dienstleistungsmarketing und Service-Engineering selbst Bestandteile des Dienstleistungsmanagements sind, soll hier primär das *operative Dienstleistungsmanagement* zur Erbringung von Dienstleistungen betrachtet werden (s. BIEGER 2007, S. 2). Dieses fokussiert vorrangig den Dienstleistungsprozess (s. BIEGER 2007, S. 1). Dabei hat das Geschäftsmodell eine zentralen Rolle inne, um Geschäftstätigkeiten eines Unternehmens zu planen (s. BIEGER U. REINHOLD 2011, S. 27). Es besteht dabei aus den Teilmodellen *Ertragsmodell*, *Leistungserstellungsmodell* sowie *Leistungsangebots- und Marktadressierungsmodell* (s. SCHUH ET AL. 2016b, S. 69). Informationen über Kunden beeinflussen dabei die Konfiguration von Leistungssystemen im Bereich der Dienstleistungen (s. SCHUH ET AL. 2016d, S. 126). Innerhalb des operativen Dienstleistungsmanagements beschäftigt sich das Themenfeld der Lean Services mit der effektiven und effizienten Erbringung der Dienstleistungen (s. DOMBROWSKI U. MALORNY 2018, S. 239).

2.2.2 Wirtschaftsinformatik

Mit dem steigenden IT-Anteil der industriellen Dienstleistungen im Rahmen eines Leistungssystems aus Produkt, industriellen Dienstleistungen und digitaler Produkte steigt auch die Bedeutung der Wirtschaftsinformatik in der Dienstleistungsforschung (s. BUHL U. WEINHARDT 2009, S. 471). Die Wirtschaftsinformatik beschäftigt sich mit Informationssystemen und hat unter anderem „*die gestaltungsorientierte Konstruktion von Informationssystemen sowie die dafür notwendige (Weiter-)Entwicklung von Konzepten, Vorgehensweisen, Modellen, Methoden, Werkzeugen und (Modellierungs-) Sprachen*" (s. WKWI 2011) zum Ziel. Die Wirtschaftsinformatik betrachtet dabei als interdisziplinäres Fach Themen der Betriebswirtschaftslehre, der Informatik, der Verhaltenswissenschaften und der Technik respektive der Ingenieurwissenschaften (s. MERTENS 2019). Diese Überschneidung mit anderen Fachgebieten ist in Abbildung 2-21 dargestellt. Als Schnittstellendisziplin kann sie im Rahmen der Dienstleistungsforschung dortige Fragestellungen mit eigenen Lösungsansätzen verbinden.

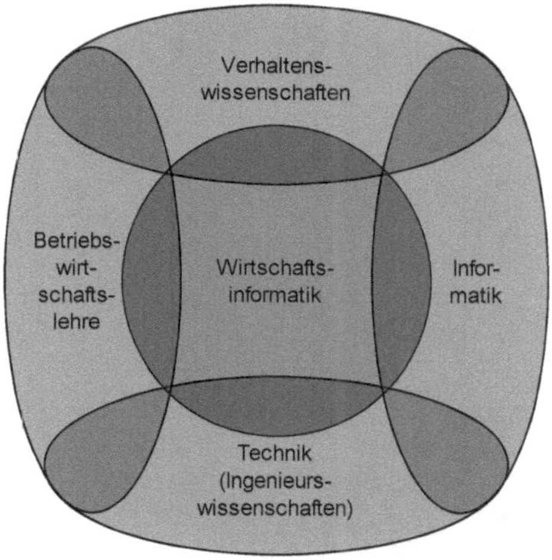

Abbildung 2-21 Interdisziplinäre Einordnung der Wirtschaftsinformatik (eigene Darstellung i. A. a. MERTENS 2019)

Die *Ingenieurwissenschaften* beschäftigen sich mit der theoretischen Fundierung der Gestaltung von Technik, also der menschengemachten Gegenstände (s. BANSE 2006, S. 131). Sie fokussieren dabei vor allem Fragen der Funktionalität und Effizienz technischer Systeme (s. KRULL 2019, S. 9). Die *Betriebswirtschaftslehre* beschäftigt sich mit den wirtschaftlichen Vorgängen innerhalb einzelner Betriebe und deren Beziehung zur Umwelt (s. WEBER ET AL. 2018, S. 6). Der Fokus liegt dabei darauf, Entscheidungsprozesse zu beschreiben, analysieren und erklären. Die Wirtschaftsinformatik ist weiterhin in der *angewandten Informatik* anzusiedeln. Der Begriff der Informatik bezeichnet dabei eine „automatische Informationsverarbeitung" (s. ERNST 2013, S. 1). Die angewandte Informatik beschäftigt sich mit der Anwendung informatischer Methoden in anderen Fachgebieten. Die *Verhaltenswissenschaften* sind das Studium menschlichen Verhaltens innerhalb einer kontrollierten und systemischen Struktur (s. ADHIKARI 2016, S. 128). Dies kann sich auf das individuelle Verhalten, das Gruppenverhalten oder auch das Verhalten von Organisationen beziehen (s. FRANKEN 2019, S. 6)

2.3 Eingrenzung des Untersuchungsgegenstands

Im Rahmen der DSR ist eine Einordnung des Forschungsvorhabens in dessen Umwelt vorzunehmen (s. HEVNER ET AL. 2004, 79). Diese Eingrenzung des Objektbereichs ist essenziell, um den gedanklichen Bezugsrahmen eines Forschungsprozesses herzustellen (s. ULRICH U. HILL 1976, S. 306). Ziel dieses Kapitels ist es daher, auf Basis der in Kapitel 1 gesteckten Ziele sowie der begrifflichen Grundlagen in Kapitel 2.1 und der fachlichen Einordnung in Kapitel 2.2 nun eine Eingrenzung des Untersuchungsgegenstands vorzunehmen. Eine Übersicht der Eingrenzung ist in Abbildung 2-22 gegeben.

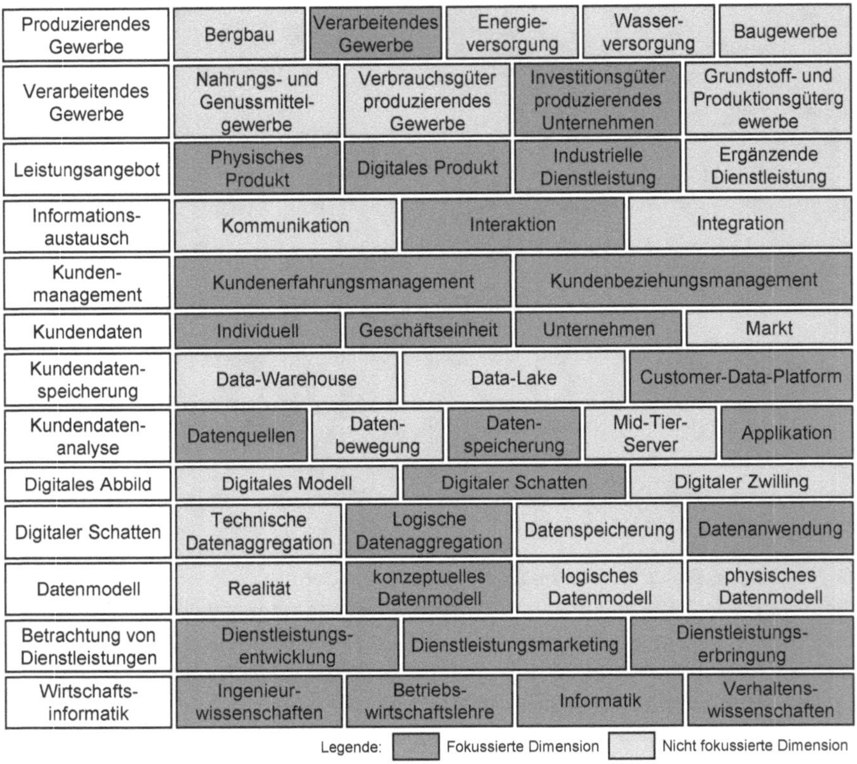

Abbildung 2-22 Eingrenzung des Untersuchungsgegenstands (eigene Darstellung)

Im Fokus der Arbeit steht der digitale Schatten, der durch seinen einseitigen Datenfluss vom physischen zum digitalen Objekt klar vom digitalen Modell oder dem digitalen Zwilling abzugrenzen ist (s. KRITZINGER ET AL. 2018, S. 1017). Bei der konkreten Gestaltung des digitalen Schattens sind diejenigen Komponenten zu gestalten, die unabhängig von einzelnen Unternehmen einer Allgemeinheit zur Adaption zur Verfügung gestellt werden können. Dies gilt für die logische Aggregation der Daten und die Anwendung der Daten. Die technische Datenaggregation und die konkrete Datenspeicherung sind abhängig von der Infrastruktur eines Unternehmens. Die logische Datenaggregation erfolgt in der Arbeit in einem konzeptuellen Datenmodell. Dieses stellt eine realitätsbezogene Verknüpfung verschiedener Objekte dar (s. WEST 2011, S. 25).

Über den Austausch an Informationen sind die in dieser Arbeit betrachteten Kundeninteraktionen von der Kommunikation und Integration abzugrenzen (s. KERSTEN ET AL. 2006, S. 347). Dabei werden sowohl die kurzfristigen als auch langfristigen Interaktionen im Rahmen des Kundenerfahrungs- als auch Kundenbeziehungsmanagements inkludiert (s. BRUHN U. HADWICH 2012, S. 8; LEUßER ET AL. 2011, S. 18). Aus den Interaktionen zwischen Unternehmen und Kunden sollen Kundendaten erfasst werden. Diese Interaktionen können der Definition nach allerdings nicht mit einem konkreten

Markt stattfinden, ohne diese einem Unternehmen zuordnen zu können (s. ROLLINS 2008, S. 37). Entsprechend findet keine Betrachtung von Kundendaten auf Marktebene statt. Für das Speicherkonzept soll angenommen werden, dass die Kundendaten auf einer Customer-Data-Platform liegen (s. EARLEY 2018, S. 69). Entsprechend liegt die konkrete technische Zusammenführung von Daten nicht im Fokus, was auch bereits über die betrachteten Komponenten des digitalen Schattens hergeleitet wurde. Die Anwendung und Analyse der Kundendaten betrachtet neben den Kundeninteraktionen als Datenquelle auch die Datenspeicherung, zumindest als logische Verknüpfung der Daten und die konkreten Anwendungen (s. CHAUDHURI ET AL. 2011, S. 90). Aspekte von Kundendaten wie die IT-Sicherheit oder der Datenschutz sind nicht Teil der Untersuchung.

Basierend auf der Motivation zusätzlich verfügbarer Daten über die Nutzung von vernetzten und intelligenten Maschinen, erfolgt im Rahmen dieser Dissertationsschrift nur die Betrachtung von Investitionsgütern produzierender Unternehmen, die dem verarbeitenden Gewerbe angehören (s. FRANK U. GRIMM 2010, S. 13). Dabei sollen neben dem eigentlichen Produkt auch begleitende industrielle Dienstleistungen und digitale Produkte betrachtet werden.

Im Rahmen der Dienstleistungsforschung sollen sowohl die Entwicklung und das Marketing als auch die Erbringung von Dienstleistungen betrachtet werden. In allen drei Phasen sind Erkenntnisse über Kunden und deren Bedürfnisse von zentraler Bedeutung. Zur Lösung der Forschungsfrage kommen im Rahmen der Wirtschaftsinformatik dabei Methoden der Betriebswirtschaftslehre, Ingenieurwissenschaften, Informatik und Verhaltenswissenschaften zur Anwendung

3 Stand der Forschung

Das folgende Kapitel hat zum Ziel, den aktuellen Stand der Forschung in Bezug auf die Forschungsfrage zu analysieren. Im Rahmen der DSR sind hierbei zwei Aspekte von besonderem Interesse, die die wissenschaftliche Rigorosität gewährleisten. Diese sind die Erläuterung des aktuellen Stands der Forschung im Untersuchungsbereich als auch existierende Artefakte im Anwendungsbereich (s. HEVNER 2007, S. 89). Die Analyse soll damit zum einen die Basis für dieses Forschungsvorhaben legen, indem relevante Modelle und Methoden identifiziert werden. Zum anderen soll die Dissertationsschrift auch im aktuellen Forschungsdiskurs verortet werden und ein sich ergebender Forschungsbedarf aufgezeigt werden (s. SWALES 2014, S. 12).

3.1 Kriterien der Studienauswertung

Eine Literaturübersicht für den Stand der Forschung dient in der Regel dazu, relevante Literatur zu untersuchen; dabei sollte man sich an Konzepten orientieren (s. WEBSTER U. WATSON 2002, S. 15). Entsprechend stehen für die Studiensuche neben wissenschaftlichen Journalbeiträgen vor allem auch Buchbeiträge und Tagungsbände als Orientierung im Fokus, welche die Forschungsbereiche des Dissertationsvorhabens abdecken. Nach Kapitel 2.2 sind dies die Dienstleistungsforschung sowie die Wirtschaftsinformatik inkl. der Betriebswirtschaftslehre, Informatik, Ingenieurwissenschaften und Verhaltenswissenschaften. Gerade im Bereich der Betriebswirtschaftslehre sollen dabei Journals mit hohem Ranking dennoch einen Startpunkt darstellen, da hier das Finden der wichtigsten wissenschaftlichen Veröffentlichungen am wahrscheinlichsten ist (s. WEBSTER U. WATSON 2002, S. 16). Ist eine relevante Studie gefunden, wird die Suche in der von dieser Studie zitierten Quellen sowie von anderen Studien, die die vorliegende selbst als Quelle nutzen, fortgeführt (s. WEBSTER U. WATSON 2002, S. 16). Die konkrete Suche erfolgt anhand von Schlüsselwörtern auf Basis von Kapitel 2.1 (siehe Abbildung 3-1).

Abbildung 3-1 Schlüsselwörter für die Literatursuche (eigene Darstellung)

Die gefundenen Studien müssen gewisse Anforderungen erfüllen, um für das Dissertationsvorhaben relevant zu sein. Erkennbar wird dies, indem sie Konzepte enthalten, die den Untersuchungsbereich der Arbeit definieren (s. WEBSTER U. WATSON 2002, S. 18). Hierfür soll der Bezug der zu untersuchenden Studien zu den wesentlichen

Aspekten der Dissertationsschrift hergestellt werden. Angelehnt an die Zielsetzung aus Kapitel 1.2 und die Eingrenzung des Untersuchungsbereichs in Kapitel 2.3 ergeben sich die folgenden Anforderungen:

Der erste Bezug ist der *Objektbereich*. Die zu untersuchende Literatur sollte einen Bezug zur *produzierenden Industrie* haben, da Unternehmen in diesem Bereich im vorliegenden Dissertationsvorhaben untersucht werden sollen. Weiterhin sollte ein Bezug zu *Smarten Produkt-Service-Systemen (SPSS)* vorhanden sein. Diese sind Grundlage, um Daten aus der Nutzungsphase erheben zu können. Die in der Literatur beschriebenen Forschungsvorhaben werden weiterhin im Hinblick auf ihren thematischen Bezug zum Dissertationsvorhaben untersucht. Zunächst werden *Kundeninteraktionen* betrachtet, also der Austausch von Informationen zwischen einem Unternehmen und dessen Kunden. Hierbei spielt die komplette Prozesskette eine zentrale Rolle, die durch die Betrachtung der *Customer-Journey* gewährleistet wird. Untersucht werden soll damit, welche *Kundendaten* ein Unternehmen aufnehmen kann.

Der zweite Bezug ist der Zielbereich. Das Dissertationsvorhaben verfolgt bestimmte Ziele und generiert Ergebnisse, die den Einsatz eines digitalen Schattens von Kundeninteraktionen produzierender Unternehmen ermöglichen. Im Wesentlichen wird ein *Referenzprozess* erstellt, aus den darin gesammelten Daten ein *Datenmodell* gestaltet und zuletzt ein Vorgehen zur *Implementierung* entworfen.

Die Darstellung der Ergebnisse erfolgt in einer klar strukturierten Konzeptmatrix (s. WEBSTER U. WATSON 2002, S. 17). Es erfolgt eine Auflistung der gefundenen Studien, die für eine bessere Übersicht gruppiert werden (s. WEBSTER U. WATSON 2002, S. 17). Die Gruppierung erfolgt anhand der nach Kapitel 2.1 wichtigsten Bezugspunkte des Dissertationsvorhabens. Diese Bezüge bestehen zur Produktion, der Kernexpertise produzierender Unternehmen, zum Kundenbezug im Sinne der Kundeninteraktionen sowie zu dem Datenbezug als Kern des digitalen Schattens der Kundeninteraktionen. Auf der horizontalen Achse sind die Anforderungen an die Studien gelistet, die zuvor aufgestellt wurden. Der Erfüllungsgrad der Anforderungen durch die Studien erfolgt durch Harvey-Balls. Harvey-Balls sind Kreise, die einen prozentualen Erfüllungsgrad ausdrücken. Ein voller Ball steht für einen Fokus auf den genannten Aspekt oder zeigt, wenn dieser Fokus seitens der zu untersuchenden Literatur komplett betrachtet wird. Ein halber Ball sagt aus, dass das Bewertungskriterium zwar behandelt wird, aber beim Paper nicht im Fokus steht respektive nur teilweise betrachtet wird. Ein leerer Ball wird vergeben, wenn der Aspekt in der Literatur nicht betrachtet wird.

In Abbildung 3-2 ist das sich damit ergebende Schema, welches in Kapitel 3.2 zur Bewertung der Literatur und in Kapitel 3.3 zur Ableitung des Forschungsbedarfs genutzt wird, dargestellt.

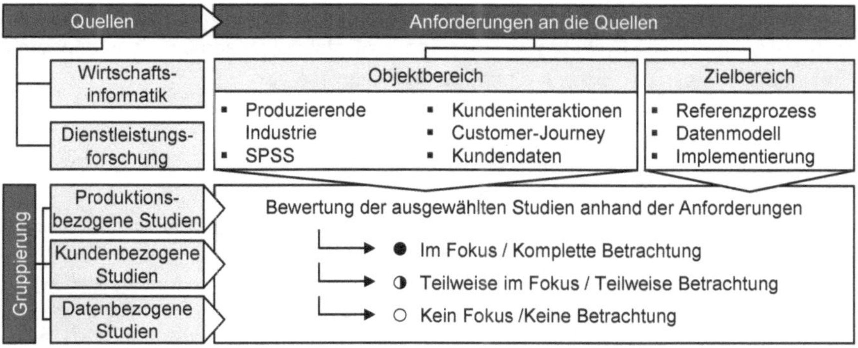

Abbildung 3-2 Schema der Literaturanalyse (eigene Darstellung)

3.2 Status quo in der Forschung

Im folgenden Kapitel wird nun der Status quo in der Forschung dargelegt. Die Studien sind dabei in die Bezüge der Produktion, der Kunden und der Daten gruppiert. Die Reihenfolge ergibt sich chronologisch über das Erscheinungsjahr der Studien und untergeordnet über die alphabetische Reihenfolge der Nachnamen der erstgenannten Autoren.

3.2.1 Produktionsbezogene Studien

Zunächst werden gemäß den Kriterien der Studienauswertung aus Kapitel 3.1 ausgesuchte Studien mit Bezug zur Produktion und damit auch produzierenden Unternehmen nach Kapitel 2.1.1 untersucht und im Hinblick auf das Dissertationsvorhaben evaluiert.

WGP-Standpunkt Industrie 4.0 (Bauernhansl et al. 2016)

Die wissenschaftliche Gesellschaft für Produktionstechnik WGP veröffentlichte als Zusammenschluss von Professoren der Produktionstechnik in Deutschland dieses Positionspapier zum Themenbereich Industrie 4.0. Eingeleitet wird mit einer Begriffsbestimmung zu Industrie 4.0, in der neben der Definition auch Nutzen und Potenziale aufgezeigt werden. Anschließend werden vier Handlungsfelder diskutiert: cyber-physische Systeme, cloud- und dienstebasierte Produktionsplattformen, digitaler Schatten und Analytik. Abschließend werden Handlungsempfehlungen für die Wirtschaft, Politik und Wissenschaft abgegeben.

Die Digitalisierung bringt laut Bauernhansl et al. Vorteile im Bereich der Informationsverfügbarkeit, -reliabilität und -schnelligkeit, wodurch ein digitaler Schatten als Anwendung überhaupt erst möglich wird (s. Bauernhansl et al. 2016, S. 24). Der digitale Schatten soll den Produktionsprozess transparenter machen und legt die Grundlage für Methoden und Modelle der Datenauswertung und -analyse (s. Bauernhansl et al. 2016, S. 25). Die Analyse lässt sich dabei in vier Stufen aufteilen (siehe Abbildung 3-3): Die deskriptive Analyse ist die Erklärung vergangenen Geschehens. Die

Diagnostik beschreibt aktuelle Vorgänge. Die Prädiktion sagt Wahrscheinlichkeiten für in Zukunft eintretende Ereignisse voraus und die Präskription schlägt Handlungsempfehlungen für die in der Zukunft eintretenden Ereignisse vor.

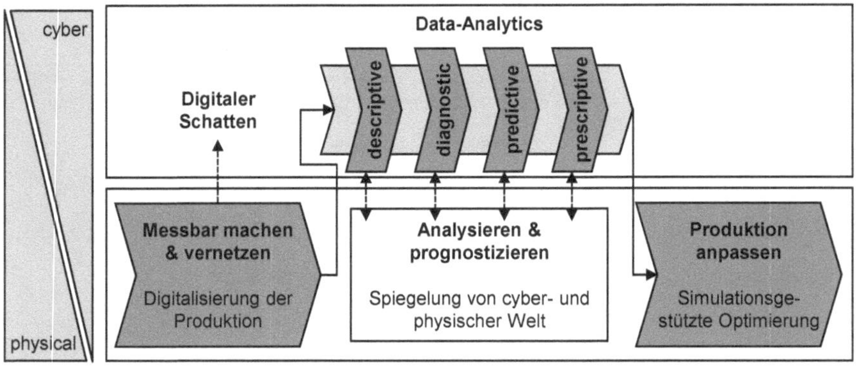

Abbildung 3-3 Stufen der Datenauswertung und -analyse (eigene Darstellung i. A. a. BAUERNHANSL ET AL. 2016, S. 25)

Das Forschungsfeld des digitalen Schattens wird zur Umsetzung dieser Potenziale in vier Felder aufgeteilt. Das erste Feld befasst sich mit der Datenstruktur, genauer gesagt mit der Struktur des Datenmodells. Hier wird herausgestellt, dass für die Interpretation von Daten auch Kontextwissen nötig ist und daher der Maschinen- und Anlagenbau mit Unternehmen des Informationssektors zusammenarbeiten sollte (s. BAUERNHANSL ET AL. 2016, S. 26). Das zweite Feld ist die multimodale Datenaufnahme, also die Erfassung von Daten aus verschiedenen Quellen. Der Standpunkt fokussiert dabei primär Daten aus Sensornetzwerken. Die multimodale Datenfusion stellt das dritte Feld dar. Hier gilt es, die multimodalen Daten zu vereinen und zu einem konsistenten Bild zusammenzufügen. Als letztes Feld wird ein Konsistenz-/Plausibilitätscheck angeführt. Hier kann unterschieden werden in Prozesse zur Qualitätssicherung der zu erfassenden Daten und Algorithmen, die fehlerhaft gespeicherte Daten erkennen (s. BAUERNHANSL ET AL. 2016, S. 28).

Das darauffolgende Kapitel beschäftigt sich mit einem Migrationspfad für Anwender des digitalen Schattens, also einem konkreten Vorgehen zur Implementierung. Dies wurde in vier Phasen mit insgesamt neun Schritten gegliedert (siehe Abbildung 3-4). Analog zum Kapitel der Forschungsfelder ist die Implementierung ebenfalls unterteilt in Datenstruktur/Datenmodell (Phase 1), multimodale Datenaufnahme (Phase 2), multimodale Datenfusion (Phase 3) und Konsistenz-/Plausibilitätscheck (Phase 4).

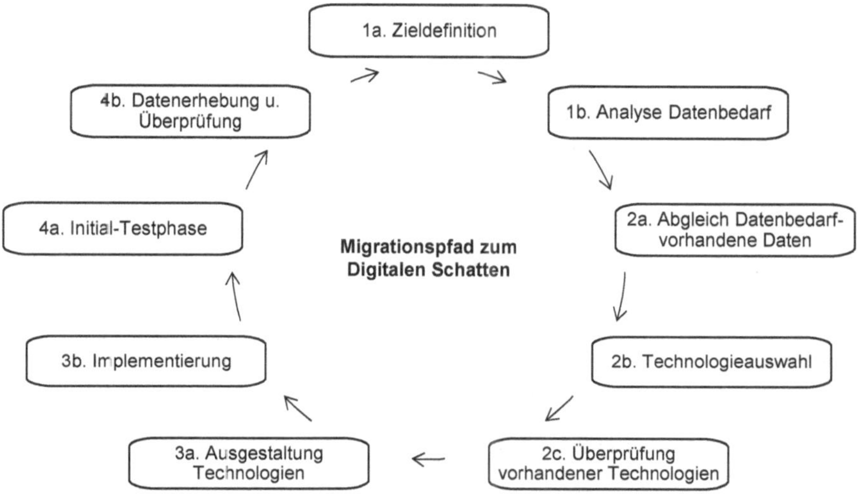

Abbildung 3-4 Migrationspfad zum digitalen Schatten (eigene Darstellung i. A. a. BAUERNHANSL ET AL. 2016, S. 30)

Produzierende Industrie: Der Standpunkt wurde explizit für die Produktion und damit Unternehmen der produzierenden Industrie verfasst.

Smarte Produkt-Service-Systeme: Vernetzte Maschinen stehen im Rahmen SPSS als Datenquellen im Fokus.

Kundeninteraktionen: Die Interaktion mit Kunden steht in dieser Arbeit nicht im Fokus. Es wird lediglich darauf hingewiesen, dass durch Industrie 4.0 eine bessere Einbindung der Kunden möglich ist.

Customer-Journey: Die Customer-Journey wird in der Studie nicht behandelt.

Kundendaten: Kundendaten werden nicht betrachtet. Es wird vor allem der Produktionsprozess fokussiert.

Referenzprozess: Die Einstufung der Ergebnisse der Studie als Referenzprozess ist teilweise möglich. Allerdings wird Customer-Journey in der Studie gar nicht behandelt und Kundeninteraktion nur genannt.

Datenmodell: Datenmodelle werden stellenweise betrachtet. Es erfolgt eine Begriffserläuterung und Herausforderungen in diesem Bereich, konkrete Lösungen werden aber nicht präsentiert.

Implementierung: Der Standpunkt gibt einen konkreten Migrationspfad für die Implementierung eines digitalen Schattens an.

Es ergibt sich die in Abbildung 3-5 dargestellte Einordnung der Studie in den Untersuchungsbereich.

Anforderungen:	**Objektbereich**					**Zielbereich**		
Untersuchte Ansätze:	Produzierende Industrie	SPSS	Kundeninteraktionen	Customer-Journey	Kundendaten	Referenzprozess	Datenmodell	Implementierung
Bauernhansl et al. 2016	●	●	○	○	○	○	◑	●

● Im Fokus / Komplette Betrachtung ◑ Teilweise im Fokus / Teilweise Betrachtung ○ Kein Fokus /Keine Betrachtung

Abbildung 3-5 Einordnung von Bauernhansl et al. 2016 in den Untersuchungsbereich (eigene Darstellung)

Methodology for the derivation of a digital shadow for the engineering management (Schuh et al. 2018b)

Die Studie zu einer Methodik zur Ableitung eines digitalen Schattens für das Engineering-Management wurde 2018 im Rahmen der *IEEE Technology and Engineering Management Conference* veröffentlicht. Konkretes Ziel ist die Entwicklung eines datenbasierten Informationsmodells für die Bereitstellung multidimensionaler Produktinformationen für explorative Analysen (s. Schuh et al. 2018b, S. 3). Die dafür angewandte Methodik gliedert sich in fünf Schritte (siehe Abbildung 3-6).

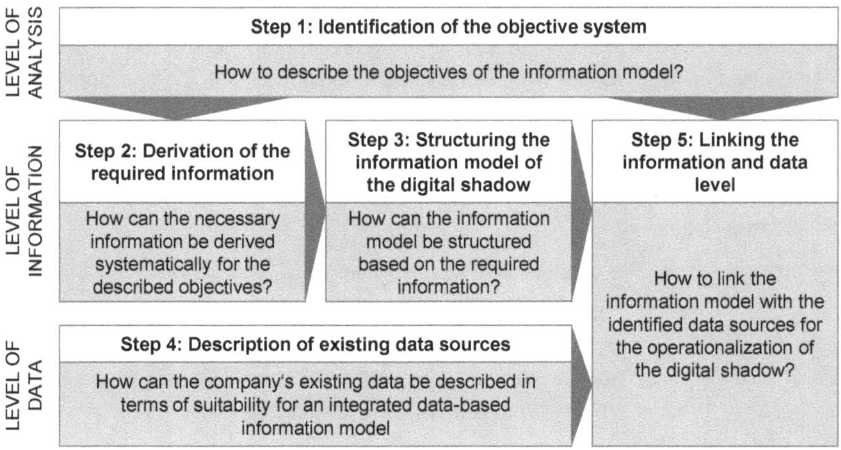

Abbildung 3-6 Forschungsdesign zur Ableitung eines digitalen Schattens (eigene Darstellung i. A. a. Schuh et al. 2018b, S. 3)

Im ersten Schritt sollen dafür die Ziele des Informationsmodells beschrieben werden. Ergebnis sind eine Zieldefinition und die daraus abgeleiteten Informationsanforderungen an das Informationsmodell. Im zweiten Schritt wird ein generisches Modell zur Beschreibung eines Produktes abgeleitet und ein Konzept zur Identifikation relevanter

Informationen vorgeschlagen. Die Definition von Informationsobjekttypen ist Ziel des dritten Schrittes. In Schritt vier werden Datenquellen in einem Unternehmen hinsichtlich der Datenqualität mit sechs Parametern untersucht. Im fünften und letzten Schritt erfolgt die Verknüpfung des Informationsmodells mit den Datenquellen zur praktischen Umsetzung des digitalen Schattens.

Produzierende Industrie: Mit einem Fokus auf das Engineering-Management bei der Produktentwicklung hat die Studie einen eindeutigen Bezug zur produzierenden Industrie.

Smarte Produkt-Service-Systeme: Daten aus vernetzten Produkten werden in der Studie nicht betrachtet.

Kundeninteraktionen: Die Interaktionen zwischen Unternehmen und Kunden wurde in der Studie nicht untersucht. Lediglich in den Perspektiven zur Betrachtung eines Produktes wird die Kundenperspektive erwähnt.

Customer-Journey: Die Customer-Journey wird nicht betrachtet.

Kundendaten: Die Studie beschreibt, wie systematisch ein Informationsmodell für das Engineering-Management bei der Produktentwicklung entwickelt werden kann. Ein thematischer Bezug zu einem digitalen Abbild des Kunden ist damit nicht vorhanden.

Referenzprozess: Der digitale Schatten in der Studie wird entlang eines Referenzprozesses zum Produktlebenszyklus entwickelt.

Datenmodell: In der Studie wird beschrieben, wie ein Informationsmodell strukturiert werden kann. Ein Datenmodell selbst wird nicht entwickelt.

Implementierung: Es wird ein konkretes Vorgehen zur Implementierung eines digitalen Schatten erläutert.

In Abbildung 3-7 wird die Einordnung der Studie in den Untersuchungsbereich dargestellt.

Anforderungen:	Objektbereich					Zielbereich		
Untersuchte Ansätze:	Produzierende Industrie	SPSS	Kunden-interaktionen	Customer-Journey	Kundendaten	Referenzprozess	Datenmodell	Implementierung
Schuh et al. 2018b	●	○	○	○	○	●	◑	●

● Im Fokus / Komplette Betrachtung ◑ Teilweise im Fokus / Teilweise Betrachtung ○ Kein Fokus /Keine Betrachtung

Abbildung 3-7 Einordnung von SCHUH ET AL. 2018 in den Untersuchungsbereich (eigene Darstellung)

The Digital Shadow of Services (SCHUH ET AL. 2018c)

Die Veröffentlichung von Schuh et al. befasst sich mit einem Referenzmodell zur Sammlung von Daten von Instandhaltungsdienstleistungen von Maschinenbauern. Die

Untersuchung erfolgte hierfür im Rahmen von Fallstudien, bei denen 11 Servicetypen bei 5 verschiedenen Unternehmen betrachtet wurden (s. SCHUH ET AL. 2018c, S. 273). Dazu wurden Interviews durchgeführt und durch Sekundärdaten ergänzt. Aus den Fallstudien heraus konnten 28 Prozessmodule im Rahmen eines Referenzprozesses für Instandhaltungsleistungen definiert werden. Die Instandhaltungsleistung wurde dafür in die Kategorien des Managements, der Vor- und Nachbereitung sowie der Durchführung geteilt.

Auf Basis des Referenzprozesses wurde ein Datenmodell für Instandhaltungsleistungen gestaltet (siehe Abbildung 3-8). Dazu wird dem zentralen Entitätstyp des Ereignisses ein Ort- und Zeitstempel hinzugefügt und es werden potenzielle Ressourcen, Dokumente und Ergebnisse aufgezeigt (s. SCHUH ET AL. 2018c, S. 275). Diese Ereignisse sind dabei Teil eines Prozessschrittes innerhalb eines Prozesses, der im Rahmen eines Auftrags durchgeführt wird.

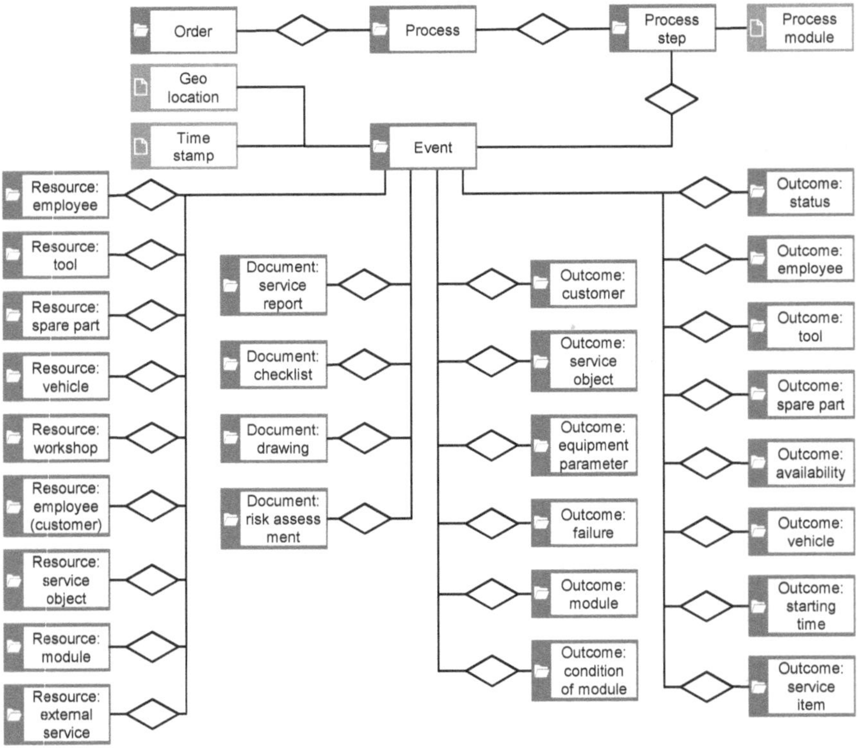

Abbildung 3-8 Datenmodell des digitalen Schattens für Instandhaltungsleistungen (eigene Darstellung i. A. a. SCHUH ET AL. 2018c, S. 274)

Produzierende Unternehmen: Der Maschinenbau ist im Fokus der Untersuchung.

Smarte Produkt-Service-Systeme: Auch wenn die Untersuchung im Rahmen der Datenvernetzung unter Industrie 4.0 erfolgt, findet keine spezifische Betrachtung vernetzter Maschinen statt.

Kundeninteraktionen: Kundeninteraktionen werden nicht betrachtet.

Customer-Journey: Eine Customer-Journey wird nicht betrachtet.

Kundendaten: Kundeninteraktionen werden nicht betrachtet.

Referenzprozess: Es wird ein Referenzprozess für Instandhaltungsleistungen gestaltet.

Datenmodell: In der Studie wurde ein Datenmodell für den digitalen Schatten von Instandhaltungsdienstleistungen entwickelt.

Implementierung: Es wird ein Prozess zur Implementierung aufgezeigt. Dieser ist allerdings nur exemplarisch in einem Unternehmen durchgeführt worden und nicht wissenschaftlich hergeleitet worden und hat daher keine Aussagekraft.

Anforderungen:	**Objektbereich**					**Zielbereich**		
Untersuchte Ansätze:	Produzierende Industrie	SPSS	Kundeninteraktionen	Customer-Journey	Kundendaten	Referenzprozess	Datenmodell	Implementierung
Schuh et al. 2018c	●	◑	○	○	○	●	●	○

● Im Fokus / Komplette Betrachtung ◑ Teilweise im Fokus / Teilweise Betrachtung ○ Kein Fokus /Keine Betrachtung

Abbildung 3-9 Einordnung von Schuh et al. 2018c in den Untersuchungsbereich (eigene Darstellung)

Digital twin-driven product design, manufacturing and service with big data (TAO ET AL. 2018)

Die von TAO ET AL. im *International Journal of Advanced Manufacturing Technology* veröffentlichte Studie befasst sich mit der Produktentwicklung, -herstellung und Dienstleistung, getrieben von einem digitalen Zwilling. Zentral dafür ist der Produktlebenszyklus im Rahmen des Produktlebenszyklus-Managements (PLM). Innerhalb der neun Phasen des Produktlebens entstehen dabei zahlreiche Daten, die im Rahmen der Produktlebenszyklusdaten zusammengefasst werden sollen (siehe Abbildung 3-10). Die genannten Daten sind dabei eher als Beispiele in den einzelnen Bereichen zu sehen und wurden nicht genauer erforscht.

Abbildung 3-10 Produktlebenszyklus und zugehörige Daten (eigene Darstellung i. A. a. TAO ET AL. 2018, S. 3565)

Basierend auf den Daten aus dem Lebenszyklus eines Produktes werden die Anwendungsbereiche in der Produktentwicklung, der Produktion und dem Service genauer erläutert. Im Rahmen der Produktentwicklung können Daten aus dem digitalen Zwilling in jeder Phase des Gestaltungsprozesses, der Konzeptionierung, der Detaillierung und einer abschließenden virtuellen Verifizierung angewendet werden (s. TAO ET AL. 2018, S. 3567–3568). In der Produktion kann ein digitaler Zwilling die physische Werkshalle mit einer virtuellen Abbildung und einem Steuerungssystem vernetzen und die Daten verknüpfen, um eine Optimierung der einzelnen Systeme zu erreichen (s. TAO ET AL. 2018, S. 3570). Im Bereich der produktbezogenen Dienstleistungen kann ein digitaler Zwilling für verschiedene Dienstleistungen wie eine Fehleranalyse und -prädiktion oder zum Management von Nutzern und einer Verhaltensanalyse genutzt werden (s. TAO ET AL. 2018, S. 3573).

Produzierende Unternehmen: In der Studie werden explizit Anwendungsfälle des digitalen Zwillings für produzierende Unternehmen untersucht.

Smarte Produkt-Service-Systeme: Daten aus vernetzten Produkten während der Nutzungsphase werden explizit aufgegriffen.

Kundeninteraktionen: Kundeninteraktionen werden nur bedingt betrachtet. Der Fokus liegt auf dem Produkt. Daher findet eine Betrachtung der Kundeninteraktionen nur statt, wenn diese explizit mit dem Produkt stattfinden.

Customer-Journey: Die Studie beschäftigt sich nicht mit der Customer-Journey, sondern basiert auf dem Produktlebenszyklus.

Kundendaten: Ein digitales Abbild des Kunden wird nicht betrachtet.

Referenzprozess: Mit dem Produktlebenszyklus wird aufgezeigt, inwiefern ein Referenzprozess zur Gestaltung digitaler Abbilder verwendet werden kann.

Datenmodell: Ein konkretes Datenmodell ist nicht Untersuchungsgegenstand der Studie.

Implementierung: Es werden konkrete Beispiele gegeben, wie der digitale Zwilling angewendet werden kann. Ein logisches Vorgehen zur Implementierung wird allerdings nicht erläutert.

Es ergibt sich die in Abbildung 3-11 dargestellte Einordnung der Studie in den Untersuchungsbereich.

Anforderungen:	**Objektbereich**					**Zielbereich**		
Untersuchte Ansätze:	Produ-zierende Industrie	SPSS	Kunden-inter-aktionen	Customer-Journey	Kunden-daten	Referenz-prozess	Daten-modell	Implemen-tierung
Tao et al. 2018	●	●	◑	○	○	●	○	◑

● Im Fokus / Komplette Betrachtung ◑ Teilweise im Fokus / Teilweise Betrachtung ○ Kein Fokus /Keine Betrachtung

Abbildung 3-11 Einordnung von Tao et al. 2018 in den Untersuchungsbereich (eigene Darstellung)

Generating Customer Insights Using the digital Shadow of the Customer (Briele et al. 2022)

Die Studie von Briele et al. wurde im Rahmen der *10th World Mass Customization & Personalization Conference 2021* veröffentlicht. In der Studie wird ein Konzept vorgestellt, um kundenbezogene Daten verstärkt in die Produktentwicklung einfließen zu lassen. Dazu folgt zunächst eine Literaturrecherche bezüglich relevanter Kundendaten für die Produktentwicklung. Dabei zeigen diese Daten, dass die gegebenen Typen nicht eindeutig sind und lediglich als Orientierung dienen, da gewisse Daten je nach Argumentation mehreren Typen zugeordnet werden können (s. Briele et al. 2022, S. 324). Ein Überblick über die relevanten Datentypen für die Entwicklung von Produkten ist in Tabelle 3-1 gegeben. Briele et al. bewerten diese Datentypen hinsichtlich ihrer Subjektivität, Strukturiertheit, Spezifität, Anzahl an Datenpunkten, Aktualisierungshäufigkeit sowie Erhebungskosten. Die fünfstufige Bewertung von niedrig bis hoch wurde aber lediglich von fünf nicht näher benannten Experten in einem Brainstorming vollzogen und erscheint daher wenig valide (s. Briele et al. 2022, S. 324).

Tabelle 3-1 Datentypen für die Produktentwicklung (eigene Darstellung i. A. a. BRIELE ET AL. 2022, S. 325)

Customer Centered								Product Centered				
Social Media Data	Complaint Data	Customer Study Data	Usage Data	User Data	Sales Data	CRM Data	Market Data	Quality Control Data	Measurement Study Data	Design Parameters	Manufacturing Processes Data	Laws and Norms

Anschließend werden die beiden Konzepte des Data-Lakes und des digitalen Schattens erläutert. Dabei wird vorgeschlagen, einen *Customer Data Lake* zur Speicherung aller kundenbezogenen Daten in einem Unternehmen zu kreieren (s. BRIELE ET AL. 2022, S. 326). Dem Vorgehen in dieser Dissertationsschrift vergleichbar, wird dann das Konzept des digitalen Schattens auf Kunden übertragen. Allerdings werden lediglich Anforderungen und mögliche Anforderungen definiert, aber die Umsetzung des Konzepts wird nicht weiter thematisiert (s. BRIELE ET AL. 2022, S. 327).

Produzierende Industrie: Mit dem Fokus auf die Produktentwicklung wird in der Studie auch explizit die produzierende Industrie betrachtet.

Smarte Produkt-Service-Systeme: Nutzungsdaten Smarter Produkte sind Teil der Betrachtung.

Kundeninteraktionen: Kundeninteraktionen werden lediglich als potenzielle Quellen für die Erhebung von Daten erwähnt, aber nicht tiefer ausgeführt.

Customer-Journey: Die zeitliche Abfolge der Kundeninteraktionen wird nicht betrachtet.

Kundendaten: Es wird eine Übersicht von kundenbezogenen Datentypen gegeben und diese werden auch in verschiedenen Kategorien bewertet.

Referenzprozess: Ein Prozess wird in der Studie nicht betrachtet.

Datenmodell: Ein Datenmodell ist nicht Teil der Studie. Zwar wird das Konzept des digitalen Schattens eingeführt, allerdings ohne konkret zu werden.

Implementierung: Ein Vorgehen zur Implementierung wird nicht betrachtet.

Es ergibt sich die in Abbildung 3-12 dargestellte Einordnung der Studie in den Untersuchungsbereich.

Anforderungen:	Objektbereich					Zielbereich		
Untersuchte Ansätze:	Produzierende Industrie	SPSS	Kunden-interaktionen	Customer-Journey	Kunden-daten	Referenz-prozess	Daten-modell	Implemen-tierung
Briele et al. 2022	●	●	◑	○	●	○	○	○

● Im Fokus / Komplette Betrachtung ◑ Teilweise im Fokus / Teilweise Betrachtung ○ Kein Fokus /Keine Betrachtung

Abbildung 3-12 Einordnung von Briele et al. 2022 in den Untersuchungsbereich (eigene Darstellung)

3.2.2 Kundenbezogene Studien

Die zweite Gruppe an untersuchten Studien hat einen Bezug zu Kunden und damit auch Kundeninteraktionen nach Kapitel 2.1.2.

Typologies and touchpoints: designing multi-channel digital strategies (Straker et al. 2015)

Straker et al. veröffentlichten ihre Studie im *Journal of Research in Interactive Marketing*. Ziel ist, ein besseres Verständnis über die Gestaltung digitaler Kanäle zu erlangen. Motiviert wurde das Vorhaben durch die Digitalisierung der Kontaktpunkte und deren steigende Bedeutung sowie den Anspruch, Kunden eine gute Erfahrung über verschiedene Kontaktpunkte hinweg bieten zu können (s. Straker et al. 2015, S. 112–113). Dazu wurden digitale Kontaktpunkte von 100 Firmen untersucht. Im Rahmen einer Taxonomie konnten diese Kontaktpunkte dabei anhand vier verschiedener Typologien kategorisiert werden. Die Unterscheidung erfolgt dabei nach Inhalt, Nutzungszweck, Richtung der Kommunikation oder Grad der Interaktion (siehe Tabelle 3-2).

Tabelle 3-2 Meta-Charakteristiken der Kontaktpunkttaxonomie (eigene Darstellung i. A. a. STRAKER ET AL. 2015, S. 114)

Theme	Category	Description
Content displayed	Information	Included basic company information, e.g. store locations, opening hours, contact, careers and company history
	Promotion	Content designed to attract customers though promoting new products or services, support content included customer services
	Support	Support content includes customer services
	Revenue	Revenue content was digital channel through which customers could make purchases
The purpose of use	Functional	Functional digital channels are those used for a clear objective of the customer or company, e.g. online store objective is purchases
	Diversion	The diversion characteristics are those that relate to the ability of customers to participate in recreational and social activities through the digital channel
	Interaction	Is related to channels that allow for two-way communication with company, community of customers or individual customers
Direction of communication	Simplex	One way communication, e.g. company to consumer (reports) or customer to company (customer feedback forms)
	Duplex	Ability for prompt two way communication, between company and customer
Interaction rank	Low	Limited or no interaction between company and customer required or possible
	Medium	Interaction between company and customer is required, however, not daily
	High	Interaction between company and customer required daily

In den 100 untersuchten Unternehmen konnten insgesamt 34 verschiedene digitale Kontaktpunkte identifiziert werden. Die Nutzung der einzelnen Kontaktpunkte schwankt dabei aber stark (siehe Abbildung 3-13). Entsprechend wichtig sei es daher für Unternehmen, auch bei mehreren Kontaktpunkten aktiv mit Kunden in Kontakt zu treten, um einen bestmöglichen Service bereitzustellen und diverse Kundenbedürfnisse erfüllen zu können (s. STRAKER ET AL. 2015, S. 121–122).

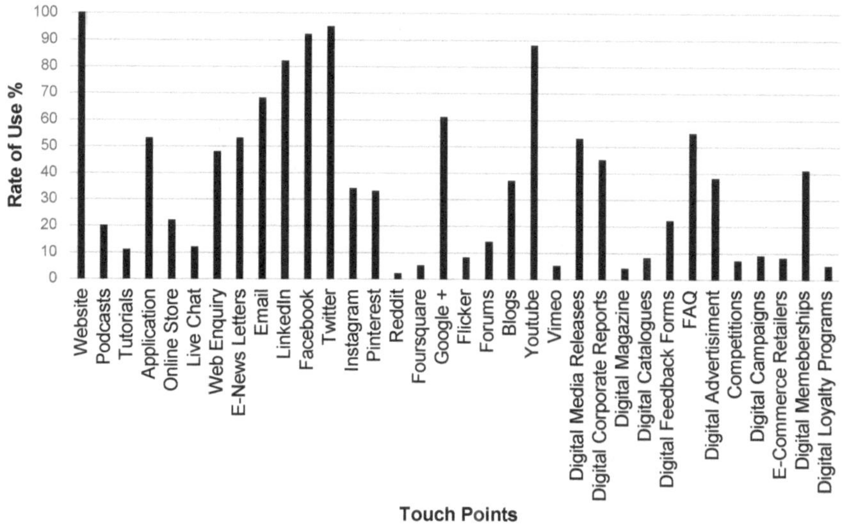

Abbildung 3-13 Verwendungsrate von Kontaktpunkten bei 100 Unternehmen (eigene Darstellung i. A. a. STRAKER ET AL. 2015, S. 115)

Produzierende Industrie: Sechs der 100 untersuchten Unternehmen waren aus dem Bereich der produzierenden Industrie.

Smarte Produkt-Service-Systeme: Die untersuchten Unternehmen aus der produzierenden Industrie sind aus den Bereichen der Chemie, Bergbau und Bauindustrie. Diese stellen definitionsgemäß keine vernetzten Maschinen im Sinne SPSS her, sondern lediglich Verbrauchsgüter.

Kundeninteraktionen: In der Studie werden digitale Kontaktpunkte mit Kunden untersucht.

Customer-Journey: Die zeitliche Abfolge der Kundeninteraktionen wird nicht betrachtet.

Kundendaten: Eine Betrachtung von Kundendaten findet nicht statt.

Referenzprozess: Die Studie beinhaltet zwar keine explizite Prozessbetrachtung, es erfolgt aber eine Zuordnung der Kontaktpunkte zu Funktionsbereichen in Unternehmen.

Datenmodell: Ein Datenmodell ist nicht Thema.

Implementierung: Ein Vorgehen zur Implementierung wird nicht betrachtet.

Es ergibt sich die in Abbildung 3-14 dargestellte Einordnung der Studie in den Untersuchungsbereich.

Anforderungen:	Objektbereich					Zielbereich		
Untersuchte Ansätze:	Produ-zierende Industrie	SPSS	Kunden-inter-aktionen	Customer-Journey	Kunden-daten	Referenz-prozess	Daten-modell	Implemen-tierung
Straker et al. 2015	◑	○	●	○	○	◑	○	○

● Im Fokus / Komplette Betrachtung ◑ Teilweise im Fokus / Teilweise Betrachtung ○ Kein Fokus /Keine Betrachtung

Abbildung 3-14 Einordnung von STRAKER ET AL. 2015 in den Untersuchungsbereich (eigene Darstellung)

Understanding Customer Experience Throughout the Customer Journey (Lemon et al. 2016)

Veröffentlicht im *Journal of Marketing* (A+), streben LEMON ET AL. nach einem besseren Verständnis der Customer-Experience und Customer-Journey vor dem Hintergrund eines stetig komplexer werden Kundenverhaltens. Für die Studie wird die Customer-Experience als „mehrdimensionales Konstrukt, das sich auf die kognitiven, emotionalen, verhaltensbezogenen, sensorischen und sozialen Reaktionen eines Kunden auf die Angebote eines Unternehmens während der gesamten Reise des Kunden beim Kauf konzentriert“, beschrieben (s. LEMON U. VERHOEF 2016, S. 71) definiert. Der Fokus liegt also klar darauf, zu verstehen, warum ein Kunde ein Produkt kauft. Nach einer Auseinandersetzung der Wurzeln des Konzepts der Customer-Experience im Marketing werden die Kaufphasen in der Customer-Journey genauer erläutert. Hier findet eine Unterteilung in eine Vorkaufsphase, eine Kaufphase und eine Nachkaufphase statt (siehe Abbildung 3-15).

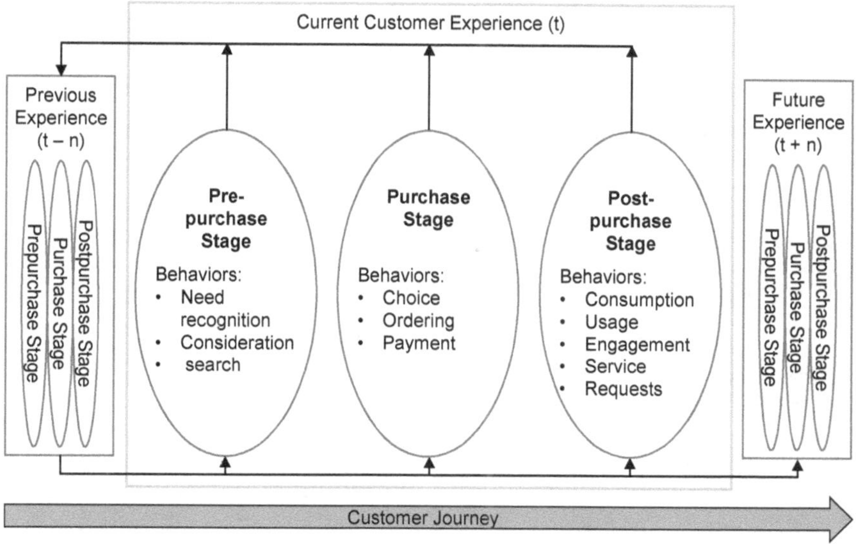

Abbildung 3-15 Verkaufsphasen innerhalb der Customer-Journey (eigene Darstellung i. A. a. LEMON U. VERHOEF 2016, S. 77)

Innerhalb der Customer-Journey werden vier verschiedene Arten von Kontaktpunkten identifiziert: in *Markenbesitz*, in *Partnerbesitz*, in *Kundenbesitz* sowie *sozial/extern/unabhängig*. Die Wichtigkeit dieser Arten von Kontaktpunkten kann dabei je nach Produkt und Phase variieren. Abschließend gehen die Autoren noch genauer auf die Messung und das Management der Kundenerfahrung ein. Im Ausblick fordern die Autoren innerhalb einer Forschungsagende nach neuen Techniken für die Datenerfassung und -analyse.

Produzierende Industrie: Die Studie untersucht keine bestimmte Branche. Der Fokus liegt jedoch auf dem B2C-Bereich.

Smarte Produkt-Service-Systeme: Die Rolle der Informationstechnologie wird im Beispiel im Anhang kurz erklärt und in der Forschungsagenda aufgegriffen, in der Studie selbst aber nicht thematisiert.

Kundeninteraktionen: Die Interaktion zwischen Kunden und Unternehmen wird ausführlich untersucht, bestehende Literatur wird analysiert und verschiedene Beispiele aufgeführt.

Customer-Journey: Die Customer-Journey wird ausführlich betrachtet. Die Customer-Journey wird in drei Kaufphasen unterteilt und das Verhalten der Kunden in diesen Phasen näher betrachtet.

Kundendaten: Die Studie fokussiert ein allgemeines Verständnis der Kundenerfahrung und der Customer-Journey. Die gezielte Aufnahme und Zusammenführung von Daten entlang der Customer-Journey werden nicht betrachtet.

Referenzprozess: Mit der Customer-Journey wird zwar ein Prozess vorgegeben, aber es fehlt die Detailtiefe mit verschiedenen Modulen und genauen Inhalten.

Datenmodell: Ein Datenmodell wird in der Studie nicht untersucht und beschrieben.

Implementierung: Die Studie beschreibt kein Vorgehen zur Implementierung einer Methode.

Es ergibt sich die in Abbildung 3-16 dargestellte Einordnung der Studie in den Untersuchungsbereich.

Anforderungen:	Objektbereich					Zielbereich		
Untersuchte Ansätze:	Produ-zierende Industrie	SPSS	Kunden-inter-aktionen	Customer-Journey	Kunden-daten	Referenz-prozess	Daten-modell	Implemen-tierung
Lemon et al. 2016	○	○	●	●	○	◑	○	○

● Im Fokus / Komplette Betrachtung ◑ Teilweise im Fokus / Teilweise Betrachtung ○ Kein Fokus /Keine Betrachtung

Abbildung 3-16 Einordnung von LEMON ET AL. 2016 in den Untersuchungsbereich (eigene Darstellung)

Managing Customer Touchpoints and Customer Satisfaction in B2B Mass Customization: A Case Study (Aichner et al. 2017)

In der im *International Journal of Industrial Engineering and Management* erschienenen Studie werden Kundenkontaktpunkte eines Unternehmens im Bereich der B2B-Mass-Customization identifiziert, die relevantesten davon ermittelt und deren Einfluss auf die Kundenzufriedenheit untersucht. Die Erkenntnisse dieser Einzelfallstudie sollen primär kleinen und mittleren Unternehmen, die kundenindividuelle Produkte im Bereich B2B fertigen, helfen, die Kundenzufriedenheit durch gezielte Verbesserung der relevantesten Kontaktpunkte zu erhöhen. Dazu wurden zunächst über Interviews mit neun Mitarbeitern des Unternehmens die Kontaktpunkte identifiziert, welche in Tabelle 3-3 zu finden sind. Die Wertung erfolgte mit 28 internen und externen Personen. Eine abschließende Befragung zur Kundenzufriedenheit wurde von 118 Kunden ausgefüllt. Die Fallstudie wurde in einer kleinen Druckerei in Südtirol, Italien, durchgeführt.

Tabelle 3-3 Kundenkontaktpunkte im Bereich der B2B-Mass-Customization (eigene Darstellung i. A. a. AICHNER U. GRUBER 2017, S. 135)

Human	(01) company tour (also spatial), (02) complaints, (03) consulting (also service), (04) courses attended by employees, (05) fairs, (06) phone calls incoming, (07) phone calls outgoing, (08) private surroundings of employees, (09) professional surroundings of employees, (10) project meetings, (11) sales talk (also service), (12) word-of-mouth (WOM)
Product	(13) delivery slip, (14) letterpress, (15) logo on products, (16) packaging, (17) products
Service	(18) billing, (03) consulting (also human), (19) cost estimate, (20) delivery, (21) press proof, (11) sales talk (also human)
Communication	(22) advertising, (23) booklet, (24) branded garment, (25) business cards, (26) Christmas cards, (27) partner agencies, (28) press, (29) promotions, (30) sponsoring, (31) yellow pages
Spatial	(01) company tour (also human), (32) logo on storefront, (33) shop window
Electronic interaction	(34) email, (35) Facebook page, (36) Facebook recommendations, (37) Facebook Messenger, (38) fax, (39) Google AdWords search, (40) Google organic search, (41) Google recommendations, (42) Google+ page, (43) looptown recommendations, (44) online magazine, (45) online register, (46) tender portal, (47) company website contact form, (48) company website

Produzierende Industrie: Es wird zwar das produzierende Gewerbe betrachtet, allerdings nur im Bereich der individuellen Anpassung eines Produktes. Eine Betrachtung einer industriellen Fertigung findet nicht statt.

Smarte Produkt-Service-Systeme: Vernetzte Maschinen finden keine Betrachtung in der Studie.

Kundeninteraktionen: Die Interaktionen zwischen Unternehmen und Kunden wurde in der Studie untersucht. In der Fallstudie anhand einer italienischen Druckerei werden verschiedene Interaktionsmöglichkeiten untersucht.

Customer-Journey: Die untersuchten Kundenkontaktpunkte werden nicht in einen bestimmten Prozess im Sinne einer Customer-Journey eingeordnet.

Kundendaten: Kundendaten werden nicht betrachtet.

Referenzprozess: Da ausschließlich verschiedene Kundeninteraktionsmöglichkeiten untersucht werden, können die Ergebnisse nur bedingt als Referenzprozess angesehen werden.

Datenmodell: In der Studie wird kein Datenmodell beschrieben.

Implementierung: Es wird zwar ein Vorgehen zur Erfassung von Kundenkontaktpunkten beschrieben, aber nicht, wie man diese in die Geschäftsprozesse eines Unternehmens implementiert.

In Abbildung 3-17 wird die Einordnung der Studie in den Untersuchungsbereich dargestellt.

Anforderungen:	Objektbereich					Zielbereich		
Untersuchte Ansätze:	Produ-zierende Industrie	SPSS	Kunden-inter-aktionen	Customer-Journey	Kunden-daten	Referenz-prozess	Daten-modell	Implemen-tierung
Aichner et al. 2017	○	○	●	○	○	◑	○	○

● Im Fokus / Komplette Betrachtung ◑ Teilweise im Fokus / Teilweise Betrachtung ○ Kein Fokus /Keine Betrachtung

Abbildung 3-17 Einordnung von Aichner et al. 2017 in den Untersuchungsbereich (eigene Darstellung)

User Narratives in Experience Design for a B2B Customer Journey Mapping (Ludwig et al. 2017)

Ludwig et al. gestalten in ihrer Einzelfallstudie eine Customer-Journey für ein Unternehmen des Anlagenbaus, namentlich die *Bosch Packaging Technology Pharma*. Sie machen auf die geringe Verbreitung der Anwendung von Customer-Journeys im B2B-Bereich aufmerksam. Dies stehe im Gegensatz zur intensiven Nutzung im B2C-Bereich. Um eine Customer-Journey im B2B-Bereich zu entwerfen, wurde in zwölf Interviews und sieben Workshops zunächst eine grobe Struktur entworfen, diese dann verfeinert und zuletzt validiert. Erfasst wurden dabei die *Kontaktphasen*, die *Kontaktpunkte*, *Unternehmensaktoren und -aktivitäten*, *Kundenaktoren und -aktivitäten*, vermutete *emotionale Zusammenhänge* bei Kunden sowie *Schmerzpunkte*. Die Kontaktphasen sind in Abbildung 3-18 dargestellt. Eine detaillierte Wiedergabe der Ergebnisse der Untersuchung findet nicht statt.

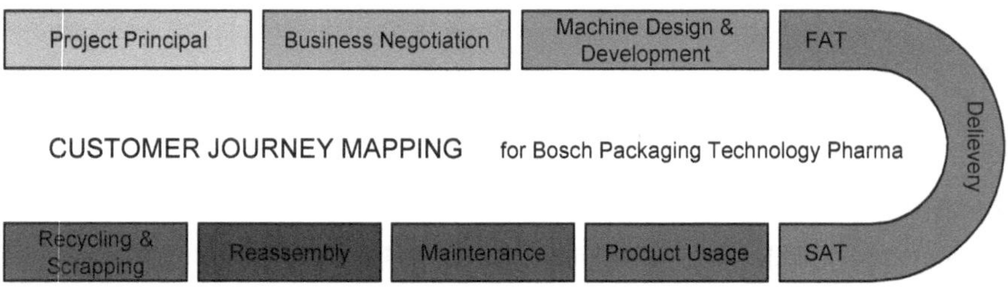

Abbildung 3-18 Customer-Journey-Map aus Kundensicht (eigene Darstellung i. A. a. Ludwig et al. 2017, S. 199)

Um die interne Perspektive der Experten des Unternehmens zu validieren, wurden weiterhin zehn Interviews mit 7 Kunden geführt. Die Detaillierung der Customer-Journey hat sich hierbei im Wesentlichen auf die Phase des Factory-Acceptance-Tests (FAT) beschränkt. Abschließend erfolgt noch ein Vergleich der Rahmenbedingungen von Customer-Journeys zwischen B2B und B2C.

Produzierende Industrie: Mit Auswahl von *Bosch Packaging Technology Pharma* als Einzelfallstudie wurde ein Unternehmen aus dem Anlagenbau untersucht. Mit der

Annahme, dass größere Stückzahlen dieser Maschinen verkauft werden und diese nicht komplett individuell sind, betrachtet die Studie die produzierende Industrie.

Smarte Produkt-Service-Systeme: Auch wenn das betrachtete Unternehmen vernetzte Maschinen anbietet, fanden sie in der Studie keine Berücksichtigung.

Kundeninteraktionen: Die Interaktionen zwischen Unternehmen und Kunden wurde ausführlich untersucht und dabei auch emotionale Empfindungen einbezogen.

Customer-Journey: Die Customer-Journey wird explizit betrachtet und schließt dabei auch die Nutzungsphase mit ein. Allerdings erfolgt eine detaillierte Betrachtung nur für die Phase des FAT.

Kundendaten: Die Studie untersucht lediglich die Customer-Journey. Kundendaten werden nicht betrachtet.

Referenzprozess: Die Ergebnisse der Studie können nur bedingt als Referenzprozess eingestuft werden. Zum einen wurde lediglich ein Unternehmen untersucht und die Ergebnisse sind daher nicht repräsentativ. Weiterhin liegen die Ergebnisse auch nicht in ausführlicher Form vor, da bestimmte Aspekte der untersuchten Customer-Journey einer Vertraulichkeitsvereinbarung unterliegen.

Datenmodell: Daten und Datenmodelle werden in der Studie nicht betrachtet.

Implementierung: Es wird kein Vorgehen zur Implementierung einer Methode beschrieben.

Damit ergibt sich die in Abbildung 3-19 dargestellte Einordnung der Studie in den Untersuchungsbereich.

Anforderungen:	Objektbereich					Zielbereich		
Untersuchte Ansätze:	Produ-zierende Industrie	SPSS	Kunden-inter-aktionen	Customer-Journey	Kunden-daten	Referenz-prozess	Daten-modell	Implemen-tierung
Ludwig et al. 2017	●	○	●	◑	○	◑	○	○

● Im Fokus / Komplette Betrachtung ◑ Teilweise im Fokus / Teilweise Betrachtung ○ Kein Fokus /Keine Betrachtung

Abbildung 3-19 Einordnung von LUDWIG ET AL. 2017 in den Untersuchungsbereich (eigene Darstellung)

An IS Perspective on Omni-Channel Management along the Customer Journey: Development of an Entity-Relationship-Model and a Linkage Concept (Heuchert et al. 2018)

Die Studie von HEUCHERT ET AL. wurde auf der Multikonferenz Wirtschaftsinformatik vorgestellt; die Autoren entwickeln ein Entity-Relationship-Modell zur Verknüpfung von Customer-Touchpoints entlang der Customer-Journey. Betrachtet wird vor allem der Einzelhandel und wie dieser verschiedene Channel verknüpfen kann, um dem Kunden eine konsistente Nutzererfahrung bieten zu können. Basierend auf einer

Literaturübersicht, in der 48 Veröffentlichungen untersucht wurden, wurde ein Verständnis der wesentlichen Begrifflichkeiten der Customer-Experience, der Customer-Journey und der Customer-Touchpoints und Channels entwickelt. In einem Entity-Relationship-Modell werden die Verknüpfungen dargestellt (siehe Abbildung 3-20).

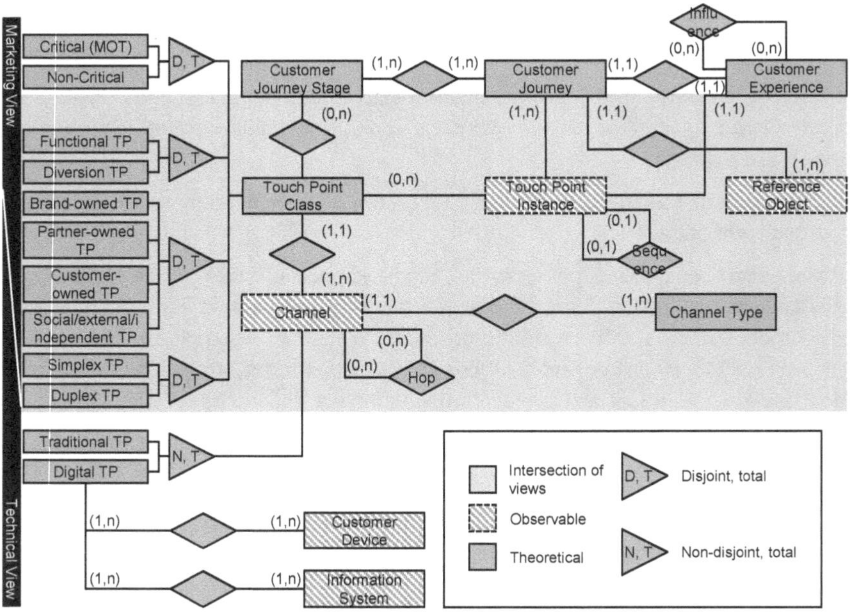

Abbildung 3-20 Customer-Experience-Management-Entity-Relationship-Modell (eigene Darstellung i. A. a. HEUCHERT ET AL. 2018, S. 439)

HEUCHERT ET AL. identifizieren vier Dimensionen, um Kundenkontaktpunkte zu klassifizieren. Die Kritikalität, die Funktionalität, das Eigentum sowie die Kommunikation stellen diese Dimensionen dar. Die Kanäle, über der diese Kontakte stattfinden, können allgemein in traditionelle und digitale aufgeteilt werden. Diese Aufteilung ist insbesondere aus technischer Sicht wichtig, da hierdurch die Datenaufnahme charakterisiert werden kann. Weiterhin führt die Studie die Verknüpfung einzelner Channels zu einer Omni-Channel-Integration aus, die aber für diese Dissertationsschrift nicht relevant ist.

Produzierende Industrie: Die Studie fokussiert den Einzelhandel. Die produzierende Industrie wird nicht betrachtet.

Smarte Produkt-Service-Systeme: Es werden lediglich mobile Endgeräte als Zugang zu digitalen Kontaktpunkten betrachtet. Kontaktpunkte durch vernetzte Maschinen oder sonstigen Geräten werden nicht betrachtet.

Kundeninteraktionen: Die Studie untersucht die Interaktionen zwischen Unternehmen und Kunden ausführlich und versucht, eine Klassifizierung vorzunehmen. Darauf aufbauend wird ein Customer-Experience-Management-Entity-Relationship-Modell erstellt.

Customer-Journey: Die Customer-Journey wird eher oberflächlich für den theoretischen Hintergrund betrachtet und lediglich als zeitlicher Ablauf der Kontaktpunkte gesehen. Eine genauere Untersuchung erfolgt nicht.

Kundendaten: Ziel der Studie ist es, für den Kunden eine bessere Nutzererfahrung durch die Verknüpfung verschiedener Kontaktpunkte zu ermöglichen. Konkrete Kundendaten werden dabei nicht betrachtet.

Referenzprozess: Ein Prozess wird nicht betrachtet, sondern lediglich die einzelnen Kontaktpunkte.

Datenmodell: Das Modell beschreibt die Zusammenhänge zwischen den Begrifflichkeiten der Kundenkontaktpunkte, Channels und der Customer-Journey. Damit werden zwar keine Daten modelliert, aber dennoch ein Grundlagenmodell entwickelt.

Implementierung: Die Studie beschreibt kein Vorgehen zur Implementierung einer Methode.

Es ergibt sich die in Abbildung 3-21 dargestellte Einordnung der Studie in den Untersuchungsbereich.

Anforderungen:	Objektbereich					Zielbereich		
Untersuchte Ansätze:	Produzierende Industrie	SPSS	Kunden-interaktionen	Customer-Journey	Kunden-daten	Referenz-prozess	Daten-modell	Implementierung
Heuchert et al. 2018	○	○	●	◑	○	○	◑	○

● Im Fokus / Komplette Betrachtung ◑ Teilweise im Fokus / Teilweise Betrachtung ○ Kein Fokus /Keine Betrachtung

Abbildung 3-21 Einordnung von HEUCHERT ET AL. 2018 in den Untersuchungsbereich (eigene Darstellung)

3.2.3 Datenbezogene Studien

Die dritte und letzte Gruppe an untersuchten Studien hat einen Bezug zu Daten, vornehmlich Kundendaten, die im Rahmen eines digitalen Schattens gemäß Kapitel 2.1.3 zu einem digitalen Abbild der Kunden zusammengeführt werden könnten.

CRISP-DM 1.0: Step-by-step data mining guide (CHAPMAN ET AL. 2000)

CRISP-DM 1.0 von CHAPMAN ET AL. ist eine privatwirtschaftliche Veröffentlichung der Daimler Chrysler AG, NCR Systems Engineering Copenhagen und SPSS Inc. In der Veröffentlichung stellt das Konsortium offiziell ein Prozessmodell für das Data-Mining vor, welches von den Unternehmen zuvor bereits angewendet wurde. Für diesen Zweck gab es auch eine Förderung der Europäischen Union. Heute gilt das Modell als

De-facto-Standard für den Prozess des Data-Minings (s. SCHRÖER ET AL. 2021, S. 529).

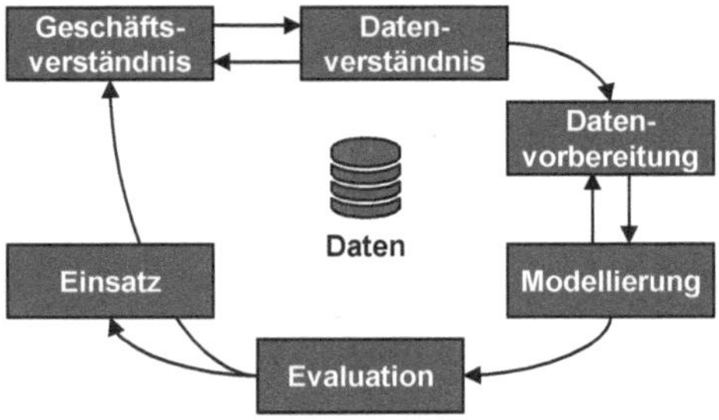

Abbildung 3-22 Phasen des CRISP-DM-Referenzprozessmodells für das Data-Mining (eigene Darstellung i. A. a. CHAPMAN ET AL. 2000, S. 10)

CRISP-DM steht für *Cross Industry Standard Process for Data-Mining*. Die erste der sechs Phasen ist das *Geschäftsverständnis*. Aus Geschäftssicht werden hier die Ziele für das Projekt festgelegt und ein Problem definiert (s. CHAPMAN ET AL. 2000, S. 10). In der zweiten Phase, dem *Datenverständnis*, werden erste Daten gesammelt und sich mit diesen vertraut gemacht, um die Datenqualität evaluieren zu können (s. CHAPMAN ET AL. 2000, S. 10). Danach folgen die *Datenvorbereitung* und die *Modellierung* im Wechsel. Hier werden sämtliche relevanten Daten in ein auswertbares Set zusammengezogen und durch verschiedene Methoden ausgewertet (s. CHAPMAN ET AL. 2000, S. 11). In der *Evaluation* wird anschließend bewertet, ob das entwickelte Modell geeignet ist, um das definierte Problem zu lösen (s. CHAPMAN ET AL. 2000, S. 11). Zuletzt erfolgt im *Einsatz* der konkrete Einsatz des Modells in der Geschäftsumgebung (s. CHAPMAN ET AL. 2000, S. 11). Der Prozess gibt neben diesen Phasen auch detailliert darunter fallende generische Aufgaben vor (s. CHAPMAN ET AL. 2000, S. 6). Die Phasen und Aufgaben sollen dabei explizit iterativ durchlaufen werden (s. WIRTH U. HIPP 2000, S. 9). Für die Aufgaben existiert ein Benutzerhandbuch, in dem die Aufgaben mit Ergebnis, Aktivitäten, Erfolgsfaktoren und Tipps erläutert sind (s. CHAPMAN ET AL. 2000, S. 30–56).

Produzierende Industrie: CRISP-DM ist allgemein anwendbar und hat keinen besonderen Bezug zur produzierenden Industrie, außer dass ein Teil der Autoren in dieser tätig ist.

Smarte Produkt-Service-Systeme: Daten speziell aus SPSS werden nicht betrachtet.

Kundeninteraktionen: Eine gesonderte Betrachtung von Kundeninteraktionen findet nicht statt.

Customer-Journey: Die Customer-Journey findet ebenfalls keine Berücksichtigung.

Kundendaten: Kundendaten werden teilweise betrachtet und dienen als Beispiele für die Erfassung vielfältiger Daten.

Referenzprozess: CRISP-DM ist ein Referenzprozess.

Datenmodell: Ein Datenmodell wird nicht vorgestellt.

Implementierung: Die Implementierung eines Data-Minings in Unternehmen steht im Fokus des Referenzprozessmodells.

Damit ergibt sich die in Abbildung 3-23 dargestellte Einordnung der Studie in den Untersuchungsbereich.

Anforderungen:	Objektbereich					Zielbereich		
Untersuchte Ansätze:	Produzierende Industrie	SPSS	Kundeninteraktionen	Customer-Journey	Kundendaten	Referenzprozess	Datenmodell	Implementierung
Chapman et al. 2000	○	○	○	○	◑	●	○	●

● Im Fokus / Komplette Betrachtung ◑ Teilweise im Fokus / Teilweise Betrachtung ○ Kein Fokus /Keine Betrachtung

Abbildung 3-23 Einordnung von CHAPMAN ET AL. in den Untersuchungsbereich (eigene Darstellung)

Leveraging social network data for analytical CRM strategies (ROSEMANN ET AL. 2012)

ROSEMANN ET AL. stellten auf der *European Conference on Information Systems 2012* ihre Studie zur Nutzung von Daten aus sozialen Netzwerken für das analytische CRM vor. Dadurch sollen diese Daten für BI-Systeme zur Auswertung nutzbar werden. Dafür wird zunächst aufgezeigt, welche Vorteile die Nutzung Sozialer Medien durch Unternehmen bezüglich potenzieller Kunden, Interessenten, aktiver und ehemaliger Kunden hat (s. ROSEMANN ET AL. 2012, S. 2). Die daraus motivierte Analyse von externen Kundendaten wird als *Social Business Intelligence* als Erweiterung der Analyse interner Kundendaten im Rahmen der BI postuliert (s. ROSEMANN ET AL. 2012, S. 3). Den generellen Informationsbedarf leiten ROSEMANN ET AL. aus verschiedenen CRM-Strategien nach KUMAR 2008 ab. Diese Strategien, um den Customer-Lifetime-Value zu messen und zu maximieren, inkludieren die Kundenselektion, das Management von Loyalität und Profitabilität, die optimale Allokation von Ressourcen, die Vorstellung des richtigen Produktes dem richtigen Kunden zur richtigen Zeit, das Verhindern von Kundenfluktuation, das Management von Multichannel-Einkäufern und die Akquise profitabler Kunden sowie Kundenreferenzstrategien (s. ROSEMANN ET AL. 2012, S. 5). Die verfügbaren Informationen werden basierend auf einer Analyse von Facebook in einem Datenmodell dargestellt (siehe Abbildung 3-24).

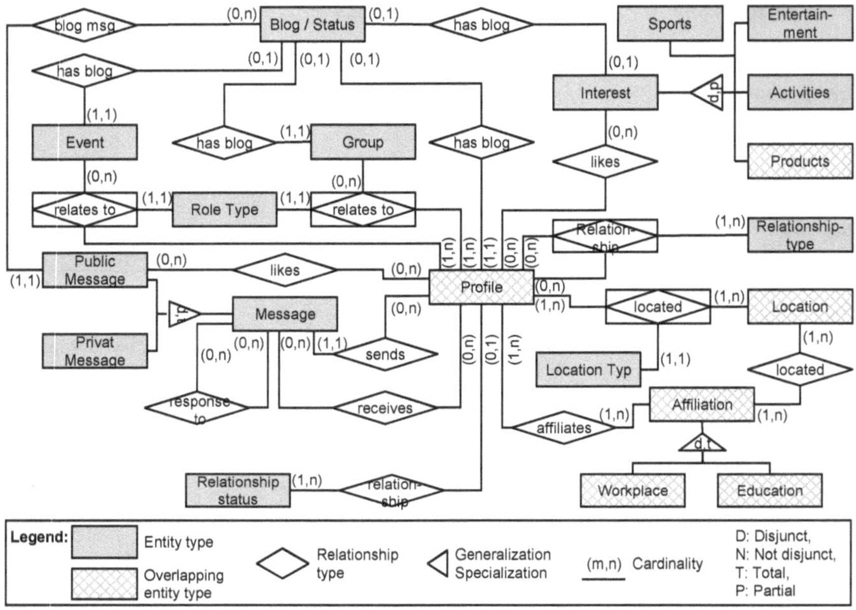

Abbildung 3-24 Abstraktes Datenmodell eines Sozialen Netzwerkes (eigene Darstellung i. A. a. ROSEMANN ET AL. 2012, S. 6)

Anschließend erfolgt eine Gegenüberstellung der verfügbaren Daten mit dem Informationsbedarf (s. ROSEMANN ET AL. 2012, S. 7). Diese Gegenüberstellung erfolgt allerdings subjektiv und wird nur wörtlich umschrieben. Weiterhin geben ROSEMANN ET AL. eine Einteilung der Daten in verschiedene Dimensionen sowie Kennzahlen vor, um die Erstellung von spezifischen Reports zur Entscheidungsfindung zu vereinfachen (s. ROSEMANN ET AL. 2012, S. 8).

Produzierende Industrie: Die Studie untersucht Soziale Netzwerke mit einem Fokus auf den B2C-Bereich.

Smarte Produkt-Service-Systeme: Daten aus SPSS werden nicht betrachtet.

Kundeninteraktionen: Kundeninteraktionen stehen nur indirekt als Events im Rahmen des Datenmodells im Fokus.

Customer-Journey: Eine zeitliche Abfolge von Kundeninteraktionen wird nicht betrachtet.

Kundendaten: Mit dem Ziel eines Datenmodells von Kundendaten aus Sozialen Netzwerken wird dieser Aspekt stark fokussiert.

Referenzprozess: Eine Betrachtung eines Referenzprozesses, auf dem das Datenmodell basiert, findet nicht statt.

Datenmodell: Es wird ein Datenmodell vorgestellt, das verschiedene Kundendaten in Bezug zu einem Profil als zentralen Identifikationsfaktor setzt.

Implementierung: Es findet eine Demonstration der Ergebnisse statt, allerdings wird der Prozess der Implementierung nicht betrachtet.

Damit ergibt sich die in Abbildung 3-25 dargestellte Einordnung der Studie in den Untersuchungsbereich.

Anforderungen:	Objektbereich					Zielbereich		
Untersuchte Ansätze:	Produ-zierende Industrie	SPSS	Kunden-inter-aktionen	Customer-Journey	Kunden-daten	Referenz-prozess	Daten-modell	Implemen-tierung
Rosemann et al. 2012	○	○	◑	○	●	○	●	○

● Im Fokus / Komplette Betrachtung ◑ Teilweise im Fokus / Teilweise Betrachtung ○ Kein Fokus /Keine Betrachtung

Abbildung 3-25 Einordnung von ROSEMANN ET AL. 2012 in den Untersuchungsbereich (eigene Darstellung)

The connected consumer: Connected devices and the evolution of customer intelligence (COOKE U. ZUBCSEK 2017)

COOKE U. ZUBCSEK veröffentlichten im *Journal of the Association for Consumer Research* ihre Studie, in der sie sich mit vernetzten Geräten, primär Mobiltelefone, und deren Auswirkung auf die Customer-Intelligence beschäftigen. Analog zur Business-Intelligence steht die Customer-Intelligence dabei für die Gewinnung aus Erkenntnissen über Kunden aus Daten. Vernetzte Geräte können dabei die Customer-Intelligence verbessern, da sie Daten über eine größere Reichweite an Personen erfassen, diese ständig von Kunden mitgeführt werden, eindeutig bestimmten Kunden zuzuordnen sind, Daten unmittelbar übermitteln können, über Sensoren Daten passiv erfassen und stets auch einen Nutzen für den Kunden generieren (s. COOKE U. ZUBCSEK 2017, S. 165–166). Aufgrund dieser Eigenschaften können Aussagen z. B. zu einem dynamischen Verhalten eines Kunden oder dessen Standort getroffen werden sowie auch über dessen direkte Umgebung (s. COOKE U. ZUBCSEK 2017, S. 167). Ferner lässt sich sogar der Gemütszustand von Kunden erfassen oder dessen soziale Kontakte (s. COOKE U. ZUBCSEK 2017, S. 168). Zur konkreten Generierung dieser Customer-Insights aus vernetzten Geräten wird ein Prozess entworfen (siehe Abbildung 3-26). Dieser Prozess hängt dabei vom Zielmarkt ab und wird durch Technologien beeinflusst. Am Anfang steht die Erfassung der Kundendaten. Diese Daten werden mittels eines Modells analysiert, welches entweder ein kurz- oder auch langfristiges Kundenverhalten vorhersagen kann. Diese Vorhersagen können dann genutzt werden, um gewisse Aspekte des Geschäftes zu optimieren. Nach der konkreten Umsetzung folgt noch eine Messung der Reaktion der Kunden.

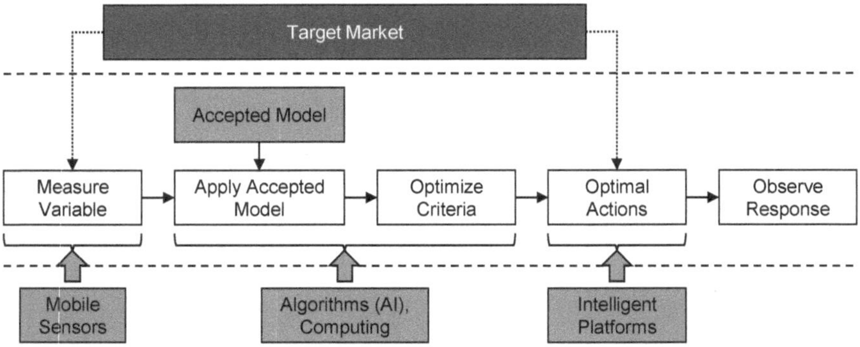

Abbildung 3-26 Prozess zur Nutzung der Customer-Intelligence (eigene Darstellung i. A. a. COOKE U. ZUBCSEK 2017, S. 171)

Produzierende Industrie: Die Untersuchung richtet sich an Unternehmen des B2C-Bereiches, die Daten über individuelle Kunden generieren können.

Smarte Produkt-Service-Systeme: Es stehen zwar keine Maschinen, sondern nur Geräte im Fokus, jedoch vor allem aufgrund ihrer Eigenschaften der Vernetzung und Datenerfassung.

Kundeninteraktionen: Die Interaktionen von Kunden mit Unternehmen werden nicht betrachtet. Den Untersuchungsgegenstand bilden das vernetzte Gerät und wie dieses Aktionen des Kunden mit dem Gerät und seiner Umgebung erfassen kann.

Customer-Journey: Eine Customer-Journey wird nicht betrachtet.

Kundendaten: Die Studie untersucht, wie aus vernetzten Geräten Kenntnisse über Kunden gewonnen werden können. Allerdings erfolgt keine explizite Verknüpfung mit darüber hinaus verfügbaren Kundendaten.

Referenzprozess: Es werden zwar einzelne Möglichkeiten der Aufzeichnung von Daten aufgezeigt, aber diese werden in keinen prozessualen Zusammenhang gebracht.

Datenmodell: Daten und Datenmodelle werden in der Studie nicht betrachtet.

Implementierung: Es wird ein Prozess zur Anwendung von Daten von vernetzten Geräten, um das Marketing zu optimieren, gestaltet.

Damit ergibt sich die in Abbildung 3-27 dargestellte Einordnung der Studie in den Untersuchungsbereich.

Anforderungen:	Objektbereich					Zielbereich		
Untersuchte Ansätze:	Produ-zierende Industrie	SPSS	Kunden-inter-aktionen	Customer-Journey	Kunden-daten	Referenz-prozess	Daten-modell	Implemen-tierung
Cooke u. Zubcsek 2017	○	●	◑	○	◑	○	○	●

● Im Fokus / Komplette Betrachtung ◑ Teilweise im Fokus / Teilweise Betrachtung ○ Kein Fokus /Keine Betrachtung

Abbildung 3-27 Einordnung von COOKE U. ZUBCSEK 2017 in den Untersuchungsbereich (eigene Darstellung)

The Role of a Customer Data Platform (EARLEY 2018)

Der Beitrag von EARLY wurde 2018 in der Zeitschrift *IT Professional* veröffentlicht. In diesem wird die Rolle einer Customer-Data-Platform diskutiert. Eine Customer-Data-Platform dient als Ablage für sämtliche Daten aus internen und externen Systemen, bei denen Kundeninteraktionen aufgezeichnet werden (s. EARLEY 2018, S. 69). Vorteile sind dabei die Fähigkeit der Zusammenfassung von Daten, die Integration verschiedener Datenformate und -strukturen, die Fähigkeit, Daten zu bereinigen und zu verarbeiten und die Daten anderen Systemen zur Verfügung stellen zu können.

Metadaten, die auf solch einer Plattform gespeichert werden, können dabei aus verschiedenen Quellen stammen und verschiedene Aspekte der Kundeninteraktionen ausdrücken. Aus verfügbaren Daten können direkt explizite Metadaten gewonnen werden (siehe Abbildung 3-28). Beispielhaft seien hier die inhaltlichen Präferenzen, abgeleitet aus Produktupdates, technischen Communitys oder Angeboten, genannt.

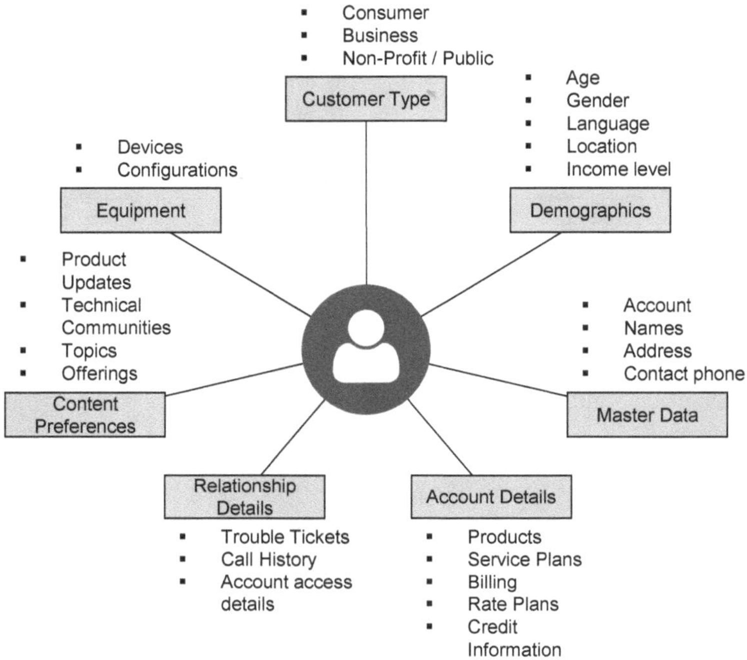

Abbildung 3-28 Explizite Metadaten zur Beschreibung von Kunden (eigene Darstellung i. A. a. EARLEY 2018, S. 72)

Diesen stehen implizite Metadaten gegenüber. Diese können nicht direkt erfasst, aber über andere Daten hergeleitet werden (siehe Abbildung 3-29). Ein Beispiel hierfür ist die strategische Segmentierung der Kunden bezüglich Wert oder Umsatz oder die Vorhersage über den Wert eines Kunden für ein Unternehmen, über dessen Lebenszeit.

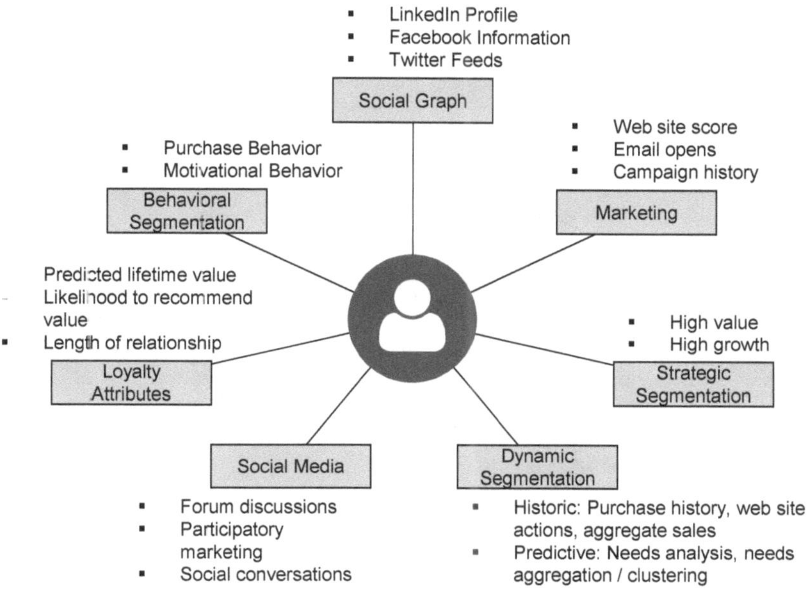

Abbildung 3-29 Implizite Metadaten über Kunden (eigene Darstellung i. A. a. EARLEY 2018, S. 73)

Produzierende Industrie: Die Studie fokussiert keine bestimmte Industrie.

Smarte Produkt-Service-Systeme: Daten aus vernetzten Maschinen werden nicht betrachtet.

Kundeninteraktionen: Kundeninteraktionen und daraus entstammende Daten werden für eine Customer-Data-Platform im Detail analysiert.

Customer-Journey: Auch wenn das Verständnis über die Customer-Journey im Text erwähnt wird, werden zeitliche Abfolgen der Kundeninteraktionen nicht näher betrachtet.

Kundendaten: Ziel einer Customer-Data-Platform ist ein möglichst holistisches, datenbasiertes Abbild des Kunden, womit dieser Punkt stark von der vorliegenden Studie thematisiert wird.

Referenzprozess: Ein Referenzprozess wird nicht entwickelt.

Datenmodell: Es werden explizite und implizite Metadaten angegeben, aber nicht, wie diese in Relation zueinander stehen oder aus welchen Daten sich die impliziten Metadaten genau ergeben.

Implementierung: Es wird zwar aufgezeigt, wie aus einer Data-Customer-Platform Erkenntnisse über Kunden gewonnen werden können, aber nicht, wie solch eine Plattform implementiert werden kann.

Es ergibt sich die in Abbildung 3-30 dargestellte Einordnung der Studie in den Untersuchungsbereich.

Anforderungen:	Objektbereich					Zielbereich		
Untersuchte Ansätze:	Produzierende Industrie	SPSS	Kunden-inter-aktionen	Customer-Journey	Kunden-daten	Referenz-prozess	Daten-modell	Implemen-tierung
Earley 2018	○	○	●	○	●	○	○	○

● Im Fokus / Komplette Betrachtung ◑ Teilweise im Fokus / Teilweise Betrachtung ○ Kein Fokus /Keine Betrachtung

Abbildung 3-30 Einordnung von EARLEY 2018 in den Untersuchungsbereich (eigene Darstellung)

Advanced Customer Analytics: Strategic Value Through Integration of Relationship-Oriented Big Data (KITCHENS ET AL. 2018)

Die Studie von KITCHENS ET AL. behandelt eine fortgeschrittene Kundenanalytik durch die Integration von Big Data. Sie wurde 2018 im *Journal of Management Information Systems* veröffentlicht. In diesem Themenbereich sind drei Forschungslücken durch die Autoren identifiziert worden. Erstens würde eine Anleitung zur Bewertung des Einflusses von Fähigkeiten im Bereich Datenmanagement auf einer hohen Detailstufe fehlen (s. KITCHENS ET AL. 2018, S. 547). Zweitens würden bisherige Studien zur Vorhersage von Kundenverhalten nur einzelne Transaktionen anstelle einer holistischen Kundenbeziehung betrachten (s. KITCHENS ET AL. 2018, S. 547). Drittens fehlten Studien, wie man das Datenmanagement eines beziehungsorientierten Kundenverhältnisses zur Vorhersage des Kundenverhaltens operativ nutzen kann (s. KITCHENS ET AL. 2018, S. 547). Diese drei aufgezeigten Lücken werden anschließend in der vorgelegten Studie adressiert. Basierend auf der Design-Science-Research wird dafür ein Rahmenwerk zur fortgeschrittenen Kundenanalytik entwickelt (siehe Abbildung 3-31).

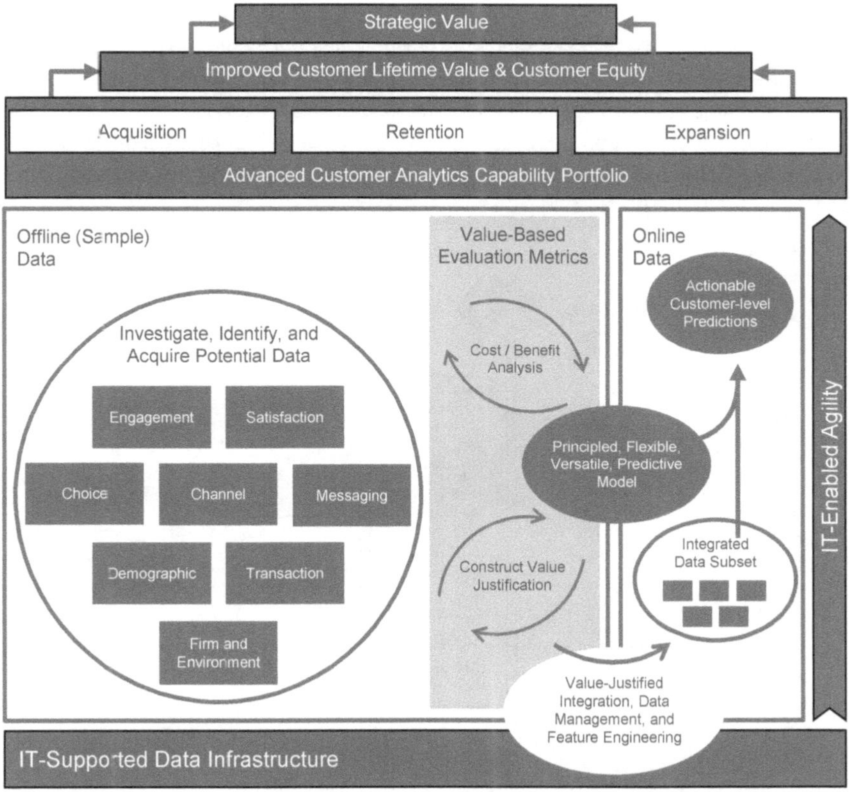

Abbildung 3-31 ***Customer Analytics Framework*** **(eigene Darstellung i. A. a. KITCHENS ET AL. 2018, S. 549)**

Grundlage für das Rahmenwerk stellt eine Vielzahl an Datenquellen dar, deren Integration Unternehmen befähigt, das Kundenverhalten vorherzusagen (s. KITCHENS ET AL. 2018, S. 550). Da diese Integration eine große Herausforderung darstellt, ist die Verwendung dieser Vielzahl an Quellen selten (s. KITCHENS ET AL. 2018, S. 550). KITCHENS ET AL. identifizieren acht Datenquellen: *Transaktionen*, die nach ihrer Aktualität, Frequenz und ihrem monetären Wert bewertet werden können; *demografische Daten* und andere immaterielle Eigenschaften; die *Kontakte* neben den Transaktionen zwischen Kunde und Unternehmen, die *Zufriedenheit* und damit verbundene Wahrnehmungen; die *Wahl,* die Kunden durch den Kauf von Leistungen treffen, die *Kanäle, über* die interagiert wird, die Nachrichten, die übermittelt werden, sowie Charakteristika der *Unternehmen und ihrer Umwelt* selbst (s. KITCHENS ET AL. 2018, S. 550–552).

In einem konkreten Prozess entwerfen KITCHENS ET AL. einen konkreten Prozess zur Implementierung des Rahmenwerks, um Daten aus den genannten Quellen konkret im Unternehmenskontext analysieren zu können (siehe Abbildung 3-32). In einem Data-Lake werden zunächst Daten aus verschiedenen Datenbanken zusammengeführt (s. KITCHENS ET AL. 2018, S. 556). Aus diesen Daten werden die Features generiert, die als Datenquellen zur Ermittlung der Kundenbedürfnisse dienen (s. KITCHENS ET AL. 2018, S. 556). Darauf basierend wird im Rahmen einer Datenvorbereitung eine Datenmatrix erstellt und verschiedene Tätigkeiten zur Bereinigung des Datensatzes unternommen (s. KITCHENS ET AL. 2018, S. 559–560). Basierend auf dem bereinigten Datensatz können dann Modellierung und Evaluation der Analysen erfolgen.

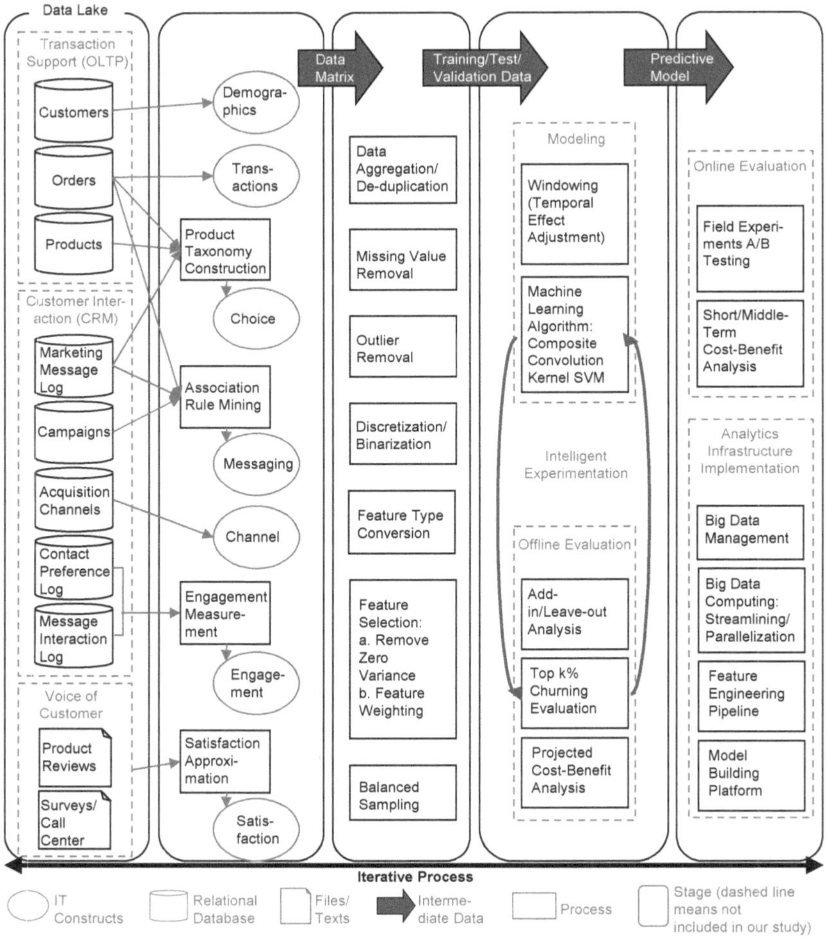

Abbildung 3-32 Systemdiagramm für die Instanziierung der erweiterten Kundenanalytik (eigene Darstellung i. A. a. KITCHENS ET AL. 2018, S. 557)

Produzierende Industrie: Die produzierende Industrie wird nicht betrachtet.

Smarte Produkt-Service-Systeme: Daten aus vernetzten Maschinen spielen keine Rolle in der Studie und könnten lediglich unter dem Aspekt der Kontakte betrachtet werden.

Kundeninteraktionen: Die Rolle von Kundeninteraktionen und deren Rolle als Datenquelle für die Kundenanalytik sind von zentraler Bedeutung in der Studie.

Customer-Journey: Eine Abfolge an Kundeninteraktionen wird nicht betrachtet.

Kundendaten: In der Studie werden verschiedene Quellen für Kundendaten und deren Nutzung zur Analyse von Kundenbedürfnissen analysiert.

Referenzprozess: Es wird kein Prozess bezüglich der Kundeninteraktionen entworfen.

Datenmodell: Ein konkretes Datenmodell, wie Daten aus verschiedenen Quellen zu integrieren sind, wird nicht vorgegeben.

Implementierung: Die Autoren entwerfen ein System, um Kundendaten zusammenführen und analysieren zu können.

Es ergibt sich die in Abbildung 3-33 dargestellte Einordnung der Studie in den Untersuchungsbereich.

Anforderungen:	**Objektbereich**					**Zielbereich**		
Untersuchte Ansätze:	Produzierende Industrie	SPSS	Kunden-interaktionen	Customer-Journey	Kunden-daten	Referenz-prozess	Daten-modell	Implemen-tierung
Kitchens et al. 2018	○	○	●	○	●	○	○	●

● Im Fokus / Komplette Betrachtung ◑ Teilweise im Fokus / Teilweise Betrachtung ○ Kein Fokus /Keine Betrachtung

Abbildung 3-33 Einordnung von KITCHENS ET AL. 2018 in den Untersuchungsbereich (eigene Darstellung)

Customer process management: A framework for using customer-related data to create customer-value (LIM ET AL. 2019)

Im *Journal of Service Management* veröffentlichten LIM ET AL. 2019 ihre Studie über die Verwendung von kundenbezogenen Daten, um Werte für Kunden zu schaffen. Fokus ist dabei das *Customer Process Management*, welches Kunden in der Optimierung der eigenen Prozesse durch Daten unterstützt (s. LIM ET AL. 2019, S. 106). Im Rahmen einer Action-Research wurden dafür vier Industrieprojekte untersucht sowie 67 Servicefälle analysiert. Die betrachteten Daten lassen sich in die Dimensionen der direkten Vorteilsnehmer der Datennutzung und der Hauptquelle der Daten unterteilen und haben je die Ausprägung des Kunden und des Anbieters (s. LIM ET AL. 2019, S. 107). Dabei werden auch explizit Objekte, mit denen Kunden interagieren, als Datenquellen genannt (s. LIM ET AL. 2019, S. 108).

Die betrachteten Industrieprojekte hatten allesamt zum Ziel, mithilfe kundenbezogener Daten, besonders in Verbindung mit der Nutzung von Objekten, Services für Kunden zu entwickeln (s. LIM ET AL. 2019, S. 112). Für die Verwendung der kundenbezogenen Daten in der Entwicklung neuer Dienstleistungen wurde auf den Beobachtungen basierend ein Rahmenwerk erstellt (siehe Abbildung 3-34). Dies wurde dann durch die Anwendung auf die 67 Servicefälle aus verschiedenen Industrien präzisiert (s. LIM ET AL. 2019, S. 115). Ausgangspunkt ist neben den Daten eine Definition des Jobs, den ein Kunde in einem Prozess erledigen will (s. LIM ET AL. 2019, S. 117). Im nächsten Schritt werden Daten, die für diesen Prozess relevant sind und während dessen Durchführung entstehen, aufgenommen (s. LIM ET AL. 2019, S. 117). Mithilfe der Daten erfolgt darauf basierend eine Definition spezifischer Charakteristika, die quantitativ die Güte des Prozesses beschreiben können (s. LIM ET AL. 2019, S. 118). Nach der datenbasierten Analyse des Prozesses erfolgt die Identifikation von Möglichkeiten der Verbesserung des Prozesses (s. LIM ET AL. 2019, S. 118). Zuletzt müssen diese Informationen aufbereitet werden und genutzt werden, um den Prozess zu optimieren (s. LIM ET AL. 2019, S. 120).

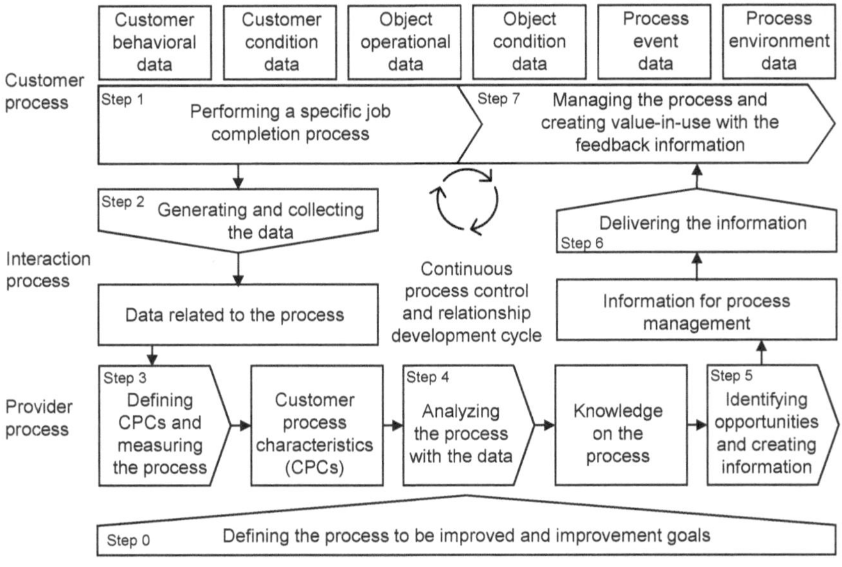

Abbildung 3-34 ***Customer Process Management Framework*** **(eigene Darstellung i. A. a. LIM ET AL. 2019, S. 116)**

Produzierende Industrie: Die produzierende Industrie wird nicht gezielt betrachtet, auch wenn die Fallstudien hierin eingeordnet werden können.

Smarte Produkt-Service-Systeme: Es werden konkret Objekte betrachtet, die Daten ihrer Nutzung erfassen können.

Kundeninteraktionen: Interaktionen mit Kunden spielen an sich keine Rolle, lediglich die Daten, die daraus gewonnen werden können.

Customer-Journey: Eine Customer-Journey wird nicht betrachtet, sondern lediglich einzelne Prozesse, die stattfinden.

Kundendaten: Kundendaten und deren Nutzung zur Entwicklung neuer Services stehen im Fokus.

Referenzprozess: Auch wenn explizit Kundenprozess behandelt werden, werden diese nicht weiter spezifiziert.

Datenmodell: Ein Datenmodell wird nicht betrachtet.

Implementierung: Es wird ein Rahmenwerk zur Nutzung von Daten für die Serviceentwicklung gegeben.

In Abbildung 3-35 wird die Einordnung der Studie in den Untersuchungsbereich dargestellt.

Anforderungen:	**Objektbereich**					**Zielbereich**		
Untersuchte Ansätze:	Produzierende Industrie	SPSS	Kunden-inter-aktionen	Customer-Journey	Kunden-daten	Referenz-prozess	Daten-modell	Implemen-tierung
Lim et al. 2019	○	●	○	○	●	○	○	●

● Im Fokus / Komplette Betrachtung ◑ Teilweise im Fokus / Teilweise Betrachtung ○ Kein Fokus /Keine Betrachtung

Abbildung 3-35 Einordnung von LIM ET AL. 2019 in den Untersuchungsbereich (eigene Darstellung)

Strategisches Vertriebsmanagement: Strategische Kundenanalyse und -planung (SCHEED U. SCHERER 2019)

Im dritten Kapitel ihres Buches zum strategischen Vertriebsmanagement im B2B-Bereich gehen SCHEED U. SCHERER auf die strategische Kundenanalyse und -planung ein. Für diese Analyse steht eine Vielzahl von Kundendaten zur Analyse zur Verfügung. Diese Daten können von Kunden selbst angegeben, über Customer-Touchpoints erfasst oder systemisch erstellt werden (siehe Tabelle 3-4).

Tabelle 3-4 Arten von B2B-Kundendaten (eigene Darstellung i. A. a. SCHEED U. SCHERER 2019, S. 63)

Datenquellen	Datenart	Speicherort	Beispiele
Kundenangaben Marktforschung	Stammdaten	▪ ERP-System ▪ CRM-System	▪ Firmenname ▪ Firmensitz ▪ Firmengröße ▪ Branche ▪ Preis-, Zahlungs- und Lieferkonditionen ▪ Kontakte des Buying Centers ▪ Budgets
Customer-Touchpoint	Transaktionsdaten	▪ ERP-System	▪ Auftrag ▪ Lieferung ▪ Fakturierung ▪ Zahlung ▪ Retouren ▪ Lieferstatus ▪ Beginn und Dauer der Geschäftsbeziehung
Custome-Touchpoint	Kontaktdaten	▪ CRM-System ▪ Unstrukturiert in E-Mail ▪ Recordings ▪ Online-Shop-Anfragen	▪ Besuchsberichte ▪ Servicecalls ▪ Chatinhalte
Customer-Touchpoint	Reaktionsdaten	▪ CRM-System ▪ Unstrukturiert in E-Mail ▪ Recordings ▪ Social-Media-Plattformen	▪ Download eines Whitepapers ▪ Antwort auf eine Vertriebskommunikation
systemisch erstellte Daten	Logdaten	▪ eigene Datenbanken	▪ Logfiles ▪ Cookies ▪ Session IDs ▪ Logins ▪ Navigationsverhalten ▪ Suchanfragen ▪ Besuchshäufigkeit
systemisch erstellte Daten	Sensor- und Standortdaten	▪ eigene Datenbanken	▪ Maschinensensoren ▪ Bewegungsdaten von Fahrzeugen

Die Daten, die über diese Quellen erfasst werden können, lassen sich in Stammdaten, Transaktionsdaten, Kontaktdaten, Reaktionsdaten, Logdaten und Sensor- oder Standortdaten differenzieren. Dafür müssen drei Voraussetzungen geschaffen werden: die Durchführung von Online-Vertriebsaktivitäten zur Sammlung von Daten, ein klar strukturiertes Datenmanagement und der Aufbau einer technologischen Basis (s. SCHEED U. SCHERER 2019, S. 65–66). Um diese kundenbezogenen Daten strategisch analysieren zu können, schlagen SCHEED U. SCHERER verschiedene Methoden der Analyse vor (siehe Tabelle 3-5)

Tabelle 3-5 Methoden der strategischen Kundenanalyse (eigene Darstellung i. A. a. SCHEED U. SCHERER 2019, S. 68)

Kundenstrukturanalyse	▪ ABC/XYZ-Analyse ▪ Kunden-Scoring ▪ Kundenportfolioanalyse
Kundenwertanalyse	▪ Kundendeckungsbeitragsrechnung
Kundenpotenzialanalyse	▪ Whitespace-Analyse ▪ Customer-Lifetime-Value-Analyse
Kundenbedürfnis- und Kundenverhaltensanalyse	▪ Kundenzufriedenheitsanalyse ▪ Customer-Journey-Analyse ▪ Buying-Center-Analyse

In diesen Analysemethoden wird auch auf die Customer-Journey-Analyse eingegangen. Diese wird dabei in drei Schritte unterteilt. In Schritt eins erfolgt die Definition der Ziele und Zielkunden (s. SCHEED U. SCHERER 2019, S. 90). Der zweite Schritt ist die Analyse des Kaufentscheidungsprozesses, die wiederum in fünf Phasen zu gliedern ist (siehe Abbildung 3-36).

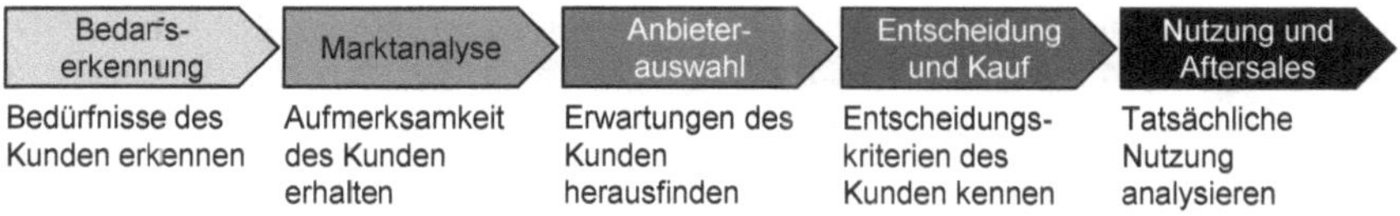

Abbildung 3-36 Phasen des Kaufentscheidungsprozesses (eigene Darstellung i.A.a. SCHEED U. SCHERER 2019, S. 91–94)

Im dritten und letzten Schritt geht es um die Analyse der Kundenbedürfnisse. Hier gilt es vor allem, analoge und digitale Kontaktpunkte zusammenzuführen (s. SCHEED U. SCHERER 2019, S. 95).

Produzierende Industrie: Es geht um den B2B-Bereich, wovon die produzierende Industrie einen Teilbereich darstellt. Entsprechend geht es in dem Buch auch nur zum Teil um die produzierende Industrie.

Smarte Produkt-Service-Systeme: Daten aus Maschinensensoren werden beiläufig als Art von Kundendaten erwähnt, erfahren aber keine besondere Aufmerksamkeit.

Kundeninteraktionen: Kundeninteraktionen spielen im Rahmen der Customer-Journey und möglicher Kundendaten eine Rolle. Eine genauere Betrachtung erfolgt nicht.

Customer-Journey: Die Customer-Journey als Analysemethodik wird aufgegriffen und hierfür in fünf Phasen unterteilt. Eine detaillierte Ausgestaltung dieser Phasen bleibt aus.

Kundendaten: Es werden verschiedene Kundendaten und ihre Quellen aufgezeigt.

Referenzprozess: Ein Referenzprozess wird nicht betrachtet.

Datenmodell: Ein Datenmodell wird nicht betrachtet.

Implementierung: Ein Vorgehen zur Implementierung wird nicht betrachtet.

Es ergibt sich die in Abbildung 3-37 dargestellte Einordnung der Studie in den Untersuchungsbereich.

Anforderungen:	Objektbereich					Zielbereich		
Untersuchte Ansätze:	Produzierende Industrie	SPSS	Kunden-interaktionen	Customer-Journey	Kunden-daten	Referenz-prozess	Daten-modell	Implementierung
Scheed u. Scherer 2019	◑	◑	◑	◑	●	○	○	○

● Im Fokus / Komplette Betrachtung ◑ Teilweise im Fokus / Teilweise Betrachtung ○ Kein Fokus /Keine Betrachtung

Abbildung 3-37 Einordnung von Scheed u. Scherer 2019 in den Untersuchungsbereich (eigene Darstellung)

3.3 Resultierender Forschungsbedarf

In diesem Kapitel wird ein sich ergebender Forschungsbedarf aus den in Kapitel 3.2 untersuchten und bewerteten Studien abgeleitet. Eine Übersicht der Bewertung der Studien anhand der in Kapitel 3.1 entwickelten Kriterien ist in Abbildung 3-38 gegeben. Die vorgenommene Gruppierung lässt sich dabei über einen thematischen Schwerpunkt im Objektbereich wiedererkennen. Produktbezogene Studien betrachteten dabei die produzierende Industrie und genauer auch Smarte Produkt-Service-Systeme (SPSS). Kundeninteraktionen und auch die Customer-Journey waren Bestandteil der Untersuchung der kundenbezogenen Studien. Zuletzt wurden Kundendaten mittels datenbezogener Studien genauer untersucht.

Anforderungen:	Objektbereich					Zielbereich		
Untersuchte Ansätze:	Produzierende Industrie	SPSS	Kundeninter-aktionen	Customer-Journey	Kundendaten	Referenz-prozess	Datenmodell	Implementier-ung
Produktbezogene Studien								
Bauernhansl et al. 2016	●	●	○	○	○	○	◑	●
Schuh et al. 2018b	●	○	○	○	○	●	◑	●
Schuh et al. 2018c	●	◑	○	○	○	●	●	○
Tao et al. 2018	●	●	◑	○	○	●	○	◑
Briele et al. 2022	●	●	◑	○	●	○	○	○
Kundenbezogene Studien								
Straker et al. 2015	◑	○	●	○	○	◑	○	○
Lemon et al. 2016	○	○	●	●	○	◑	○	○
Aichner et al. 2017	◑	○	●	○	○	◑	○	●
Ludwig et al. 2017	●	○	●	◑	○	◑	○	○
Heuchert et al. 2018	○	○	●	◑	○	○	◑	○
Datenbezogene Studien								
Chapman et al. 2000	○	○	○	○	◑	●	○	●
Rosemann et al. 2012	○	○	◑	○	●	○	●	○
Cooke u. Zubcsek 2017	○	●	◑	○	◑	○	○	●
Earley 2018	○	○	●	○	●	○	●	○
Kitchens et al. 2018	○	○	●	○	●	○	○	●
Lim et al. 2019	○	●	○	○	●	○	○	●
Scheed u. Scherer 2019	◑	◑	◑	◑	●	○	○	○
Eigene Arbeit	●	●	●	●	●	●	●	◑

● Im Fokus / Komplette Betrachtung ◑ Teilweise im Fokus / Teilweise Betrachtung ○ Kein Fokus /Keine Betrachtung

Abbildung 3-38 Überblick über die Bewertung der untersuchten Studien (eigene Darstellung)

Zunächst zeigte sich, dass das Konzept des digitalen Schattens in produkt- und produktionsnahen Prozessen Anwendung findet. BAUERNHANSL ET AL. stellen das Konzept des digitalen Schattens für die Produktion vor und zeigen auf, wie dieser implementiert werden kann. SCHUH ET AL. geben in einem ersten Paper ein Vorgehen zur Erstellung eines digitalen Schattens entlang des Produktlebenszyklus vor und zeigen in einem zweiten auch die konkrete Applikation des digitalen Schattens für Instandhaltungsdienstleistungen inklusive eines Datenmodells. Weiterhin untersuchen TAO ET AL., wie unterschiedlichste Daten entlang des Produktlebenszyklus genutzt werden können, um neue Produkte zu gestalten. BRIELE ET AL. thematisieren zwar das Konzept des digitalen Schattens von Kunden, fokussieren aber dabei stark die Produktentwicklung und führen nur potenzielle Anwendungen für das Konzept an. Eine tatsächliche Anwendung des digitalen Schattens auf den Prozess der Kundeninteraktionen bleibt aus.

Bei den kundenbezogenen Studien sind vordergründig die Kundenkontaktpunkte und die Kanäle, über die sie stattfinden, von Bedeutung. STRAKER ET AL. entwerfen in ihrer Studie eine Taxonomie von Charakteristiken von Kundenkontaktpunkten. Für die Abfolge dieser Kontaktpunkte, die Customer-Journey, liefern primär LEMON U. VERHOEF eine wichtige Grundlagenarbeit. Die Durchführung einer Untersuchung von Kundenkontaktpunkten kann bei AICHNER U. GRUBER gefunden werden. Eine Untersuchung von Kundeninteraktionen im Rahmen der Customer-Journey bei produzierenden Unternehmen findet sich bei LUDWIG ET AL. Die Studie geht aber nicht ins Detail und zeigt eher grobe Phasen als konkrete Kundeninteraktionen auf. Da die Untersuchung auf eine Einzelfallstudie beruht, kann die gezeigte Customer-Journey auch nur bedingt als Referenzprozess angesehen werden. HEUCHERT ET AL. geben ein Modell der Beziehungen zwischen Kanälen, Kontaktpunkten und der Customer-Journey auf. Eine explizite Betrachtung der Kundeninteraktionen mit SPSS findet damit nicht statt. Ebenso existieren bisher keine ausführlichen Untersuchungen der Customer-Journey bei produzierenden Unternehmen, die als Referenzprozessmodell für dieses Dissertationsvorhaben dienen könnten.

Im Bereich der Daten und insbesondere der Kundendaten wird die Sicht der zeitlichen Abfolge von Kundeninteraktionen und damit der Customer-Journey vernachlässigt. CHAPMAN ET AL. stellen ein allgemeines Prozessmodell zur Auswertung großer Datenmengen vor. ROSEMANN ET AL. zeigen in ihrer Arbeit ein Datenmodell von Kundendaten in Sozialen Medien auf. Eine konkrete Anwendung von Kundendaten aus SPSS zeigen COOKE U. ZUBCSEK auf. Allerdings bleiben sie auf der konzeptionellen Ebene und führen keine konkreten Daten auf. EARLEY gibt eine Vielzahl möglicher explizierter und implizierter Kundendaten vor und zeigt auch das Konzept einer Customer-Data-Platform auf, um diese miteinander zu verknüpfen. KITCHENS ET AL. entwickeln ein Vorgehen zur Sammlung und Auswertung von Kundendaten. Dabei zeigen sie auch potenzielle Quellen für Kundendaten auf. Die konkrete Nutzung von Kundendaten zur Gestaltung von Mehrwertdienstleistungen verdeutlichen LIM ET AL. Einen Überblick zu verschiedenen Kundendaten, auch in der produzierenden Industrie, geben SCHEED U. SCHERER. Zusammenfassend fehlt bei der Betrachtung von Kundendaten deren holistische Erfassung entlang von Kundeninteraktionen in der Customer-Journey.

Um einen Forschungsbedarf aufzuzeigen, müsste aus dem Status quo in der Forschung eine Gegenposition, eine Forschungslücke, eine Detaillierung bestehender Ergebnisse oder eine Fortsetzung bisheriger Forschung abzuleiten sein (s. SWALES 2014, S. 13–14). Die vorhergehende Zusammenfassung der Untersuchung in Kapitel 3.2. der nach Kapitel 3.1 systematisch gesuchten Quellen hat nun aufgezeigt, dass es bisher keine Studien mit dem Ziel eines digitalen Schattens von Kundeninteraktionen in der produzierenden Industrie gibt. Insbesondere fehlen ein detaillierter Referenzprozess von Kundeninteraktionen in der produzierenden Industrie und eine darauf aufbauende Verknüpfung verfügbarer Kundendaten im Sinne eines digitalen Schattens.

Damit konnte eine Lücke in der bisherigen Forschung identifiziert werden, womit der Forschungsbedarf für dieses Dissertationsvorhaben gegeben ist.

4 Theoretische Grundlagen und Forschungsmethodik

Wesentlicher Aspekt der Forschung ist eine wissenschaftliche Rigorosität im Forschungsprozess. Diese Rigorosität wird erreicht durch die angemessene Anwendung bestehender Grundlagen und Methoden (s. HEVNER ET AL. 2004, 80). Ziele dieses Kapitels sind damit die Erschaffung der theoretischen Grundlage und Fundierung dieses Dissertationsvorhabens, die Erläuterung der Forschungsmethodik sowie eine Aufstellung an Anforderungen an das Forschungsvorhaben.

4.1 Theoretische Grundlagen

Eine Theorie ist ein „System von gesetzesartigen Aussagen zur Erklärung eines Ausschnitts der Wirklichkeit“ (s. HEINRICH ET AL. 2011, S. 84). Theorien sind dabei neben den Methoden eine wesentliche Fundierung der Rigorosität in der DSR und sollen in diesem Kapitel beschrieben werden (s. HEVNER 2007, S. 89). Da eine Theorie zunächst universell einsetzbar ist, ist ein weiteres Ziel aufzuzeigen, inwiefern diese Theorien für das Dissertationsvorhaben relevant sind (s. LEHNER ET AL. 1995, S. 18).

4.1.1 Forschungsparadigma

Ein Forschungsparadigma gibt die grundsätzlichen Annahmen bezüglich der wissenschaftlichen Praxis an, mit der ein Forscher arbeitet, und spiegelt damit dessen Denkmuster wider (s. ROBRA-BISSANTZ 2012). Um dieses systematisch untersuchen zu können, gibt IIVARI ein Rahmenwerk vor, in dem die Ontologie, Epistemologie, Methodologie sowie Ethik untersucht wird (s. IIVARI 1991, S. 255). Dabei könnte man die DSR selbst als Forschungsparadigma ansehen (s. VAISHNAVI U. KUECHLER 2004, S. 8). Generell wird die DSR aber dem Positivismus zugerechnet (s. IIVARI U. VENABLE 2009, S. 7).

Die *Ontologie* studiert die über den zu untersuchenden Gegenstand gemachte Annahmen (s. IIVARI 1991, S. 255). Als Forschungsarbeit im Bereich der Wirtschaftsinformatik muss die Einordnung bezüglich fünf verschiedener Objekte vorgenommen werden, der Daten, Datensysteme, Menschen, Technologie sowie Organisationen (s. IIVARI 1991, S. 259). Erstens werden Daten als deskriptive Fakten gesehen. Sie beschreiben also eine Wahrheit und konstituieren keine Bedeutung. Zweitens sind Datensysteme als technisches System zu sehen. Es müssen daher keine sozialen oder organisationalen Aspekte gestaltet werden. Drittens wird der Mensch hauptsächlich im Sinne des Determinismus betrachtet. Seine Handlungen sind also durch gewisse Bedingungen vorbestimmt. Viertens wird ein technisches System als durch menschliche Entscheidungen bestimmt angesehen. Mit der Vielzahl an möglichen Programmiersprachen und Systemen muss nicht im Sinne eines technologischen Determinismus auf technisch notwendige Systeme zurückgegriffen werden, sondern es gibt eine Wahl. Als fünftes Objekt wird eine Organisation im Sinne des Realismus und Strukturalismus angesehen. Eine Organisation ist also definiert durch ihre tatsächliche Struktur und nicht durch eingebildete Begriffsbildungen und Interaktionen zwischen Personen.

Mit den Voraussetzungen zum Zustandekommen von Wissen beschäftigt sich die *Epistemologie* (s. IIVARI 1991, S. 257). Die Epistemologie der DSR wird als positivistisch angesehen, mit der Prämisse, dass eine objektive Realität unabhängig von der Untersuchung des Forschers existiert (s. NIEHAVES 2007, S. 8). Im Positivismus tritt der Forscher als Experte auf, der Wissen in Form verifizierter Hypothesen erschafft (s. GUBA U. LINCOLN 1994, S. 113). Dabei wird keine wertende Meinung über das Untersuchungsobjekt zugelassen (s. GUBA U. LINCOLN 1994, S. 114). Gleichzeitig muss aber die Ethik der Forschung stets beachtet werden (s. GUBA U. LINCOLN 1994, S. 114).

Die *Methodologie* im Sinne eines Forschungsparadigmas meint das Studium der Forschungsmethoden (s. IIVARI 1991, S. 257). Die Methoden lassen sich in konstruktive Methoden, nomothetische Methoden und idiografische Methoden unterteilen (s. IIVARI 1991, S. 262). Nomothetische Methoden, deren Ziel die Feststellung allgemeingültiger Gesetzmäßigkeiten ist, finden keine Anwendung in diesem Dissertationsvorhaben. Die Fallstudie und damit Experteninterviews und Workshops als idiografische Methoden, also den Einzelfall beschreibende Methoden, werden genutzt, um Muster im Untersuchungsbereich festzustellen und die Ergebnisse der Forschung zu validieren. Hauptteil der Arbeit sind konstruktive Methoden. Im Rahmen der DSR sollen durch Modellierung, Desk-Research und konzeptionell deduktive Schlussfolgerung konkrete Artefakte gestaltet werden. Eine genauere Erläuterung der Methodik erfolgt in Kapitel 4.2.

Die *Ethik* befasst sich mit der Verantwortung eines Wissenschaftlers für seine Forschung und deren Ergebnisse (s. IIVARI 1991, S. 258). Es lässt sich hierbei zwischen der Rolle der Wissenschaft und den Wert der Forschung unterscheiden. Die Rolle der Wissenschaft kann entweder bedarfsorientiert, interpretativ oder kritisch sein (s. IIVARI 1991, S. 265). Dieses Dissertationsvorhaben ist im Sinne der DSR als bedarfsorientierte Gestaltung praktischer Artefakte, die auch das vorhandene Methodenwissen erweitern, zu sehen. Der Wert der Forschung lässt sich in organisations-/ management-, nutzerorientiert oder andere einteilen (s. IIVARI 1991, S. 265). Konkret sollen die Vereinigung und die Anwendung kundenbezogener Daten zur Feststellung von Kundenbedürfnissen gestaltet werden. Dies soll die Wettbewerbsfähigkeit von Unternehmen steigern und damit wirtschaftliche Ziele erfüllen. Das zu gestaltende Implementierungsvorgehen gibt dabei konkrete Hilfestellung für das Management eines Unternehmens. Damit lässt sich dieses Dissertationsvorhaben in die organisations-/managementorientierte Forschung einordnen.

Zusammenfassend ergibt sich damit das in Tabelle 4-1 dargestellte Forschungsparadigma im Rahmen der Design-Science-Research für diese Dissertationsschrift.

Tabelle 4-1 Forschungsparadigma dieser Dissertationsschrift (eigene Darstellung)

Bereich	Aspekt	Ausprägung
Ontologie	Daten	Deskriptive Fakten
	Datensystem	Technisches System
	Mensch	Determinismus
	Technische System	Menschliche Entscheidung
	Organisation	Realismus, Strukturalismus
Epistemologie		Positivismus
Methodologie	Konstruktive Methoden	Design-Science-Research; Modellierung, Desk-Research, konzeptionell-deduktive Analyse
	Idiografische Methoden	Fallstudie, Experteninterview, Workshop
Ethik	Rolle der Wissenschaft	bedarfsorientiert
	Wert der Forschung	organisations-/managementorientiert

4.1.2 Systemtheorie

Die allgemeine Systemtheorie stammt aus dem Konzept des Organismus in der Biologie und beschreibt ein System aus organisierten Entitäten (s. BERTALANFFY 1972, S. 410). Als interdisziplinärer Ansatz kann die Systemtheorie als grundsätzliches Paradigma für Forschungsaktivitäten verwendet werden. Ein Paradigma ist dabei konstituiert durch seine Problemlösungskraft, seine allgemeine Relevanz, seine Präzision und seine Integrationskraft (s. ULRICH U. HILL 1976, S. 307). Als solches untersucht die Systemtheorie alle „Gestaltungs- und Führungsprobleme von produktiven sozialen Systemen" (s. ULRICH U. HILL 1976, S. 308). Daraus entstehende Vorteile liegen in verschiedenen praxisrelevanten Funktionen. Die Systemtheorie stellt in ihrer terminologischen Funktion ein Begriffssystem für ein gemeinsames Verständnis zwischen Disziplinen zur Verfügung, in ihrer heuristischen Funktion bietet sie Strukturmodelle und führt verschiedene Einflussfaktoren und Variablen zur gleichzeitigen Beachtung in ihrer Integrationsfunktion zusammen (s. ULRICH U. HILL 1976, S. 308).

Das Systems-Engineering ist ein Ansatz, um vor allem komplizierte und komplexe Systeme konkret zu gestalten (siehe Abbildung 4-1). Komplizierte Systeme zeichnen sich dabei durch eine Vielzahl von Elementen aus, während ein komplexes System eine Eigendynamik mit nicht vorhersehbaren Zuständen besitzt (s. LEHNER ET AL. 1995, S. 49). Zur Lösung von Fragestellungen in diesem Bereich bedarf es neben Fachwissen und Erfahrung auch einer methodischen Vorgehensweise, deren Bereitstellung Ziel der Wissenschaftsdisziplin des Systems-Engineerings ist (s. HABERFELLNER ET AL. 2012, S. 27). Gerade bei komplexen Systemen ist dabei ein iterativer Gestaltungsprozess angebracht (s. LEHNER ET AL. 1995, S. 52).

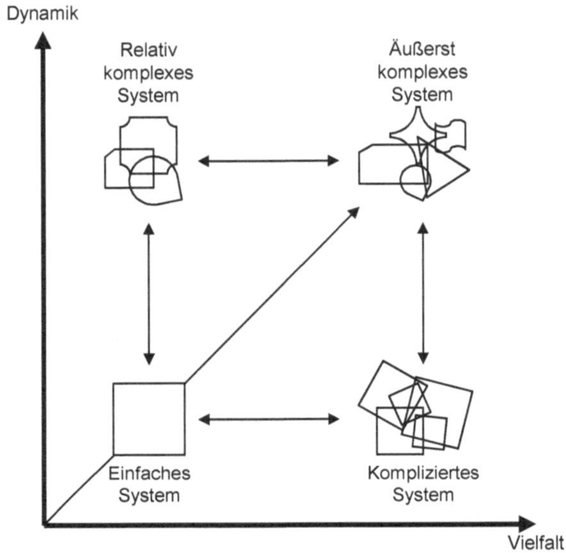

Abbildung 4-1 Kompliziertheit und Komplexität von Systemen (eigene Darstellung i. A. a. ULRICH U. PROBST 1990, S. 61)

Das zu gestaltende System ist definiert durch eine Vielzahl von Begriffen, wie in Abbildung 4-2 dargestellt. Grundlage eines Systems sind stets Elemente, womit einfache Bausteine gemeint sind, und die bestimmte Eigenschaften und Funktionen vorweisen (s. HABERFELLNER ET AL. 2012, S. 34). Fasst man ein einzelnes Element seinerseits als eigenständiges System auf, so kann dieses Element als Subsystem betrachtet werden (s. HABERFELLNER ET AL. 2012, S. 36). Elemente stehen in Beziehungen jedweder Art zueinander (s. HABERFELLNER ET AL. 2012, S. 35). Die Abgrenzung zum Umfeld des Systems erfolgt dann durch die Systemgrenze. Im Umfeld befinden sich dabei sowohl einzelne sogenannte Umfeldelemente als auch komplette Umsysteme, die in Beziehung zum betrachteten System stehen (s. HABERFELLNER ET AL. 2012, S. 35). Das System selbst ist charakterisiert durch intensivere Beziehungen innerhalb seiner Elemente wie zu denen des Umfeldes (s. HABERFELLNER ET AL. 2012, S. 35).

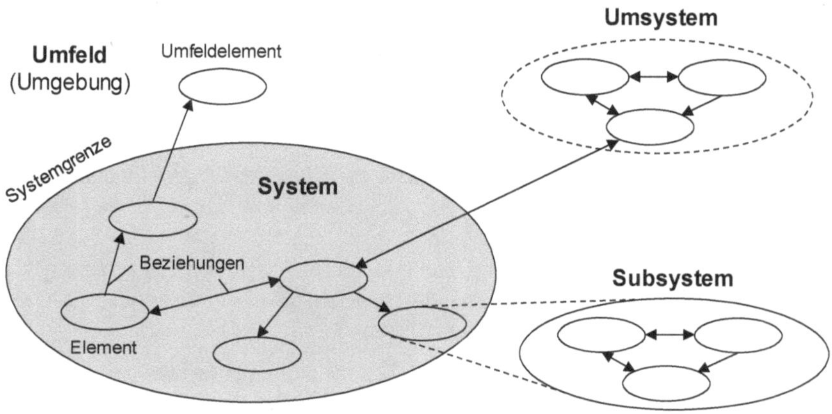

Abbildung 4-2 Grundbegriffe des Systemdenkens (eigene Darstellung i. A. a. HABERFELLNER ET AL. 2012, S. 34)

Das Vorgehen im Systems-Engineering besteht aus vier Komponenten, die im Folgenden kurz erläutert werden sollen. Diese Komponenten beschreiben eine Zweckmäßigkeit im Vorgehen und die in Kombination miteinander angewendet werden sollten (s. HABERFELLNER ET AL. 2012, S. 57). Das Vorgehen *vom Groben zum Detail* beschreibt, wie es der Wortlaut sagt, ein Prozess, bei dem sich zuerst mit einem großen Ganzen zu beschäftigen ist und erst später Detailfragen geklärt werden (s. HABERFELLNER ET AL. 2012, S. 60). Eine detaillierte Betrachtung einzelner Probleme erfolgt also erst am Ende eines Gestaltungsprozesses. Das *Prinzip des Denkens in Varianten* zeichnet sich durch seine Grundhaltung aus, stets nach alternativen Lösungen zu suchen und diese zu berücksichtigen (s. HABERFELLNER ET AL. 2012, S. 64). Dies fördert eine Flexibilität im Vorgehen und vermeidet alternativlose Sackgassen mitten im Prozess. Zur Konkretisierung des Vorgehens kann dieses in einen *Phasenablauf* gegliedert werden. HABERFELLNER ET AL. schlagen hierzu die folgenden Phasen vor: *Vorstudie*, *Hauptstudie*, *Detailstudien*, *Systembau*, *Systemeinführung und Übergabe des Objekts* und *Abschluss des Projekts* (s. HABERFELLNER ET AL. 2012, S. 65). Dies beschreibt das Vorgehen im großen Ganzen als Makro-Logik. Die letzte Komponente ist der *Problemlösungszyklus*, der die Mikro-Logik gestaltet. In Problemlösungszyklen werden einzelnen Problemen konkrete Ziele gegenübergestellt, Lösungen für diese gesucht und sich dann für eine dieser Lösungen entschieden (s. HABERFELLNER ET AL. 2012, S. 84).

Die Systemtheorie ist schlussfolgernd für diese Dissertationsschrift als grundlegend anzusehen, bezüglich der Lösung komplexer Fragestellungen im System eines Unternehmens und dessen Interaktionen mit Kunden.

4.1.3 Modelltheorie

Modelle zeichnen sich durch drei Hauptmerkmale aus: die Abbildung, die Verkürzung und der Pragmatismus. Das Abbildungsmerkmal sagt aus, dass Modelle „Repräsentationen natürlicher oder künstlicher Originale“ (s. STACHOWIAK 1973, S. 131) sind. Dass Modelle dabei lediglich eine reduzierte Abbildung sind und nicht alle Merkmale und Eigenschaften der Wirklichkeit wiedergeben, sagt das Verkürzungsmerkmal aus. Es werden lediglich diejenigen Attribute zur Repräsentation ausgewählt, die relevant für den Gestalter und die Nutzer des Modells sind (s. STACHOWIAK 1973, S. 132). Das letzte Merkmal ist das pragmatische Merkmal. Dieser Pragmatismus ist geprägt durch die Verwendung des Modells für jemanden in einem gewissen Zeitraum zu einem bestimmten Zweck (s. STACHOWIAK 1973, S. 133).

Dieses Dissertationsvorhaben ist in der Wirtschaftsinformatik verortet und damit in den Realwissenschaften. Abhängig vom Erkenntnisziel eines Modells können drei Typen von Modellen in ihrem Bezug zur Realität unterschieden werden: das Beschreibungs-, das Erklärungs- und Gestaltungsmodell (siehe Tabelle 4-2). Diese Modelle sind explizit formuliert, wofür eine formale Sprache verwendet wird. Dabei kann das Beschreibungsmodell auch in natürlicher Sprache formuliert werden (s. ZELEWSKI 2008, S. 34). Überdies gibt es noch Meta-Modelle, die wiederum eine Ordnung für eine Menge weiterer Modelle darstellen (s. LEHNER ET AL. 1995, S. 39). Anhand der Erkenntnisziele können sämtliche Modelle in diese Kategorien eingeteilt werden. Entsprechend muss man sich bei der Anwendung von Modellen des Zieles bewusst sein und ein zur Erreichung des Zieles passendes Modell auswählen (s. LEHNER ET AL. 1995, S. 86)

Tabelle 4-2 Erkenntnisziele und daraus folgende Modelltypen (eigene Darstellung i. A. a. ZELEWSKI 2008, S. 24)

Erkenntnisziel	deskriptiv	theoretisch	praktisch
Beschreibung	zutreffende Beschreibung realer Sachverhalte	Erklärung realer Sachverhalte	Gestaltung realer Sachverhalte
Modell	Beschreibungsmodell	Erklärungsmodell	Gestaltungsmodell

Bei der Bildung von Modellen kann zwischen homomorphen und isomorphen Abbildungen unterschieden werden (s. LEHNER ET AL. 1995, S. 31). Eine isomorphe Abbildung wäre eine ohne Informationsverlust, was de facto kaum vorkommt. Eine homomorphe Abbildung weist im Gegensatz dazu immer einen Verlust von Informationen auf. Dies reduziert jedoch auch die Komplexität und erleichtert die Erreichung des Zieles, das mithilfe eines Modells erreicht werden soll. Dementsprechend ist es Ziel des Forschungsvorhabens, homomorphe Modelle zu gestalten.

4.1.4 Theory of planned behavior

Es existiert eine Vielzahl an Theorien bezüglich des Zustandekommens von Geschäften im B2B-Bereich. Grundsätzlich kann hier zwischen solchen entschieden werden, die die Transaktion zwischen den Akteuren fokussieren und denjenigen, die die

Beziehung der Akteure zueinander untersuchen (siehe Tabelle 4-3). Für diese Dissertationsschrift mit dem Ziel, Kunden besser zu verstehen, sind besonders Ansätze interessant, die erklären, warum sich Kunden so verhalten, wie sie es tun. Es besteht also die Notwendigkeit, Sozial- und Verhaltenswissenschaften zur Erklärung wirtschaftlichen Verhaltens zu nutzen (s. HADJIKHANI U. LAPLACA 2013, S. 295).

Tabelle 4-3 Theoretische Grundlagen für B2B- und Geschäftstransaktionen (eigene Darstellung i. A. a. HADJIKHANI U. LAPLACA 2013, S. 296)

Geschäftsbeziehungen auf der Grundlage von Transaktionen	Geschäftsbeziehungen auf der Grundlage von Beziehungen.
Wirtschaftliche Basis	Verhaltensbasiert
Wirtschaftlicher Austausch	Wirtschaftlicher und sozialer Austausch
Einfacher Austausch von Ressourcen und Informationen	Komplexer Ressourcen- und Informationsaustausch
Rationalität - hoher Zugang zu Informationen	Begrenzte Rationalität - unvollständiger Informationszugang
Unabhängigkeit	Interdependenz
Geringe Anzahl von Austauschen	Große Anzahl von Austauschbeziehungen
Maximaler/hoher Gewinn für das Unternehmen	Gegenseitiger Nutzen für die Vertragspartner
Push-Strategie - Unternehmen entscheidet	Gemeinsame Strategieentwicklung
Vorrangstellung des Verkäufers	Gleichberechtigte kooperative Position
Konflikt	Kooperation
Homogenität (heterogene Märkte, die zur Vereinfachung des Vertragsabschlusses und zur Vereinheitlichung segmentiert sind, begrenztes Angebot)	Heterogenität (individuelle Kundenbedürfnisse werden ermittelt; mehrere Kontaktkanäle; große Vielfalt an Angeboten; Anpassung an Kundenwünsche)
Wettbewerb	Zusammenarbeit
Geringe Anpassungsfähigkeit	Hohe Anpassungsfähigkeit
Unmittelbarer oder kurzer Zeithorizont	Mittel- bis langfristiger Zeithorizont

Damit die Grundprämisse der Arbeit, nämlich das Vorhersagen von Verhalten von Kunden auf Basis gesammelter kundenbezogener Daten, gelten kann, dürfen Entscheidungen seitens der Kunden nicht nur rein zufällig getroffen werden und es müssen Muster erkennbar sein. Ein Kunde muss also logisch und erklärbar handeln. Eine Theorie zu solch einer Erklärung des Verhaltens von Kunden ist die *Theory of Planned Behavior*, auf Deutsch die Theorie des geplanten Entscheidens. Diese Theorie ist dazu geeignet, menschliches Verhalten in bestimmten Situation zu erklären und vorherzusagen (s. AJZEN 1991, S. 181). Die Aussage der Theorie ist, dass Verhalten auf die Intention einer Handlung und bedingt auch auf die wahrgenommene Kontrolle über das Verhalten zurückzuführen ist (siehe Abbildung 4-3). Die Intention wiederum wird beeinflusst von den Faktoren der Haltung, des Verhaltens gegenüber einer subjektiven Norm sowie ebenfalls der wahrgenommenen Kontrolle. Diese Faktoren beeinflussen sich auch gegenseitig. Das Verhalten eines Menschen lässt sich damit auf eine dahinterliegende Motivation, die Intention und die Fähigkeit zur Durchführung einer Aktion, begrenzt durch die Verhaltenskontrolle, zurückführen (s. AJZEN 1991, S. 182).

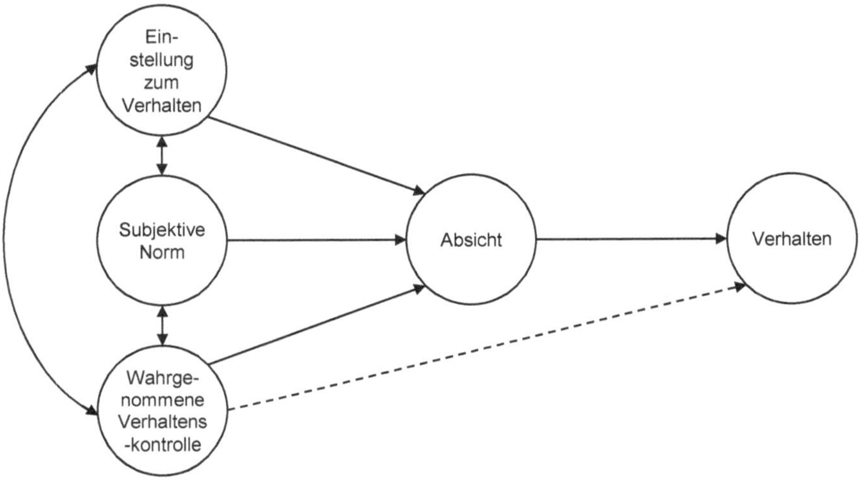

Abbildung 4-3 Theorie des geplanten Verhaltens (eigene Darstellung i. A. a. AJZEN 1991, S. 182)

Um nun ein Verhalten vorhersagen zu können, muss der Kontext des vorherzusagenden Verhaltens der gleiche sein, in dem die Intention und die Wahrnehmung von Kontrolle bewertet werden (s. AJZEN 1991, S. 185). Weiterhin müssen die Intention und Wahrnehmung von Kontrolle zwischen der Bewertung und der Beobachtung des tatsächlichen Entscheidens stabil bleiben. Dazwischen eintretende Ereignisse können nämlich Einfluss auf diese Faktoren haben, damit auch das Verhalten beeinflussen und zu einem Fehler in der Vorhersage führen (s. AJZEN 1991, S. 185).

Die subjektive Norm, die sowohl die Intention als auch die wahrgenommene Kontrolle über das Verhalten beeinflusst, ist die Gesamtheit der Stärke aller in einem Unternehmen vorherrschenden Erwartungen bezüglich des Verhaltens (s. AJZEN 1991, S. 195). Damit ist die subjektive Norm ein stabiles Konstrukt, welches nur langsam durch eine Änderung allgemeiner Haltungen gegenüber gewissen Handlungen wie auch einer sich verändernden wahrgenommenen Kontrolle gegenüber einem bestimmten Verhalten zu ändern ist. Daraus lassen sich zwei für dieses Dissertationsvorhaben wichtige Schlussfolgerungen ableiten: Zum einen folgt mit der zeitlichen Stabilität der subjektiven Normen, dass auch das Verhalten von Menschen in bestimmten Situationen einem gleichbleibenden Muster folgt. Vergangenes Verhalten kann also ein wahrscheinlich zukünftiges Verhalten vorhersagen. Zum anderen teilen sich Individuen in einem Unternehmen die subjektiven Normen mit sämtlichen anderen Individuen in diesem Unternehmen zu einem gewissen Grad. Damit lässt sich auch vom Verhalten eines Individuums auf das Verhalten eines anderen Individuums in diesem Unternehmen schließen (s. BRAUN U. TURNER 2014, S. 113).

Das Wissen über Entscheidungen des Kunden müsste auch konkrete Vorteile für Unternehmen bringen. Beispielhaft sei dafür die Nutzung von Daten zur Berechnung des Customer-Lifetime-Values genannt. Gerade in der gezielten Ansprache von Kunden bezüglich der Ausweitung der Geschäftsbeziehungen kann es zu zwei Fehlern kommen: Entweder ist der Fehler, einen Kunden, der Umsatz bringen könnte, nicht zu kontaktieren, oder der Fehler ist, einen Kunden zu kontaktieren, der keinen Umsatz bringt (s. VENKATESAN ET AL. 2007, S. 579). Bei einem limitierten Budget ist es damit von großer Bedeutung, die jeweiligen Kunden diesen beiden Typen zuordnen können. Hinter diesem Dilemma steckt auch der Wunsch nach Berechnung des Customer-Lifetime-Values, also des Wertes eines Kunden für ein Unternehmen über dessen Kundenlebenszeit. Diese Berechnung ist allerdings komplex und basiert auf einer Vielzahl von Annahmen (s. BERGER U. NASR 1998, S. 20). Daten aus dem Kundenverhalten während der Customer-Journey können genutzt werden, um die Berechnung des Customer-Lifetime-Values zu verbessern (s. SIFA ET AL. 2018, S. 926). Es zeigt sich aber, dass Daten aus CRM-Systemen allein nicht ausreichen, um die Unsicherheit zwischen den beiden Fehlern komplett zu vermeiden (s. VENKATESAN ET AL. 2007, S. 580). Unternehmen können die zusätzlichen Daten aus einem digitalen Schatten der Kundeninteraktionen also nutzen, um z. B. die Berechnung des Customer-Lifetime-Values zu verbessern und mithin eine Entscheidung für Ressourcenallokation zu vereinfachen. Im Rahmen des Bayes-Theorems der Entscheidungstheorie können auf Basis des bisherigen Verhaltens eines Kunden Rückschlüsse auf seine wahrscheinlich zukünftigen Entscheidungen gezogen werden. (s. VENKATESAN ET AL. 2007, S. 592).

4.1.5 Knowledge-based View

Der „produktive und kreative Umgang mit Information“ bestimmt das Informationszeitalter, in dem sich die Welt gerade befindet (s. WEYRICH 2005, S. 534). Wissen spielt also eine zentrale Rolle im Wettbewerb zwischen Unternehmen. Diese Sicht stellt der Knowledge-based View (KBV) dar, welcher wiederum ein Spezialfall des Ressource-based View (RBV) ist. Der RBV sagt aus, dass Unternehmen einen nachhaltigen Wettbewerbsvorteil erhalten, wenn es Ressourcen aufbaut, die Werte schaffen, selten sind, unnachahmlich sind und von den Unternehmen optimal genutzt werden können (s. BARNEY 1991, S. 112). Der KBV sagt nun aus, dass unter sämtlichen Ressourcen eines Unternehmens das Wissen die strategisch wichtigste Ressource ist.

Wissen als Ressource ist dabei nach GRANT durch verschiedene Eigenschaften geprägt (s. GRANT 1996, S. 111–112). Zunächst einmal muss das Wissen übertragbar sein. Hier ist zu unterscheiden, ob das Wissen explizit geäußert werden kann und damit einfach übertragbar ist oder ob es sich um implizites Wissen handelt, das nur aufwendig durch Beobachtung oder Befragung identifiziert werden könnte (s. GRANT 1996, S. 111). Ein weiterer Aspekt ist die Möglichkeit, das Wissen zu aggregieren. Neues Wissen muss also mit dem bestehenden Wissen verknüpft werden können und dieses erweitern. Die Anwendbarkeit ist ebenso von Bedeutung. Ein Unternehmen muss die Fähigkeit besitzen, aus der Ressource einen Ertrag zu erhalten, der dem Wert der Ressource entspricht (s. GRANT 1996, S. 111). Eine Spezialisierung für bestimmte Wissensbereiche und eine Abhängigkeit der Produktion vom Wissen sind die beiden letzten Eigenschaften, die Wissen zu einer Ressource machen (s. GRANT 1996, S. 112).

4.2 Methodischer Aufbau

Die Anwendung von anerkannten Methoden ist ein zentraler Bestandteil des Erreichens wissenschaftlicher Rigorosität im Forschungsprozess (s. BIGGS U. BÜCHLER 2007, S. 69). Eine Methode kann in der Forschung bei der logischen Lösung komplizierter wissenschaftlicher Fragestellungen unterstützen (s. HEINRICH ET AL. 2011, S. 191). Methoden spielen damit eine zentrale Rolle in der DSR (s. HEVNER 2007, S. 89). Sie sind definiert durch ein System an Regeln, zielgerichtete Handlungsempfehlungen, intersubjektive Festlegungen des Verständnisses sowie der Feststellbarkeit ihrer Befolgung (s. WILDE U. HESS 2007, S. 281). Dabei kann zwischen quantitativen und qualitativen Methoden unterschieden werden (s. STECKLER ET AL. 1992, S. 2). Methoden können dabei auch im Rahmen einer sogenannten Triangulation kombiniert werden (s. DENZIN 2007, S. 1). Durch die Triangulation können mehrere Quellen untersucht und damit die Validität der Ergebnisse erhöht werden (s. CARTER ET AL. 2014, S. 546). Im Rahmen einer methodischen Triangulation kommt es auch zur Anwendung von Methoden innerhalb anderer Methoden (s. DENZIN 2007, S. 2).

4.2.1 Aufbau des Forschungsmodells

Das Forschungsmodell bietet einen Gesamtrahmen für die Lösung der Forschungsfrage des Dissertationsvorhabens. Basierend auf den Teilforschungsfragen sollen verschiedene Modelle gestaltet werden, die als einzelne Lösungskomponenten für die Gesamtlösung anzusehen sind. Die Lösungskomponenten werden durch verschiedene Modelle dargestellt, die nach Kapitel 4.1.3 den Modellarten des Beschreibungs-, Erklärungs- und Gestaltungsmodells zuzuordnen sind. Eine Übersicht der Modelle ist in Abbildung 4-4 gegeben. Das jeweilige Vorgehen zur Erstellung der Lösungskomponenten wird im Folgenden erläutert.

Abbildung 4-4 Teilforschungsfragen und Lösungskomponenten des Dissertationsvorhabens (eigene Darstellung)

Referenzprozessmodell

Um die Frage nach Kundeninteraktionen in produzierenden Unternehmen zu beantworten, ist ein *Referenzprozessmodell* der Kundeninteraktionen zu gestalten. Dieses Beschreibungsmodell hat ein deskriptives Erkenntnisziel, also den Anspruch der Beschreibung realer Sachverhalte (s. ZELEWSKI 2008, S. 24). Ein Referenzmodell ist ein vereinfachtes, ideales Konzept von Systemen, um daraus Erkenntnisse für die Gestaltung weiterer Modelle zu ziehen (s. WILDE U. HESS 2007, S. 282). Es kann dabei entweder deduktiv, also ausgehend von allgemeinen Theorien, oder induktiv, ausgehend von individuellen Beobachtungen, hergeleitet werden (s. FETTKE U. VOM BROCKE 2016). Ein Prozessmodell bildet dabei betriebliche Prozesse ab (s. LEHNER ET AL. 1995, S. 108). Ein Referenzprozessmodell ist folglich eine standardisierte Abbildung eines betrieblichen Prozesses. Die Gestaltung des in diesem Dissertationsvorhaben zu entwickelnden Referenzmodells lehnt sich an das Phasenmodell von SCHÜTTE an, welches im Folgenden erläutert werden soll (siehe Abbildung 4-5).

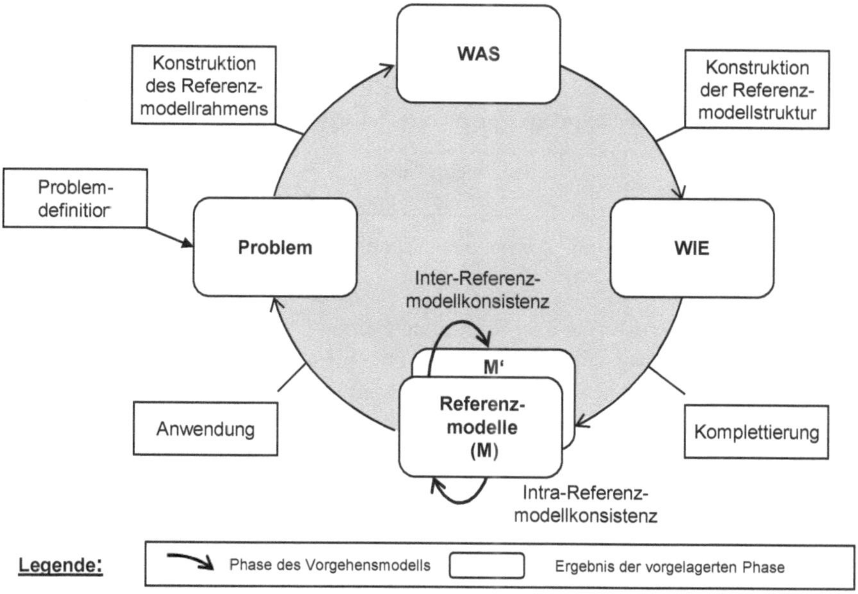

Abbildung 4-5 Vorgehensmodell zur Referenzmodellierung (eigene Darstellung i. A. a. SCHÜTTE 1998, S. 185)

In der *Problemdefinition* werden Hypothesen formuliert, welche Probleme innerhalb einer gewissen Fragestellung für mehrere Unternehmen eine hohe Relevanz aufweisen (s. SCHÜTTE 1998, S. 186). In der zweiten Phase erfolgt die *Konstruktion des Referenzmodellrahmens*. Die Probleme werden dabei in eine logische Struktur gebracht und die Modelle zur Lösung der Probleme entsprechend klassifiziert (s. SCHÜTTE 1998, S. 187). Danach wird die *Konstruktion der Referenzmodellstruktur* erarbeitet. In dieser ist eine detaillierte Struktur der einzelnen Modelle innerhalb des Rahmens auszugestalten. Dies geschieht im Rahmen von Referenzprozess- und Referenzdatenmodellen (s. Schütte 1998, S. 187). Bei der *Komplettierung* werden die einzelnen Modelle verknüpft und auf Querverbindungen und Restriktionen hin untersucht (s. Schütte 1998, S. 188). Zuletzt erfolgt in der *Anwendung* eine individuelle Anpassung des Referenzmodells an den Anwendungsfall (s. Schütte 1998, S. 188).

Datenmodell

Ein Erklärungsmodell ist bestrebt, die Realität durch allgemeine gesetzesartige Aussagen und spezielle Randbedingungen zu ergründen (s. Zelewski 2008, S. 26). Ein Datenmodell stellt solch ein Modell dar und wurde bereits in Kapitel 2.1.3 als wesentlicher Bestandteil eines digitalen Schattens erläutert. Der Prozess der Datenmodellierung ist die „strukturierte Beschreibung der in betrieblichen Geschäftsprozessen verwendeten Informationsobjekte" (s. Gadatsch 2017a, S. 7). Eine übliche Darstellung, die auch in dieser Arbeit angewendet wird, ist das Entity-Relationship-Modell (ERM), das von Chen konzipiert wurde und entsprechend die Chen-Notation genannt wird (s. Chen 1976, S. 9). In diesem Dissertationsvorhaben wird dem Vorgehen zur Datenmodellierung nach Steiner gefolgt (siehe Abbildung 4-6). Die Überführung des Datenmodells in ein Datenbanksystem wird dabei nicht betrachtet, da eine konkrete Implementierung nicht im Betrachtungsbereich dieses Dissertationsvorhabens liegt.

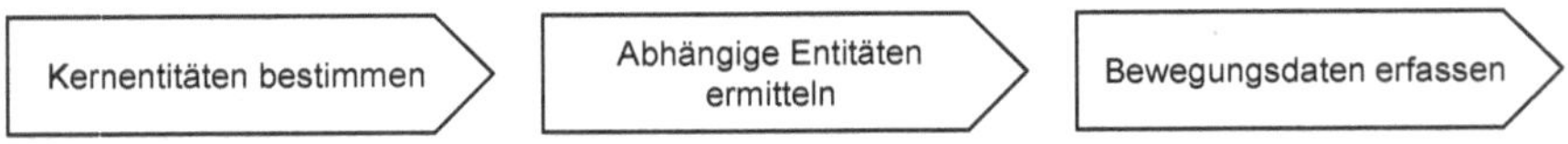

Abbildung 4-6 Vorgehen zur Datenmodellierung (eigene Darstellung i. A. a. Steiner 2014, S. 211)

Kernentitäten bestimmen ist dabei der erste Schritt. Diese richten sich maßgeblich nach dem Zweck der späteren Datenbank und sollten die wichtigsten Objekte beschreiben (s. Steiner 2014, S. 211). Daraufhin werden *abhängige Entitäten ermittelt*. Diese können über eine Prozessbetrachtung oder auch die Eigenschaften der Kernentitäten gefunden werden. (s. Steiner 2014, S. 212). Die so entstehenden Entitäten sind vor allem Stammdaten, die sich wenig über die Zeit ändern. Daher werden *Bewegungsdaten* explizit betrachtet. Diese Daten entstehen im Tagesgeschäft und haben einen großen Umfang (s. Steiner 2014, S. 220). Sämtliche Entitäten und deren Beziehung zueinander können dann im Rahmen eines Datenmodells dargestellt werden.

Vorgehensmodell

Ein *Vorgehensmodell* ist definiert als Struktur aus verschiedenen Sichten, die basierend auf Beschreibungen und Anleitungen das Vorgehen bei der Entwicklung betrieblicher Anwendungssysteme abbildet (s. Fischer et al. 1998, S. 16). Als Gestaltungsmodell hat es die praktische Gestaltung realer Sachverhalte zum Ziel (s. Zelewski 2008, S. 29). Es bildet ein Regelwerk mit Aktivitäts- und Ergebnistypen als Hauptkomponenten (s. Fischer et al. 1998, S. 17). Das Vorgehensmodell definiert dafür Rollen und gibt Methoden vor, die die verschiedenen Tätigkeitsbereiche betreffen (siehe Abbildung 4-7).

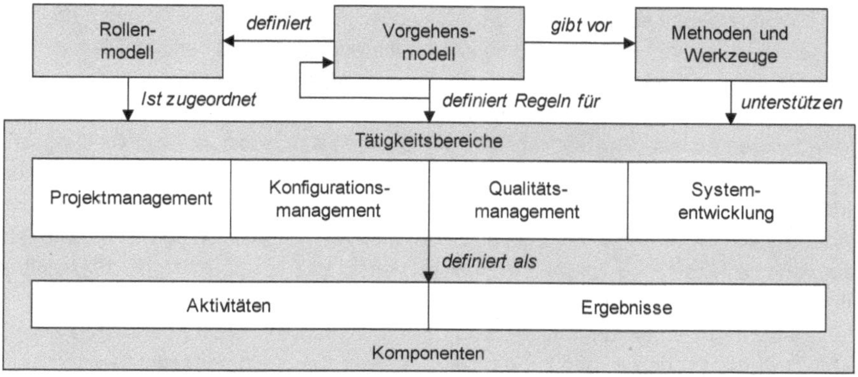

Abbildung 4-7 Ordnungsschema für Vorgehensmodelle (eigene Darstellung i. A. a. FISCHER ET AL. 1998, S. 17)

Für die Aktivitäten ist stets vorzugeben, *„was zu tun ist [...], wie etwas zu tun ist [...] und welche Werkzeuge evtl. einzusetzen sind"* (s. BREITNER 2012). Ein Ergebnis ist stets das Resultat einer Aktivität (s. FISCHER ET AL. 1998, S. 22)

4.2.2 Informationserhebungsverfahren

Für die Gewinnung von Informationen zur Ausgestaltung der Lösungskomponenten bedarf es verschiedener Erhebungsinstrumente (s. KROMREY 2002, S. 309). Die Arten der Informationserhebung ergeben sich aus dem Vorgehen zur Erstellung der Lösungskomponenten, die im vorigen Kapitel vorgestellt wurden. Die Verfahren und deren Anwendung bei den Lösungskomponenten sind in der Übersicht in Tabelle 4-4 gegeben und werden im Folgenden erläutert. Zu beachten ist dabei, dass die Fallstudienforschung als Methodik der Informationserhebung auf weitere Methoden zurückgreift, weshalb Desk-Research doppelt bei der Lösungskomponente des Referenzprozessmodells erwähnt wird.

Tabelle 4-4 Informationserhebung bei der Erstellung der Lösungskomponenten (eigene Darstellung)

Lösungskomponente	Informationserhebung
Referenzprozessmodell der Kundeninteraktionen	▪ Desk-Research ▪ Fallstudienforschung – Experteninterview – Desk-Research – Workshop
Datenmodell der Kundeninteraktionen	▪ Desk-Research
Vorgehensmodell der Implementierung	▪ Desk-Research

Desk-Research

Desk Research beschreibt eine Forschungsmethodik, bei der Material genutzt wird, welches von anderen Personen erzeugt wurde (s. VERSCHUREN ET AL. 2010, S. 194).

Wörtlich übersetzt handelt es sich um Schreibtischforschung. Diese ist durch drei Aspekte charakterisiert: Erstens wird bereits existierendes Material benutzt. Dies können Literatur, Sekundärdaten oder Statistiken sein (s. VERSCHUREN ET AL. 2010, S. 194). Sekundärdaten sind dabei von anderen Forschern erhobene Daten. Dies leitet direkt zum zweiten Aspekt der Abwesenheit eines direkten Kontakts zum Untersuchungsobjekt über (s. VERSCHUREN ET AL. 2010, S. 194). Durch die Nutzung bereits vorhandenen Materials findet keine unmittelbare Auseinandersetzung am Objekt statt. Der dritte und letzte Aspekt ist, dass das Material aus einer anderen Perspektive betrachtet wird, als während der Erstellung vorgesehen war (s. VERSCHUREN ET AL. 2010, S. 194). Jedes Forschungsvorhaben erfolgt unter einer bestimmten Prämisse und mit einem bestimmten Ziel. Es ist also davon auszugehen, dass das Material nicht für denselben Zweck erstellt wurde, für den es nun im Rahmen der Desk-Research untersucht wird.

Grundsätzlich sind dabei zwei Varianten zu unterscheiden: Die Literaturübersicht untersucht spezifische Literatur in Bezug auf ein zu bestimmendes Subjekt (s. VERSCHUREN ET AL. 2010, S. 195). Diese Variante wurde bei der Erstellung des dritten Kapitels dieser Arbeit angewandt und dient der Identifikation bereits bestehender fundierter Erkenntnisse, die zur Beantwortung der Forschungsfragen genutzt werden können. Die zweite Variante ist die Sekundärforschung. Hierbei werden bestehende Daten zusammengestellt, analysiert und interpretiert (s. VERSCHUREN ET AL. 2010, S. 196). Neben quantitativen Daten, deren Zuverlässigkeit hinterfragt werden sollte, können auch qualitative Daten dafür genutzt werden.

Ein wesentlicher Vorteil bei dieser Methode ist die Möglichkeit, eine große Menge von Daten aus einer Vielzahl von Quellen in relativ kurzer Zeit zu untersuchen (s. VERSCHUREN ET AL. 2010, S. 198). Nachteil ist, dass die Daten ursprünglich für einen anderen Zweck erhoben wurden als für denjenigen, für den sie nun verwendet werden. Des Weiteren wird eine Auswahl seitens des Forschers getroffen, welche einer Voreingenommenheit unterliegen könnte. Dabei herrscht stets die Gefahr, dass die Forschungsfrage mit den verfügbaren Daten nicht in Gänze beantwortet werden kann. In der Konsequenz müsste die Forschungsfrage angepasst werden oder zusätzliche Methoden der Datenerhebung betrachtet werden (s. VERSCHUREN ET AL. 2010, S. 198).

Fallstudienforschung

Die *Fallstudienforschung* ist besonders geeignet für Forschung in neuen Themengebieten. Im dritten Kapitel konnte bereits gezeigt werden, dass es sich bei dem Forschzungsgegenstand dieser Dissertationsschrift um ein wenig erforschtes Themengebiet handelt, womit auch die Fallstudienforschung eine geeignete Methodik ist, in diesem Gebiet zu Erkenntnissen zu erlangen. Haupttätigkeit der Fallstudienforschung ist die Sammlung von Daten durch Interviews, Befragungen und Beobachtungen, wobei sowohl qualitative als auch quantitative Daten erfasst werden können (s. EISENHARDT 1989, S. 534–535). Die Auswahl der Unternehmen zur Untersuchung in den Fallstudien soll explizit nicht zufällig erfolgen, sondern der Erweiterung aufkommender

Phänomene oder der Abdeckung zu bestimmender Kategorien dienen (s. EISENHARDT 1989, S. 537).

Es kann zwischen zwei Arten der Fallstudie unterschieden werden: In der deskriptiven Fallstudie erfolgt eine reine Beschreibung des Gegenstands, wohingegen in einer erklärenden Fallstudie eine Hypothese über den Gegenstand erstellt oder überprüft wird (s. HEINRICH ET AL. 2011, S. 101). In der Betriebswirtschaftslehre und Wirtschaftsinformatik sind dabei stets ein Unternehmen oder eine Organisation Gegenstand der Betrachtung (s. HEINRICH ET AL. 2011, S. 100).

Das Vorgehen zur Durchführung der Fallstudienforschung im Rahmen dieser Dissertationsschrift lehnt sich an EISENHARDT an (EISENHARDT 1989; EISENHARDT U. GRAEBNER 2007). Der Prozess ist in Tabelle 4-5 dargestellt und soll im Folgenden im Detail erläutert werden.

Tabelle 4-5 Prozess der Fallstudienforschung in dieser Dissertationsschrift (eigene Darstellung i. A. a. EISENHARDT 1989, S. 533)

Schritt	Aktivität
Beginn	▪ Definition der Forschungsfrage ▪ Entwicklung eines A-priori-Modells ▪ Vermeidung von Theorien oder Hypothesen
Auswahl der Fallstudien	▪ Definition Grundgesamtheit ▪ Theoretisch begründete Auswahl der Fallstudien
Ausarbeitung von Instrumenten und Protokollen	▪ Mehrere Datenerfassungsmethoden ▪ Qualitative und quantitative Daten kombiniert ▪ Mehrere Forscher
Einstieg in das Forschungsfeld	▪ Überlappende Datensammlung und -analyse, einschließlich Notizen vor Ort ▪ Flexible und opportunistische Datenerhebungsmethoden
Analyse der Daten	▪ Fallbezogene Analyse ▪ Suche nach fallstudienübergreifenden Mustern
Formen der Hypothesen	▪ Iterative Beweisführung für jedes Konstrukt ▪ Fallübergreifende Logik der Replikation ▪ Suche nach Beweisen für das "Warum" hinter Beziehungen
Analyse der Literatur	▪ Vergleich mit widersprüchlicher Literatur ▪ Vergleich mit ähnlicher Literatur
Abschluss	▪ Theoretische Sättigung, wenn möglich

Der Prozess der Fallstudienforschung beginnt mit dem ersten Schritt, mit dem *Beginn*. Hierbei wird die Forschungsfrage definiert und falls möglich auch ein A-priori-Modell gestaltet. Dieses initiale Modell stärkt das Verständnis über ein mögliches Ergebnis der Forschung und kann, falls es im Laufe der Studie bestätigt werden kann, die aufkommende Theorie empirisch fundieren (s. EISENHARDT 1989, S. 536). Es sollte jedoch bedacht werden, dass dieses Modell nur ein vorläufiges ist und sich ändern können muss.

Es folgt die *Auswahl der Fallstudien*. Im Gegensatz zur quantitativen Forschung, bei der eine Auswahl von Proben statistisch motiviert ist, ist in der Fallstudienforschung die Auswahl der Fallstudien theoriegetrieben (s. EISENHARDT 1989, S. 537). Eine Selektion muss also theoretisch begründet sein und nicht zufällig erfolgen.

Mit der *Ausarbeitung von Instrumenten und Protokollen* werden die Datenerhebungsmethoden bestimmt. Durch eine Triangulation von Daten aus verschiedenen Quellen kann dabei eine stärkere Beweisführung erreicht werden (s. EISENHARDT 1989, S. 538).

Mit dem *Einstieg in das Forschungsfeld* startet die konkrete Datenerhebung. Dies stellt dabei eine simultane Aktivität der Datenerhebung und -Analyse dar. Sollte dabei offensichtlich werden, dass die im vorigen Schritt determinierten Erhebungsmethoden ungenügend sind, um die Forschungsfrage zu beantworten, ist in der Fallstudienforschung eine Anpassung der gewählten Methoden, genauer gesagt die Nutzung neuer Methoden, möglich (s. EISENHARDT 1989, S. 539). Es ist darauf zu achten, dass die Sammlung einer großen Menge Daten auch einer entsprechenden Organisation bedarf und computergestützt erfolgen sollte (s. BAXTER U. JACK 2008, S. 554).

Nach Abschluss der Datenerhebung folgt die *Analyse der Daten*. Zunächst werden dafür die einzelnen Fälle untersucht. Ziel ist es, mit diesen vertraut zu werden und einzigartige Muster zu erkennen (s. EISENHARDT 1989, S. 540). Darauf basierend können dann fallübergreifende Muster untersucht werden. Dies kann geschehen, indem die Fälle in Kategorien oder paarweise oder auch nach Datenquelle separiert untersucht werden (s. EISENHARDT 1989, S. 540–541).

Als Nächstes erfolgt ein *Formen der Hypothesen*. Dazu werden in einem iterativen Vorgehen Konstrukte entworfen, eine Beweisführung unternommen und dann die Definition dieser Konstrukte angepasst, basierend auf den Beweisen, bis ein einzelnes gut begründetes Konstrukt daraus konvergiert (s. EISENHARDT 1989, S. 541). Dieses Konstrukt kann dann durch Erkenntnisse aus den einzelnen Fallstudien validiert und ein Verständnis über die Zusammenhänge entwickelt werden (s. EISENHARDT 1989, S. 542).

Das Konstrukt kann schließlich durch eine *Analyse der Literatur* mit dem Stand der Forschung abgeglichen werden. Zum einen sind Erkenntnisse aus der Fallstudienforschung widersprüchlichen Studien gegenüberzustellen. Dies dient der Entkräftung möglicher Spekulationen über Fehler in der Studie und stellt eine Möglichkeit dar, die Limitation der Ergebnisse zu schärfen (s. EISENHARDT 1989, S. 544). Zum anderen sollten die Erkenntnisse auch mit unterstützenden Studien verknüpft werden, wodurch eine höhere Validität erreicht werden kann (s. EISENHARDT 1989, S. 544).

Zuletzt erfolgt der *Abschluss*. Dieser ist in zwei Phasen zu erreichen. Erstens sollten keine neuen Fälle untersucht werden, sobald eine theoretische Sättigung erreicht werden und neue Fälle nur noch inkrementelle Erkenntnisse bringen (s. EISENHARDT 1989, S. 545). Zweitens ist ein Ende im iterativen Springen zwischen Theorie und Daten zu finden. Dies ist dann erreicht, wenn eine Verbesserung der Theorie nicht mehr stattfindet (s. EISENHARDT 1989, S. 545).

Experteninterviews

Experteninterviews sind eine in der Praxis verbreitete Methode der qualitativen Forschung zur Generierung von Wissen. Sie sind dabei eine besondere Ausprägung von Leitfadeninterviews, auch semistrukturierte Interviews genannt. Eine Besonderheit ist dabei der Experte als Interviewpartner. Laut Definition verfügt ein Experte „über technisches Prozess- und Deutungswissen, das sich auf sein spezifisches professionelles oder berufliches Handlungsfeld bezieht" (s. BOGNER U. MENZ 2002, S. 46). Ein Leitfadeninterview ist ein teilstrukturiertes Interview, das sich zwar im Prozess der Befragung nach einem Leitfaden richtet, es dabei jedoch zulässt, auf Antworten der befragten Person im Detail einzugehen und aufkommende Aspekte genauer zu erläutern (s. HARRELL U. BRADLEY 2009, S. 27). Zur Sicherstellung des wissenschaftlichen Anspruchs bei der Durchführung von Experteninterviews ist dabei aber ein methodisches Vorgehen notwendig (s. BOGNER U. MENZ 2002, S. 33).

Es lassen sich dabei drei Typen von Experteninterviews unterscheiden: Ein *exploratives Experteninterview* erfüllt die Funktion, ein Themengebiet zu erkunden und erste Hypothesen bezüglich bestimmter Sachverhalte aufstellen zu können (s. BOGNER U. MENZ 2002, S. 37). Dementsprechend größer sollte auch die Möglichkeit sein, neben den grundlegenden Fragen aus einem Leitfaden ein offenes Gespräch zu suchen, sobald sich interessante Aspekte ergeben. Das *systematisierende Experteninterview* hat die „systematische und lückenlose Informationsgewinnung" (s. BOGNER U. MENZ 2002, S. 37) zum Ziel. Damit soll auf das Wissen des Experten zugegriffen und dessen Perspektive auf ein Thema oder Objekt erörtert werden. Dementsprechend dient ein gut ausgearbeiteter Leitfaden der systematischen und ganzheitlichen Erfassung des Objektbereichs und sollte auch beachtet werden, um eine Vergleichbarkeit zu erreichen (s. BOGNER U. MENZ 2002, S. 38). Der dritte und letzte Typ ist das *theoriegenerierende Experteninterview*. Hier findet eine tiefgehende Interaktion zwischen dem Experten und den Interviewenden zur Theoriefindung statt (s. BOGNER U. MENZ 2002, S. 38). Das implizite Wissen verschiedener Experten soll konkret zusammengeführt werden, um neue Erkenntnisse zu erlangen.

Wie der Name sagt, ist für Leitfadeninterviews und damit auch für Experteninterviews der Leitfaden von zentraler Bedeutung. Zur Sicherstellung des wissenschaftlichen Anspruchs bedarf die Erstellung dieses Leitfadens eines methodischen Vorgehens. Dies soll die Glaubwürdigkeit, Bestätigungsfähigkeit und Verlässlichkeit der Ergebnisse sicherstellen (s. KALLIO ET AL. 2016, S. 2962). KALLIO ET AL. leiten dafür ein Vorgehen in fünf Schritten ab (siehe Abbildung 4-8).

Abbildung 4-8 Phasen einer Interviewleitfadenerstellung (eigene Darstellung i. A. a. KALLIO ET AL. 2016, S. 2962)

Der erste Schritt ist die *Ermittlung der für die Verwendung halbstrukturierter Interviews notwendigen Voraussetzungen* (s. KALLIO ET AL. 2016, S. 2959). Es muss ein Abgleich erfolgen zwischen den Forschungszielen und der Funktion der verschiedenen Typen des Experteninterviews. Erst wenn diese übereinstimmen, ist die Erstellung eines Leitfadens, respektive ein Leitfadeninterview an sich, als sinnvoll zu betrachten. Im zweiten Schritt, dem *Einholen und Anwenden von Vorkenntnissen*, geht es um ein tiefes Verständnis des Forschungsgegenstands (s. KALLIO ET AL. 2016, S. 2959). Hierfür ist eine ausführliche Literaturrecherche durchzuführen. Das *Formulieren des vorläufigen halbstrukturierten Interviewleitfadens* ist der nächste Schritt (s. KALLIO ET AL. 2016, S. 2959). Ziel ist ein Leitfaden, der basierend auf den Vorkenntnissen das Forschungsobjekt strukturiert aufgreift. Hierbei ist zu beachten, dass neben den Hauptaspekten auch mögliche Folgefragen formuliert werden sollten. Vierter Schritt sind *Pilot-Tests des Leitfadens* (s. KALLIO ET AL. 2016, S. 2960). In diesen soll der vorläufige Leitfaden verifiziert und mögliche notwendige Änderungen identifiziert werden. Dafür kann innerhalb des Forschungsteams diskutiert werden, mit in dieser Methode erfahrenen Experten gesprochen werden oder bereits mit möglichen Teilnehmern ein Probelauf gemacht werden. Sollten hier Wissenslücken seitens des Forschungsteams zum Vorschein kommen, ist ein Rücksprung zum zweiten Schritt notwendig. Der letzte und fünfte Schritt ist die *Vorstellung des vollständigen Leitfadens* (s. KALLIO ET AL. 2016,

S. 2961). Dabei wird die finale Version des Leitfadens festgelegt und die Datenerhebung kann beginnen.

Workshop

Der englische Begriff *Workshop* steht für „eine Zusammenkunft von Personen, um über ein Thema oder eine Tätigkeit zu diskutieren und beziehungsweise oder praktische Arbeiten durchzuführen“ (s. CAMBRIDGE DICTIONARY 2022). Gegenüber dem Experteninterview steht also zum einen die Arbeit in der Gruppe im Vordergrund, zum anderen die gemeinsame Diskussion eines Themas. Dies ist im Rahmen dieses Dissertationsvorhabens dann sinnvoll, wenn bei der Durchführung der Fallstudien das Wissen mehrerer Experten notwendig ist, um die Gänze des betrachteten Themas erfassen zu können. Durch die Betrachtung der Kundeninteraktionen im Gesamtunternehmen kann es entsprechend sinnvoll sein, verschiedene Rollen aus Vertrieb, Service und Marketing einzubinden.

Der Forscher tritt dabei als Moderator auf und steuert die Gruppe zur selbstständigen Lösung der gestellten Aufgabe (s. KUSAY-MERKLE 2018, S. 280). Um die geäußerten Inhalte zu strukturieren, ist dabei eine Visualisierung wichtig (s. KUSAY-MERKLE 2018, S. 285). So können unter anderem Klebezettel genutzt und entlang einer vorgegebenen Struktur dann inhaltlich angebracht werden. Diese Visualisierung kann im Rahmen eines Fotoprotokolls dann auch gleich als Dokumentation der Ergebnisse genutzt werden (s. KUSAY-MERKLE 2018, S. 295).

4.2.3 Zusammenfassung des methodischen Aufbaus

Es ergibt sich der in Tabelle 4-6 in der Übersicht dargestellte methodische Aufbau für das Dissertationsvorhaben. Die erste Teilforschungsfrage nach den Interaktionen zwischen produzierenden Unternehmen und ihren Kunden wird über ein Referenzprozessmodell der Kundeninteraktionen gelöst. Für dieses Beschreibungsmodell wird gemäß dem Vorgehen zur Referenzprozessmodellierung zunächst eine Struktur über die Desk-Research hergeleitet, um dann über Fallstudien das Referenzprozessmodell zu detaillieren. Die Fallstudien selbst werden über Experteninterviews, Desk-Research und Workshops erhoben. Das Datenmodell, welches zur Beantwortung der zweiten Teilforschungsfrage gefordert wird, stellt ein Erklärungsmodell dar. Es wird hauptsächlich über Desk-Research gestaltet und basiert auf dem Referenzprozessmodell, welches zuvor entworfen wurde. Das Vorgehensmodell zur Implementierung wird zur Lösung der dritten Teilforschungsfrage gestaltet. Dafür werden über die Desk-Research gängige Vorgehen zur Implementierung von digitalen Abbildern eines Prozesses an das Vorhaben angepasst.

Tabelle 4-6 Methodischer Aufbau des Dissertationsvorhabens (eigene Darstellung)

Teilforschungsfrage	Lösungskomponente	Modellart	Informationserhebung
Welche Kundeninteraktionen existieren bei produzierenden Unternehmen?	Referenzprozessmodell der Kundeninteraktionen	Beschreibungs-modell	▪ Desk-Research ▪ Fallstudienforschung – Experteninterview – Desk-Research – Workshop
Wie ist ein Datenmodell des digital Schattens gestaltet?	Datenmodell der Kundeninteraktionen	Erklärungs-modell	▪ Desk-Research
Wie ist der digitale Schatten in Unternehmen zu implementieren und anzuwenden?	Vorgehensmodell der Implementierung	Gestaltungs-modell	▪ Desk-Research

4.3 Anforderungen an das Forschungsvorhaben

Zur Sicherstellung der wissenschaftlichen Rigorosität sind neben der theoretischen und methodischen Fundierung auch zu erfüllende Anforderungen für das Forschungsvorhaben aufzustellen. Diese Anforderungen ergeben sich insgesamt aus dem Bezug des Forschungsvorhabens, aus den Richtlinien der DSR für den Forschungsprozess und aus den Grundsätzen ordnungsmäßiger Modellierung für die zu entwickelnden Modelle (siehe Abbildung 4-9). Die genauen Anforderungen werden im Folgenden erläutert und in einem Anforderungskatalog zusammengeführt.

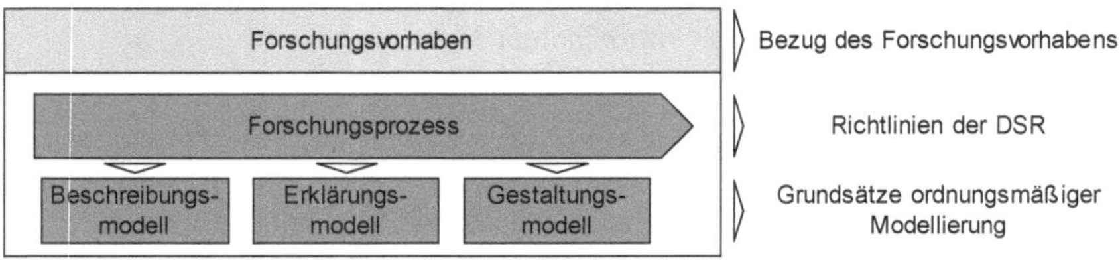

Abbildung 4-9 Anforderungen an das Forschungsvorhaben (eigene Darstellung)

4.3.1 Bezug des Forschungsvorhabens

In Kapitel 3.1 wurden basierend auf den Forschungsfragen und den begrifflichen Grundlagen Anforderungen an Quellen gestellt, die im Rahmen der Untersuchung des Stands der Forschung anzuwenden sind. Es konnte gezeigt werden, dass die bisherige Forschung diese Anforderungen in Gänze bisher nicht erfüllt hat und eine Forschungslücke an dieser Stelle besteht. Mit dem Anspruch, diese Forschungslücke zu schließen, muss dieses Dissertationsvorhaben die gleichen Anforderungen erfüllen, die an die untersuchten Studien gestellt wurden. Diese sind ein zu betrachtender Objektbereich hinsichtlich der *produzierenden Industrie* und *SPSS sowie* weiterhin die Untersuchung im Kontext von *Kundeninteraktionen*, der *Customer-Journey* und von *Kundendaten*. Zuletzt sollen in Bezug auf die Ziele ein *Referenzprozess* für Kundeninteraktionen, ein *Datenmodell* eines digitalen Schattens sowie ein Vorgehen zu dessen *Implementierung* entstehen.

4.3.2 Richtlinien der Design-Science-Research

Zur Gestaltung des konkreten Forschungsprozesses im Rahmen der DSR beschreiben HEVNER ET AL. einen Leitfaden mit sieben Richtlinien. Diese sind in ihrer Ausprägung an das konkrete Forschungsvorhaben anzupassen, sollten in ihrer Gänze jedoch komplett betrachtet werden (s. HEVNER ET AL. 2004, 82). Eine Übersicht ist Tabelle 4-7 gegeben. Die einzelnen Richtlinien sollen im Detail erläutert werden.

Tabelle 4-7 DSR-Forschungsleitfaden (eigene Darstellung i. A. a. HEVNER ET AL. 2004, 83)

Guideline	Description
Guideline 1: **Design as an Artifact**	Design-science research must produce a viable artifact in the form of a construct, a model, a method, or an instantiation.
Guideline 2: **Problem Relevance**	The objective of design-science research is to develop technology-based solutions to important and relevant business problems.
Guideline 3: **Design Evaluation**	The utility, quality, and efficacy of a design artifact must be rigorously demonstrated via well-executed evaluation methods.
Guideline 4: **Research Contributions**	Effective design-science research must provide clear and verifiable contributions in the areas of the design artifact, design foundations, and/or design methodologies.
Guideline 5: **Research Rigor**	Design-science research relies upon the application of rigorous methods in both the construction and evaluation of the design artifact.
Guideline 6: **Design as a Search Process**	The search for an effective artifact requires utilizing available means to reach desired ends while satisfying laws in the problem environment.
Guideline 7: **Communication of Research**	Design-science research must be presented effectively both to technology-oriented as well as management-oriented audiences.

Die erste Richtlinie verlangt ein *Design als Artefakt*. Ein Artefakt kann dabei definiert werden als ein Informationssystem, aber auch Modelle und Methoden zur Nutzung und Gestaltung dieser Informationssysteme (s. HEVNER ET AL. 2004, S. 82). Ziel ist es dabei nicht, komplette Systeme zu gestalten, die direkt in der Praxis angewendet werden können. Vielmehr sind zugrunde liegende Innovationen zu gestalten (s. HEVNER ET AL. 2004, S. 83). Im Rahmen der Artefakte werden Symbole und Begrifflichkeiten zur Erfassung und Lösung des gestellten Problems zur Verfügung gestellt (s. HEVNER ET AL. 2004, S. 83).

Die *Problemrelevanz* wird in der zweiten Richtlinie aufgegriffen. Ein Problem kann dabei als die Differenz zwischen einem Zielzustand und dem Status quo definiert werden, womit aus der Umwelt des Problems Erfolgskriterien für die Erreichung der Zielzustände abgeleitet werden können (s. HEVNER ET AL. 2004, S. 85). Die Praxis definiert damit, ob gestaltete Artefakte in der Lage sind, konkrete Probleme zu lösen. Entsprechend muss ein Artefakt auch auf Basis dieser konkreten Probleme entwickelt werden, um für die Praxis von Relevanz zu sein.

Damit stellt die Praxis auch Anforderungen an ein Artefakt, welche im Rahmen der dritten Richtlinie, der *Bewertung des Designs*, eine zentrale Rolle spielen. Die Nützlichkeit, Qualität und Wirksamkeit sind durch sauber ausgeführte Methoden nachzuweisen (s. HEVNER ET AL. 2004, S. 85). Hierzu sind konkrete Metriken zu entwickeln, anhand derer das Design evaluiert werden kann (s. HEVNER ET AL. 2004, S. 85). Da die Artefakte Menschen dienen, sollten diese auch angenehm zu betrachten sein, also einen gewissen Style haben. Dieser Style ist im Rahmen der Bewertung ebenfalls zu beurteilen (s. HEVNER ET AL. 2004, S. 86).

Der *Forschungsbeitrag* ist im Rahmen der vierten Richtlinie herauszustellen. Ultimativ muss sich die DSR daran messen lassen, was sie Neues geschafft hat. Diese Neuheit kann in drei Bereichen erfolgen. Der erste Bereich ist der des gestalteten Artefakts selbst. Dies sollte eine Lösung des betrachteten und bisher nicht gelösten Problems ermöglichen (s. HEVNER ET AL. 2004, S. 87). Der zweite Bereich ist der der Grundlagen. Hier muss die Forschung die bestehenden Grundlagen erweitern oder verbessern (s. HEVNER ET AL. 2004, S. 87). Der letzte Beitrag liegt im Bereich der Methoden. Dies können insbesondere Messungen und Bewertungskriterien zur Bewertung von Artefakten sein (s. HEVNER ET AL. 2004, S. 87).

Die *Rigorosität der Forschung* als fünfte Richtlinie betrachtet die Art und Weise, in der die Forschung durchgeführt wurde. Die DSR verlangt eine wissenschaftliche Strenge bei der Gestaltung und Bewertung der Artefakte (s. HEVNER ET AL. 2004, S. 87). Dabei muss die Rigorosität besonders bei der Gestaltung der Artefakte in Bezug auf die Anwendbarkeit und allgemeine Verwendbarkeit bewertet werden (s. HEVNER ET AL. 2004, S. 88). Es müssen dazu stets geeignete Methoden und Theorien ausgewählt und angewandt werden (s. HEVNER ET AL. 2004, S. 88).

Die sechste Richtlinie bezieht sich auf das *Design als Suchprozess*. Dies drückt sich in einem iterativen Streben nach effektiven Lösungen für das gestellte Problem aus (s. HEVNER ET AL. 2004, S. 88). Dafür ist seitens des Forschers eine Expertise sowohl im Anwendungskontext als auch im Lösungsbereich notwendig (s. HEVNER ET AL. 2004, S. 88). Hierbei wird nicht nach der bestmöglichen Lösung gesucht, sondern nach einer zufriedenstellenden, die die gestellten Anforderungen mit angemessenem Aufwand erfüllt (s. HEVNER ET AL. 2004, S. 89).

Die *Kommunikation der Forschung* ist die siebte und letzte Richtlinie. Für ein technisch versiertes Publikum muss die Kommunikation in solch einer Art erfolgen, die die Implementierung und Nutzung des entwickelten Artefakts erlaubt (s. HEVNER ET AL. 2004, S. 90). Für eine managementorientierte Zielgruppe hingegen ist es von Bedeutung, zu verstehen, welcher Aufwand und welcher Nutzen für eine Organisation mit der Implementierung des Artefakts verknüpft sind (s. HEVNER ET AL. 2004, S. 90).

4.3.3 Grundsätze ordnungsmäßiger Modellierung

Diese Arbeit hat zum Ziel, verschiedene Artefakte in Form von Modellen zu gestalten. Dementsprechend ist es auch von Bedeutung, dass der Prozess der Erstellung dieser Modelle ordnungsmäßig abläuft. Dafür haben BECKER ET AL. sechs Grundsätze zur ordnungsmäßigen Modellierung postuliert.

Der *Grundsatz der Richtigkeit* bezieht sich sowohl auf die syntaktische als auch auf die semantische Richtigkeit. Die syntaktische Richtigkeit drückt lediglich eine formale Korrektheit aus (s. BECKER ET AL. 2012, S. 32). Die semantische Richtigkeit leitet sich aus einem gemeinsamen Verständnis der Inhalte zwischen sachkundigen Personen, die einen guten Willen zur Kompromissfindung haben, ab (s. BECKER ET AL. 2012, S. 33). Durch den *Grundsatz der Relevanz* erfolgt eine Beschränkung des Modells. Es sollen einerseits alle zweckmäßigen Elemente der Realität abgebildet werden, während andererseits keine unnützen Elemente im Modell enthalten sind (s. BECKER ET AL. 2012, S. 33–34). Das Ziel der Modellierung mit minimalem Aufwand zu erreichen, drückt der *Grundsatz der Wirtschaftlichkeit* aus. Dies kann z. B. durch den Rückgriff auf bestehende Referenzmodelle und die Anpassung existierender Modelle erreicht werden (s. BECKER ET AL. 2012, S. 34). Der *Grundsatz der Klarheit* bezieht sich auf die Verständlichkeit von Modellen. Dies geht einher mit einer Hierarchisierung der Modelle, der Layoutgestaltung sowie einer adressatengerechten Filterung von Elementen (s. BECKER ET AL. 2012, S. 35). Der nächste Grundsatz ist der *Grundsatz der Vergleichbarkeit*. Dieser drückt aus, dass gleiche Abläufe in der Realität auch im Modell gleich sind und dass Modelle aus verschiedenen Modellierungssprachen ineinander überführt werden können (s. BECKER ET AL. 2012, S. 36). Der *Grundsatz des systematischen Aufbaus* ist der letzte zu betrachtende Grundsatz. Eine Perspektive, wie z. B. die Prozesssicht oder die Organisationssicht, muss auch im Modell, insbesondere mit einem Prozessmodell oder Organisationsmodell, berücksichtigt sein (s. BECKER ET AL. 2012, S. 36).

4.3.4 Zusammenfassung der Anforderungen

Zusammengenommen ergibt sich aus den vorigen Kapiteln eine Reihe verschiedener Anforderungen, die im Überblick in Tabelle 4-8 aufgeführt sind. Diese Anforderungen beziehen sich auf das Forschungsvorhaben im Gesamten, den Forschungsprozess als auch auf die zu gestaltenden Modelle. Diese Anforderungen sollen implizit in der Dissertationsschrift berücksichtigt werden.

Tabelle 4-8 Zusammenfassung der Anforderungen an das Dissertationsvorhaben (eigene Darstellung)

Anforderungen an das Forschungsvorhaben gemäß der Zielstellung				
Objektbereich				
Produzierende Industrie	SPSS	Kunden-interaktionen	Customer-Journey	Kundendaten
Zielbereich				
Referenzprozess	Datenmodell	Implementierung		
Anforderungen an den Forschungsprozess gemäß den Richtlinien der DSR				
Design als Artefakt	Relevanz des Problems	Design-Bewertung	Beiträge zur Forschung	
Rigorosität der Forschung	Design als Suchprozess	Kommunikation der Forschung		
Anforderungen an die Modelle gemäß der Grundsätze ordnungsmäßiger Modellierung				
Richtigkeit	Relevanz	Wirtschaftlichkeit	Klarheit	
Vergleichbarkeit	Systematischer Aufbau			

5 Referenzprozessmodell der Kundeninteraktionen

In diesem Kapitel erfolgt die Modellierung des Referenzprozessmodells der Kundeninteraktionen. Das Modell bildet die Grundlage zur späteren Ausgestaltung des Datenmodells des digitalen Schattens der Kundeninteraktionen in Kapitel 6, welches den Referenzprozess im Wesentlichen abbilden soll, und ist Grundlage des Geschäftsverständnisses im Vorgehensmodell in Kapitel 7, das es den Unternehmen erlaubt, ihre Kundeninteraktionen systematisch zu erfassen (siehe Abbildung 5-1).

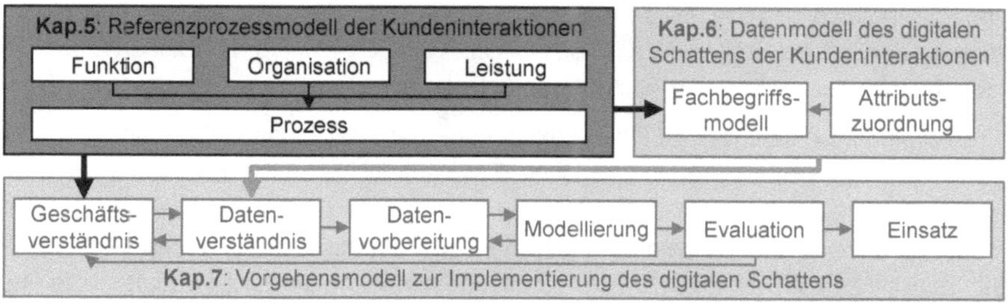

Abbildung 5-1 Einordnung von Kapitel 5 in das Forschungsmodell (eigene Darstellung)

In Kapitel 5.1 wird dazu zunächst die Architektur des Referenzprozessmodells entwickelt. Nach Erläuterung des grundlegenden Aufbaus erfolgt die Auswahl konkreter Modelltypen für die einzelnen Partialmodelle des Referenzprozessmodells. Zuletzt wird jeweils für diese Partialmodelle eine literaturbasierte Struktur hergeleitet. In Kapitel 5.2 wird die Durchführung der Fallstudien zur Erhebung von Referenzprozessmodulen beschrieben. Dabei wird sowohl die Logik hinter der Auswahl von Unternehmen für die Fallstudien als auch die Aufnahme und Durchführung ebendieser erläutert. In Kapitel 5.3 folgt die Ausgestaltung des Referenzprozessmodells. Dafür werden die in den Fallstudien identifizierten Module der Partialmodelle gemäß der zuvor entwickelten Struktur beschrieben. Abschließend finden eine Reflexion und Zusammenfassung der Ergebnisse in Kapitel 5.4 statt.

5.1 Architektur des Referenzprozessmodells

Im folgenden Kapitel erfolgt die Beschreibung der Architektur des Referenzprozessmodells. Ziel ist es, eine fundierte Struktur für die Erhebung von Modulen im Rahmen der Fallstudien zu generieren. Dazu wird zunächst im grundlegenden Aufbau festgelegt, wie die Modellierung des Prozesses der Kundeninteraktionen erfolgen soll. Dazu erfolgt die Auswahl einer Modellierungsart für Geschäftsprozesse, die die Komplexität reduziert durch die Aufteilung eines Prozesses in verschiedene Sichten. Für diese Sichten kann dann die Auswahl passender Modelltypen erfolgen. Um eine geordnete Aufnahme von Modulen in den Fallstudien zu gewährleisten, wird basierend auf Literatur eine Struktur für die einzelnen Modelltypen entworfen.

5.1.1 Aufbau des Referenzprozessmodells

Der Aufbau des Referenzprozessmodells soll auf Basis der Architektur integrierter Informationssysteme (ARIS) erfolgen. Dieses theoretische Konzept der Prozessmodellierung hat sich auch in der Praxis etabliert (s. SCHEER 2009, S. 88). Es zeigt sich dabei auch eine besondere Eignung für die Modellierung von Referenzprozessen (s. HARLAND 2019, S. 86; FORSTER 2013, S. 85). ARIS bietet hier einen "*Bezugsrahmen für eine systematische und gesamthafte Geschäftsprozessmodellierung*" (s. SCHEER 2002, S. 2). Typisch für ARIS ist die Aufteilung des Prozesses in Teilmodelle. Durch diese Aufteilung des Prozesses in einzelne Sichten auf den Prozess wird eine Reduzierung der Komplexität erreicht (s. SEIDLMEIER 2019, S. 19). Für das Dissertationsvorhaben sind dabei alle fünf vorgegebenen Sichten relevant.

Die *Funktionssicht* betrachtet die Tätigkeiten an materiellen oder informationellen Objekten (s. SEIDLMEIER 2019, S. 21). Diese Tätigkeiten dienen der Erreichung von Unternehmenszielen (s. SEIDLMEIER 2019, S. 62). In der *Organisationssicht* wird die Aufbauorganisation und deren Gliederung in Organisationseinheiten betrachtet (s. SEIDLMEIER 2019, S. 25). Diese Organisationseinheiten enthalten Entitäten, die entweder die gleiche Funktion erfüllen oder am gleichen Objekt arbeiten (s. SCHEER 2002, S. 36). Die für Prozesse benötigten und durch diese erzeugten materiellen und immateriellen Leistungen werden in der *Leistungssicht* zusammengeführt (s. SEIDLMEIER 2019, S. 19). Diese Leistungen beinhalten Sach-, Dienst- und Informationsleistungen (s. SCHEER 2002, S. 38). Die *Datensicht* stellt die logische Datenstruktur für den betrachteten Prozess dar (s. SEIDLMEIER 2019, S. 22). Sie erfasst sämtliche Wissensdokumente, welche neben herkömmlichen Daten auch andere Formate, wie z. B. Textdokumente, einschließt (s. SCHEER 2002, S. 64). Objekte der Informationsleistungen werden dabei implizit in der Datensicht erfasst, aber in der Leistungssicht definiert (s. SCHEER 2002, S. 36). Die *Prozesssicht* vereint die zuvor genannten Sichten und erlaubt die ganzheitliche Betrachtung von Geschäftsprozessen (s. SCHEER 2002, S. 36). Vor allem soll der Zusammenhang zwischen den Sichten herausgestellt werden (s. SEIDLMEIER 2019, S. 19). Die Prozesssicht orientiert sich dabei an der Struktur der Funktionssicht (s. SCHEER 2002, S. 16).

Im Rahmen eines Phasenmodells beschreibt ARIS weiterhin die Überführung betriebswirtschaftlicher Anforderungen in eine konkrete Umsetzung in Informationssystemen (s. SCHEER 2002, S. 38). Auf der obersten Ebene erfolgt im *Fachkonzept* die Modellierung der Sichten (s. SCHEER 2002, S. 40). Die Modellierung geschieht dabei über formalisierte Beschreibungssprachen, um später eine konsistente Weiterverarbeitung der Modelle zu ermöglichen (s. SCHEER 2002, S. 40). Auf Basis des Fachkonzeptes kann dann das *Datenverarbeitungs(DV)-Konzept* entwickelt werden. Dabei werden die „*Fachmodelle an die Anforderungen der Schnittstellen von Implementierungswerkzeugen angepasst*" (s. SCHEER 2002, S. 40). Im Rahmen der *Implementierung* erfolgt zuletzt die Beschreibung der konkreten Anforderungen an physische Datenstrukturen, Hardware-Komponenten und Programme (s. SCHEER 2002, S. 40).

Für den digitalen Schatten von Kundeninteraktionen ist in Kapitel 6 mit der Datensicht konkret ein Datenmodell für diese Kundeninteraktionen zu gestalten. Voraussetzung dafür ist ein tiefgehendes Verständnis für den Prozess der Kundeninteraktionen. Entsprechend ist im Rahmen des Referenzprozessmodells auf Ebene des Fachkonzeptes die Steuerungssicht inkl. der Funktionssicht, Organisationssicht und Leistungssicht zu betrachten (siehe Abbildung 5-2).

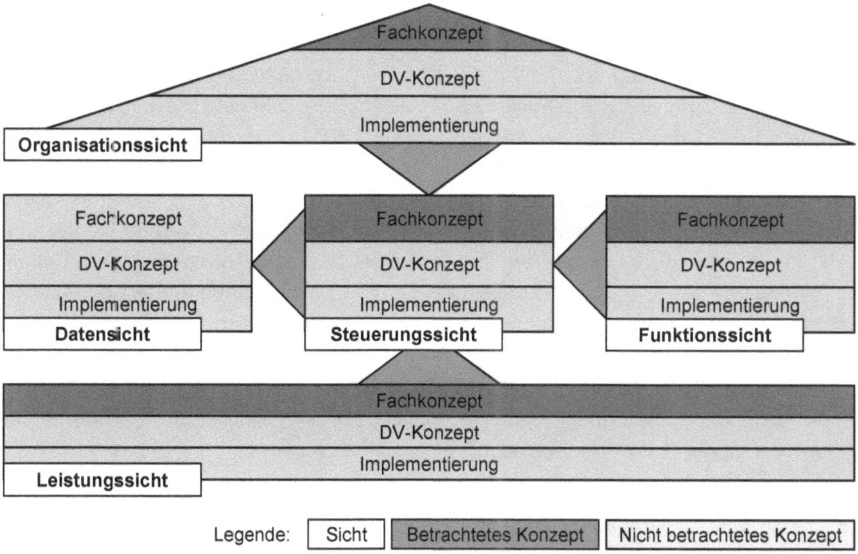

Abbildung 5-2 In Kapitel 5 betrachtete Sichten und Konzepte im ARIS-Haus (eigene Darstellung i. A. a. SCHEER 2002, S. 41)

5.1.2 Auswahl der Modelltypen

ARIS gibt geeignete Modelltypen für die jeweiligen Sichten bereits vor (s. SEIDLMEIER 2019, S. 21). Durch die gegenseitige Beeinflussung gibt es jedoch keine feste Reihenfolge für die Modellierung der einzelnen Sichten, vielmehr erfolgt ein Springen zwischen diesen Sichten (s. SEIDLMEIER 2019, S. 32). Die Modelltypen sind also von höherer Bedeutung als die Reihenfolge, in der sie erstellt werden. In Tabelle 5-1 sind die für die einzelnen Sichten zu gestaltenden Modelltypen aufgeführt. Diese sollen im Folgenden kurz erläutert und vor allem die in den Modellen zu verwendenden Objekttypen und Kantentypen herausgestellt werden. Kantentypen sind dabei die Verbindungsarten zwischen zwei oder mehr Objekten in einem Modell.

Tabelle 5-1 Zuordnung der Modelltypen zu den Sichten (eigene Darstellung)

Sicht	Modelltyp
Funktionssicht	Funktionsbaum
Organisationssicht	Organigramm
Leistungssicht	Leistungsbaum
Prozesssicht	Funktionszuordnungsdiagramm

Eine Funktion ermittelt grundsätzlich aus einem Input einen Output (s. MYRACH 2012). Die grafische Darstellung von Funktionen in einer Hierarchie mit zunehmender Detaillierung erfolgt in einem *Funktionsbaum* (s. MYRACH 2012). Mögliche Kriterien zur Gruppierung kann die Bearbeitung des gleichen Objekts oder die Prozesszugehörigkeit darstellen (s. SOFTWARE AG 2019, S. 11). Im Rahmen einer einheitlichen Namenskonvention ist für eine Funktion immer das Informationsobjekt und anschließend die Verrichtung zu nennen, wobei diese Verrichtung auf der höchsten Hierarchieebene entfällt (s. SEIDLMEIER 2019, S. 63). Bei objektorientierten Funktionsbäumen bleibt damit das Informationsobjekt über verschiedene Funktionen hinweg gleich (s. SEIDLMEIER 2019, S. 63). Relevante Objekttypen sind *Hauptfunktionen* auf der obersten Ebene, darunter *Funktionen* und *Elementarfunktionen* auf der untersten Ebene, die sich nicht mehr für den Zweck sinnvoll unterteilen lassen (s. SEIDLMEIER 2019, S. 63). Zur Darstellung der Hierarchie ist der Kantentyp *„wird gebildet durch"* zu verwenden.

Ein *Organigramm* einer Aufbauorganisation stellt ein System organisatorischer Einheiten dar und veranschaulicht eine hierarchische Gliederung (s. SCHEWE 2018). Ein Organigramm als Modell einer Organisation beinhaltet bestimmte Objekttypen und Kantentypen. Die *Organisationseinheit* stellt dabei den wichtigsten Objekttyp dar. Sie sind Träger von Aufgaben zur Erreichung von Zielen wie z. B. Abteilungen (s. SEIDLMEIER 2019, S. 66). Daneben gibt es *Stellen*, welche personenunabhängig und nicht weiter zerlegbar sind (s. SEIDLMEIER 2019, S. 66). Stellen gleichen Typs können wiederum in *Rollen* zusammengefasst werden (s. SEIDLMEIER 2019, S. 67). Da das Organigramm in diesem Vorhaben lediglich den abstrakten Aufbau eines Unternehmens darstellen soll, beschränkt sich der Kantentyp zwischen Organisationseinheiten untereinander und mit Rollen auf *„wird gebildet durch"*, welches die Hierarchie zwischen Organisationseinheiten darstellt (s. SEIDLMEIER 2019, S. 66).

Der *Leistungsbaum* stellt die Leistungen eines Unternehmens auf verschiedenen Abstraktionsebenen dar (s. SOFTWARE AG 2019, S. 101). Ein Leistungsbaum zeigt damit auf, aus welchen jeweiligen Teilleistungen eines bestimmten Leistungstyps das Leistungsangebot besteht. In diesem Modelltyp gibt es somit lediglich den Objekttyp *Leistung* und den Kantentyp *„steht in Beziehung mit"* (s. SOFTWARE AG 2019, S. 101).

In einem *Funktionszuordnungsdiagramm* werden einer Funktion die dabei beteiligten Organisationseinheiten und Leistungen zugeordnet. Somit enthält ein Funktionszuordnungsdiagramm neben dem Objekttyp *Funktion* auch *Leistung* und *Rolle*. Dabei steht nicht der Zweck der Funktion im Vordergrund, sondern die Beschreibung des

Vorgangs (s. SCHEER ET AL. 2006, S. 42). Da lediglich die Funktion genauer beschrieben werden soll und im Sinne eines Referenzprozesses eine möglichst hohe Generalisierbarkeit der Teilmodelle gewährleistet werden soll, wird anstatt einer differenzierten Zuordnung lediglich der Kantentyp *„ist zugeordnet"* verwendet (s. SCHEER ET AL. 2006, S. 43).

5.1.3 Struktur der Partialmodelle

Insgesamt werden in Kapitel 5 die zuvor vorgestellten Partialmodelltypen des Funktionsbaums, des Organigramms, des Leistungsbaums und des Funktionszuordnungsdiagramms modelliert, die verschiedene Sichten auf einen Geschäftsprozess nach ARIS widerspiegeln. Zur einfacheren Einordnung von Informationen aus den Fallstudien zur Modellierung der Partialmodelle ist eine Struktur notwendig, die im Folgenden vorgestellt wird.

Funktionsbaum

Im Referenzprozess der Kundeninteraktionen entspricht die Funktionssicht der Customer-Journey, also der Folge sämtlicher potenzieller Kontaktpunkte zwischen den Kunden und einem Unternehmen. Für dieses Konzept existieren in der Literatur verschiedene Modelle, die die Customer-Journey in verschiedene Phasen einteilen. Sämtliche Phasen der Customer-Journey lassen sich dabei grundsätzlich in eine Vorkaufs-, Kaufs- und Nachkaufphase einteilen (s. LEMON U. VERHOEF 2016, S. 76). Die für dieses Dissertationsvorhaben verwendeten Phasen orientieren sich maßgeblich an LUDWIG ET AL., die ihre Customer-Journey für ein produzierendes Unternehmen gestaltet haben (s. LUDWIG ET AL. 2017, S. 199). Gegenüber anderen Modellen zeichnet sich dieses Modell durch seine differenzierte Betrachtung der Nutzungsphasen des Produktes nach dem Kauf aus. Das Modell lässt jedoch wesentliche Aspekte bis zum Kauf als auch die Kundenbindung aus. Daher werden des Weiteren die Modelle von MAECHLER ET AL. und EDELMAN berücksichtigt, die einen stärkeren Fokus auf die Bedürfniserkennung und Kundenbindung legen (s. MAECHLER ET AL. 2017, S. 5; EDELMAN 2010, S. 64). Unter Berücksichtigung dieser Modelle ergibt sich für die vorliegende Arbeit für die Struktur des Funktionsbaums eine Customer-Journey mit acht Phasen, wie in Abbildung 5-3 dargestellt.

<table>
<tr><th>LEMON 2016</th><th>EDELMAN 2010</th><th>MAECHLER 2017</th><th>LUDWIG 2017</th><th>Vorliegende Arbeit</th></tr>
<tr><td rowspan="2">vor dem Kauf</td><td>erwägen</td><td>identifizieren</td><td></td><td>Erwägung</td></tr>
<tr><td>bewerten</td><td>wählen</td><td>Projektplanung</td><td>Evaluierung</td></tr>
<tr><td rowspan="2">Kauf</td><td rowspan="2">kaufen</td><td rowspan="2">mitentwickeln oder anpassen</td><td>Design und Entwicklung</td><td rowspan="2">Kauf</td></tr>
<tr><td>Geschäftsverhandlung</td></tr>
<tr><td rowspan="8">nach dem Kauf</td><td>binden</td><td colspan="2"></td><td rowspan="3">Loyalität</td></tr>
<tr><td>befürworten</td><td colspan="2"></td></tr>
<tr><td></td><td>nachbestellen</td><td></td></tr>
<tr><td colspan="2"></td><td>Inbetriebnahme</td><td>Inbetriebnahme</td></tr>
<tr><td>genießen</td><td>nutzen</td><td>Produktnutzung</td><td>Betrieb</td></tr>
<tr><td></td><td>bewältigen</td><td>Instandhaltung</td><td>Instandhaltung</td></tr>
<tr><td colspan="2"></td><td>Wiederaufbau</td><td rowspan="2">Außerbetriebnahme</td></tr>
<tr><td colspan="2"></td><td>Recycling</td></tr>
</table>

Abbildung 5-3 Phasen der Customer-Journey (eigene Darstellung i. A. a. LEMON U. VERHOEF 2016, S. 76; EDELMAN 2010, S. 64; MAECHLER ET AL. 2017, S. 5; LUDWIG ET AL. 2017, S. 199)

Zentraler Orientierungspunkt ist dabei die Customer-Journey, die ein Kunde mit dem physischen Produkt durchläuft, da dieses auch definitionsgemäß der Kern des Leistungsangebotes eines jeden produzierenden Unternehmens ist (s. BELZ ET AL. 1997, S. 50). Wie in Kapitel 2.1.1 erläutert, beinhaltet das Leistungsangebot dabei neben dem eigentlichen Produkt auch industrielle Dienstleistungen und digitale Produkte. Als Gesamtlösung können diese drei Leistungsarten auch in einem Smarten Produkt-Service-System (SPSS) angeboten werden. Dies lohnt sich für produzierende Unternehmen, die bei Dienstleistungen eine deutlich höhere Marge als mit ihren Produkten erzielen können (s. WELLENER ET AL. 2020). Gleichzeitig spielen industrielle Dienstleistungen bei Kaufentscheidungen im Bereich der produzierenden Industrie auch eine entscheidende Rolle (s. BUSCH 2016, S. 277). Entsprechend steht vor und beim Kauf für den Kunden die angebotene Lösung als Ganzes im Fokus. Mit Inbetriebnahme des Produktes wird dieses dann in der Customer-Journey in den Mittelpunkt gerückt und industrielle Dienstleistungen und digitale Produkte ergänzen die Produktnutzung. Dabei müssen diese weiteren Leistungsbestandteile nicht direkt beim Produktkauf als Gesamtlösung eingekauft werden, sondern können auch noch zu einem späteren Zeitpunkt als Lösungskomponenten im Leistungsangebot erworben werden (siehe Abbildung 5-4). Dieser nachträgliche Kaufprozess im Sinne einer Customer-Journey für industrielle Dienstleistungen und digitale Produkte ist explizit nicht Teil der Betrachtung. Hier würde es sich um Sub-Journeys handeln (vgl. Kapitel 2.1.2).

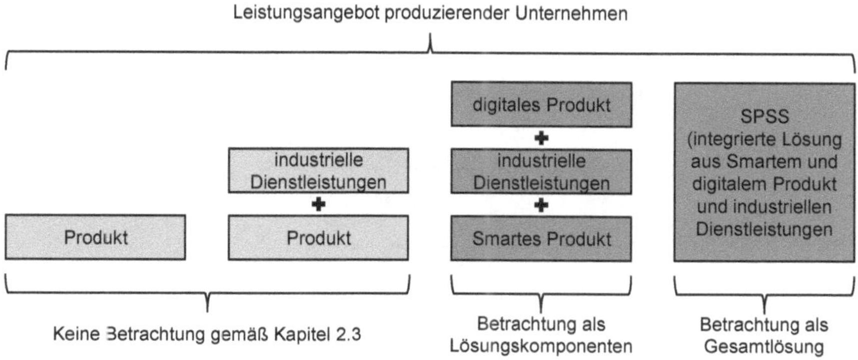

Abbildung 5-4 Partielle Betrachtung des Leistungsangebotes als Lösung (eigene Darstellung)

Die sich damit ergebenden Phasen unter Berücksichtigung der Betrachtung eines Angebotes von umfassenden Lösungen für den Kunden bei gleichzeitiger Fundierung auf dem eigentlichen Produkt sind durch eindeutige Start- und Endzustände voneinander zu unterscheiden (siehe Abbildung 5-5). Im Folgenden sollen die Phasen erläutert werden.

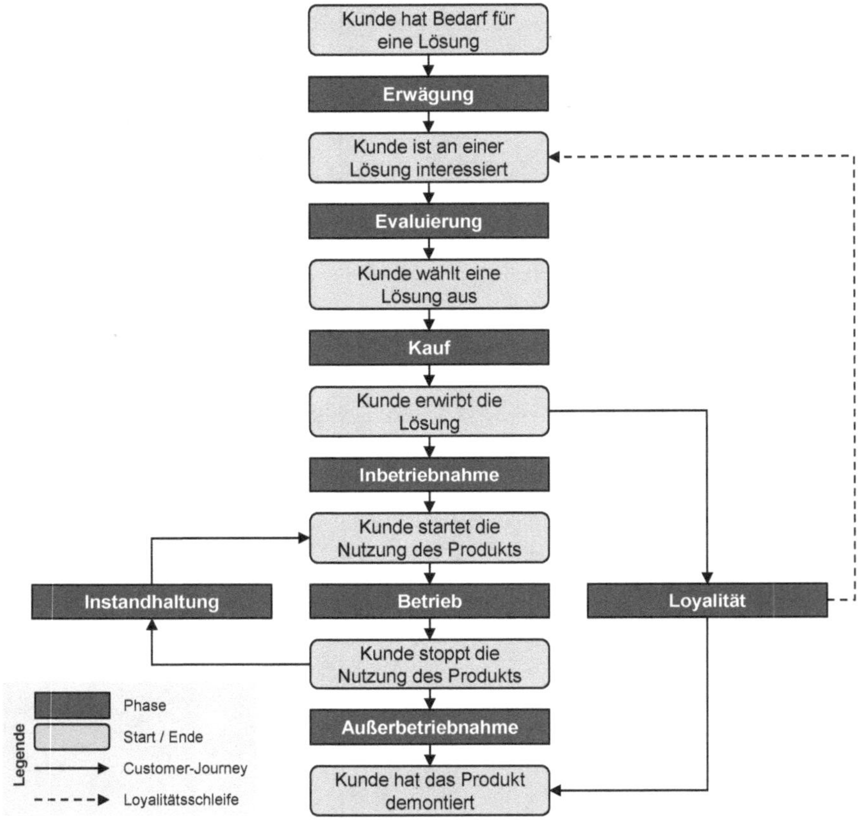

Abbildung 5-5 Start- und Endzustände der Phasen der Customer-Journey (eigene Darstellung)

Die Customer-Journey startet mit dem Bedarf des Kunden für eine Lösung. In der Phase der *Erwägung* wird dieses Bedürfnis in konkrete technische Anforderungen übersetzt und nach passenden Lösungsangeboten gesucht (s. MAECHLER ET AL. 2017, S. 5). Dafür wird eine Vielzahl von Anbietern in Erwägung gezogen (s. EDELMAN 2010, S. 65). Hat ein Anbieter eine potenziell passende Lösung gefunden, endet die Phase.

Mit dem Interesse des Kunden an einer konkreten Lösung startet die Phase der *Evaluierung*. Der Kunde informiert sich tiefergehend über das Produkt und weitere Lösungsbestandteile (s. LUDWIG ET AL. 2017, S. 198). Die Eigenschaften des Lösungsangebotes werden mit den eigenen Anforderungen und Lösungen anderer Hersteller verglichen (s. MAECHLER ET AL. 2017, S. 5). Dabei werden auch potenzielle Anbieter und deren Lösungen ausgeschlossen (s. EDELMAN 2010, S. 65). Die Phase endet mit der Auswahl einer Lösung mit der Absicht, diese zu erwerben.

Nach dieser Entscheidung für eine Lösung startet die Phase des *Kaufes*. Gemeinsam mit dem Kunden erarbeitet der Anbieter eine individuelle Lösung für die Gestaltung des Produktes und der Spezifikationen des Gesamtangebots (s. MAECHLER ET AL. 2017, S. 5; LUDWIG ET AL. 2017, S. 198). Hierbei spielt eine Vielzahl von Faktoren wie die Verfügbarkeit und der Preis eine Rolle (s. EDELMAN 2010, S. 65). Nach einer Verhandlung findet eine Entscheidung für oder gegen den Kauf der Lösung statt (s. LUDWIG ET AL. 2017, S. 198). Mit dem Erwerb der Lösung wird die Phase abgeschlossen.

Nach dem Erwerb der Lösung startet die *Inbetriebnahme* als nächste Phase. Das Produkt als Hauptbestandteil der Lösung wird dabei installiert und auf seine Funktionstüchtigkeit geprüft (s. LUDWIG ET AL. 2017, S. 199). Hierbei können bereits neben dem Produkt auch andere Bestandteile des Lösungsangebotes zum Tragen kommen, um die Produktnutzung zu ermöglichen. Sobald das Produkt in vollem Umfang produktiv genutzt werden kann, endet die Phase.

Mit Nutzung des Produktes ist der Kunde in der Phase des *Betriebes*. Dabei wird das Produkt genutzt, um einen Wert für den Kunden zu schaffen (s. MAECHLER ET AL. 2017, S. 5; LUDWIG ET AL. 2017, S. 199; EDELMAN 2010, S. 65). Die Phase endet, sobald die Nutzung des Produktes nicht mehr möglich ist.

Ist der Kunde gezwungen, die Nutzung des Produktes temporär zu stoppen, mit der Absicht, diese später wiederaufzunehmen, erfolgt die Phase der *Instandhaltung*. In dieser Phase werden Instandhaltungsarbeiten durchgeführt (s. MAECHLER ET AL. 2017, S. 5). Diese Arbeiten können sowohl routinemäßige als auch ungeplante Tätigkeiten beinhalten (s. LUDWIG ET AL. 2017, S. 199). Sie endet, sobald die Nutzung des Produktes wiederaufgenommen werden kann.

Wird das Produkt endgültig nicht mehr genutzt, setzt die Phase der *Außerbetriebnahme* ein. Die Funktionsfähigkeit wird dafür unbefristet beendet (s. DIN 2012, S. 10). Das Produkt wird abgebaut und entsorgt, womit auch die Customer-Journey endet (s. LUDWIG ET AL. 2017, S. 199).

Mit dem Erwerb der Lösung startet parallel auch die Phase der *Loyalität*, bei der die Zufriedenheit der Kunden zum Ausdruck kommt und die Kunden ans Unternehmen gebunden werden (s. EDELMAN 2010, S. 65). Aus der Loyalitätsphase heraus kann im Rahmen einer Loyalitätsschleife auch direkt das Interesse für neue Produkte beim Kunden geweckt werden, womit somit die Phase des Interesses übersprungen und die Erwägungsphase verkürzt werden kann (s. MAECHLER ET AL. 2017, S. 5; EDELMAN U. SINGER 2015, S. 4).

Nach dem endgültigen Nutzungsstopp des Produktes durch den Kunden erfolgt als letzte Phase die Demontage (s. LUDWIG ET AL. 2017, S. 199). Mit der abgeschlossenen Demontage endet auch die Loyalitätsphase, da der Kunde keine regulären produktbezogenen Kontaktpunkte mehr mit dem Anbieter hat.

Organigramm

In der Organisationssicht werden die im Prozess involvierten Rollen betrachtet. Da Unternehmen einen hochindividuellen Organisationsaufbau haben, lassen sich die Rollen nicht einzelnen Abteilungen zuordnen. Stattdessen können die Rollen sich wertschöpfenden Aufgaben in Unternehmen zuordnen lassen. Zur Ordnung der Organisationssicht wird in dieser Dissertationsschrift die generische Wertschöpfungskette von PORTER verwendet, welche in Abbildung 5-6 dargestellt ist. Die Wertschöpfungskette eines produzierenden Unternehmens ist direkt mit der des Käufers der Lösung verknüpft, da die Lösung in dessen Wertschöpfung einfließt (s. PORTER 1998, S. 52). Befinden sich Anbieter und Kunde in einem ähnlichen Marktumfeld, sind die Wertschöpfungsketten dabei fast identisch (s. PORTER 1998, S. 52). Auf Basis dieser Erkenntnis lässt sich schlussfolgern, dass die Wertschöpfungskette sowohl als Struktur für das Organigramm auf Anbieter- als auch auf Kundenseite geeignet ist.

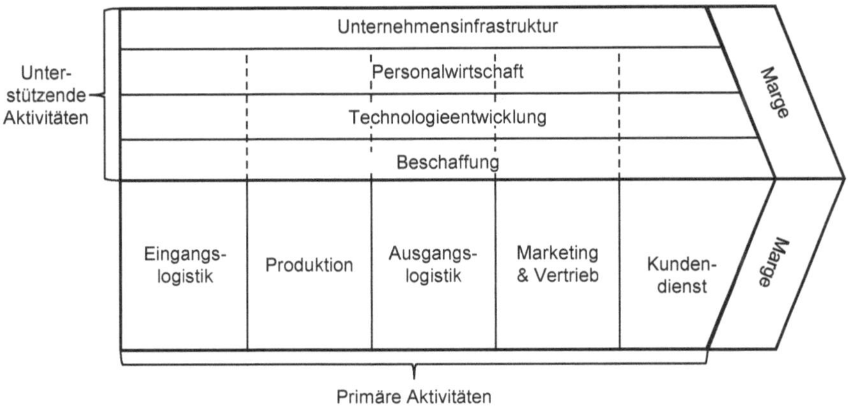

Abbildung 5-6 Generische Wertschöpfungskette nach PORTER (eigene Darstellung i. A. a. PORTER 1998, S. 37)

Die Wertschöpfungskette ist grundsätzlich in unterstützende und primäre Aktivitäten zu unterteilen. Primäre Aktivitäten sind dabei direkt mit dem physischen Produkt involvierte Tätigkeiten, während unterstützende Aktivitäten die primären Aktivitäten und sich selbst unterstützen (s. PORTER 1998, S. 38).

Primäre Aktivitäten lassen sich in fünf Kategorien einteilen, wobei die genau durchgeführten Tätigkeiten sich je nach Industrie und Unternehmen unterscheiden (s. PORTER 1998, S. 39). Die Aufführung von typischen Tätigkeiten von Rollen in den Kategorien der *Eingangslogistik*, *Produktion*, *Ausgangslogistik*, *Marketing und Vertrieb* sowie *Kundendienst* lässt sich der Tabelle 5-2 entnehmen.

Tabelle 5-2 Zuordnung von Tätigkeiten zu Kategorien der primären Aktivitäten (eigene Darstellung i. A. a. PORTER 1998, S. 40)

Kategorien	Aktivitäten
Eingangs-logistik	Empfang, Lagerung und Weitergabe von Betriebsmitteln für das Produkt, z. B. Materialhandhabung, Lagerhaltung, Bestandskontrolle, Fahrzeugdisposition und Rücksendungen an Lieferanten
Produktion	Umwandlung von Produktionsmitteln in die endgültige Produktform, z. B. Bearbeitung, Verpackung, Montage, Wartung der Ausrüstung, Prüfung, Erprobung und Betrieb der Anlage
Ausgangs-logistik	Abholung, Lagerung und physische Verteilung des Produkts an die Käufer, z. B. Lagerung von Fertigwaren, Materialumschlag, Betrieb von Lieferfahrzeugen, Auftragsabwicklung und Terminplanung
Marketing & Vertrieb	Bereitstellung eines Mittels, mit dem die Käufer das Produkt kaufen können, und Veranlassung zum Kauf, z. B. Werbung, Verkaufsförderung, Verkaufspersonal, Angebotserstellung, Auswahl des Vertriebswegs, Vertriebsbeziehungen und Preisgestaltung
Kunden-dienst	Erbringung von Dienstleistungen, die den Wert des Produkts erhöhen oder erhalten, wie z. B. Installation, Reparatur, Schulung, Lieferung von Ersatzteilen und Produkteinstellungen

Den primären Aktivitäten vergleichbar, unterscheiden sich auch die unterstützenden Aktivitäten je nach Industrie und Unternehmen (s. PORTER 1998, S. 40). Die *Beschaffung* ist für den Einkauf von Leistungen zur Ausführung der primären Aktivitäten zuständig. Neben einer traditionellen Einkaufsabteilung können bestimmte Leistungen auch direkt durch andere Abteilungen und Personen übernommen werden, z. B. kann auch ein Vertriebler die Leistung eines Hotels für sich einkaufen (s. PORTER 1998, S. 41). Im Rahmen dieser Dissertationsschrift sollen diese Rollen jedoch nicht der Beschaffung zugeordnet werden, sondern ihren hauptsächlichen Funktionen. In der *Technologieentwicklung* sind sämtliche Rollen aufzunehmen, die die Verbesserung des Produktes oder der Prozesse zum Ziel haben (s. PORTER 1998, S. 42). Dies bedeutet, dass darin neben der Forschung und Entwicklung auch weitere Funktionen inkludiert sein können, die an der Optimierung interner Prozesse beteiligt sind. Der technologische Aspekt muss sich also nicht zwangsweise auf das Produkt beziehen, sondern kann auch auf den Prozess bezogen sein (s. PORTER 1998, S. 42). Das *Personalwesen* vereinigt alle Aktivitäten der Rekrutierung, Einstellung, Weiterbildung, Entwicklung und Bezahlung sämtlichen Personals (s. PORTER 1998, S. 42). Über die komplette Wertschöpfungskette hinweg lassen sich Aktivitäten auch der *Unternehmensinfrastruktur* zuordnen. Dies beinhaltet das Management, Planung, Finanzen, Buchhaltung, Recht und Qualitätsmanagement (s. PORTER 1998, S. 43). Typischerweise sind diese Aktivitäten auf Ebene des Gesamtunternehmens oder einer Geschäftseinheit angesiedelt (s. PORTER 1998, S. 43).

Leistungsbaum

In der Leistungssicht werden Sach-, Dienst- und Informationsleistungen erfasst (s. SCHEER 2002, S. 38). Der Leistungsbegriff aber ist heterogen und einzelne

Leistungen können abhängig vom Betrachtungswinkel in unterschiedliche Kategorien fallen (s. SCHEER 2002, S. 13). Für diese Dissertationsschrift wird daher die im Folgenden erläuterte Struktur zur Zuordnung von Leistungen im Güterbaum genutzt. Ziel ist es, eine eindeutige und vollständige Zuordnung sämtlicher Leistungen zu ermöglichen.

Materielle Güter stellen *Sachleistungen* dar (s. SCHEER 2002, S. 13). In Kapitel 2.1.1 wurde bereits eine Kategorisierung in Konsum- und Produktionsgüter sowie Gebrauchs- und Verbrauchsgüter vorgestellt. Im Sinne dieser Aufteilung sollen materielle Güter in Gebrauchs- und Verbrauchsgüter aufgeteilt werden. Ob es sich dann um Konsum- oder Produktionsgüter handelt, ist abhängig von den zu betrachtenden Unternehmen und den dort hergestellten Produkten. *Gebrauchsgüter* sind materielle Güter, die dem Gebrauch dienen. Dies bedeutet, dass diese durch Nutzung nicht verändert werden und langfristig für eine Funktionserfüllung zu gebrauchen sind (s. VOIGT 2018a). Diesen stehen *Verbrauchsgüter* gegenüber, die bei Nutzung in andere Güter eingehen oder vernichtet werden (s. KIRCHGEORG UND VOIGT 2018).

Eine Abgrenzung zwischen Sachleistung und *Dienstleistung* kann nicht allgemeingültig stattfinden, da eine Bewertung stets subjektiv ist und Leistungen sowohl materielle als auch immaterielle Komponenten enthalten können (s.GARREL ET AL. 2014, S. 8). Eine Definition der Dienstleistung muss daher auf Basis der Fragestellung erfolgen. Im Kontext dieses Dissertationsvorhabens ist die Dienstleistung hauptsächlich in der Abgrenzung zum Sachleistungsbegriff zu definieren. Da sämtlichen Definitionen das Merkmal der Immaterialität eigen ist, soll dieses zur Abgrenzung der Dienstleistungen zu den materiellen Sachleistungen dienen (s. CORSTEN U. GÖSSINGER 2007, S. 27). Entscheidend für die Zuordnung ist dabei, ob die materielle oder immaterielle Komponente im Vordergrund der Leistung steht. Ebenso wie die Definition der Dienstleistung muss auch die Kategorisierung auf Basis des Anwendungsfalles erfolgen. Da die Inanspruchnahme von Dienstleistungen entlang der Customer-Journey erfasst werden soll, spielt der zeitliche Aspekt eine wesentliche Rolle. Hier kann bei Dienstleistungen eine Unterteilung in *kontinuierliche Dienstleistungen* und *sporadische Dienstleistungen* erfolgen (s. KAISER U. SCHRAMM 2004, S. 196).

Die von SCHEER genannten *Informationsleistungen* stellen einen Sonderfall der Dienstleistungen dar und sollen aufgrund ihrer Bedeutung für die Kundeninteraktionen separat aufgeführt werden (Scheer 2006). Eine Abgrenzung soll hier über den informativen Charakter der Informationsleistungen und eine nicht erfolgende Fakturierung stattfinden. Damit soll berücksichtigt werden, dass Unternehmen ihren Kunden Leistungen anbieten, die keine Dienstleistung im Sinne einer abrechenbaren Leistung darstellen. Für ein ganzheitliches Verständnis der Kundeninteraktionen sind diese jedoch von großer Bedeutung. Die Informationsleistungen können an bestimmten Kontaktpunkten erfolgen. Anhand dieser Kontaktpunkte können die Informationsleistungen nach STRAKER ET AL. kategorisiert werden (s. STRAKER ET AL. 2015, S. 116). Über einen *funktionalen Kontaktpunkt* erfolgt eine Informationsleistung, die einen direkten Zweck erfüllt (s. STRAKER ET AL. 2015, S. 116). Ein *sozialer Kontaktpunkt* bietet im Rahmen Sozialer Netzwerke die Möglichkeiten, Informationen mit Kunden zu teilen und in einen direkten Austausch mit diesen zu treten (s. STRAKER ET AL. 2015, S. 116). Über einen

Community-Kontaktpunkt erfolgt der Informationsaustausch im Rahmen einer Gemeinschaft, weshalb dieser durch eine Vielzahl beteiligter Nutzer und eine aktive Diskussion charakterisiert ist (s. STRAKER ET AL. 2015, S. 119). Ein *Unternehmenskontaktpunkt* dient dem einseitigen Bereitstellen oder Empfang von Informationen (s. STRAKER ET AL. 2015, S. 120).

Funktionszuordnungsdiagramm

Zentraler Fokuspunkt eines Funktionszuordnungsdiagramms sind die Funktionen eines Prozesses (s. SCHEER ET AL. 2006, S. 43). Entsprechend gliedert sich das Funktionszuordnungsdiagramm auch angelehnt an den Funktionsbaum. Dabei wird das Referenzmodell auf verschiedenen Ebenen betrachtet, wie in Abbildung 5-7 dargestellt. Die *Referenz-Prozesskategorien* dienen der Gliederung des Modells und entsprechen den acht Phasen der Customer-Journey, die zuvor im Rahmen des Funktionsbaums festgelegt wurden. In den *Referenz-Prozessbausteinen* erfolgt die tatsächliche Modellierung des Prozesses unter Einbezug der Leistungs- und Organisationssicht. Darunter werden den Bausteinen noch *Referenz-Basisfunktionen* zugeordnet. Für diese Funktionen findet allerdings keine Prozessbetrachtung mehr statt, da der notwendige Detailgrad einer Prozessbeschreibung auf dieser Ebene der Allgemeingültigkeit des Modells für die produzierende Industrie widersprechen würde.

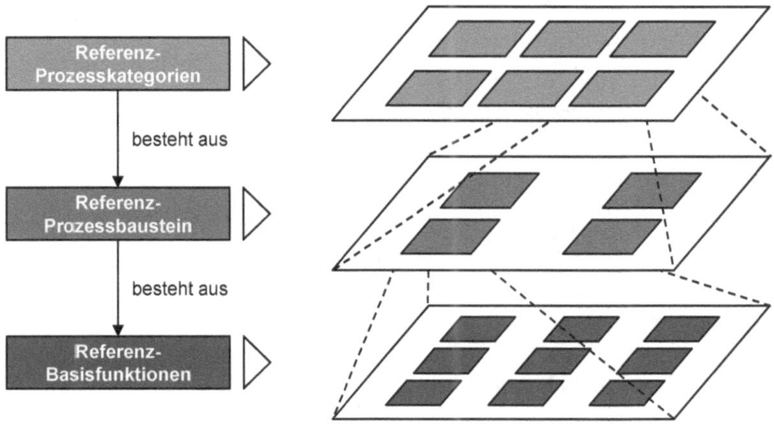

Abbildung 5-7 Struktur des Referenzprozessmodells (eigene Darstellung i. A. a. FORSTER 2013, S. 115)

Strukturübersicht der Partialmodelle

Für die Struktur der Partialmodelle ergibt sich die in Abbildung 5-8 dargestellte Übersicht. Anhand dieser Struktur kann die Ausgestaltung des Referenzprozessmodells der Kundeninteraktionen in Kapitel 5.3 erfolgen. Während der Funktionsbaum, die Organigramme des Kunden und des Anbieters sowie der Leistungsbaum unabhängig voneinander beschrieben werden, erfolgt deren Verknüpfung im Funktionszuordnungsdiagramm auf Ebene der Referenz-Prozessbausteine.

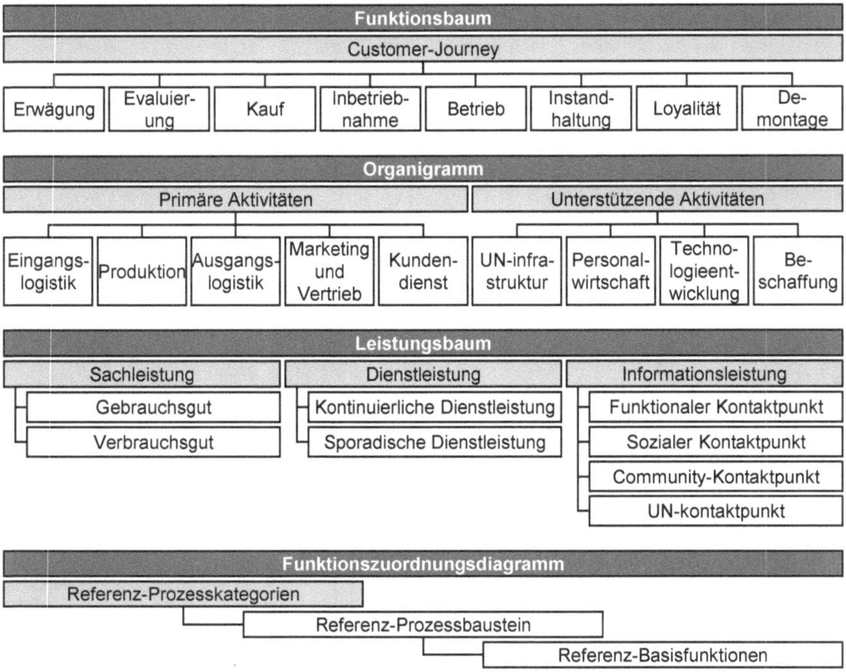

Abbildung 5-8 Strukturübersicht der Partialmodelle (eigene Darstellung)

5.2 Durchführung der Fallstudien

Zur Bestimmung des Referenzprozessmodells der Kundeninteraktionen ist die Erhebung der Referenzprozess-Bausteine über Fallstudien notwendig. Im Folgenden werden die theoriegetriebene Auswahl, die Aufnahme und die Durchführung der Fallstudien beschrieben.

5.2.1 Auswahl der Fallstudien

Für die Auswahl der Fallstudien ist zunächst die Untersuchungspopulation zu definieren. Diese Population gibt mögliche Entitäten vor, schränkt die Varianz der Ergebnisse ein und limitiert damit auch die Generalisierbarkeit der Ergebnisse auf diese Population (s. EISENHARDT 1989, S. 537). Die im Rahmen der Dissertationsschrift zu untersuchende Population wird über den Untersuchungsbereich des Forschungsvorhabens definiert. Gemäß Kapitel 2.3 sind damit nur Investitionsgüter produzierende Unternehmen zu betrachten, die cyber-physische Systeme anbieten.

Die Wahl der Fallstudien hat theoriegetrieben zu erfolgen, insbesondere sollen dabei bewusst unterschiedliche Typen hinsichtlich des Interessenbereichs berücksichtigt werden (s. EISENHARDT 1989, S. 537). Unterschieden werden soll dabei zunächst über die *Größe der Unternehmen*. Für die Fallstudien werden kleinere Unternehmen ausgeschlossen. Diese Unternehmen verfügen gerade in der produzierenden Industrie nur zu einem Viertel überhaupt über ein CRM-System und Kundendatenbanken zur Aufnahme grundlegender Daten über Kunden (s. KYKALOVÁ ET AL. 2018, S. 42). Auch stehen diese vor größeren Herausforderungen bei der ressourcenintensiven Rekrutierung von IT-Experten, die zur Implementierung des digitalen Schattens notwendig wären (s. ANTONS ET AL. 2018, S. 26). Damit wird die Betrachtung auf mittlere bis große Unternehmen eingegrenzt und hier eine Diversität der Fallstudien angestrebt.

Einen weiteren Faktor stellt die *Komplexität des Produktes* dar. Je komplexer das Produkt, desto vielseitiger könnten auch die Kundeninteraktionen sein. Dementsprechend sind für die Fallstudien sowohl Produzenten einfacherer als auch komplexerer technischer Systeme zu finden. Eine genaue Kategorisierung ist in diesem Aspekt schwierig, da bestimmte Begrifflichkeiten sehr subjektiv definiert werden (s. PAHL U. BEITZ 2013, S. 27). Gemäß PAHL U. BEITZ kann ein Indiz einer groben Steigerung der Komplexität über die in Abbildung 5-9 genannten Begriffe stattfinden. Die komplexesten technischen Systeme, die Fabrik und ein ganzes System, sind für das Forschungsvorhaben irrelevant, da diese nicht von einzelnen Unternehmen produziert werden. Die Betrachtung von Wertschöpfungsnetzwerken ist nicht Ziel der Forschung. Ebenso können Produzenten von Komponenten ausgeschlossen werden. Komponenten sind der Definition nach generell immer nur Bestandteil von etwas (DUDEN 2021). Daher ist eine Baugruppe theoretisch auch eine Komponente einer Maschine. Eine Komponente zur Abgrenzung zur Baugruppe muss demnach als Bestandteil gesehen werden, der nicht in weitere Bestandteile zu trennen ist. Eine Komponente kann so nur einen geringen Funktionsumfang haben, was dem vielfältigen Funktionsumfang der zu untersuchenden Investitionsgüter widerspricht, welcher in Kapitel 2.1.1 dargelegt wurde.

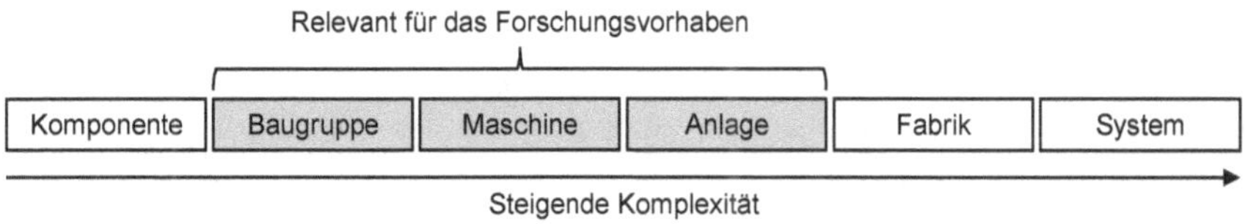

Abbildung 5-9 Komplexitätssteigerung technischer Systeme und Relevanz für das Forschungsvorhaben (eigene Darstellung i. A. a. PAHL U. BEITZ 2013, S. 27)

Die gewählten Fallstudien verteilen sich gleichmäßig über die Aspekte der Größe des Unternehmens und der Komplexität des hergestellten Produktes, wie in Abbildung 5-10 dargestellt. Die Nummerierung folgt dabei der zeitlichen Abfolge der Fallstudien. Da Kundenprozesse in Unternehmen als äußerst sensible Informationen gelten, wurde eine Geheimhaltungsvereinbarung mit den Unternehmen für die Aufnahme der Fallstudien geschlossen. Dadurch können die Unternehmen nicht namentlich genannt werden, weshalb als Deckname lediglich die Branche angegeben ist, in der diese tätig sind. Die Angabe der Branche ermöglicht dabei eine gewisse Nachvollziehbarkeit, wie komplex die hergestellten Produkte sind. Das Suffix „GmbH" soll verdeutlichen, dass es sich hier um Unternehmen handelt. Des Weiteren wurde im Sinne der Anonymisierung darauf verzichtet, die genauen Größen der Unternehmen gemessen an der

Mitarbeiterzahl anzugeben. Die Spannweite reicht hier von wenigen tausend Mitarbeitern bis zu Hunderttausenden.

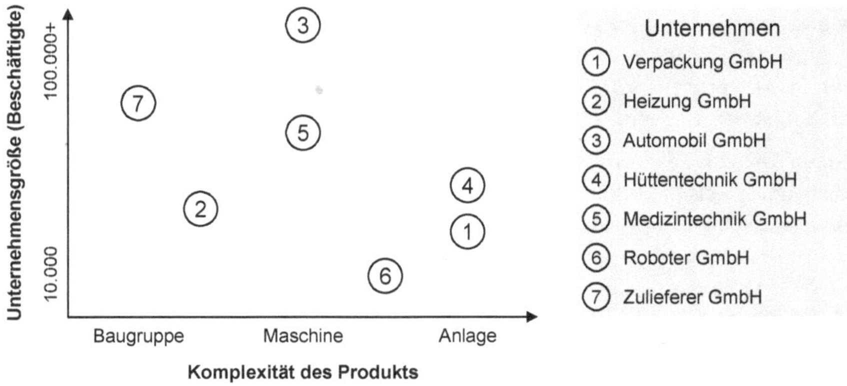

Abbildung 5-10 Verteilung der Fallstudien-Unternehmen hinsichtlich Größe und Komplexität des Produktes (eigene Darstellung)

Die Anzahl der Fallstudien wurde über die Erreichung einer Sättigung an Modulen in den in Kapitel 5.1 eingeführten Sichten Funktion, Organisation und Leistung terminiert (s. EISENHARDT 1989, S. 545). Eine genaue Aufzählung der in den Fallstudien erfassten Module ist in den Fallstudienprotokollen in Anhang A zu finden. Die erste Fallstudie bei der Verpackung GmbH diente vornehmlich dem Test der Struktur des Modells bei einem begrenzten Betrachtungshorizont. Die darauffolgenden Fallstudien bei der Heizung GmbH und Automobil GmbH bauten hauptsächlich auf ausführlichen internen Informationen auf, da die Unternehmen bereits ausführliche Vorarbeiten bezüglich der Untersuchung von Kundeninteraktionen erstellt hatten und zur Verfügung stellten. Bei der Hüttentechnik GmbH wurden die bisherigen Erkenntnisse in einem ausführlichen Workshop geprüft und es konnten noch einige wenige neue Module identifiziert werden. In den Fallstudien mit der Medizintechnik GmbH und Roboter GmbH konnte eine theoretische Sättigung nachgewiesen werden, da sich im Vergleich zu den vorigen Fallstudien keine zusätzlichen Module mehr ergaben. Eine letzte Fallstudie wurde abschließend noch mit der Zulieferer GmbH durchgeführt, um die theoretische Sättigung auch für Unternehmen mit Produkten der Komplexität einer Baugruppe (siehe Abbildung 5-11) nachzuweisen. Es kann daher davon ausgegangen werden, dass weitere Fallstudien keine neuen Erkenntnisse erbringen würden und die gewählte Bandbreite an zu untersuchenden Unternehmen vollständig erfasst wurde. Mit sieben durchgeführten Fallstudien liegt die Anzahl dabei genau im nach YIN geforderten Soll von sechs bis zehn Fallstudien, als Optimum zwischen Validität und Bestätigung der Hypothesen (s. YIN 2003, S. 47).

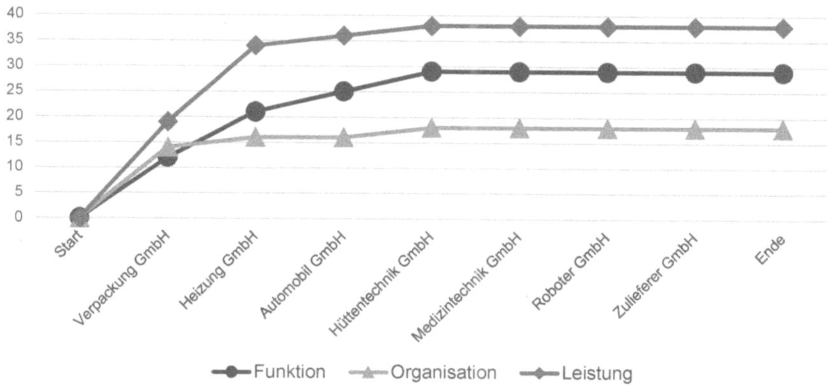

Abbildung 5-11 Sättigungskurve der in den Fallstudien in den Sichten Funktion, Organisation und Leistung identifizierten Module (eigene Darstellung)

5.2.2 Aufnahme und Durchführung der Fallstudien

Wie in Kapitel 4.2.2 aufgeführt, erfolgten die Aufnahme und Durchführung der Fallstudien maßgeblich über Experteninterviews, Workshops und Desk-Research. In Tabelle 5-3 ist aufgeführt, bei welchen Unternehmen welche Art der Informationserhebung stattgefunden hat. Die Fallstudienuntersuchung fand im Zeitrahmen von Februar 2021 bis Oktober 2021 statt. Für die Workshops und die Experteninterviews sind die beteiligten Rollen in Klammern aufgeführt. Für die Desk-Research ist ergänzend angegeben, ob es sich um öffentlich zugängliche Daten gehandelt hat oder ob hier interne Informationen seitens des Unternehmens für die Untersuchung zur Verfügung gestellt wurden. Die ausführlichen Fallstudienprotokolle und -unterlagen sind in Anhang A zu finden.

Tabelle 5-3 Informationserhebung im Rahmen der Fallstudien bei den Unternehmen (eigene Darstellung)

Unternehmen	Informationserhebung
Verpackung GmbH	▪ Experteninterview 26.02.2021 (Produktmanager Service) ▪ Desk-Research (Öffentliche Informationen)
Heizung GmbH	▪ Experteninterview 08.04.2021 (Projektmanager Service) ▪ Desk-Research (Interne und öffentliche Informationen)
Automobil GmbH	▪ Experteninterview 09.04.2021 (Global Head of Customer Journey) ▪ Desk-Research (Interne Informationen)
Hüttentechnik GmbH	▪ Experteninterview 27.04.2021 (Manager Vertriebsprozesse) ▪ Workshop 17.06.2021 (Manager Vertriebsprozesse, VP Produkt, VP Service, Manager Business Development) ▪ Desk-Research (Interne und öffentliche Informationen)
Medizintechnik GmbH	▪ Experteninterview 01.07.2021 (Manager Business Development) ▪ Workshop 20.08.2021 (Manager Business Development, Partner Manager Digital) ▪ Workshop 26.08.2021 (Manager Business Development, Partner Manager Digital)
Roboter GmbH	▪ Experteninterview 20.08.2021 (Manager Business Development) ▪ Desk-Research (Öffentliche Informationen)
Zulieferer GmbH	▪ Workshop 08.10.2021 (Head of Industry 4.0, Service Solution Manager, Produktmanager Service) ▪ Desk-Research (Öffentliche Informationen)

Die Durchführung der *Experteninterviews* folgte im Rahmen systematisierender Experteninterviews (s. BOGNER U. MENZ 2002, S. 37). Dafür wurde die in Kapitel 5.1 erarbeitete Struktur als Interviewleitfaden genutzt und systematisch der Prozess der Kundeninteraktionen im Rahmen der verschiedenen Sichten durchgegangen. Die Experten gaben dabei ihr Erfahrungswissen über die Ausgestaltung von Kundeninteraktionen in ihren jeweiligen Unternehmen wieder.

Die *Workshops* wurden in den Unternehmen oder mithilfe eines digitalen Kollaborationstools durchgeführt. Ähnlich den Experteninterviews diente auch in den Workshops die in Kapitel 5.1 erarbeitete Struktur als ordnendes Moment. Charakterisierend war hier das Zusammenspiel mehrerer Experten aus den Unternehmen, was die Ergebnisse auf eine breite Basis stellt. Der Prozess der Kundeninteraktionen wurde dabei gemeinschaftlich erarbeitet und diskutiert.

Die *Desk-Research* erfolgte mit der Suche nach in Informationen. Diese konnten dabei öffentlich zugänglich sein, wie über eine Website oder Servicebroschüren, aber auch von Fallstudien-Unternehmen gestellt werden. Nach Sichtung dieser Informationen erfolgte eine eigenständige Ergänzung der Struktur aus den Experteninterviews respektive den Workshops. Eine Fallstudie rein auf Desk-Research basierend ist damit ausgeschlossen.

5.3 Ausgestaltung des Referenzprozessmodells

Im folgenden Kapitel erfolgt die konkrete Ausgestaltung des Referenzprozessmodells für die Customer-Journey in produzierenden Unternehmen. Dies geschieht im Rahmen der in Kapitel 5.1 entwickelten Architektur und durch die im Kapitel 5.2 beschriebenen Fallstudien. Ergebnis ist ein für produzierendes Unternehmen allgemeingültiges Modell des Prozesses der Kundeninteraktionen, welches als Basis für das Datenmodell des digitalen Schattens dienen soll.

5.3.1 Funktionsbaum der Customer-Journey

Der Funktionsbaum der Customer-Journey zeigt auf, welche Funktionen in welcher Phase der Customer-Journey im Rahmen der Fallstudien identifiziert wurden. Als Funktionsbaum stellen die einzelnen Funktionen keinen logischen Ablauf dar, sondern sind vielmehr potenzielle Kontaktpunkte zwischen Unternehmen, die mehrmals, einmalig, aber auch gar nicht im Rahmen einer tatsächlichen Beziehung zwischen Anbieter und Kunde durchlaufen werden. Die einzelnen Funktionen werden im Folgenden erläutert.

Erwägung

In die Phase der *Erwägung* fallen die beiden Funktion *Bedürfnis erkennen* und *Anbieter suchen* (siehe Abbildung 5-12).

Abbildung 5-12 Funktionen in der Phase *Erwägung* (eigene Darstellung)

In der Funktion *Bedürfnis erkennen* wird dem Kunden bewusst, dass er ein unerfülltes Bedürfnis hat. Dieses Bedürfnis bezieht sich dabei nicht auf ein konkretes Produkt. Vielmehr bezieht es sich auf eine Aufgabe, die der Kunde im Rahmen gewisser Umstände zu erledigen hat. Im Innovationskontext wird dieser Auslöser eines Bedürfnisses im Konzept der „Jobs to be done" genutzt (s. CHRISTENSEN ET AL. 2016, S. 4). Bei einem institutionellen Beschaffungsprozess erfolgt das Festhalten dieser Bedürfnisse im Rahmen von Vorgaben und Rahmenbedingungen (s. SCHUH ET AL. 2014b, S. 189). Anschließend gleicht der Kunde den initial antizipierten Nutzen ihm bekannter Lösungen mit seinen Bedürfnissen ab. Sind keine Lösungen bekannt, die den gewünschten Zweck erfüllen, muss eine grundsätzliche Suche nach infrage kommenden Lösungen erfolgen. Die Funktion ist beendet, wenn eine Lösung identifiziert wurde, welche das Bedürfnis wahrscheinlich erfüllen kann.

In den Fallstudien konnten bei der Bedürfniserkennung verschiedene Szenarien identifiziert werden: Zunächst einmal besteht konkreter Bedarf nach einer neuen Lösung, wenn die bisherige Lösung nicht mehr funktionsfähig ist. Bei der Roboter GmbH ist dies der Fall, wenn ein Roboter kaputt ist und eine Reparatur nicht möglich ist. Dies kann auch eine wirtschaftliche Frage sein, wenn eine Neuanschaffung günstiger ist als wiederholt notwendige Reparaturen inklusive Produktionsausfall, was bei der Zulieferer GmbH von Bedeutung ist. Des Weiteren können auch die Bedürfnisse gestiegen sein, sodass die aktuelle Lösung des Kunden jenen nicht mehr gerecht wird. Bei der Hüttentechnik GmbH können gestiegene Anforderungen an Qualität oder Output zu einem konkreten Bedürfnis der Kunden für neue Lösungen führen. Bei mehreren Fallstudien war auch die Digitalisierung ein wesentlicher Faktor. Zur Umsetzung von Industrie 4.0 bedarf es Smarter Produkte, für die digitale Produkte zur Nutzungsoptimierung zur Verfügung stehen. Ist ein Retrofit der bestehenden Produkte nicht möglich, bedarf es auch hier neuer Lösungen. Zuletzt kann der Bedarf beim Kunden auch durch komplett neue Anwendungsszenarien entstehen. Bei der Medizintechnik GmbH kann dies durch die Aufnahme neuer Behandlungs- und Diagnosemethoden in Kliniken oder Arztpraxen der Fall sein.

Anbieter suchen ist die zweite Funktion in der Phase der Erwägung. Basierend auf der identifizierten Lösung werden potenzielle Anbieter dieser Lösung gesucht (s. SCHUH ET AL. 2014b, S. 190). Es zeigt sich hierbei, dass Kunden loyal gegenüber Anbietern sind, mit deren bisherigen Leistungen sie zufrieden sind (s. GRONHOLDT ET AL. 2000, S. 513). Entsprechend werden bekannte Anbieter auch am ehesten in die Suche aufgenommen. Ferner kann die Suche auch auf den gesamten Beschaffungsmarkt ausgeweitet werden (s. SCHUH ET AL. 2014a, S. 148). Die Funktion ist beendet, wenn eine subjektiv ausreichende Anzahl von Anbietern eines Produktes identifiziert wurden.

Bei den Fallstudien war diese Funktion geprägt durch eine geringe Anzahl von Marktbegleitern der jeweiligen Unternehmen. Entsprechend kennen in der Regel die Kunden die auf dem Markt agierenden Anbieter. Daher suchen Kunden auch direkt den Kontakt mit den ihnen bekannten Anbietern. Die Suche nach neuen Anbietern erfolgt über Informationskanäle mit starkem Branchenbezug. Hierzu werden seitens des Kunden Messen, Fachmagazine oder Kontaktpersonen im eigenen Unternehmen oder bei externen Marktbegleitern genutzt. Um eine Präsenz in der breiten Öffentlichkeit zu erreichen, nutzen die Heizung GmbH und die Automobil GmbH auch breitenwirksame Medien wie das Fernsehen. Bei anderen untersuchten Unternehmen mit weniger Anteil an Privatkunden war dies nicht von Relevanz. Allgemein spielte aber bei allen Fallstudien eine Online-Präsenz in Fachforen oder Sozialen Medien eine große Rolle.

Evaluierung

Die Phase der *Evaluierung* beinhaltet die Funktion *Informationen beschaffen*, *Lösung konfigurieren* und *Lösung vergleichen* (siehe Abbildung 5-13).

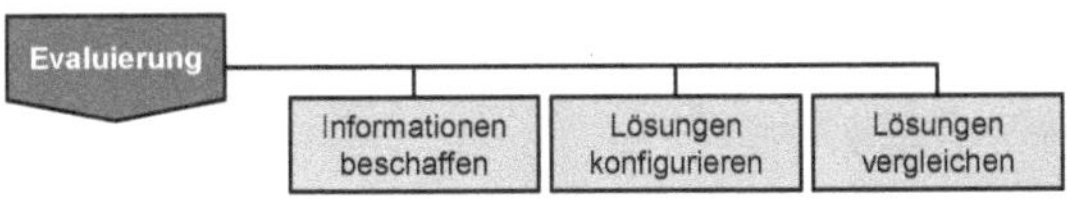

Abbildung 5-13 Funktionen der Phase *Evaluierung* (eigene Darstellung)

In der Funktion *Informationen beschaffen* holt der Kunde genauere Informationen zu den potenziell interessanten Lösungen der Anbieter ein und grenzt die Anzahl potenzieller Anbieter ein. Es erfolgt eine initiale Bewertung, ob die Lösung des Anbieters die konkreten Bedürfnisse erfüllen kann und ob der Anbieter als Lieferant infrage kommt (s. SCHUH ET AL. 2014b, S. 191). Diese Eingrenzung ist notwendig, um den Aufwand für die folgende detaillierte Evaluierung zu minimieren. Die Funktion ist beendet, wenn eine geringe Anzahl an Anbietern identifiziert wurden, deren Lösung nach erster Bewertung das Bedürfnis erfüllen können und als Lieferanten infrage kommen.

In den Fallstudien zeigte sich, dass die Kanäle zur Informationsbeschaffung stark mit denen bei der Anbietersuche übereinstimmen. Auch im B2B-Geschäft spielt dabei das Internet als Informationsquelle laut den untersuchten Unternehmen eine immer wichtigere Rolle. Entsprechend wurden im Rahmen der Fallstudienuntersuchung bei allen Unternehmen professionelle Webseiten vorgefunden, über die Informationen über das Leistungsangebot vorzufinden war. Diese Informationen konnten auch in Kapitel 5.3.3 zur Gestaltung des Leistungsbaumes genutzt werden. Bei der Informationsaufbereitung setzt die Heizung GmbH auf gezielte Anpassung für die verschiedenen Kundengruppen. So stehen für einen Endkunden andere Informationen zur Verfügung als für einen Heizungsinstallateur. Ein weiterer Aspekt ist die Nutzung von Multiplikatoren. So befähigt die Medizintechnik GmbH den Medizinfachhandel durch regelmäßige Schulungen, den Kunden Informationen über Leistungen der Medizintechnik GmbH liefern zu können.

In der Funktion *Lösung konfigurieren* passt der Kunde die potenzielle Lösung individuell an seine Bedürfnisse an. Da Kundenbedürfnisse sehr heterogen sind, können generische Lösungen diese Bedürfnisse oft nicht genau erfüllen. Bei vielen Unternehmen existiert daher die Möglichkeit, die Lösung zu einem gewissen Maß an individuelle Bedürfnisse anzupassen. Der Grad der Anpassbarkeit variiert dabei stark und hängt von der Produktmodularität, einer flexiblen Produktion, flexiblen Mitarbeitern und einem effizienten Konfigurator sowie den verfügbaren industriellen Dienstleistungen und digitalen Produkten ab (s. PILLER ET AL. 2020, S. 47). Die Funktion ist beendet, wenn die standardisierte Lösung bestmöglich an die individuellen Bedürfnisse des Kunden angepasst wurde.

Im Rahmen der Fallstudienuntersuchung konnte bezüglich des Grades der Anpassbarkeit der Lösung ein klarer Zusammenhang mit der Komplexität der technischen Systeme (s. Kapitel 5.2.1) festgestellt werden. Während die Zulieferer GmbH ein standardisiertes Lösungsangebot mit einer hohen Vielfalt an Produkten und einer einzelnen digitalen Lösung anbietet, ist die Konfiguration bei der Hüttentechnik GmbH ein Projekt mit mehreren Mitarbeitern, um das Lösungsangebot an die exakten Kundenanforderungen anzupassen. Gerade bei solchen Projekten stellen die Kunden auch lediglich einen *Request for Proposal* (RFP). Bei einem RFP bittet ein Kunde Anbieter, basierend auf einem Anforderungskatalog, eine passende Gesamtlösung vorzuschlagen.

In der Funktion *Lösung vergleichen* vergleicht der Kunde die zuvor konfigurierten Lösungen miteinander und wählt für ihn final infrage kommende Lösungen aus. Es folgt eine detaillierte Bewertung der Lösung und des Anbieters. Bei dieser Bewertung können noch weitere Kriterien wie „Kosten, Qualität, technologische Fähigkeiten, Lieferfähigkeiten, Entwicklungsfähigkeiten und Kooperationsfähigkeit" (s. SCHUH ET AL. 2014b, S. 191) eine Rolle spielen. Die Funktion ist beendet, wenn der Kunde eine Lösung als für einen Kauf infrage kommend bewertet hat und einen passenden Lieferanten gefunden hat.

Bei der Roboter GmbH findet der Vergleich auf Kundenseite zum einen mit einem zuvor erstellten Lastenheft, zum anderen mit Angeboten anderer Anbieter statt. Das Vorhandensein eines Lastenhefts ist hauptsächlich bei institutionellen Einkäufern wie bei Kunden der Hüttentechnik GmbH oder der Verpackung GmbH gegeben. Wenn möglich, wird seitens der produzierenden Unternehmen auch ein Test der Systeme angeboten. Dies ist beispielsweise bei der Automobil GmbH und der Zulieferer GmbH der Fall.

Kauf

Die Phase des *Kaufes* beinhaltet die Funktionen *Angebot einholen*, *Angebot verhandeln*, *Lösung kaufen* und *Lösung bezahlen* (Abbildung 5-14).

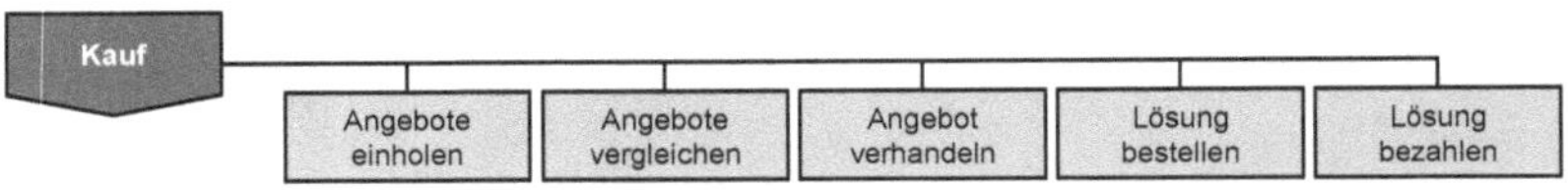

Abbildung 5-14 Funktionen der Phase *Kauf* (eigene Darstellung)

In der Funktion *Angebote einholen* fordert der Kunde von den Anbietern der Lösung eine genaue Leistungsbeschreibung inkl. der Kaufmodalitäten als Angebot an. Dies kann als konkrete Anfrage an potenzielle Lieferanten stattfinden, aber auch als öffentliche Ausschreibung (s. SCHUH U. GUO 2014, S. 18). Die Funktion ist beendet, wenn der Kunde eine ihn zufriedenstellende Anzahl an Angeboten erhalten hat.

Ähnlich der Konfiguration der Lösung kann auch beim Einholen von Angeboten eine allgemeine Anfrage für Angebote an den Markt gestellt werden, der sogenannte *Request for Quotation* (RFQ). Bei der Hüttentechnik GmbH wird dazu das Leistungsangebot aus dem RFP weiter detailliert, hauptsächlich bezüglich des Preises. Bei anderen Unternehmen, bei denen die Lösungen keine Einzelprojekte darstellen, läuft dieser Schritt standardisierter ab. Bei der Zulieferer GmbH erhält man etwa ein Angebot basierend auf der gewählten Konfiguration und für den Kunden hinterlegten Rabattstufen. Auch bei der Medizintechnik GmbH ist der Kundendienst in der Lage, ein Angebot basierend auf einigen wenigen Angaben zu stellen. Das Gleiche gilt auch bei der Automobil GmbH.

In der Funktion *Angebote vergleichen* vergleicht der Kunde die erhaltenen Angebote. Dafür findet zunächst eine formale Prüfung des Angebots auf Vollständigkeit und Eindeutigkeit statt (s. SCHUH U. GUO 2014, S. 19). Der konkrete Vergleich kann dann anhand verschiedener Vergleichsfaktoren wie Preis, Liefertermin, Qualität oder Service und unterschiedlicher Bewertungsverfahren erfolgen (s. SCHUH U. GUO 2014, S. 19). Die Funktion ist beendet, wenn der Kunde sich für ein oder mehrere passende

Angebote entschieden hat und in eine konkrete Verhandlung mit dem jeweiligen Anbieter einsteigen möchte.

Bei dem Angebotsvergleich agieren die Kunden unabhängig von den untersuchten Fallstudienunternehmen. Generell findet der Vergleich aus zwei Betrachtungsperspektiven heraus statt. Zum einen ist dies der technische Vergleich. Hierbei bewerten Kunden, inwiefern die angebotene Lösung die technischen Anforderungen erfüllt. Zum anderen findet ein kaufmännischer Vergleich statt. Dabei wird bewertet, in welchem Rahmen die technische Lösung im Hinblick auf Preis, Lieferzeit, Finanzierung und anderes angeboten wird. Ein interessanter Aspekt in den Fallstudien war dabei die Vergleichbarkeit neuer Subskribtionsgeschäftsmodelle mit klassischen transaktionalen Einkäufen. Die Einkäufer haben feste Bewertungskriterien, um eine Objektivität in der Kaufentscheidung zu erreichen. Werden aber anstatt eines transaktionalen Produktverkaufs mit Serviceverträgen sämtliche Leistungsbestandteile als Gesamtlösung mit einem kontinuierlichen Zahlungsstrom verkauft, wird eine Vergleichbarkeit basierend auf bestehenden Kriterien erschwert. Entsprechend müssen produzierende Unternehmen, die solche neuen Geschäftsmodelle anbieten möchten, auf diese Funktion auf Seiten der Kunden einen besonderen Fokus legen, um diese auch einkaufbar zu machen.

In der Funktion *Angebote verhandeln* werden die genauen Vertragsmodalitäten und Leistungsinhalte zwischen Kunde und Anbieter verhandelt. Beide Parteien haben in der Regel einen gewissen Ermessensspielraum, was die genauen Leistungsinhalte des Angebotes angeht. Nur wenn sich diese Spielräume überlappen, kann es zu einem Übereinkommen kommen (s. BÜSCH 2013, S. 188). Die Funktion ist beendet, wenn der Kunde ein für sich zufriedenstellendes Angebot vorliegen hat, welches der Anbieter bereit ist, zu erfüllen.

Es zeigte sich in den Fallstudien, dass bei diesem Schritt typischerweise die höchsten Managementebenen im gesamten Prozess auf Kundenseite involviert sind. So verhandelt die Roboter GmbH typischerweise mit der Geschäftsführung und Produktionsleitung. Im Allgemeinen zeigte sich in den Fallstudien, dass bei der Verhandlung viel Kommunikation stattfindet und meist mehrere Personen sowohl auf Anbieter- als auch auf Kundenseite involviert sind. Dabei wurde auch von Interessenkonflikten zwischen dem Produktvertrieb und dem Kundendienst berichtet. Da der Großteil des Geldwertes einer Lösung dem Produkt zugeschrieben wird, werden vermeintlich kleinere Dienstleistungen gerne rabattiert oder kostenfrei angeboten, um den Kunden zum Kaufabschluss zu bringen. Dabei können im Kundendienst höhere Margen und fortlaufende Zahlungen erzielt werden.

In der Funktion *Lösung kaufen* erfolgen die Auswahl und der Kauf einer Lösung basierend auf den vorliegenden Angeboten. Mit dem Angebot äußert der Lieferant eine Willenserklärung zum Abschluss eines rechtlich bindenden Vertrags. Der Kunde kann sich dann für die Annahme eines Angebotes eines Lieferanten entscheiden. Mit der Annahme des Angebotes erfolgt die Vertragsschließung, die die vereinbarten Leistungsinhalte festlegt (s. BÜSCH 2013, S. 218). Dabei ist zu beachten, dass der

Vertragsabschluss nur von einer vertretungsberechtigten Person des Kunden vollzogen werden darf (s. SCHUH U. GUO 2014, S. 21). Die Funktion ist beendet, wenn mit der Vertragsschließung der Kauf getätigt wurde.

Bei der Zulieferer GmbH sind die Kunden in der Lage, die Lösung auch direkt über einen Online-Shop zu kaufen. Ein voriges Angebot entfällt damit, respektive wird dies über den Online-Shop den Kunden direkt angebracht. Dies ist allerdings nur für standardisierte oder einfach konfigurierbare Produkte möglich. Das Gleiche gilt auch bei der Automobil GmbH. Dies wäre beim Kauf reiner Produkte auch für die Heizung GmbH möglich. Da diese Produkte aber stets auch individueller Dienstleistungen für den Einbau bedürfen, ist hier ein vorhergehendes Angebot für die Gesamtlösung notwendig. Bei der Hüttentechnik GmbH und der Roboter GmbH erfolgt der Kauf mit der Annahme des Angebotes.

In der Funktion *Lösung bezahlen* bezahlt der Kunde den Anbieter gemäß den im Kaufvertrag vereinbarten Zahlungsmodalitäten. Neben dem Preis sind insbesondere Zahlungsfristen festgelegt (s. BÜSCH 2013, S. 228). Diese Funktion ist beendet, wenn die Lösung vollständig bezahlt wurde.

Die Bezahlung erfolgt bei den Fallstudienunternehmen typischerweise auf Rechnung. Die genauen Modalitäten sind dabei im Angebot klar zu regeln. Vornehmlich spielen dabei Finanzierungsmodelle eine Rolle, bei denen Kunden nicht direkt den Gesamtbetrag zu entrichten haben, sondern über einen längeren Zeitraum Teilzahlungen entrichten. Bei den zuvor genannten subskriptionsbasierten Geschäftsmodellen können für die Gesamtlösung auch zyklische Zahlungen, basierend auf Faktoren wie der Nutzungsdauer, der erbrachten Leistungen, aber auch Kostenersparnissen, erfolgen.

Loyalität

Die Phase *Loyalität* beinhaltet die Funktionen *Mitarbeiter qualifizieren*, *Erfahrung bewerten*, *Vertrauen aufbauen* und *Leistung expandieren* (siehe Abbildung 5-15).

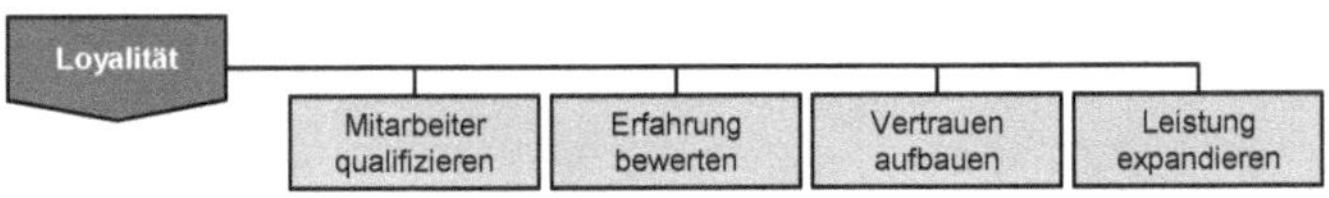

Abbildung 5-15 Funktionen der Phase *Loyalität* (eigene Darstellung)

In der Funktion *Mitarbeiter qualifizieren* werden Mitarbeiter des Kunden im Umgang mit dem Produkt und anderen Bestandteilen der Lösung qualifiziert. Dies steigert die Loyalität der Kunden, da diese mehr Nutzen aus dem Produkt ziehen können und daher zufriedener mit diesem sind und weiterhin Wechselkosten für Kunden entstehen, da sie bei einem Anbieterwechsel auf ein anderes Produkt neu angelernt werden müssten (s. RETANA ET AL. 2016, S. 43). Die Funktion ist beendet, wenn eine Qualifikationsmaßnahme für Mitarbeiter des Kunden durchgeführt wurde.

Bei der Verpackung GmbH wird der Trainingsbedarf über spezielle Tests für Nutzer des Produktes ermittelt. Darauf basierend kann dann ein individuelles Trainingsprogramm festgelegt werden. Die Heizung GmbH schult neben den direkten Nutzern der

Lösungen auch das Management der Heizungsinstallateure. Fortbildungen werden so etwa zur Nachfolgeregelung angeboten, was eine große Herausforderung im Handwerk darstellt. Bei der Medizintechnik GmbH ist die Erlangung von zertifizierten Qualifikationen von großer Bedeutung für den Kunden. Um die Patientensicherheit zu gewährleisten, sind nämlich für bestimmte Tätigkeiten am Produkt nur zertifizierte Fachkräfte zugelassen. Bei allen Fallstudien war die Digitalisierung des Lehrangebots Thema. Diese reicht von Learning-on-the-Job durch den Einsatz von Augmented Reality bei der Roboter GmbH bis zu einfach verfügbaren Trainingsvideos bei der Zulieferer GmbH.

In der Funktion *Erfahrung bewerten* drückt der Kunde seine Erfahrung mit der Lösung und dem Anbieter aus. Diese Information kann direkt durch den Anbieter eingefordert werden. In Umfragen des Anbieters können so Kunden ihre bisherigen Erfahrungen mit den Leistungen des Anbieters diesem mitteilen. Über die Auswertung der Nutzung von Leistungen lassen sich weiterhin Rückschlüsse auf die Zufriedenheit des Kunden ziehen, womit dieser indirekt über die Nutzung ebenfalls eine Bewertung vollzieht (s. VANNETTE ET AL. 2018, S. 15). Unabhängig vom Anbieter können Kunden aber auch ihre Erfahrung an Dritte mitteilen. Über Mundpropaganda können Individuen im direkten Kontakt ihre Erfahrung mit einer Lösung austauschen (s. LACEY U. MORGAN 2008, S. 5). Die Funktion ist beendet, wenn der Kunde die Erfahrung mit dem Anbieter und der Lösung bewertet hat.

Die Bewertung spielt eine wichtige Rolle für die in den Fallstudien untersuchten Unternehmen. Die Automobil GmbH besitzt ein ausführliches Beschwerdemanagement und führt Zufriedenheitsumfragen nach der Inanspruchnahme verschiedener Leistungsbestandteile und Interaktionen durch, wie z. B. die Einkaufserfahrung, die Produktbewertung und auch nach Serviceeinsätzen. Das Beschwerdemanagement ist bei der Medizintechnik GmbH von enormer Wichtigkeit. Gesetzliche Richtlinien verlangen die genaue Beobachtung von Medizintechnik in der Anwendung, um potenziell für den Patienten schädliche Fehler frühzeitig erkennen und beheben zu können. Dafür beobachtet die Medizintechnik GmbH beispielsweise auch Diskussionen in Online-Foren. Die Roboter GmbH nutzt zur Quantifizierung der Kundenzufriedenheit den Net-Promoter-Score, der die Weiterempfehlungsrate misst. So können Veränderungen in der Zufriedenheit konkret beziffert werden. Die Zulieferer GmbH hat in ihrem digitalen Leistungsangebot direkte Möglichkeiten für Kundenfeedback und -umfragen platziert. So kann unmittelbar die Meinung des Kunden erfasst werden und die Notwendigkeit groß angelegter und damit auch teurer Kundenbefragungen entfällt.

In der Funktion *Vertrauen aufbauen* baut der Kunde eine Vertrauensbeziehung zum Anbieter auf. Dies kann dezidiert für ausgewählte Kunden durch Teilnahme an Loyalitätsprogrammen erfolgen. Dabei können Kunden z. B. über gesammelte Punkte oder die Zugehörigkeit zu einer Loyalitätsstufe gewisse Boni erhalten (s. MAGATEF U. TOMALIEH 2015, S. 80). Ansonsten bieten Unternehmen für potenzielle Kunden und Bestandskunden auch verschiedene unverbindliche Leistungen an, die die Kunden an das Unternehmen binden sollen (s. LOSTAKOVA U. PECINOVA 2014, S. 568–569). Möglich sind etwa Einladungen zu Sportveranstaltungen, die vom Anbieter gesponsert werden (s. BALLIAUW ET AL. 2020, S. 71). Die Funktion ist beendet, wenn eine Aktivität zum Vertrauensaufbau zwischen Anbieter und Kunde abgeschlossen ist.

Besonders aktiv bei der Vertrauensbildung ist die Roboter GmbH. Diese bietet zunächst ein Rabattprogramm abhängig von der Kundenart und dem Umsatz oder auch der Größe des Unternehmens. Weiterhin werden Kunden zu Veranstaltungen in Niederlassungen oder auch auf Messen eingeladen. Des Weiteren besteht die Möglichkeit, besonders gute Kunden zu Sportveranstaltungen einzuladen. Bei allen Fallstudien bestand dabei stets die Gefahr, in den Tatbestand der Bestechung zu fallen, wenn vertrauensbildende Maßnahmen über Rabattprogramme hinausgingn. Daher sollten Personen auf Kundenseite keine persönlichen Vorteile durch die Annahme eines Kaufangebotes erhalten.

In der Funktion *Leistung expandieren* nimmt der Kunde weitere Leistungen des Anbieters wahr. Zum einen kann dies die Erneuerung der aktuell genutzten Lösung nach deren Lebensende sein. Mit dem Anbieter zufriedene Kunden wählen dabei für den Kauf der nachfolgenden Lösung wahrscheinlicher wieder denselben Anbieter (s. GUO U. WANG 2015, S. 187). Zum anderen kann der Leistungsumfang durch Up- und Cross-Selling gesteigert werden. Beim Up-Selling werden dabei zusätzliche Erweiterungen für die Lösung oder ein höherwertiges Produkt erworben (s. MALMS U. SCHMITZ 2008, S. 31). Beim Cross-Selling werden Leistungen aus der Sparte der genutzten Lösung wie ergänzende Produkte oder Beratungsdienstleistungen erworben, aber auch der Erwerb von Leistungen aus anderen Sparten des Produktanbieters wird darunter verstanden (s. MALMS U. SCHMITZ 2008, S. 32).

Da über die Leistungsexpansion neue Umsätze mit Kunden erzielt werden können, ist dieser Punkt von großer Bedeutung für die Fallstudienunternehmen. Die Zulieferer GmbH bietet von der digitalen Lösung und den verkauften Produkten heraus direkt auch Betriebsstoffe für den Kunden an. Bei der Roboter GmbH werden neben zusätzlicher Software zur Programmierung der Produkte vordergründig Lösungen aus anderen Produktesparten im Sinne einer Leistungsexpansion angeboten. Ähnlich wie die Zulieferer GmbH bietet auch die Medizintechnik GmbH Betriebsmittel für das Betreiben des Produktes an. Ebenso werden Gerätschaften zur Optimierung der Nutzung vorgelagerter Prozessschritte angeboten. Die Automobil GmbH spricht Kunden aktiv mit neuen Angeboten an, deren Nutzungsverträge vor einem Ablauf stehen. Auch können spezielle Angebote gerade für produktbegleitende Dienstleistungen platziert werden.

Inbetriebnahme

Die Phase *Inbetriebnahme* beinhaltet die Funktionen *Produkt beim Anbieter prüfen*, *Produkt erhalten*, *Produkt installieren*, *Produkt vor Ort prüfen* und *Betrieb starten* (siehe Abbildung 5-16).

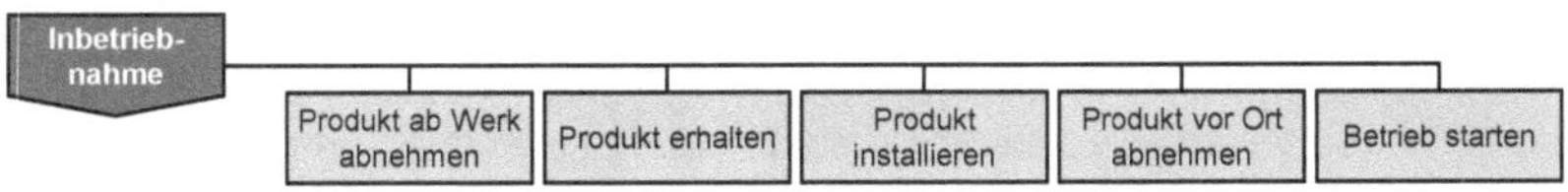

Abbildung 5-16 Funktionen der Phase *Inbetriebnahme* (eigene Darstellung)

In der Funktion *Produkt ab Werk abnehmen* erfolgt eine Prüfung des fertig produzierten Produktes oder auch die Produktion an sich beim Anbieter. In der Industrie ist für diese Funktion der Werksabnahme auch der englische Begriff *Factory Acceptance Test* (FAT) üblich[1]. Die Funktion ist beendet, wenn der Kunde mit dem hergestellten Produkt zufrieden ist und eine Lieferfreigabe erteilt.

Bei den untersuchten Fallstudienunternehmen war die Durchführung eines FATs nur bei der Hüttentechnik GmbH von Bedeutung. Dabei können sich die Kunden im Werk von der Qualität der produzierten Anlagenbestandteile überzeugen.

In der Funktion *Produkt erhalten* bekommt der Kunde das Produkt geliefert. Die Lieferbedingungen sind dabei schon mit Vertragsabschluss festgelegt worden (s. BÜSCH 2013, S. 229). Die Funktion ist beendet, wenn der Kunde das Produkt vollständig erhalten hat und es sich an seinem späteren Nutzungsort vorfindet.

Die Arten der Produktlieferungen in den Fallstudien waren divers. Bei der Automobil GmbH findet üblicherweise keine Lieferung an eine Lieferadresse des Kunden statt, sondern der Kunde holt das Produkt bei einem Händler des Unternehmens ab. Die Produktlieferung erfolgt bei der Heizung GmbH ebenfalls über Händler. Diese bekommen das Produkt vom Produzenten geliefert und Techniker transportieren es dann für die Montage zum Endkunden. Die Zulieferer GmbH ist in der Lage, ihre Produkte per Paketdienst ihren Kunden zukommen zu lassen. Die Roboter GmbH und Medizintechnik GmbH sind hierbei auf Speditionen angewiesen, da ihre Produkte ein größeres Volumen und Gewicht haben. Die Produkte der Verpackung GmbH und Hüttentechnik GmbH müssen ebenfalls mit Speditionen geliefert werden, wobei dies in mehreren Lieferungen erfolgt. Dies ist notwendig, da die großen Anlagen nicht in einem Stück, sondern nur in Modulen transportiert werden können.

In der Funktion *Produkt installieren* erfolgt der Aufbau des Produktes am zukünftigen Einsatzort. Wurde das Produkt aus technischen Gründen in einzelnen Komponenten aufgeteilt geliefert, muss zunächst die Montage der Komponenten erfolgen (s. BOLLHÖFER ET AL. 2015, S. 528). Ist das Produkt Teil eines Systems, muss weiterhin eine Einbindung in das System stattfinden (s. BOLLHÖFER ET AL. 2015, S. 528). Die Funktion ist beendet, wenn die theoretische Funktionsfähigkeit des Produktes hergestellt wurde.

Mit der Installation des Produktes greift die zuvor eingekaufte Lösung als Leistungsangebot des Produzenten. Gerade komplexere Produkte bedürfen einer fachkundigen Montage und entsprechend ist die Installation bei der Verpackung GmbH und der Hüttentechnik GmbH üblicherweise inkludiert. Bei der Medizintechnik GmbH verlangt die Gesetzgebung aufgrund der Kritikalität des Produktes die Installation durch einen zertifizierten Techniker. Bei der Roboter GmbH kann dieser Schritt teilweise auch von den Kunden eigenständig durchgeführt werden, wenn entsprechende Fachkräfte dort im

[1] Vgl. TÜV Rheinland, https://www.tuv.com/germany/de/werksabnahme-(fat).html

Unternehmen vorhanden sind. Die Zulieferer GmbH begleitet die Kunden im Rahmen der Installation primär bei der Initiierung der digitalen Komponenten des Lösungsangebots.

In der Funktion *Produkt vor Ort abnehmen* werden der ordnungsgemäße Aufbau und die Leistungsfähigkeit des Produktes überprüft. Dabei wird getestet, ob die Installation komplett und richtig erfolgt ist, angrenzende Systeme korrekt angeschlossen wurden und die Funktionalität des Produktes den Anforderungen entspricht (s. URBAS U. KRAUSE 2014, S. 15). Die Abnahme bestätigt der Kunde dem Anbieter (s. BOLLHÖFER ET AL. 2015, S. 527). Die Funktion ist beendet, wenn das Produkt vollständig abgenommen wurde.

Die Abnahme vor Ort ist wie der gesamte Inbetriebnahmeprozess gerade bei größeren Anlagen mit einem höheren Aufwand verbunden. Die Verpackung GmbH führt dazu Leistungstests durch, um die korrekte Installation der Anlage zu prüfen. Die Hüttentechnik GmbH bestätigt dem Kunden die Funktionsfähigkeit dafür mit einem Zertifikat. Die Zulieferer GmbH kann im Rahmen des angebotenen SPSS über die Sensorik digital erfassen, ob alles korrekt installiert wurde und die Lösung einsatzfähig ist. Bei der Medizintechnik GmbH sind in diesem Schritt noch Kalibrierungsarbeiten notwendig, um die optimalen Einstellungen für den gewünschten Einsatzzweck festzulegen. Für Kunden der Automobil GmbH liegt in diesem Schritt nicht der Fokus auf der technischen Prüfung des Produktes, sondern vielmehr auf dem Sich-vertraut-Machen mit der Bedienung des Produktes.

In der Funktion *Betrieb starten* erfolgt die Vorbereitung der serienmäßigen Nutzung des Produktes. Dies kann die Bestimmung von Eigenschaften des Produktes und der dafür passenden Einstellung der Steuerung sein (s. BOLLHÖFER ET AL. 2015, S. 528). Diese Konfiguration des Produktes können Intelligente und vernetzte Produkte auch selbstständig vornehmen (s. BOLLHÖFER ET AL. 2015, S. 532). Die Funktion ist beendet, wenn das Produkt nachgewiesenermaßen seinen Nutzungszweck vollumfänglich erbringen kann.

Der Schritt des Betriebsstartes ist bei allen untersuchten Fallstudien ähnlich gelagert. Hierbei wird das Produkt vom Kunden erstmals produktiv genutzt. Dabei kann wie im Falle der Automobil GmbH oder der Verpackung GmbH noch eine Begleitung durch den Anbieter erfolgen oder es erfolgt eine dokumentierte Übergabe und der Kunde führt diese Funktion selbstständig durch.

Betrieb

Die Phase *Betrieb* beinhaltet die Funktionen *Produkt betreiben*, *Produktnutzung optimieren* und *Produkt überwachen* (siehe Abbildung 5-17).

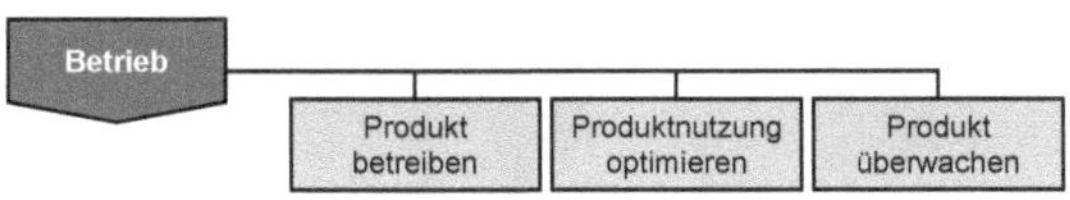

Abbildung 5-17 Funktionen der Phase *Betrieb* (eigene Darstellung)

In der Funktion *Produkt nutzen* wird das Produkt zweckgemäß genutzt. Neben dem funktionalen Zweck kann das Produkt auch einen sozialen, emotionalen, wissensbezogenen oder umstandsbedingten Wert erbringen (s. SHETH ET AL. 1991, S. 160). Die Funktion ist beendet, wenn das Produkt dem Kunden keinen Nutzen mehr bringt.

Die Produktnutzung ist die am längsten andauernde Funktion der Kundeninteraktionen und dauert im Normalfall bei den untersuchten Fallstudienunternehmen mehrere Jahre bis Jahrzehnte. Die Produktnutzung dient direkt der Erfüllung der Kundenbedürfnisse, für die die Lösung beschafft wurde. Die anonymisierten Namen der Fallstudienunternehmen geben hier einen direkten Hinweis darauf, welchen Nutzen die Produkte der Unternehmen für Kunden erzeugen. Die Produkte der Automobil GmbH sind Automobile für die Mobilität von Menschen, die Roboter GmbH bietet Roboter für automatisierte Tätigkeiten. Hier kann über digitale Produkte die Benutzerfreundlichkeit erhöht werden. Um die Verfügbarkeit des Produktes zu gewährleisten, bieten produzierende Unternehmen eine Vielzahl produktbegleitender Leistungen im Rahmen der Lösung an, die in den Funktionen der Produktoptimierung und -überwachung sowie in der Phase Instandhaltung erbracht werden.

In der Funktion *Produktnutzung optimieren* werden Maßnahmen umgesetzt, um den Betrieb des Produktes zu optimieren. Die Optimierung bezeichnet dabei das Finden optimaler Betriebsparameter, um ein gewünschtes Ergebnis zu erreichen. Gesammelte Daten und Erkenntnisse können für diese Optimierung des Wertschöpfungsprozesses genutzt werden (s. HERTERICH ET AL. 2015, S. 672). Die Funktion ist beendet, wenn die durch die Optimierung angestrebten Ergebnisse erzielt wurden.

Bei der Produktnutzungsoptimierung bringen die Fallstudienunternehmen ihre Expertise in der Anwendung ihres Produktes ein, um Prozesse auf Kundenseite zu optimieren. Die Roboter GmbH kann basierend auf Nutzungsdaten Betriebsparameter für das Produkt aufzeigen, mit dem sich die Wahrscheinlichkeit einer langen Lebensdauer erhöhen lässt. Auch die Heizung GmbH geht in dieser Weise vor und verwendet Daten über die tatsächliche Nutzung, um Prozessparameter anzupassen, um so einen effizienten Energieverbrauch zu erreichen. Die Verpackung GmbH bietet in diesem Rahmen auch allgemeine Beratungen für Kunden an, damit diese den größtmöglichen Nutzen aus dem Produkt ziehen können und ist darüber hinaus im regelmäßigen Austausch mit dem Kunden, um eine fortlaufende Verbesserung erzielen zu können.

In der Funktion *Produkt überwachen* finden Aktivitäten statt, die die Erfassung des Produktzustandes beinhalten. Für die fortlaufende Überwachung des Produktes hat sich dabei der englische Begriff *Condition Monitoring* etabliert. Durch die Aufnahme von Daten über Sensoren kann jederzeit der Zustand des Produktes bestimmt werden. Dies erlaubt eine bedarfsgerechte Planung von Instandhaltungsmaßnahmen, was wiederum zu einer höheren Verfügbarkeit des Produktes führt. Durch die Vermeidung ungeplanter Ausfälle werden auch die Kosten gesenkt (s. YANG ET AL. 2010, S. 269). Die Überwachung kann verschiedene Sensorik, z. B. zur Messung von Vibrationen, Geräuschen oder des Materialzustandes, nutzen (s. GARCÍA MÁRQUEZ ET AL. 2012,

S. 171). Die Funktion ist beendet, wenn der Zustand des Produktes nicht mehr fortlaufend überwacht wird.

Für die Produktüberwachung verfügen sämtliche Unternehmen der Fallstudien über die Möglichkeit, über die vernetzten Produkte fortlaufend Daten zu erheben. Damit ist jederzeit der Zustand der Produkte in der Nutzung beim Kunden erfassbar. Unterschiede lassen sich im Set-up des Condition-Monitorings finden. Je größer die Stückzahl der Produkte und je kleiner der Preis, desto automatisierter findet die Überwachung statt. Die Zulieferer GmbH hat hierfür entsprechende Algorithmen erschaffen, um automatisiert den Zustand der Produkte zu erfassen und vor allem Abweichungen vom Normalzustand anzeigen zu können. Bei der Roboter GmbH werden zusätzlich Experten hinzugezogen, um genauere Aussagen, auch basierend auf Erfahrungswissen, tätigen zu können. Des Weiteren sind wichtige Punkte bei dieser Funktion der Zugang zu den Daten und die Datensicherheit. Grundsätzlich haben die Kunden immer Zugriff auf die von ihnen gekauften Produkte. Dies kann allerdings auch über lokale Server passieren, sodass ein Anbieter keinen Zugriff auf die Daten hat.

Instandhaltung

Die Phase *Instandhaltung* beinhaltet die Funktionen *Produkt warten*, *Produkt instand setzen*, *Produkt inspizieren* und *Produkt verbessern* (siehe Abbildung 5-18). Die in den Fallstudien erfassten Funktionen sind den vier grundsätzlichen Maßnahmen der Instandhaltung nach DIN 31051 zuzuordnen (s. DIN 2012, S. 4).

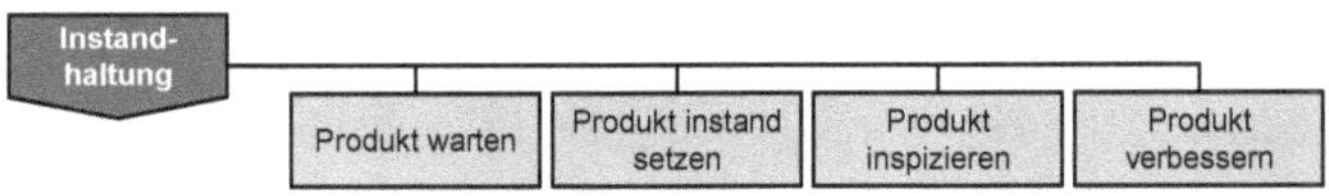

Abbildung 5-18 Funktionen der Phase *Instandhaltung* (eigene Darstellung)

In der Funktion *Produkt warten* erfolgen „Maßnahmen zur Verzögerung des Abbaus des vorhandenen Abnutzungsvorrats" (s. DIN 2012, S. 5). Funktion *Produkt warten* ist beendet, wenn die Wartungsarbeiten abgeschlossen sind.

Die Wartung ist die häufigste Funktion innerhalb der Instandhaltung und wird bei den untersuchten Fallstudien in der Regel in festen zeit- oder nutzungsabhängigen Intervallen getätigt. Eine zustandsabhängige Wartung ist nicht verbreitet. Allerdings ermöglichen Unternehmen wie die Heizung GmbH die Vergrößerung des Wartungsintervalls, wenn das Produkt vernetzt ist. Größte Herausforderung bei der Wartung ist die Koordination mit dem Kunden und dessen Bereitschaft, auch eine Wartung durchführen zu lassen. Die Wartung zwingt den Kunden, die Produktnutzung auszusetzen und adressiert keine direkten Probleme. Da dies die langfristige Funktionsfähigkeit gefährdet, setzen die Fallstudienunternehmen die Wartung für Garantien und Serviceverträge voraus.

In der Funktion *Produkt inspizieren* erfolgen „Maßnahmen zur Feststellung und Beurteilung des Istzustandes einer Einheit, einschließlich der Bestimmung der Ursachen der Abnutzung und dem Ableiten der notwendigen Konsequenzen für eine künftige

Nutzung" (s. DIN 2012, S. 5). Im Gegensatz zur Funktion *Produkt überwachen* erfolgt dieser Schritt direkt am Produkt, unabhängig vom Betriebsstatus. Die Funktion ist beendet, wenn die Inspektion abgeschlossen ist.

Da bei der Inspektion nicht am technischen System gearbeitet wird, ist der Kunde oft selbst bei dieser Funktion tätig. Typisches Beispiel bei der Automobil GmbH wäre die Überwachung des Ölfüllstandes durch den Nutzer des Produktes. Die Heizung GmbH bietet hierfür Anleitungen für den Endkunden an, damit diese die Heizungen selbstständig inspizieren können. Während bei der Verpackung GmbH eine Inspektion nur im Abstand mehrerer Wochen stattfindet, ist diese bei der Medizintechnik vor jedem Einsatz des Produktes durchzuführen, um eine Gefährdung des Patienten auszuschließen.

In der Funktion *Produkt instand setzen* erfolgen „physische Maßnahme[n], die ausgeführt [werden], um die Funktion einer fehlerhaften Einheit wiederherzustellen" (s. DIN 2012, S. 6). Die Funktion ist beendet, wenn die Funktionsfähigkeit des Produktes wiederhergestellt wurde.

Die Instandsetzung ist für Kunden der Fallstudienunternehmen besonders kritisch, da damit ein Stopp der Produktnutzung einhergeht, was unter Umständen große Kosten verursacht. Entsprechend sind alle Unternehmen daran interessiert, ihre Kunden hier bestmöglich zu unterstützen. Dafür werden auch die Möglichkeiten der SPSS genutzt. So kann die Heizung GmbH elektronische Fehler auch über einen Fernzugriff beheben, in dem fehlerhafte Einstellungen korrigiert werden und ein Neustart des Systems ausgelöst wird. Die Reaktionsgeschwindigkeit bei einer notwendigen Reparatur ist auch ein wesentlicher Teil der Gesamtlösung, die die untersuchten Unternehmen den Kunden beim Kauf des Produktes als Leistungsbestandteil anbieten.

In der Funktion *Produkt verbessern* erfolgen eine „Kombination aller technischen und administrativen Maßnahmen sowie Maßnahmen des Managements zur Steigerung der Zuverlässigkeit und/oder Instandhaltbarkeit und/oder Sicherheit einer Einheit, ohne ihre ursprüngliche Funktion zu ändern" (s. DIN 2012, S. 6). Im Gegensatz zur Funktion *Produkt optimieren* findet die Verbesserung durch aktive physische Veränderung des Produktes statt. Die Funktion ist beendet, wenn das Produkt verbessert wurde.

Bei der Roboter GmbH besteht im Rahmen der Produktverbesserung die Möglichkeit, einzelne Komponenten zu ersetzen. Durch die Langlebigkeit des Produktes kann dies notwendig werden, wenn diese Komponenten nicht mehr den aktuellen Stand der Technik erfüllen. Da die großen Anlagen der Verpackung GmbH und der Hüttentechnik GmbH modular aufgebaut sind, sind auch hier technische Upgrades möglich. Die Produkte der Zulieferer GmbH sind dagegen nicht modifizierbar. Ist das Produkt veraltet, muss es durch eine neue Version ersetzt werden.

Außerbetriebnahme

Die Phase der *Außerbetriebnahme* beinhaltet die Funktionen *Produkt stilllegen*, *Produkt demontieren* und *Produkt entsorgen* (siehe Abbildung 5-19).

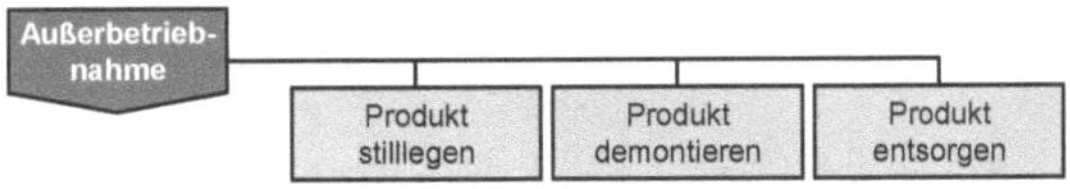

Abbildung 5-19 Funktionen der Phase *Außerbetriebnahme* (eigene Darstellung)

In der Funktion *Produkt stilllegen* wird die Funktion der Anlage unbefristet eingestellt. Betriebliche Tätigkeiten enden damit, womit das Produkt seinen Zweck nicht mehr erfüllen kann (s. STEVEN U. WICHERT 2018). Die Funktion ist beendet, wenn betriebliche Tätigkeiten des Produktes eingestellt wurden.

Das Stilllegen eines Produktes ist schwer zu erfassen für die Fallstudienunternehmen, da Kunden hier keine Meldepflicht haben. Da dies aber eine wichtige Information darstellt, um den Gesamtbestand der Produkte im Feld, also in der aktiven Nutzung des Kunden, und mögliche Gründe für den Nutzungsstopp zu erfassen, ist die Roboter GmbH darum bemüht, eine Mitteilung über den Vorgang von ihren Kunden zu erhalten. Von einem aktiven Eingreifen seitens der Anbieter bei der Stilllegung wurde nicht berichtet.

In der Funktion *Produkt demontieren* erfolgt der Rückbau des Produktes. Die Demontage bezeichnet die Teilung eines Produktes in einzelne Komponenten (s. SELIGER 2014, S. 1461). Dies kann zum einen erfolgen, um Instandhaltungsmaßnahmen zu ermöglichen, die am komplett montierten Produkt nicht möglich sind (s. SELIGER 2014, S. 1463). Zum anderen kann die Demontage auch erfolgen, um die Entsorgung des Produktes zu vereinfachen (s. SELIGER 2014, S. 1463). Die Funktion ist beendet, wenn das Produkt hinreichend demontiert wurde.

Die Demontage kann bei der Zulieferer GmbH selbstständig durchführt werden, da es sich hier lediglich um eine Komponente handelt. Die Hüttentechnik GmbH bietet hier für die komplexen Anlagen eine Unterstützung an, besonders wenn dies als Vorarbeit für die Montage einer neuen Anlage geschieht.

In der Funktion *Produkt entsorgen* erfolgt die Entsorgung des Produktes. Neben einer endgültigen Beseitigung des Produktes können Komponenten auch zur Wiederverwendung aufbereitet werden oder im Produkt enthaltene Werkstoffe verwertet werden (s. SELIGER 2014, S. 1464). Die Funktion ist beendet, wenn das Produkt vollständig entsorgt wurde.

Anstatt das Produkt endgültig zu entsorgen, bieten die Verpackung GmbH und die Roboter GmbH auch ein Refurbishment, also eine Aufbereitung der Produkte, an, um diese entweder an den Kunden zurückzugeben oder auch für den Verkauf an den Markt. Die Roboter GmbH bietet in speziellen Fällen auch ein Rückkauf des Produktes an. Dies soll verhindern, dass ein Refurbishment durch nicht ausreichend qualifizierte Dritte erfolgt, da dies bei Fehlern auf die Roboter GmbH zurückfallen könnte.

Übersicht

Im Rahmen der durchgeführten Fallstudien konnten für die acht Phasen der Customer-Journey insgesamt 29 Funktionen identifiziert werden (siehe Abbildung 5-20), auch wenn die in den Unternehmen aufgenommenen Funktionen sich aufgrund der Diversität der Branchen und Produkte stark voneinander unterscheiden.

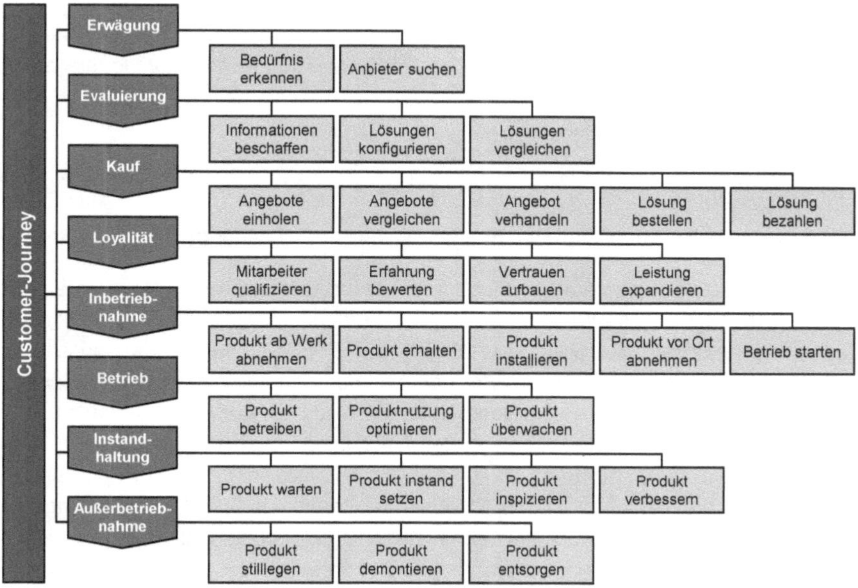

Abbildung 5-20 Überblick über die den acht Phasen zugeordneten Funktionen im Rahmen der Customer-Journey (eigene Darstellung)

5.3.2 Organigramm der am Prozess beteiligten Rollen

Im folgenden Kapitel werden die an der Customer-Journey beteiligten Rollen vorgestellt. Wie in Kapitel 5.2.3 beschrieben, stellen Rollen dabei nicht zwangsläufig natürliche Personen dar. Vielmehr werden Verantwortlichkeiten beschrieben, die seitens der Organisation auf Kunden- und Anbieterseite für die Customer-Journey relevant sind und im Rahmen der Fallstudien identifiziert wurden. Die tatsächlich in einem Unternehmen verantwortlichen Stellen können dabei in der Bezeichnung von denen in der folgenden Erläuterung abweichen.

Eingangslogistik

Die Kategorie *Eingangslogistik* beinhaltet die Rolle *Lager* (siehe Abbildung 5-21).

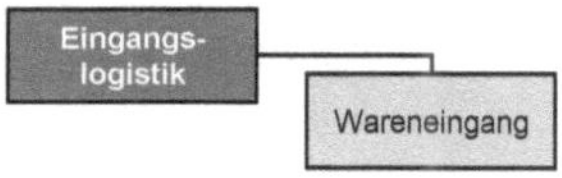

Abbildung 5-21 Rollen in der Kategorie *Eingangslogistik* (eigene Darstellung)

Die Rolle Wareneingang ist verantwortlich für in ein Unternehmen eingehende Waren. Dazu zählt die Inspektion der Ware und deren Distribution zum Ort der Nutzungskontrolle (s. Lee et al. 2018, S. 2760). Diese Rolle ist nur auf Kundenseite an der

Customer-Journey beteiligt. In den Fallstudien wurde diesbezüglich die Warenannahme als primärer Kontaktpunkt genannt.

Betrieb

Die Kategorie *Betrieb* beinhaltet die Rollen *Produktion* und *Instandhaltung* (siehe Abbildung 5-22).

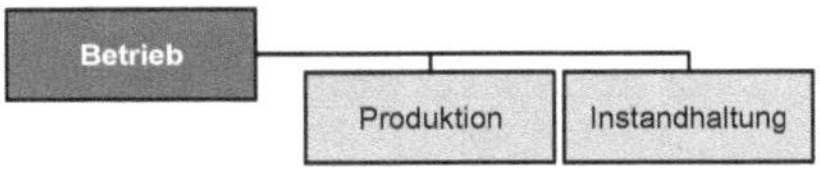

Abbildung 5-22 Rollen in der Kategorie *Betrieb* (eigene Darstellung)

Die Rolle *Produktion* ist verantwortlich für den Gebrauch des Produktes. Gemäß der Funktion des Produktes wird durch Erzeugung, Fertigung oder Herstellung ein konkreter Nutzen produziert (s. VOIGT ET AL. 2018b). Diese Rolle ist nur auf Kundenseite an der Customer-Journey beteiligt. Je nach angebotenem Produkt kann diese Rolle weiter aufgeteilt werden, da mehrere Personen mit verschiedenen Aufgaben an der Nutzung des Produktes beteiligt sein können. In den Fallstudien hat sich gezeigt, dass gerade bei der Bedienung von größeren Maschinen und Anlagen neben dem direkten Bediener noch weitere Personen bei der Planung der Produktion und der Einstellung des Produktes involviert sind. Auch bei den untersuchten Fallstudienunternehmen mit Privatpersonen als Kunden kann diese Aufteilung eintreten. Es ist etwa bei der Heizung GmbH möglich, dass eine Person im Haushalt für die grundsätzliche Einstellung der Heizkurve der Heizungsanlage zuständig ist und eine andere Person über die Einstellung der Zimmertemperaturen über ein Thermostat die konkrete Nutzung steuert.

Die Rolle *Instandhaltung* ist verantwortlich für die Instandhaltung des Produktes. Innerhalb des Unternehmens ist diese Rolle für die Aufrechterhaltung der Funktionsfähigkeit des Produktes zuständig. Dies schließt sowohl vorbeugende als auch reaktive Maßnahmen ein (s. VOIGT 2018b). Diese Rolle ist nur auf Kundenseite an der Customer-Journey beteiligt. Waren in den untersuchten Fallstudienunternehmen die Kunden selbst Unternehmen, so gliederte sich die Rolle in einen Instandhaltungsmanager und -techniker. Diese Rollen sind je nach Qualifikation in der Lage, auch komplexe Instandhaltungsaktivitäten durchzuführen. Bei der Heizung GmbH und der Automobil GmbH, die Privatpersonen als Kunden haben, wie auch teilweise bei der Medizintechnik GmbH werden einfache Instandhaltungsaufgaben wie Inspektionen selbst vom Kunden durchgeführt. Bei komplexeren Tätigkeiten muss dann entweder eine Beauftragung von spezialisierten Dienstleistern erfolgen oder das produzierende Unternehmen als Anbieter des Produktes kommt zum Einsatz.

Ausgangslogistik

Die Kategorie *Ausgangslogistik* beinhaltet seitens des Anbieters die Rolle *Warenausgang* (siehe Abbildung 5-23).

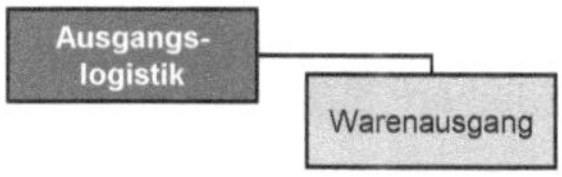

Abbildung 5-23 Rollen in der Kategorie *Ausgangslogistik* (eigene Darstellung)

Die Rolle *Warenausgang* ist verantwortlich für den Versand eines Produktes. Dazu zählen die Entnahme der Waren und deren Lieferung zum Kunden (s. WISCHERMANN 2018). Diese Rolle ist nur auf Anbieterseite an der Customer-Journey beteiligt. In den Fallstudien zeigte sich, dass für die Lieferung meist externe Dienstleister wie Speditionen oder Paketdienste eingebunden werden. Eine Ausnahme ist die Automobil GmbH. Da diese mobile Produkte produziert, holen die Kunden ihre Produkte vornehmlich bei der Automobil GmbH oder einem assoziierten Händler selbst ab.

Marketing und Vertrieb

Die Kategorie *Marketing und Vertrieb* beinhaltet seitens des Anbieters die Rollen *Vertriebsaußendienst*, *Vertriebsinnendienst* und *Marketing* (siehe Abbildung 5-24).

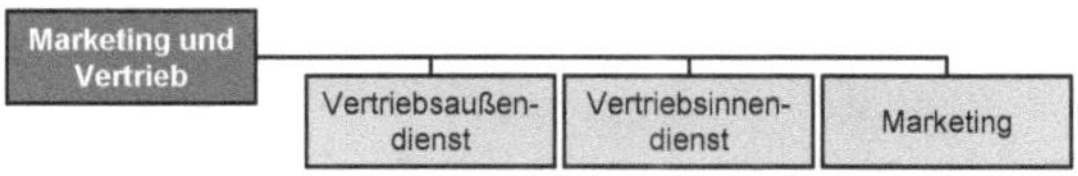

Abbildung 5-24 Rollen in der Kategorie *Marketing und Vertrieb* (eigene Darstellung)

Die Rolle *Vertriebsaußendienst* ist verantwortlich für die Akquise neuer Kunden oder die Betreuung bestehender Kunden. Kennzeichnend für den Vertriebsaußendienst ist dabei der persönliche Kontakt zum Kunden (s. HOMBURG 2017, S. 866). Diese Rolle ist nur auf Anbieterseite an der Customer-Journey beteiligt. Im Rahmen der Fallstudien zeigten sich hier verschiedene Kriterien, über die diese Rolle weiter differenziert werden kann, und die damit einhergehende Vielfältigkeit. Neben Key-Account-Managern, die nur für einzelne Kunden zuständig sind, wurden auch für ganze Regionen zuständige Vertriebsmitarbeiter genannt. Bei der Verpackung GmbH können je nach Verkaufsfokus der Rolle auch zusätzlich ein Servicevertrieb und ein Projektvertrieb genannt werden.

Die Rolle *Vertriebsinnendienst* ist verantwortlich für die Unterstützung des Vertriebsaußendienstes. Administrativ unterstützt der Vertriebsinnendienst dabei durch die Abwicklung von eingehenden Aufträgen, kann aber auch selbst im Akquise-Prozess zum Beispiel bei der Angebotserstellung tätig sein (s. HOMBURG 2017, S. 867). Diese Rolle ist nur auf Anbieterseite an der Customer-Journey beteiligt. Bei der Heizung GmbH ist diese Rolle aktiv bei der Beratung von Endkunden tätig, ohne aber selbst Verkäufe zu tätigen, da diese bei Endkunden über Handelspartner erfolgen.

Die Rolle *Marketing* ist verantwortlich für die Kommunikation des Unternehmens zum Kunden hin. Auch wenn klassischerweise das Marketing weitere Aufgaben wie die Leistungs-, Preis- und Distributionspolitik beinhaltet, ist für die direkte Kundeninteraktion nur der Kommunikationsaspekt relevant (s. MEFFERT ET AL. 2019, S. 20). Diese Rolle ist nur auf Anbieterseite an der Customer-Journey beteiligt. In den

Fallstudienunternehmen zeigte sich der konkrete Kontakt des Marketings mit Kunden vorwiegend in den Sozialen Medien, da diese aktiv zur Kommunikation genutzt werden, mit dem Ziel, die Kunden über neue Produkte und Services zu informieren und die Reputation der Marke zu erhöhen. Bei der Heizung GmbH werden für diese Aufgabe seitens des Marketings auch andere Abteilungen wie der Service und Vertriebsinnendienst hinzugezogen, um speziellere Fragen der Kunden beantworten zu können.

Kundendienst

Die Kategorie *Kundendienst* beinhaltet seitens des Anbieters die Rollen *Service-Techniker*, *Remote-Techniker*, *Disposition*, *Callcenter-Agent* und *Referent* (siehe Abbildung 5-25).

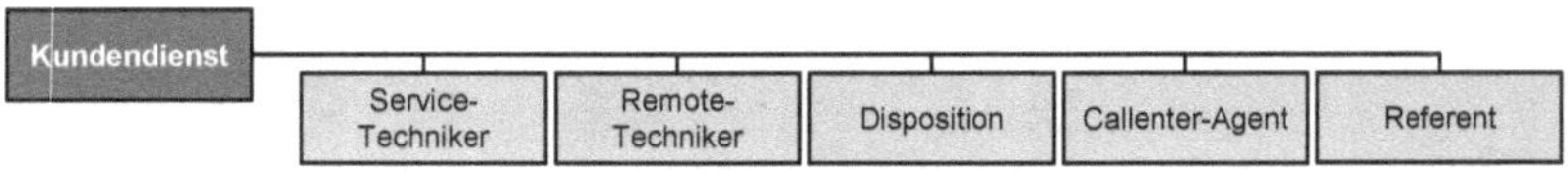

Abbildung 5-25 Rollen in der Kategorie *Kundendienst* (eigene Darstellung)

Die Rolle *Service-Techniker* ist verantwortlich für technische Arbeiten am Produkt. Dies beinhaltet damit über den Lebenszyklus des Produktes hinweg verschiedene Aufgabenbereiche wie die Inbetriebnahme und Reparatur (s. KOCH 2010, S. 54). Im Unterschied zur Rolle Instandhaltung ist der Servicetechniker als Teil des Kundendienstes nicht im eigenen Unternehmen tätig, sondern beim Kunden. Diese Rolle ist damit nur auf Anbieterseite an der Customer-Journey beteiligt. Ähnlich wie bei den Rollen im Marketing und Vertrieb ist auch hier bei den Anlagenbauern der Hüttentechnik GmbH und der Verpackung GmbH eine weitergehende Spezialisierung festzustellen. So existieren Servicetechniker, die nur für den Aufbau der Anlagen zuständig sind. Neben dem Servicetechniker zur Durchführung der Reparatur im Einzelfall kann bei der Verpackung GmbH ein Servicetechniker auch dauerhaft beim Kunden sein. Bei den anderen Fallstudienunternehmen ist diese Art der Spezialisierung nicht vorgekommen. Allerdings findet eine Differenzierung über die Expertise in bestimmten Leistungs- und Produktkategorien statt.

Die Rolle *Remote-Techniker* ist verantwortlich für eine Fernunterstützung der Instandhaltung oder für Remote-Arbeiten am Produkt sowie das Remote-Monitoring von Produkten. Die Tätigkeit ist damit im Wesentlichen durch eine räumliche Distanz zum Produkt gekennzeichnet. Diese Rolle ist nur auf Anbieterseite an der Customer-Journey beteiligt. Die Rolle des Remote-Technikers ist noch nicht bei allen untersuchten Fallstudienunternehmen vorhanden und stellt auch sonst noch eine Neuheit dar. Die Roboter GmbH hat für diese Rolle speziell ausgebildete Techniker, die in der Lage sind, Daten von SPSS zu analysieren und Handlungsoptionen abzuleiten. Die Verpackung GmbH und die Heizung GmbH haben für diese Rolle extra Abteilungen gegründet, deren Aufgabe die fortlaufende Überwachung der SPSS beim Kunden ist und die im Schadensfall auch eine Fernreparatur anstoßen können, wenn möglich.

Die Rolle *Disposition* ist verantwortlich für die Planung von Einsätzen der Techniker. Neben der Initialisierung eines Auftrags durch die Zuweisung eines Technikers mit geeigneten Fähigkeiten ist hauptsächlich die Kommunikation mit dem Kunden zur Terminierung und Fehlerbeschreibung essenziell (s. SCHUH U. GUDERGAN 2016, S. 281). Die Rolle ist nur auf Anbieterseite an der Customer-Journey beteiligt. In den Fallstudienunternehmen hat sich gezeigt, dass die Routenplanung inzwischen vollständig von Softwarelösungen übernommen wird. Die Rolle der Disposition ist daher besonders wichtig bei der Umplanung von Routen aufgrund kurzfristiger und dringend notwendiger Einsätze.

Die Rolle *Callcenter-Agent* ist verantwortlich für die allgemeine Kommunikation mit Kunden. Dabei erfolgt meist eine Spezialisierung zur Erfüllung bestimmter Tätigkeiten oder zur Erlangung besonderer Fähigkeiten (s. AVRAMIDIS ET AL. 2010, S. 823). Der Kontakt muss dabei nicht zwingend telefonisch erfolgen, sondern kann auch über andere Kommunikationswege wie E-Mails oder einen Chat stattfinden (s. METZGER ET AL. 2018). Die Rolle ist nur auf Anbieterseite an der Customer-Journey beteiligt. Diese Rolle gestaltet sich bei sämtlichen Fallstudienunternehmen fast identisch. Für externe Anfragen steht vornehmlich ein First-Level-Support zur Verfügung, der allgemeine Anfragen und einfache technische Fragestellungen beantworten kann. Dahinter folgen im Second-Level-Support Experten, die auch komplexe Fragestellungen lösen können. Weiterhin erledigt die Rolle auch die Vor- und Nachbereitung der Serviceeinsätze, sprich Aufnahme von Problembeschreibungen oder Rechnungsstellung.

Die Rolle *Referent* ist verantwortlich für die gezielte Weitergabe von Wissen an Kunden. Dies beinhaltet die Weiterbildung von Personen, um diese konkreten Kenntnisse und Fertigkeiten zu vermitteln (s. BECKER ET AL. 2021). Die Rolle ist nur auf Anbieterseite an der Customer-Journey beteiligt. Grundsätzlich konnten in den Fallstudien zwei Einsatzgebiete dieser Rolle identifiziert werden. Zum einen beim Kunden vor Ort, um Personen direkt am Produkt im Einsatz auszubilden, zum Beispiel nach der Montage einer neuen Anlage. Dieses Training ist bei der Verpackung GmbH obligatorisch. Zum anderen haben die untersuchten Unternehmen eine eigene Infrastruktur zur Weiterbildung ihrer Kunden und Partner aufgebaut. Die Roboter GmbH besitzt dafür ein zentrales Trainingszentrum in Europa inklusive Übernachtungsmöglichkeiten und Laboren, um eine Ausbildung am Produkt vornehmen zu können. Auch die Heizung GmbH besitzt eine solche Einrichtung, hat aber für die Grundlagenausbildung auch kleinere Trainingsräume in ihren regionalen Verkaufsniederlassungen eingerichtet.

Unternehmensinfrastruktur

Die Kategorie Unternehmensinfrastruktur beinhaltet seitens des Anbieters die Rollen *Geschäftsführung* und *Buchhaltung* (siehe Abbildung 5-26).

Abbildung 5-26 Rollen in der Kategorie *Unternehmensinfrastruktur* (eigene Darstellung)

Die Rolle *Geschäftsführung* ist verantwortlich für das Management. Hierzu zählen Aufgaben der strategischen Ausrichtung und der Organisation des Unternehmens (s. HARIC 2018). Die Rolle ist sowohl auf Anbieter- als auch auf Kundenseite an der Customer-Journey beteiligt. Die konkret involvierte Hierarchiestufe war in den Fallstudien unterschiedlich und kann neben der Unternehmensleitung auch etwa die Werksleitung auf Kundenseite und die Leitung eines Geschäftsbereichs auf Anbieterseite beinhalten.

Die Rolle *Buchhaltung* ist verantwortlich für die Buchführung im Unternehmen. Die Debitorenbuchhaltung ist dabei zuständig für die Rechnungsstellung gegenüber Schuldnern, während die Kreditorenbuchhaltung für die Rechnungsbegleichung gegenüber Gläubigern zuständig ist (s. WISCHERMANN ET AL. 2018). Die Rolle ist sowohl auf Anbieter- als auch auf Kundenseite an der Customer-Journey beteiligt. Entsprechend der Rollendefinition war bei den Fallstudienunternehmen auf Anbieterseite die Debitorenbuchhaltung im Kontakt mit Kunden. Neben der Rechnungsstellung konnte die Buchhaltung auch eine aktive Rolle in Verhandlungen bei der Roboter GmbH oder der Hüttentechnik GmbH einnehmen und Zahlungsvereinbarungen mitbestimmen. Auf Kundenseite ist die Kreditorenbuchhaltung dann hauptsächlich für die Zahlung der Rechnungen bei Kundeninteraktionen aktiv.

Technologieentwicklung

Die Kategorie *Technologieentwicklung* beinhaltet seitens des Anbieters die Rollen *Forschung & Entwicklung*, *Qualität* und *IT* (siehe Abbildung 5-27).

Abbildung 5-27 Rollen in der Kategorie *Technologieentwicklung* (eigene Darstellung)

Die Rolle *Forschung & Entwicklung* ist verantwortlich für die Erlangung und Anwendung neuer Kenntnisse. Durch methodisches Vorgehen werden neue Produkte, Verfahren und Anwendungen konzipiert (s. VOIGT ET AL. 2018a). Die Rolle ist sowohl auf Anbieter- als auch auf Kundenseite an der Customer-Journey beteiligt. Auf Anbieterseite sind in den Fallstudien in dieser Rolle neben der klassischen Forschung & Entwicklung auch das Produktmanagement genannt worden. Konkret tritt diese Rolle in Kontakt mit dem Kunden, um zum einen die Bedürfnisse des Kunden zu erfassen und darauf basierend Anforderungen an das zu gestaltende Leistungsangebot abzuleiten. Zum anderen kann der Kontakt auch bei äußerst speziellen technischen Fragestellungen erfolgen, die der Kundendienst nicht lösen kann. Eine Involvierung auf Kundenseite findet dann statt, wenn die Forschung & Entwicklung Einfluss auf die Auswahl der zu beschaffenden Lösung hat. Dies kommt dann vor, wenn für neu entwickelte Produkte des Kunden neue Produktionsanlagen angeschafft werden und geprüft werden muss, inwieweit angebotene Lösungen in der Lage sind, die neuen Produkte auch zu produzieren.

Die Rolle *Qualität* ist verantwortlich für die Qualitätssicherung der Erzeugnisse eines Unternehmens. Auf Grundlage festgesetzter Qualitätskriterien führt die Rolle eine Qualitätskontrolle durch Vergleich des Soll- mit dem Ist-Zustand durch und definiert Maßnahmen zur Sicherstellung der Qualität (s. VOIGT 2018c). Die Rolle ist nur auf Anbieterseite an der Customer-Journey beteiligt. In den Fallstudienunternehmen dient diese Rolle auf Anbieterseite primär der Qualitätssicherung. Die Zulieferer GmbH hat dafür unter anderem Ingenieure ausgebildet, die die Anwendungshäufigkeit der SPSS überwachen.

Die Rolle *IT* ist verantwortlich für die Informationssysteme des Unternehmens. Dabei können sowohl Kunden als Leistungsempfänger als auch das eigene Unternehmen infrage kommen (s. RESCH 2018). Die Rolle ist sowohl auf Anbieter- als auch auf Kundenseite an der Customer-Journey beteiligt. Die Fallstudien haben gezeigt, dass die Bedeutung der Rolle für die Customer-Journey durch das Angebot von SPSS stark zugenommen hat. Die Heizung GmbH beschäftigt unter anderem einen IT-Service zur Einrichtung von IT-Schnittstellen zwischen dem Unternehmen und seinen Kunden. Auch die Roboter GmbH hat Programmierer, um die Softwarekomponenten des SPSS in enger Abstimmung mit dem Kunden an dessen Bedürfnisse anzupassen. Entsprechend bedarf es auf der Kundenseite einer IT, die das SPSS in die Systeme des Kunden integriert und auch betreibt.

Beschaffung

Die Kategorie *Beschaffung* beinhaltet die Rolle *Einkauf* (siehe Abbildung 5-28).

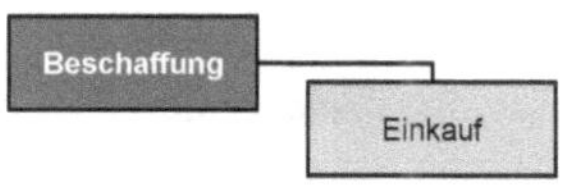

Abbildung 5-28 Rollen in der Kategorie *Beschaffung* (eigene Darstellung)

Die Rolle *Einkauf* ist verantwortlich für die Beschaffung von Leistungen für ein Unternehmen. Dies beinhaltet den Kauf von „Material, Dienstleistungen, Betriebs- und Arbeitsmitteln sowie Rechten und Informationen“ (s. KRIEGER 2018). Die Rolle ist nur auf Kundenseite an der Customer-Journey beteiligt. Wie bereits in Kapitel 5.3.1 geschildert, konnte in den Fallstudien beobachtet werden, dass die Anforderungen an diese Rolle durch das Angebot neuer Geschäftsmodelle und komplexerer Leistungssysteme wie ein SPSS steigen.

Übersicht

Im Rahmen der Fallstudien konnten in den 9 Kategorien insgesamt 18 Rollen identifiziert werden, die unmittelbar in die Customer-Journey eingebunden sind (siehe Abbildung 5-29).

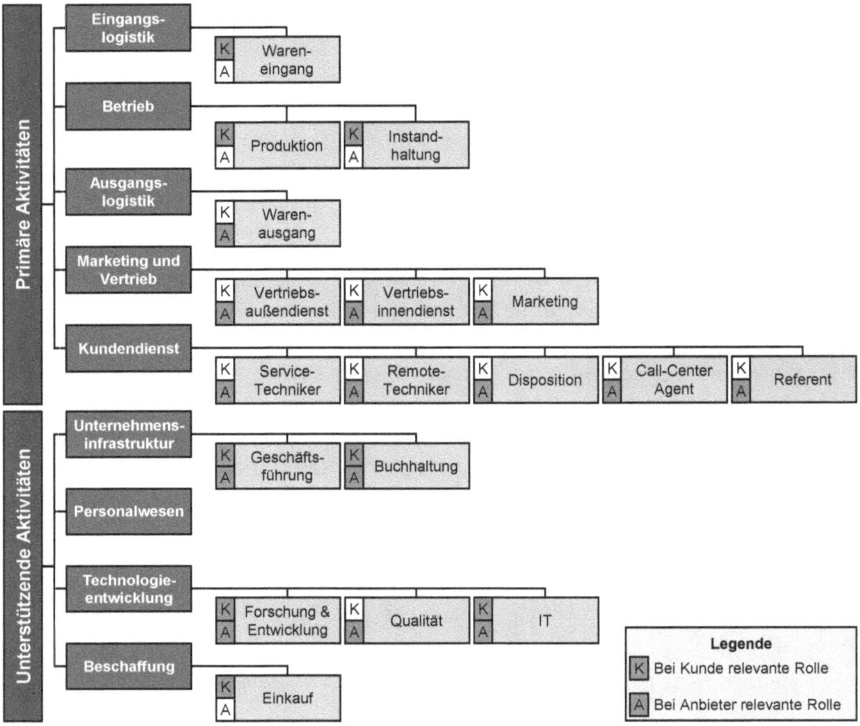

Abbildung 5-29 Organigramm der bei Kundeninteraktionen relevanten Rollen in produzierenden Unternehmen (eigene Darstellung)

5.3.3 Leistungsbaum produzierender Unternehmen

Im Folgenden werden die im Rahmen der Fallstudien identifizierten Leistungen produzierender Unternehmen erläutert. Gemäß der in Kapitel 5.2.3 hergeleiteten Struktur erfolgt dies in den Subkategorien der übergeordneten Sach-, Dienst- und Informationsleistungen. Da das genaue Leistungsangebot der Fallstudienunternehmen besonders schutzwürdig ist, wird in der folgenden Beschreibung bei Erkenntnissen aus der Fallstudienuntersuchung auf eine Zuordnung zu den einzelnen Unternehmen verzichtet.

Gebrauchsgüter

Die Kategorie *Gebrauchsgüter* beinhaltet die Leistungen *Produkt*, *Produktupgrade* und *Produktergänzung* (siehe Abbildung 5-30).

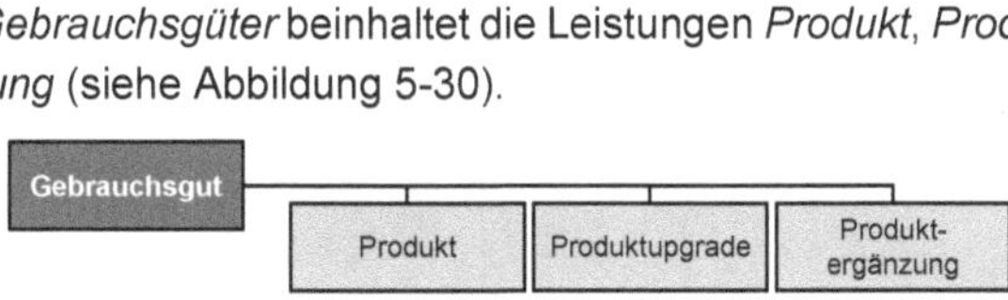

Abbildung 5-30 Leistungen der Kategorie *Gebrauchsgüter* (eigene Darstellung)

Die Leistung Produkt beinhaltet das Produkt, dessen Nutzung im Rahmen der Customer-Journey betrachtet wird. Die Produkte der untersuchten Fallstudienunternehmen wurden in Kapitel 5.2.1 auf Basis ihrer Produktkomplexität eingeordnet und die abstrahierten Unternehmensnamen geben einen Hinweis auf die jeweilige Branche.

Die Leistung *Produktupgrade* beinhaltet die Erweiterung der Funktionalitäten des Produktes durch Änderungen der Soft- oder Hardware (s. NIEMANN ET AL. 2003, S. 814). Gerade die Softwarekomponente ermöglicht es den in den Fallstudien betrachteten Unternehmen, Kunden auch nach Auslieferung des Produktes neue Funktionalitäten basierend auf existierender Hardware zu bieten.

Die Leistung *Produktergänzung* beinhaltet zusätzliche Leistungen, die zusätzliche Aspekte des Wertschöpfungsprozesses des Produktes abdecken (s. LI ET AL. 2011, S. 683). Ein Fallstudienunternehmen bietet beispielsweise Module an, um überschüssige Wärme aus der Nutzung des Produktes aufzunehmen und für einen späteren Bedarf zur Verfügung zu stellen.

Verbrauchsgüter

Die Kategorie *Verbrauchsgüter* beinhaltet die Leistungen *Ersatzteil*, *Rohstoff*, *Hilfsstoff* und *Betriebsstoff* (siehe Abbildung 5-31).

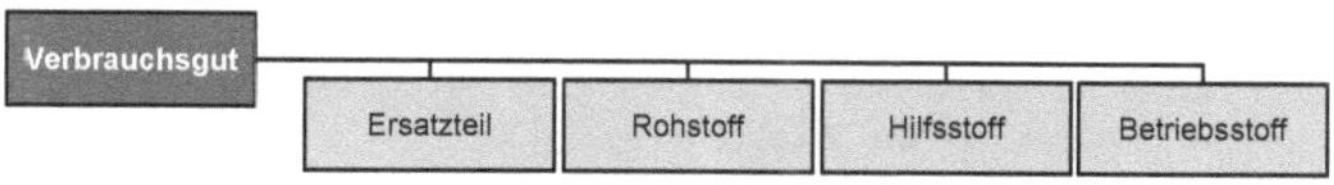

Abbildung 5-31 Leistungen der Kategorie *Verbrauchsgüter* (eigene Darstellung)

Die Leistung *Ersatzteil* beinhaltet Ersatzteile, welche „beschädigte, verschlissene oder fehlende“ (DIN 24420) Teile ersetzen. Im Gegensatz zu den Gebrauchsgütern verändern Ersatzteile die Leistungsart respektive -fähigkeit des Produktes nicht, sondern haben das Ziel, diese zu erhalten.

Die Leistung *Rohstoffe* beinhaltet Werkstoffe, die in einem Produktionsprozess direkt in einem potenziellen Erzeugnis des Produktes aufgehen. Diese Rohstoffe können bereits bearbeitet sein, aber auch vorgearbeitete Bauteile sein (s. GRIMM-CURTIUS 2018, S. 147). Dies sind beispielsweise Kartonagen in der Verpackungsindustrie, aus denen der Kunde dann Verpackungen für seine Produkte herstellt.

Die Leistung *Hilfsstoffe* beinhaltet Werkstoffe, die in einem Produktionsprozess zwar im potenziellen Erzeugnis eines Produktes aufgehen, aber lediglich einen Nebenbestandteil darstellen (s. GRIMM-CURTIUS 2018, S. 147). Dies sind etwa Schrauben zur Montage von Maschinen.

Die Leistung *Betriebsstoffe* beinhaltet Werkstoffe, die in einem Produktions- respektive Nutzungsprozess die Funktion des Produktes gewährleisten und dabei verbraucht werden (s. GRIMM-CURTIUS 2018, S. 147). Die untersuchten Unternehmen bieten hier vor allem Schmierungen für bewegliche Teile an.

Sporadische Dienstleistungen

Die Kategorie *Sporadische Dienstleistungen* beinhaltet die Leistungen *Installation*, *Inbetriebnahme*, *Reparatur*, *Fernreparatur*, *Refurbishing*, *Beratung*, *Weiterbildung*, *Lieferung* und *Finanzierung* (siehe Abbildung 5-32).

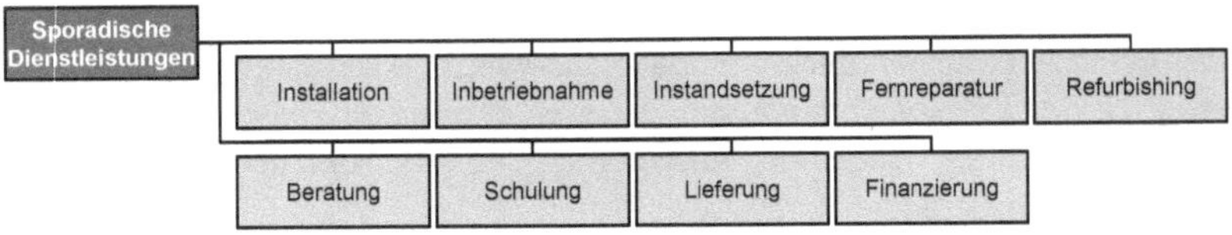

Abbildung 5-32 Leistungen der Kategorie *Sporadische Dienstleistungen* (eigene Darstellung)

Die Leistung *Installation* beinhaltet analog zur Funktion *Produkt installieren* den Aufbau eines Produktes und dessen Anschluss an bestehende Systeme. Dies kann auch die Montage einzelner Bestandteile zum fertigen Produkt beinhalten. Besonders bei Anbietern komplexer Produkte ist diese Leistung standardmäßig inkludiert, wie sich in den Fallstudien zeigte.

Die Leistung *Inbetriebnahme* beinhaltet Tätigkeiten, um ein installiertes Produkt in einen funktionsfähigen Zustand zu versetzen. Diese Funktionsfähigkeit kann nach entsprechenden Tests auch offiziell durch eine Zertifizierung bestätigt werden (s. SEITER 2016, S. 29). Ähnlich wie bei der Installation zeigt sich in den Fallstudien auch bei der Inbetriebnahme, dass diese umso wichtiger wird, je komplexer das Produkt ist. Der Zertifizierungsaspekt ist dabei besonders wichtig für Kunden, die gesetzliche Auflagen bezüglich der Qualität der verwendeten Produkte nachweisen müssen.

Die Leistung *Instandsetzung* beinhaltet die Wiederherstellung der Funktion des Produktes, nachdem dieses nicht mehr funktionsfähig ist. Diese Leistung entspricht damit analog zur Funktion *Instandsetzung* einer der vier Tätigkeiten der Instandhaltung nach DIN 31051 (s. DIN 2012, S. 6). Die Leistung wird dabei physisch vor Ort beim Kunden oder dem Produkt erbracht. In den Fallstudien zeigte sich, dass die Instandsetzung von herausragender Bedeutung für die Kunden ist. Anbieter können hier ihre Kunden unterstützen, eine möglichst hohe Verfügbarkeit aufrechtzuerhalten und vor allem teure Ausfälle auf eine möglichst kurze Dauer zu begrenzen.

Die Leistung *Fernreparatur* beinhaltet die Wiederherstellung der Funktion des Produktes, gleich der Leistung *Instandsetzung*. Bei der Fernreparatur erfolgt die Leistung aber nicht beim Kunden oder Produkt direkt, sondern erfolgt aus der Ferne. Dazu leitet der Anbieter den Kunden zum Beispiel über Telefon oder Videotelefonie an (s. ASCHENBRENNER ET AL. 2016, S. 19). Weiterhin können aber gerade Probleme mit der Software durch einen Zugriff auf das Produkt über das Internet direkt vom Anbieter behoben werden, ohne eine notwendige Einbeziehung des Kunden (s. BIEHL ET AL. 2004, S. 105). Je wichtiger die Software für die Funktionalität des Produktes ist, desto wichtiger ist auch die Fernreparatur, wie die Fallstudien zeigten.

Die Leistung *Refurbishing* beinhaltet die Aufbereitung defekter oder verschlissener Produkte oder Teile, um einen neuwertigen Zustand wiederherzustellen. Das aufbereitete Produkt kann dann ein defektes Produkt ersetzen oder an neue Kunden vermarktet werden (s. PINÇE ET AL. 2016, S. 475–476). Ein in den Fallstudien untersuchtes Unternehmen bietet hierfür mehrere Werkstätten in Europa an, bei denen eingesendete Produkte oder eingesendete Baugruppen gereinigt und in einen funktionsfähigen Zustand versetzt werden. Besonders ist hierbei die Möglichkeit, auch bereits nicht mehr am Markt verfügbare Teile alter Produkte durch Workarounds ersetzen zu können.

Die Leistung *Beratung* beinhaltet vielfältige Aktivitäten, bei denen der Anbieter sein Produkt- und Prozesswissen gezielt an den Kunden für einen konkreten Anwendungsfall weitergibt. Dies kann sowohl die Beratung bei der Auslegung eines Produktes sein als auch Prozessoptimierung im Management dieses Produktes beinhalten (s. SEITER 2016, S. 150). In einer Fallstudie wurden etwa Beratungen zur Übergabe eines familiengeführten Kleinunternehmens an eine nachfolgende Generation angeboten, um auch in Zukunft erfolgreiche lokale Kunden als Abnehmer der Produkte zu haben.

Die Leistung *Schulung* beinhaltet die Weiterbildung von Kunden. Dabei werden Fähigkeiten erworben, die den Kunden ermöglichen, selbst Tätigkeiten rund um das Produkt und angehängte Prozesse durchzuführen (s. SEITER 2016, S. 29). Die Fallstudien zeigten hier, dass vor allem digitale Angebote an Popularität gewinnen, da sie Kunden eine größere Flexibilität gewährleisten.

Die Leistung *Lieferung* beinhaltet den Transport des Produktes vom Anbieter zum Kunden. Hierbei ist oft als Intermediär eine Spedition involviert, die auf die Leistung spezialisiert ist (s. SEITER 2016, S. 77). Bei einer Fallstudie hat sich hier gezeigt, dass gerade bei sehr großen Produkten, bei denen eine Montage der Baugruppen vor Ort erforderlich ist, die Lieferung einen hohen Abstimmungsaufwand zwischen Kunde, Anbieter und Spedition aufweist.

Die Leistung *Finanzierung* beinhaltet die Finanzierung des Produktes für Kunden seitens des Anbieters. Anstatt den vollen Rechnungsumfang auf einmal nach Lieferung zu zahlen, wird dem Kunden ein Kredit gewährt, um die Zahlung des Produktes so auf einen längeren Zeitraum zu strecken (s. BAUER 2016, S. 1688). So kann die initiale Investitionssumme für das Produkt gesenkt werden, es werden allerdings auch Zinsen fällig. Sämtliche Unternehmen der Fallstudien bieten Finanzierungsformen an, vorwiegend die Ratenzahlung.

Kontinuierliche Dienstleistungen

Die Kategorie *Kontinuierliche Dienstleistungen* beinhaltet die Leistungen *Fernüberwachung*, *Inspektion*, *Wartung* und *Lagerhaltung* (siehe Abbildung 5-33).

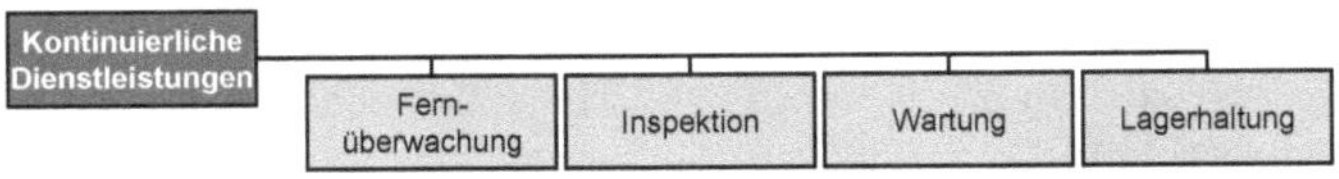

Abbildung 5-33 Leistungen der Kategorie *Kontinuierliche Dienstleistungen* (eigene Darstellung)

Die Leistung *Fernüberwachung*, auch geläufig unter dem englischen Synonym *Remote Monitoring*, beinhaltet die Sammlung von Echtzeitdaten über das Produkt über Sensoren, um den aktuellen oder zukünftigen Zustand des Produktes zu erfassen (s. GRUBIC U. PEPPARD 2016, S. 155). Die Daten werden dabei ständig über das Internet an den Anbieter übertragen, womit eine durchgehende Überwachung des Produktes ermöglicht wird, hauptsächlich im Gegensatz zur Inspektion oder Wartung, bei der ein Produktzustand nur im Intervall der Tätigkeit möglich ist.

Die Leistung *Inspektion* ist wie die Reparatur Teil der DIN 31051 und beinhaltet die Erfassung des Zustandes des Produktes (s. DIN 2012, S. 5). Diese Leistung wird von den Fallstudienunternehmen in der Regel nicht eigenständig angeboten, sondern ist Teil der Instandsetzung und der Wartung.

Die Leistung *Wartung* ist ebenfalls Teil der DIN 31051 und beinhaltet die Erhaltung der Funktionsfähigkeit eines Produktes durch den Austausch von Verschleißkomponenten und anderen Maßnahmen (s. DIN 2012, S. 5). Hierfür bieten mehrere der untersuchten Anbieter einen Wartungsvertrag an, der entweder jährlich eine Wartung vorsieht oder auch abhängig von der Nutzungsdauer sein kann.

Die Leistung *Lagerhaltung* beinhaltet die Bevorratung von Verbrauchsgütern seitens des Anbieters für Kunden. Im Rahmen eines Supplier-Managed-Inventorys kann der Anbieter die Zuständigkeit für die Lagerhaltung von Ersatzteilen bei speziellen Kunden übernehmen (s. SCHUH ET AL. 2013, S. 197). Diese Lager können sich dann auch als Konsignationslager direkt beim Kunden befinden (s. SCHUH ET AL. 2013, S. 198). Weiterhin können gesonderte Vereinbarungen bezüglich der Verfügbarkeit von Ersatzteilen nach Einstellung der Produktion des Produktes getroffen werden (s. SCHUH ET AL. 2013, S. 176).

Funktionale Informationsleistungen

Die Kategorie *Funktionale Informationsleistungen* enthält die Leistungen *Produktschnittstelle*, *Desktop-Anwendung*, *Mobile App*, *Kundenportal*, *E-Commerce*, *Callcenter*, *Persönlicher Ansprechpartner*, *Produktdemonstration* und *Technische Dokumente* (siehe Abbildung 5-34).

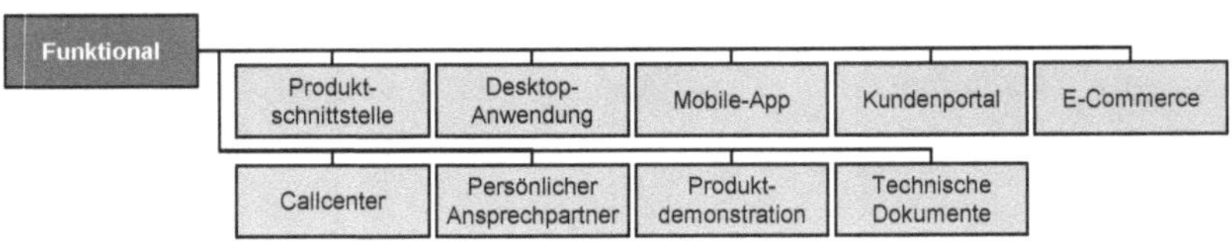

Abbildung 5-34 Leistungen der Kategorie *Funktionale Informationsleistungen* (eigene Darstellung)

Die Leistung *Produktschnittstelle* beinhaltet Möglichkeiten der Kommunikation des Produktes mit seiner Umwelt. Besonders relevant sind dabei Datenschnittstellen, die es erlauben, dass das Produkt Daten an Systeme des Kunden übermitteln kann (s. HOMPEL ET AL. 2011, S. 251). Diese Leistung kann ebenfalls Schnittstellen des Produktes zum Nutzer beinhalten. Diese sogenannten Mensch-Maschine-Schnittstellen sind unter anderem Bedienelemente oder Informationsanzeigen (s. CANNAN U. HU 2011, S. 1). Ein untersuchtes Unternehmen bietet hier beispielsweise eine individuelle Anbindung des Produktes an bestehende IoT-Plattformen beim Kunden an.

Die Leistung *Desktop-Anwendung* steht für Anwendungssoftware, die dem Kunden zur Verfügung gestellt wird und die dieser auf einem stationären Desktop-Computer nutzen kann. Die Installation der Software kann dabei sowohl direkt auf dem Computer als auch auf einem Server des Kunden oder Anbieters installiert sein. Typischerweise sind Desktop-Anwendungen größere Unternehmenssoftware, die einer Vielzahl an Funktionen dient, wie ein Enterprise-Resource-Planning(ERP)-, Supply-Chain-Management(SCM)- oder Customer-Relationship-Management(CRM)-System (s. ENGELSTÄTTER 2012, S. 223). Für produzierende Unternehmen bietet sich hier die Möglichkeit, für spezielle enger gefasste Anwendungen Software anzubieten. Zum Beispiel bieten die Fallstudienunternehmen eine Desktop-Anwendung für die Programmierung eines Roboters oder zur Einstellung der Nutzungsparameter des Produktes an. Je nach Umfang und Komplexität der Anwendung sind diese auch kostenpflichtig.

Die Leistung *Mobile App* steht für Anwendungssoftware, die dem Kunden zur Verfügung gestellt wird und die dieser auf mobilen Endgeräten nutzen kann, um spezielle Aufgaben zu erfüllen. Wesentliche Vorteile sind sowohl die einfache Erreichbarkeit durch die Nutzung der mobilen Endgeräte als auch eine einfache Bedienung durch die spezifische Funktion von Apps und einer intuitiven Gestaltung (s. GRÖGER ET AL. 2013, S. 665). Apps können dabei für Endkunden gestaltet sein, um die Produkterfahrung zu verbessern, für Nutzer beim Kunden, um Prozesse zu optimieren oder Partnerunternehmen bei der interorganisationalen Interaktion zu unterstützen (s. GRÖGER ET AL. 2013, S. 665). Ein Beispiel hierfür ist eine Inbetriebnahme-App. Diese kann den Kunden durch eine selbstständige Inbetriebnahme des Produktes leiten und stellt damit die Vollständigkeit und Richtigkeit des Prozesses sicher.

Die Leistung *Kundenportal* beinhaltet eine Website mit einem exklusiven Zugang für den Kunden, über die der Kunde spezifische Informationen einsehen kann und einfache Tätigkeiten in der Kommunikation mit dem Anbieter selbst durchführen kann (s. SCHERER ET AL. 2015, S. 178). Das Kundenportal ermöglicht damit auch eine grafische Übersicht über den Zustand des Produktes des Kunden, insofern dieses vernetzt ist (s. CAPELLO ET AL. 2016, S. 5). Ein in den Fallstudien betrachtetes Unternehmen hat hierfür sämtliche Websites, auf denen der Kunde spezifische Informationen erhalten hat, auf einem Portal vereinigt. So hat der Kunde mit einem Log-in Zugriff auf den

Zustand seiner Produkte, eine Übersicht über die Bestellhistorie und alle notwendigen Dokumente verfügbar.

Die Leistung *E-Commerce* beinhaltet die Möglichkeit, Bestellvorgänge mittels einer Datenübertragung aufzugeben. So kann die Zeit der Suche wie auch des Vorgangs an sich deutlich reduziert werden (s. LORCA ET AL. 2019, S. 544). Dazu können zum einen Schnittstellen verwendet werden, die automatisiert zwischen den Systemen des Kunden und des Anbieters Bestellungen, Rechnungen und Zahlungen übermitteln, beim sogenannten Electronic-Data-Interchange (EDI) (s. CHOUDHARY ET AL. 2011, S. 323). Ein EDI lohnt sich meist nur für größere Unternehmen mit hohem Bestellvolumen aufgrund des hohen Aufwandes zur Einrichtung solch einer Schnittstelle (s. HEINEMANN 2020, S. 29). Andererseits können auch Online-Shops oder auch der Vertrieb über Marktplätze angeboten werden, bei denen Kunden Produkte online erwerben können (s. HEINEMANN 2020, S. 31).

Die Leistung *Callcenter* beinhaltet Tätigkeiten zur Kommunikation zwischen Kunde und Anbieter zur Befriedigung aufgetretener Fragen oder Probleme. Diese Kommunikation kann sowohl vom Kunden als auch vom Anbieter initiiert werden und über verschiedene Kanäle wie Telefon oder E-Mails erfolgen (s. AKSIN ET AL. 2007, S. 677). Typischerweise gibt es dafür verschiedene Abteilungen innerhalb eines Callcenters, zum Beispiel eine Bestell-Hotline für telefonische Bestellungen, eine Disposition zur Einsatzplanung von Technikern mit dem Kunden oder ein Second-Level-Support zur Beantwortung fachspezifischer Fragen (s. BARTH ET AL. 2010, S. 758).

Die Leistung *Persönlicher Ansprechpartner* beinhaltet die Zurverfügungstellung direkter Kontakte zum Anbieter für den Kunden. Primär beinhaltet dies das sogenannte Key-Account-Management (KAM). Dabei ist eine Person als persönlicher Ansprechpartner für Schlüsselkunden zuständig, um die Kundenbeziehung zu verbessern (s. DAVIES U. RYALS 2014, S. 1192). Im Gegensatz zum Callcenter, bei dem immer unterschiedliche Ansprechpartner zur Verfügung stehen, kann hier also eine persönliche Beziehung aufgebaut werden. Die Aufgaben sind jedoch ähnlich. Dies kann von einer Beratung über die Aufnahme einer Bestellung bis zur Klärung technischer Fragen reichen.

Die Leistung *Produktdemonstration* beinhaltet eine Vorführung der Funktionalität des Produktes respektive der Bestandteile dessen. Dabei können sich die Kunden von der Qualität der Produkte überzeugen und eigene Präferenzen bezüglich der Konfiguration entwickeln (s. LI ET AL. 2021, S. 1). Das Produkt wird so bereits vor dem Kauf erlebbar. Neue Technologien wie Augmented Reality oder Virtual Reality ermöglichen eine Produktdemonstration auch im virtuellen Raum (s. SMPAROUNIS ET AL. 2008, S. 2). Typischerweise nutzen die Unternehmen der Fallstudien Messen oder Showrooms, um Kunden ihre Produkte zu präsentieren.

Die Leistung *Technische Dokumente* beinhaltet Unterlagen mit technischen Informationen über das Produkt und begleitende Prozesse. Die Unterlagen sollen dabei für eine gewünschte Funktion eine Handlungsbefähigung sicherstellen (s. JUHL U. KÜSTENMACHER 2005, S. 15). Wesentliche Ausprägungen sind dabei die

Leistungsbeschreibung, die Gerätebeschreibung, die Tätigkeitsbeschreibung, die Beschreibung der Funktionsweise und technische Unterlagen (s. JUHL U. KÜSTENMACHER 2005, S. 21).

Soziale Informationsleistungen

Die Kategorie *Soziale Informationsleistungen* enthält die Leistung *Soziale Netzwerke* (siehe Abbildung 5-35).

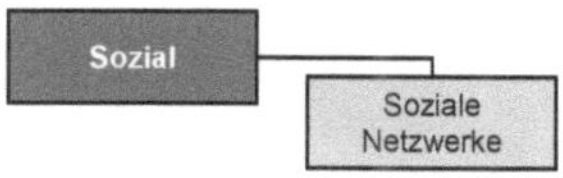

Abbildung 5-35 Leistungen der Kategorie *Soziale Informationsleistungen* (eigene Darstellung)

Die Leistung *Soziale Netzwerke* ist das Angebot seitens eines Anbieters, über Soziale Netzwerke in einen Austausch mit Kunden zu gehen. Damit sind insbesondere Soziale Netzwerke im Internet gemeint. Diese zeichnen sich durch einen partizipativen Charakter aus, in dessen Rahmen eine öffentliche Kommunikation vieler Teilnehmer in einem Netzwerk stattfinden kann (s. NEUBERGER 2011, S. 34). Entsprechend charakterisierend ist es, dass Anbieter neben dem reinen Bereitstellen von Informationen auch in einen aktiven Austausch mit ihren Kunden auf den Sozialen Netzwerken gehen und mit diesen interagieren. Um solche Sozialen Netzwerke im Internet zu bilden, nutzen Anbieter Soziale Medien wie z. B. Facebook, YouTube oder LinkedIn.

Community-Informationsleistungen

Die Kategorie *Community-Informationsleistungen* enthält die Leistungen *Forum* und *Blog* (siehe Abbildung 5-36).

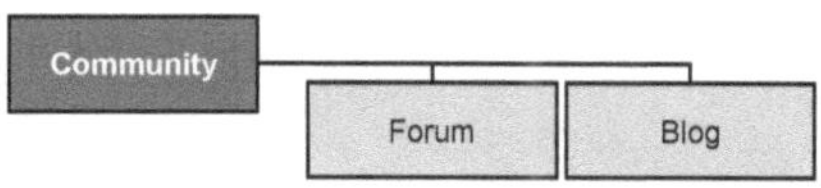

Abbildung 5-36 Leistungen der Kategorie *Community-Informationsleistungen* (eigene Darstellung)

Die Leistung *Forum* bezeichnet das aktive Angebot oder die Teilnahme an Diskussionen auf einem Forum im Internet seitens eines Anbieters. Ein Forum hat dabei meist einen konkreten Themenbezug und kann auch von einem Anbieter direkt für den Austausch bezüglich dessen Leistungsangebot betrieben werden. Im Gegensatz zu den Sozialen Netzwerken erfolgt der Austausch wesentlich zielgerichteter und Foren bieten eine Struktur verschiedener Themenaspekte (s. BREMER 2003, S. 191). Die Diskussion wird dabei gezielt von Moderatoren geleitet. Diese können entweder freiwillige Personen oder auch Mitarbeiter des Unternehmens sein.

Die Leistung *Blog* ist das regelmäßige Eintragen von Inhalten auf einer chronologisch geordneten speziellen Website (s. KLEMM 2017, S. 11). Zu diesen Inhalten können sich

Personen dann in Form von Kommentaren äußern. Somit gibt der Verfasser der Inhalte auch zu diskutierende Themenstellungen durch seine Beiträge vor.

Unternehmensinformationsleistungen

Die Kategorie *Unternehmensinformationsleistungen* enthält die Leistungen *Website*, *Newsletter*, *Informationsmaterial*, *Werbung*, *Veranstaltung* und *Loyalitätsprogramm* (siehe Abbildung 5-37).

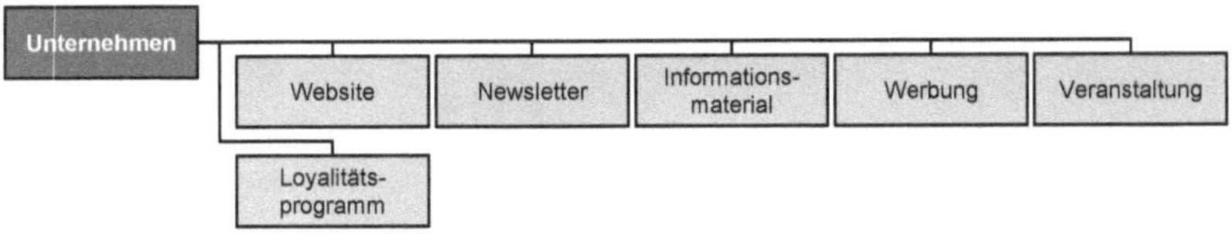

Abbildung 5-37 Leistungen der Kategorie *Unternehmensinformationsleistungen* (eigene Darstellung)

Die Leistung *Website* beinhaltet eine Homepage, auf der sich der Anbieter selbst präsentiert. Auf der Website können Unternehmen Informationen zur Verfügung stellen, wobei aufgrund der Vielzahl an potenziellen Informationen eine einfache Navigier- und Nutzbarkeit gewährleistet sein muss (s. HERNÁNDEZ ET AL. 2009, S. 370). Um besser gefunden zu werden, können Unternehmen im Rahmen einer Search-Engine-Optimization (SEO) ihre Seite gezielt für ein höheres Ranking in Suchmaschinen gestalten oder hohe Platzierungen im Paid-Search-Marketing (PSM) erwerben (s. LI ET AL. 2014, S. 3110). Alle Fallstudienunternehmen bieten diese Leistung an. Für spezielle Zwecke wie die Bewerbung eines konkreten Produktes oder der Zurverfügungstellung eines Kostenrechners können auch extra Websites gestaltet werden.

Die Leistung *Newsletter* beinhaltet das regelmäßige Senden von Informationen an Kunden und Interessenten, typischerweise via E-Mail. Bei den Empfängern eines Newsletters spricht man von Abonnenten. Diesen Abonnenten werden dabei nicht nur Informationen zu Leistungen des Anbieters präsentiert, sondern es wird auch ein zusätzlicher Mehrwert durch themenspezifische Inhalte wie Einblicke in das Unternehmen oder Industrietrends gegeben (s. TAIMINEN U. RANAWEERA 2019, S. 1760).

Die Leistung *Informationsmaterial* beinhaltet Schriftstücke, um Kunden über das Leistungsangebot zu informieren. Im Gegensatz zu den technischen Dokumenten, die einen funktionalen Zweck erfüllen, ist das Informationsmaterial gestaltet, um den Anbieter und seine Leistungen dem Kunden näherzubringen. Neben klassischem Werbematerial wie Flyer oder Broschüren können dies auch Whitepaper sein. Whitepaper analysieren objektiv ein Thema und können so ein Kompetenzsignal eines Anbieters an potenzielle und bestehende Kunden sein (s. GABLER WIRTSCHAFTSLEXIKON 2018).

Die Leistung *Werbung* beinhaltet sämtliche Maßnahmen der Kommunikation zur Näherbringung von Angeboten, wie Marken oder Produkte, an Konsumenten (s. HEUN 2017, S. 2). Im Rahmen der vorliegenden Dissertationsschrift sollen darunter diejenigen Maßnahmen fallen, die an eine zu bestimmende Zielgruppe adressiert sind und die vom Anbieter initiiert wurden. Typischerweise ist dies die Print- und Fernsehwerbung. In den Fallstudien hat sich gezeigt, dass dies auch heute noch relevant ist, gerade um Fachpublikum zu erreichen (s. HEUN 2017, S. 93). Eine weitere beispielhafte Möglichkeit, die von einem Unternehmen der Fallstudien wahrgenommen wird, ist das Sponsoring, bei dem Events, aber auch Personen finanziert werden, um die Marke zu präsentieren (s. HEUN 2017, S. 100).

Die Leistung *Veranstaltung* beinhaltet die Ausrichtung oder Teilnahme an Veranstaltungen. Diese dienen primär dem Beziehungsaufbau mit bestehenden und potenziellen Kunden sowie deren Vernetzung untereinander (s. BELZ 2012, S. 889). Dabei ist eine hohe Varianz von Veranstaltungen für kleine Gruppen bis zu vielen Teilnehmenden, aber auch hinsichtlich einer eher fachlichen Ausrichtung oder Unterhaltung möglich (s. BELZ 2012, S. 891). Von besonderer Relevanz war für mehrere Fallstudienteilnehmer die Teilnahme an Fachmessen. Gerade wenn die Anbieter in kleineren Branchen aktiv sind, existiert häufig eine Weltleitmesse, bei der sich eine Vielzahl potenzieller Kunden über neue Angebote informiert. Entsprechend wichtig ist eine Repräsentanz des Anbieters dort.

Die Leistung *Loyalitätsprogramm* beinhaltet Programme zur Steigerung der Loyalität des Kunden. Wie in Kapitel 5.3.1 erläutert, können solche Programme Kunden Boni für gesammelte Punkte oder für die Zugehörigkeit zu einer Loyalitätsstufe bieten (s. MAGATEF U. TOMALIEH 2015, S. 80). Dabei müssen Anbieter eine Balance zwischen Anreizen für Teilnehmer der Loyalitätsprogramme und der Vermeidung einer empfundenen Ungerechtigkeit bei nicht teilnehmenden Kunden finden (s. STEINHOFF U. PALMATIER 2016, S. 103). Zum Beispiel ordnet ein Fallstudienunternehmen Kunden in seinem Loyalitätsprogramm nicht nur auf Basis des Umsatzes in Stufen ein, sondern auch aufgrund der Bereitschaft, in Zukunftsfeldern wie Remote-Monitoring aktiv zu sein. Dies ermöglicht auch kleineren Kunden höhere Loyalitätsstufen.

Übersicht

Im Rahmen der Fallstudien konnten in den Kategorien *Sachleistung*, *Dienstleistung* und *Informationsleistung* insgesamt 38 Leistungen identifiziert werden (siehe Abbildung 5-38).

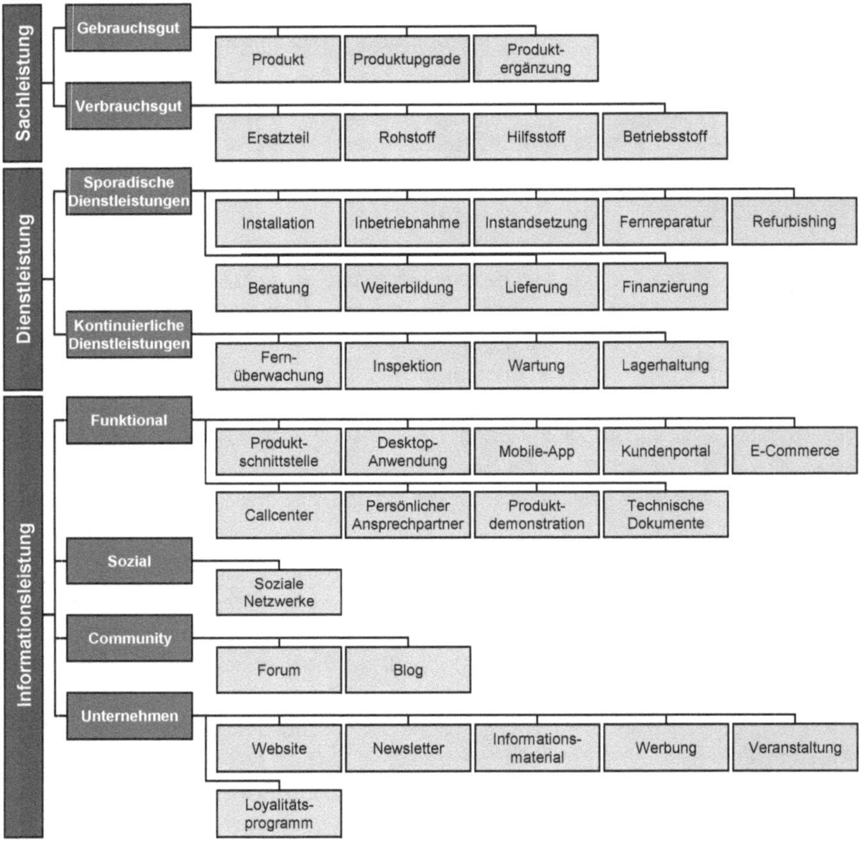

Abbildung 5-38 Leistungsbaum des Leistungsangebots produzierender Unternehmen (eigene Darstellung)

5.3.4 Funktionszuordnungsdiagramm der Kundeninteraktionen

Die bisher aufgezeigten Partialmodelle werden in der Prozesssicht im Rahmen eines Funktionszuordnungsdiagramms zusammengeführt. Im Folgenden werden die in den Fallstudien an der jeweiligen Funktion beteiligten Rollen und Leistungen aufgezeigt. Analog zum Funktionsbaum erfolgt die Beschreibung in acht Prozesskategorien, die den Phasen der Customer-Journey entsprechen. Die Funktionen mit zugeordneten Rollen und Leistungen bilden dabei die Referenz-Prozessbausteine.

Insgesamt konnten für die 28 Referenzprozess-Bausteine im Rahmen der Fallstudien 219 Zuordnungen erfolgen. In einer Übersicht sind im Folgenden an den verschiedenen Funktionen beteiligte Rollen auf Kundenseite (siehe Tabelle 5-4), Rollen auf Anbieterseite (siehe Tabelle 5-5), Sach- und Dienstleistungen (siehe Tabelle 5-6) sowie Informationsleistungen (siehe Tabelle 5-7) dargestellt. Eine detaillierte Darstellung der einzelnen Referenzprozess-Bausteine mitsamt der dabei beabsichtigen Funktion und den beteiligten Rollen und Leistungen findet sich in Anhang B.

Tabelle 5-4 Funktionszuordnungsdiagramm der Rollen auf Kundenseite (eigene Darstellung)

		Kundenorganigramm							
		Primäre Aktivitäten			Unterstützende Aktivitäten				
		Eingangs-logistik	Betrieb		Unter-nehmens-infrastruktur		Technologie-entwicklung		Beschaffung
		Wareneingang	Produktion	Instandhaltung	Geschäftsführung	Buchhaltung	F&E	IT	Einkäufer
Be-wusst-sein	Bedürfnis erkennen		x	x	x		x		
	Anbieter suchen								x
Über-legung	Informationen beschaffen								x
	Lösungen konfigurieren		x				x		x
	Lösungen vergleichen								x
Kauf	Angebot einholen								x
	Angebot vergleichen		x				x		x
	Angebot verhandeln				x				x
	Lösung kaufen								x
	Lösung bezahlen					x			
Loyalität	Mitarbeiter qualifizieren		x	x	x				
	Erfahrung bewerten		x	x					x
	Vertrauen aufbauen		x	x	x				x
	Leistung expandieren		x		x				x
Inbetriebnahme	Produkt ab Werk abnehmen		x				x		x
	Produkt erhalten	x							
	Produkt installieren		x	x				x	
	Produkt vor Ort abnehmen		x	x					
	Betrieb starten		x						
Betrieb	Produkt betreiben		x						
	Produktnutzung optimieren		x						
	Produkt überwachen		x	x				x	
Instand-haltung	Produkt warten			x					
	Produkt instand setzen			x					
	Produkt inspizieren			x					
	Produkt verbessern		x	x					
Außer-betrieb-nahme	Produkt stilllegen		x	x					
	Produkt demontieren			x					
	Produkt entsorgen			x					

Tabelle 5-5 Funktionszuordnungsdiagramm der Rollen auf Anbieterseite (eigene Darstellung)

		Anbieterorganigramm													
		Primäre Aktivitäten									Unterstützende Aktivitäten				
		Ausgangs-logistik	Marketing und Vertrieb			Kunden-dienst					Unte-rnehmens-infrastruktur		Technologie-entwicklung		
		Warenausgang	Vertriebsaußendienst	Vertriebsinnendienst	Marketing	Service-Techniker	Remote-Techniker	Disposition	Callcenter-Agent	Referent	Geschäftsführung	Buchhaltung	F&E	Qualität	IT
Be-wusst-sein	Bedürfnis erkennen		x		x										
	Anbieter suchen				x										
Über-legung	Informationen beschaffen		x		x				x						
	Lösungen konfigurieren		x												
	Lösungen vergleichen														
Kauf	Angebot einholen		x	x											
	Angebot vergleichen														
	Angebot verhandeln		x								x				
	Lösung kaufen			x											
	Lösung bezahlen											x			
Loyalität	Mitarbeiter qualifizieren									x					
	Erfahrung bewerten		x		x				x						
	Vertrauen aufbauen		x		x										
	Leistung expandieren		x												
Inbetriebnahme	Produkt ab Werk abnehmen					x									
	Produkt erhalten	x													
	Produkt installieren					x		x							x
	Produkt vor Ort abnehmen					x									
	Betrieb starten					x									
Betrieb	Produkt betreiben													x	
	Produktnutzung optimieren					x							x		
	Produkt überwachen						x							x	
Instand-haltung	Produkt warten					x		x							
	Produkt instand setzen					x	x	x	x						
	Produkt inspizieren					x		x							
	Produkt verbessern					x		x							
Außer-betrieb-nahme	Produkt stilllegen					x		x							
	Produkt demontieren					x		x							
	Produkt entsorgen					x		x							

Tabelle 5-6 Funktionszuordnungsdiagramm der Sach- und Dienstleistungen (eigene Darstellung)

		Leistungsangebot																			
		Sachleistung							Dienstleistung												
		Gebrauchs-gut			Verbrauchs-gut				Sporadische Dienst-leistung									Kontinuier-liche Dienst-leistung			
		Produkt	Produktupgrade	Produktergänzung	Ersatzteil	Rohstoff	Hilfsstoff	Betriebsstoff	Installation	Inbetriebnahme	Instandsetzung	Fernreparatur	Refurbishing	Beratung	Weiterbildung	Lieferung	Finanzierung	Fernüberwachung	Inspektion	Wartung	Lagerhaltung
Be-wusst-sein	Bedürfnis erkennen													x							
	Anbieter suchen																				
Über-legung	Informationen beschaffen																				
	Lösungen konfigurieren													x							
	Lösungen vergleichen																				
Kauf	Angebot einholen																				
	Angebot vergleichen																				
	Angebot verhandeln																				
	Lösung kaufen																				
	Lösung bezahlen																x				
Loyalität	Mitarbeiter qualifizieren														x						
	Erfahrung bewerten																				
	Vertrauen aufbauen																				
	Leistung expandieren			x										x							
Inbetriebnahme	Produkt ab Werk abnehmen	x																			
	Produkt erhalten	x														x					
	Produkt installieren	x							x												
	Produkt vor Ort abnehmen	x								x											
	Betrieb starten	x								x											
Betrieb	Produkt betreiben	x				x	x							x							x
	Produktnutzung optimieren	x																			
	Produkt überwachen	x																x			
Instand-haltung	Produkt warten				x			x							x			x		x	x
	Produkt instand setzen				x						x	x	x		x						x
	Produkt inspizieren														x			x	x		
	Produkt verbessern		x										x								
Außer-betrieb-nahme	Produkt stilllegen																				
	Produkt demontieren																				
	Produkt entsorgen												x								

Tabelle 5-7 Funktionszuordnungsdiagramm der Informationsleistungen (eigene Darstellung)

		Leistungsangebot																	
		Informationsleistung																	
		Funktional									Sozial	Community		Unternehmen					
		Produktschnittstelle	Desktop-Anwendung	Mobile App	Kundenportal	E-Commerce	Callcenter	Persönlicher Ansprechpartner	Produktdemonstration	Technische Dokumente	Soziale Netzwerke	Forum	Blog	Website	Newsletter	Informationsmaterial	Werbung	Veranstaltung	Loyalitätsprogramm
Bewusstsein	Bedürfnis erkennen							x	x			x	x		x			x	
	Anbieter suchen										x	x		x			x		
Überlegung	Informationen beschaffen				x		x	x	x		x	x	x	x		x			
	Lösungen konfigurieren							x						x					
	Lösungen vergleichen								x		x	x							
Kauf	Angebot einholen							x											
	Angebot vergleichen									x									
	Angebot verhandeln							x											
	Lösung kaufen					x													
	Lösung bezahlen																		
Loyalität	Mitarbeiter qualifizieren				x														
	Erfahrung bewerten				x			x			x	x							
	Vertrauen aufbauen				x													x	x
	Leistung expandieren				x	x		x						x	x	x			
Inbetriebnahme	Produkt ab Werk abnehmen									x									
	Produkt erhalten																		
	Produkt installieren			x						x									
	Produkt vor Ort abnehmen			x						x									
	Betrieb starten									x									
Betrieb	Produkt betreiben	x	x	x		x	x			x		x							
	Produktnutzung optimieren	x	x					x				x							
	Produkt überwachen	x																	
Instandhaltung	Produkt warten	x		x						x									
	Produkt instand setzen			x			x			x		x							
	Produkt inspizieren									x									
	Produkt verbessern									x									
Außerbetriebnahme	Produkt stilllegen	x		x			x			x									
	Produkt demontieren									x									
	Produkt entsorgen									x									

5.4 Reflexion und Zusammenfassung der Ergebnisse

Im Rahmen der Fallstudien mit sieben Unternehmen der produzierenden Industrie wurde ein Referenzprozessmodell für die Customer-Journey gestaltet. Insgesamt konnten dabei 28 Funktionen, acht Rollen auf Kundenseite, 14 Rollen auf

Anbieterseite, sieben Sachleistungen, 13 Dienstleistungen, 18 Informationsleistungen sowie 219 Zuordnungen identifiziert werden.

Die Fallstudienunternehmen wurden bewusst gewählt, um die gesamte Bandbreite der produzierenden Industrie hinsichtlich Größe des Unternehmens und Komplexität des Produktes abzudecken. Entsprechend vielfältig waren auch die in den Fallstudien aufgenommen Customer-Journeys. Es hat sich jedoch gezeigt, dass es durch die zuvor entwickelte Struktur möglich war, auf einer übergeordneten Ebene der Referenz-Prozessbausteine einen Referenzprozess zu entwerfen, der für sämtliche Unternehmen der Fallstudien gültig ist. Eine theoretische Sättigung wurde dabei bereits nach vier der sieben Fallstudien erreicht. Jedoch bleibt zu konstatieren, dass die Referenz-Prozessbausteine auf einem hohen Abstraktionsgrad formuliert wurden. Dies bedingt sich durch den Anspruch, sämtliche produzierende Unternehmen widerzuspiegeln. Diese Population ist aber sehr divers in den Produkten, die sie produzieren. Entsprechend unterschiedlich sind auch die konkreten Interaktionen mit den Kunden. Für die konkrete Ausgestaltung in einem Unternehmen bedarf es daher noch eines entsprechenden Aufwandes zur Ausformulierung der Customer-Journey.

6 Datenmodell des digitalen Schattens der Kundeninteraktionen

In diesem Kapitel wird das Datenmodell des digitalen Schattens der Kundeninteraktionen modelliert. Als Basis dafür dient das in Kapitel 5 gestaltete Referenzprozessmodell für Kundeninteraktionen produzierender Unternehmen. Das Datenmodell dient dann der maßgeblichen Erlangung des Datenverständnisses bei der Implementierung des digitalen Schattens der Kundeninteraktionen in Kapitel 7. Die daraus resultierende Einordnung von Kapitel 6 in das Forschungsmodell ist in Abbildung 6-1 gegeben.

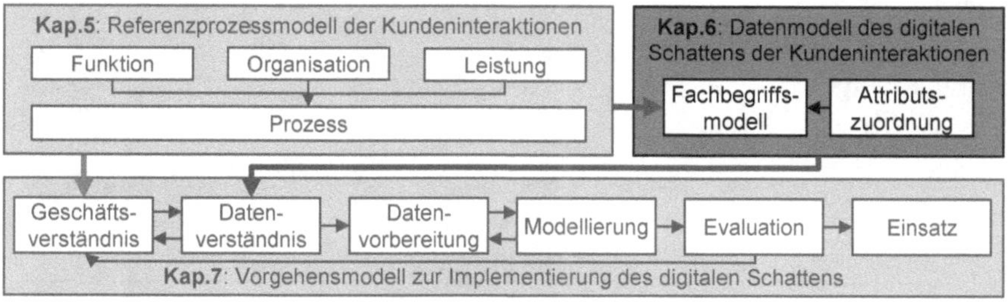

Abbildung 6-1 Einordnung von Kapitel 6 in das Forschungsmodell (eigene Darstellung)

Zunächst wird in Kapitel 6.1 der Aufbau des Datenmodells erörtert. Dazu wird zunächst aufgezeigt, wie sich das Datenmodell in der Prozessbetrachtung des ARIS-Hauses verortet, welche Modelltypen angewendet werden und welche Notation genutzt wird. In Kapitel 6.2 folgt die Gestaltung des Datenmodells. Dazu wird ein Fachbegriffsmodell schrittweise aufgebaut. Zuletzt findet in Kapitel 6.3 gleich dem schrittweisen Aufbau des Datenmodells auch die Zuordnung von Attributen für das Datenmodell statt. Die Ergebnisse werden in Kapitel 6.4 reflektiert und zusammengefasst.

6.1 Aufbau des Datenmodells

Ziel des Aufbaus des Datenmodells ist es, eine Struktur für das zu gestaltende Datenmodell vorzugeben. Die Verortung des Datenmodells in die Prozessmodellierung nach ARIS zeigt dabei auf, aus welcher Sicht und auf welchen Konzeptebenen das Modell aufgebaut wird. Die Auswahl der Modelltypen stellt dann eine angemessene Detaillierung des Datenmodells entsprechend den Konzeptebenen sicher. Zuletzt soll im Hinblick auf die Notation auf eine verbreitete Notation passend zum Anwendungsfall geachtet werden, um die Lesbarkeit des Datenmodells zu gewährleisten.

6.1.1 Verortung des Datenmodells

Der Aufbau des Datenmodells lässt sich im ARIS-Haus, welches in Kapitel 5.1.1 erläutert und als grundlegender Ordnungsrahmen für das Dissertationsvorhaben eingeführt wurde, verorten. Die in diesem Kapitel betrachtete Datensicht des ARIS-Hauses baut dabei auf der Steuerungssicht auf (siehe Abbildung 6-2). Im Gegensatz zu den Sichten der Organisation, Funktion, Leistung und Steuerung soll für die Datensicht neben dem Fachkonzept auch das DV-Konzept gestaltet werden. Dies begründet sich durch das Ziel, in der Datensicht ein Datenmodell als anwendbares Artefakt zur Gestaltung eines digitalen Schattens der Kundeninteraktionen in produzierenden Unternehmen zu modellieren.

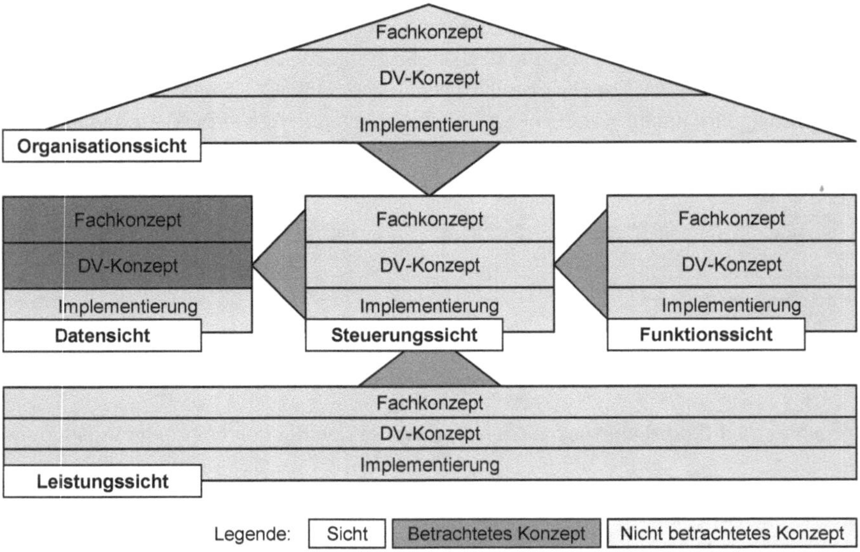

Abbildung 6-2 In Kapitel 6 betrachtete Sichten und Konzepte im ARIS-Haus (eigene Darstellung i. A. a. SCHEER 2002, S. 41)

6.1.2 Auswahl der Modelltypen

Auf Ebene des Fachkonzeptes wird zunächst die Erstellung eines *Fachbegriffsmodells* angestrebt. Im Rahmen von ARIS dient dies der „Vereinheitlichung und Schaffung einer eindeutigen Begriffssystematik“ (s. SEIDLMEIER 2019, S. 71). Das Fachbegriffsmodell ist eine Beschreibung der betriebswirtschaftlich relevanten Daten mit dem Ziel einer einheitlichen Definition von Begriffen ohne streng formale Anforderungen (s. SEIDLMEIER 2019, S. 70). Die Fachbegriffe beschreiben in solch einem Modell Informationsobjekte und werden in Beziehung zueinander gesetzt (s. SEIDLMEIER 2019, S. 71). Die für die Beschreibung der Beziehungen zur Verfügung stehenden Kantentypen sind in Tabelle 6-1 aufgelistet.

Tabelle 6-1 Kantentypen eines Fachbegriffsmodells (eigene Darstellung i. A. a. SEIDLMEIER 2019, S. 72)

Kantentyp	Erläuterung
"hat"	
"steht in Beziehung mit"	
"klassifiziert"	zur Typisierung von Fachbegriffen
"umfasst"	zur Darstellung der Zusammensetzung mengenbeschreibender Begriffe
"ist ein"	zur Beschreibung der Generalisierung eines Fachbegriffs
"ist Merkmal von"	zur Zuordnung beschreibender Merkmale zu Fachbegriffen
"ist Exemplar von"	zur Verbindung von abstrakten Begriffen mit konkreten Ausprägungen
"kann sein"	als optionale Zuordnung zweier Fachbegriffe
"Synonym"	zur Zuordnung alternativer Bezeichnungen

Für die Ebene des DV-Konzeptes ist eine strengere Modellierungsart zu nutzen, um eine konkrete Umsetzung des Datenmodells in Datenbanken zu ermöglichen. In ARIS ist dafür die Nutzung *erweiterter Entity-Relationship-Modelle* (eERM) und *Attributszuordnungsdiagramme* möglich (s. SEIDLMEIER 2019, S. 73). In einem einfachen Entity-Relationship-Modell (ERM) werden Informationsobjekte mitsamt Attributen und deren Beziehung zueinander beschrieben (s. SEIDLMEIER 2019, S. 73). Das eERM ergänzt das ERM um zusätzliche Aspekte. So können beispielsweise in diesem Modelltyp Vererbungen von Attributen zwischen generellen Entitätstypen und deren speziellen Ausprägungen dargestellt werden (s. GADATSCH 2019b, S. 18–19). Ein weiterer Aspekt ist die erweiterte Darstellung von Attributen durch Zusammenfassung oder eine logische Ableitung (s. GADATSCH 2019b, S. 21). Das eERM eignet sich also insbesondere für komplexe Datenstrukturen, die einer übersichtlicheren Darstellung bedürfen. In diesem Zuge werden die Attributszuordnungsdiagramme genutzt, um bei komplexen eERM die Zuordnung von Attributen zu Entitäten in separate Diagramme auszugliedern, um so die Übersichtlichkeit des eigentlichen Modells aufrechtzuerhalten (s. SEIDLMEIER 2019, S. 74).

6.1.3 Notation des Datenmodells

Die Modellierung eines eERMs folgt festen Regeln. Im Rahmen von Notationen werden dafür Symbole zur Repräsentation von Elementen festgelegt. Dieses Dissertationsvorhaben lehnt sich an die Chen-Notation bei der Darstellung der Entitäts- und Beziehungstypen an (siehe Tabelle 6-2). Diese Notation wurde von CHEN bei der Konzipierung des ERMs mitentwickelt und genutzt (s. CHEN 1976, S. 19). Aufgrund ihrer Einfachheit findet diese Notation auch heute noch breite Anwendung und ist Bestandteil aktueller Lehrbücher (s. GADATSCH 2019b, S. 9).

Tabelle 6-2 Elemente des eERMs (eigene Darstellung i. A. a. BECKER ET AL. 2012, S. 6)

Element	Erläuterung	Symbol
Entitätstyp	Ein Entitätstyp repräsentiert eine homogene Gruppe von Entitäten (Objekten).	
Beziehungstyp	Ein Beziehungstyp repräsentiert eine Beziehung zwischen mindestens zwei Entity-Typen, wobei es sich bei den zwei Entity-Typen auch um denselben Entity-Typ handeln kann.	
Beziehung mit Kardinalität	Es existieren drei Arten von Beziehungen: „Eins-zu-eins"-Beziehung (jedes Objekt der ersten Menge steht in Beziehung zu genau einem Objekt der zweiten Menge), „Eins-zu-viele"-Beziehung (jedes Objekt der ersten Menge geht mit genau einem Objekt der zweiten Menge eine Beziehung ein, während jedes Objekt der zweiten Menge mit mehreren Objekt der ersten Menge eine Beziehung eingeht) und „Viele-zu-viele"-Beziehung (jedes Objekt der ersten Menge geht mit mehreren Objekten der zweiten Menge eine Beziehung ein und umgekehrt). Die Kardinalitäten werden in der (min, max)-Notation dargestellt, die spezifiziert, wie oft ein Objekt einer Menge mindestens und höchstens mit einem Objekt der anderen Menge eine Beziehungen eingehen muss/kann.	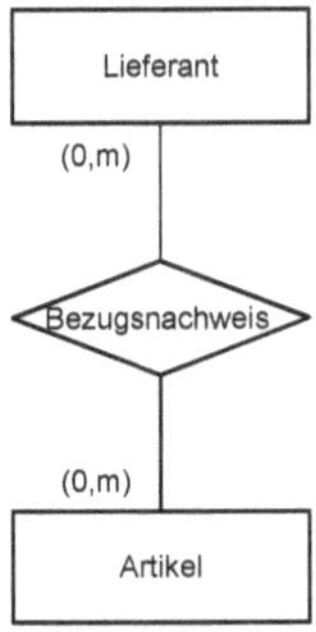
Attribut	Ein Attribut beschreibt die Eigenschaften eines Entitäts- oder Beziehungstyps. Schlüsselattribute (unterstrichen) ermöglichen die eindeutige Identifikation einer Entität (Objektinstanz) eines Entitätstypen. Der Wertebereich eines Attributs wird Domäne genannt.	
Generalisieurng bzw. Spezialisierung	Eine Generalisierung fasst zwei Entitätstypen zu einem verallgemeinerten Entitätstypen zusammen. Gemeinsame Attribute der spezifischen Entitätstypen werden dem verallgemeinerten Entitätstyp zugeordnet und spezifische Attribute verbleiben bei den spezifischen Entitätstypen. Eine Spezialisierung repräsentiert den umgekehrten Sachverhalt. Die Eigenschaften einer Generalisierung bzw. Spezialisierung lassen sich nach den Entitätstypen in disjunkte (D) und nicht disjunkte (N) Mengen sowie totale (T) und partielle (P) Mengen aufteilen.	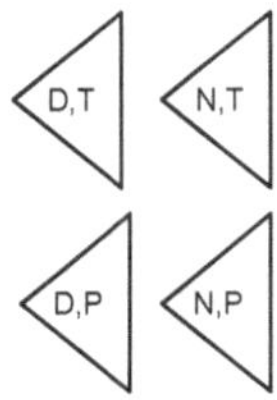

Die Kardinalität, also die Menge an Entitäten eines Entitätstyps, die in Beziehung zu einem anderen Entitätstyp stehen können, wird im Rahmen dieser Dissertationsschrift über die Min-Max-Notation dargestellt. Diese Notation ermöglicht es dabei, auch genaue Mengen anzugeben (s. GADATSCH 2019a, S. 34). Es kann aber auch das Symbol „*" verwendet werden, um eine unbestimmte Menge anzugeben. Die erste Zahl gibt dabei immer die Minimalkardinalität, also die Untergrenze, an, während die zweite Zahl die Maximalkardinalität darstellt (s. GADATSCH 2019a, S. 33). Eine Besonderheit ist dabei die Leserichtung. Bei der Min-Max-Notation ist die Kardinalität immer direkt am Entitätstyp vermerkt (s. GADATSCH 2019a, S. 34).

6.2 Gestaltung des Fachbegriffsmodells

Im folgenden Kapitel erfolgt die Gestaltung des Fachbegriffsmodells gemäß dem Vorgehen nach STEINER, welches beim übergreifenden Aufbau des Forschungsmodells in

Kapitel 4.2.1 vorgestellt wurde (s. STEINER 2014, S. 211). Dazu werden zunächst die Kernentitäten bestimmt, welche die Grundprämisse des Datenmodells widerspiegeln. Darauf aufbauend werden abhängige Entitäten ermittelt, die für das Verständnis dieser Grundprämisse nötig sind. Zuletzt werden Bewegungsdaten erfasst, welche Entitäten beinhalten, die zur Beschreibung konkreter Aktivitäten notwendig sind. Das Fachbegriffsmodell dient dabei der Gestaltung von Datenmodellen auf der Ebene des Fachkonzeptes in ARIS und soll in Kapitel 6.3 noch um Attribute ergänzt werden, um inhaltliche Tiefe zu gewinnen. (s. SCHEER U. THOMAS 2009, S. 555)

6.2.1 Kernentitäten bestimmen

Zweck des Datenmodells ist es, Daten über Kundeninteraktionen entlang der Customer-Journey zusammenzuführen. Entsprechend müssen die Kernentitäten diesen Sachverhalt abdecken und den Zweck erfüllen können (s. STEINER 2014, S. 211).

Erster Entitätstyp ist damit die *Customer-Journey*. Nach der in Kapitel 5.2.3 hergeleiteten Struktur besteht diese dabei aus acht Phasen, welche den Entitätstyp *Customer-Journey-Phase* bilden. Eine Phase ist dabei immer genau einer Customer-Journey zugeordnet. Die Phasen wiederum bestehen aus mindestens zwei und maximal fünf potenziellen Kontaktpunkten zum Kunden (siehe Kapitel 5.3.1), die den Entitätstyp *Kundenkontaktpunkt* bilden. Ein Kundenkontaktpunkt ist stets genau einer Customer-Journey-Phase zugeordnet. Ein potenzieller Kundenkontaktpunkt ermöglicht dann einen tatsächlichen Kontakt mit dem Kunden im Rahmen einer *Kundeninteraktion*. Diese stellt einen weiteren Entitätstyp dar. In einem Kundenkontaktpunkt muss nicht zwangsweise im Laufe einer Customer-Journey eine Interaktion stattfinden. Die Minimalkardinalität ist also null. Einen Maximalwert gibt es nicht, da Interaktionen beliebig oft stattfinden können. Eine Kundeninteraktion ist aber immer genau einem Kundenkontaktpunkt zugewiesen.

Damit ergeben sich insgesamt vier Entitätstypen für die Kernentitäten. Deren zuvor beschriebene Relationen sind im Datenmodell der Kernentitäten in Abbildung 6-3 dargestellt.

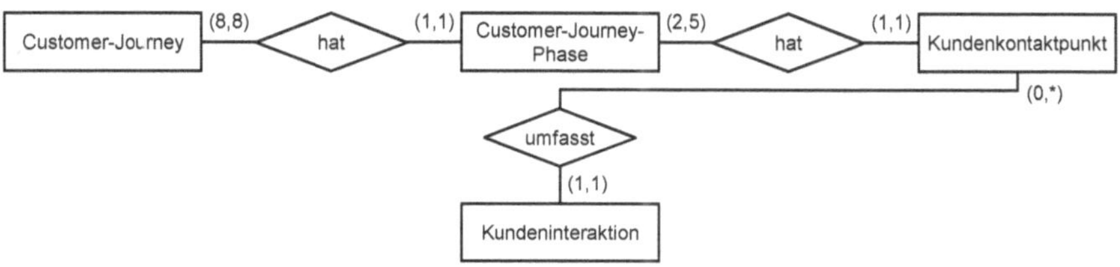

Abbildung 6-3 Datenmodell der Kernentitäten (eigene Darstellung)

6.2.2 Abhängige Entitäten ermitteln

Im Folgenden soll nun das Datenmodell der Kernentitäten um abhängige Entitäten ergänzt werden. Abhängige Entitäten stehen dabei in direkter Beziehung zu den Kernentitäten und verdeutlichen Arbeitsabläufe in einem Prozess (s. STEINER 2014, S. 212).

Zunächst wird die Customer-Journey von Kunden durchlaufen. Der entsprechende Entitätstyp *Kunde* stellt entweder ein Unternehmen oder eine juristische Person dar. Eine Ausprägung des Entitätstyps Customer-Journey kann immer nur einem Kunden zugeordnet werden. Ein Kunde durchläuft mindestens eine bis beliebig viele Instanzen einer Customer-Journey. Würde im Rahmen einer Customer-Journey kein Kontakt erfolgen, wäre der Kunde der Definition nach kein Kunde, sondern lediglich ein Unternehmen oder eine Person.

Bei der Kundeninteraktion können verschiedene Rollen auf Kunden- und Anbieterseite beteiligt sein (siehe Kapitel 5.3.2). Während eine Rolle lediglich einen bestimmten Aufgabenbereich widerspiegelt, können an einer Kundeninteraktion dann aber nur konkrete Personen beteiligt sein. Die daher zu definierenden Entitätstypen *Person (Kunde)* und *Person (Anbieter)* sind dann entweder gar nicht oder beliebig oft in eine Kundeninteraktion involviert. Die potenzielle Abwesenheit von Personen bei einer Kundeninteraktion lassen sich durch automatisierte Interaktionen zwischen computerisierten Systemen wie eine Fernüberwachung oder eine Bestellung über eine EDI-Schnittstelle erklären. Die Person auf der Kundenseite steht in direkter Beziehung zum Kunden durch ihre Beschäftigung bei diesem. Eine Person der Kundenseite kann immer nur bei einem Kunden beschäftigt sein, während bei einem Kunden eine oder mehrere Personen beschäftigt sind.

Zuletzt beansprucht eine Kundeninteraktion stets eine Leistung. Es kommt erst dann zu einer Interaktion, wenn der Kunde eine vom Anbieter angebotene Leistung in Anspruch nimmt. Daher ist jede Instanz des Entitätstyps *Leistung* genau einer Kundeninteraktion zugeordnet. Eine Kundeninteraktion kann aber mehrere Leistungen beanspruchen, mindestens jedoch eine.

Insgesamt werden die vier Kernentitäten im Datenmodell also durch vier weitere abhängige Entitäten ergänzt. Das so erweiterte Datenmodell ist in Abbildung 6-4 dargestellt.

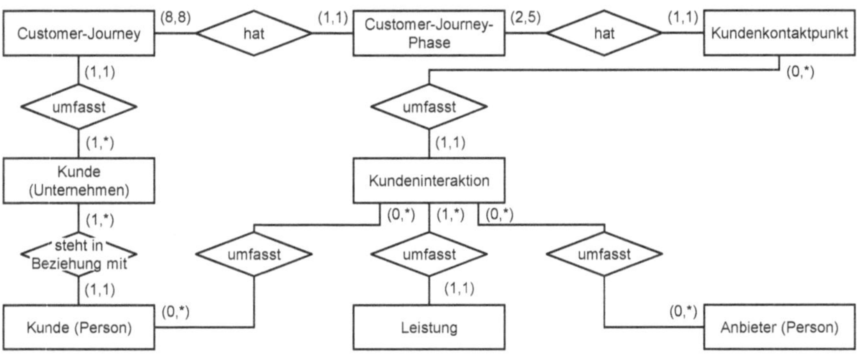

Abbildung 6-4 Datenmodell der Kernentitäten und abhängigen Entitäten (eigene Darstellung)

6.2.3 Bewegungsdaten erfassen

Zuletzt erfolgt die Erfassung von Bewegungsdaten. Diese Daten sind volatil und entspringen dem Tagesgeschäft (s. STEINER 2014, S. 220). Im Fall des Datenmodells für den digitalen Schatten der Kundeninteraktionen sind dies die Leistungen, die im Rahmen einer Kundeninteraktion beansprucht werden.

Der Entitätstyp Leistung kann dabei in die drei Entitätstypen *Sachleistung*, *Dienstleistung* sowie *Informationsleistung* aufgegliedert werden. Diese Aufteilung wurde im Rahmen des Referenzprozessmodells in Kapitel 5.2.3 hergeleitet. Gemäß der Herleitung sind die Leistungsarten dabei disjunkt zueinander. Dies bedeutet, dass keine Leistung Teil mehrerer Typen sein kann. Weiterhin handelt es sich auch um eine totale Menge. Es gibt keine Leistungen, die nicht innerhalb der drei Typen verortet werden können. Ebenfalls in Kapitel 5.2.3 wurde aufgezeigt, dass diese drei Leistungsarten weiter spezifiziert werden können. Ein Sachgut kann entweder ein *Gebrauchsgut* oder ein *Verbrauchsgut* sein. Eine Dienstleistung ist entweder eine *sporadische Dienstleistung* oder eine *kontinuierliche Dienstleistung*. Eine Informationsleistung ist entweder eine *funktionale Informationsleistung*, eine *soziale Informationsleistung*, eine *Community-Informationsleistung* oder eine *Unternehmensinformationsleistung*.

Das Datenmodell der acht Kern- und abhängigen Entitäten wird somit durch eine Spezifizierung des Entitätstyps *Leistung* um elf weitere Entitätstypen ergänzt. Das sich somit ergebende Datenmodell, welches in seiner Vollständigkeit das Datenmodell für den digitalen Schatten der Kundeninteraktion produzierender Unternehmen darstellt, ist in Abbildung 6-5 dargestellt.

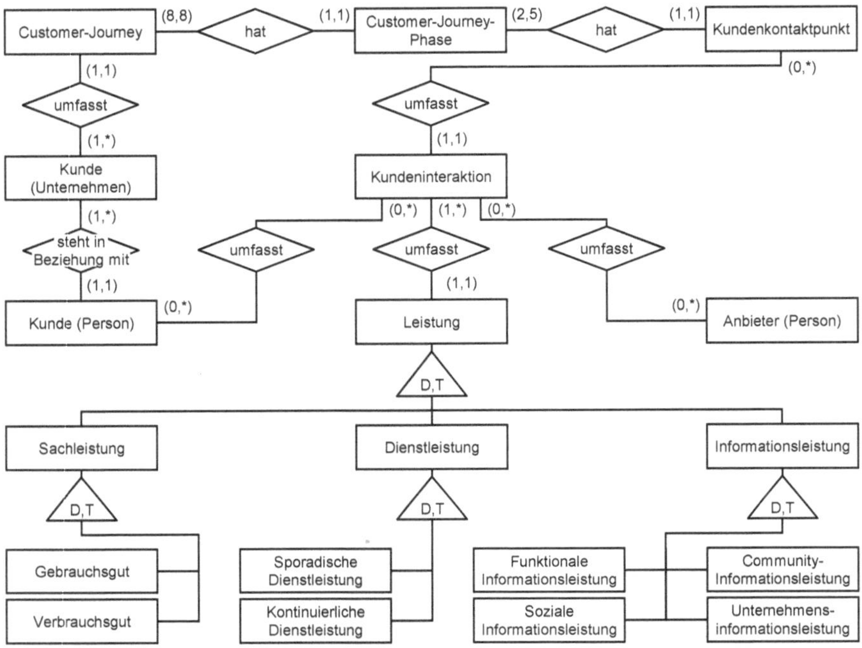

Abbildung 6-5 Datenmodell der Kundeninteraktion produzierender Unternehmen (eigene Darstellung)

6.3 Zuordnung der Attribute

In diesem Kapitel erfolgt die Zuordnung von Attributen zu den Entitätstypen des Datenmodells im Rahmen von Attributszuordnungsdiagrammen (s. SEIDLMEIER 2019, S. 74). Die Attribute stellen dabei nur eine Minimalbeschreibung der Entitäten dar, um den Zweck des digitalen Schattens der Kundeninteraktionen erfüllen zu können. Bei einer konkreten Anwendung des Modells in der Praxis sind daher weitere Attribute zu ergänzen und die angegebenen Attribute nur als erste Auswahl zu verstehen. Attribute, die der eindeutigen Identifikation konkreter Instanzen einer Entität dienen, sind sogenannte Schlüsselattribute und werden unterstrichen dargestellt (s. BECKER ET AL. 2012, S. 6). Weiterhin vererben generalisierte Entitätstypen ihre Attribute an deren Spezialisierungen (s. GADATSCH 2019a, S. 19).

6.3.1 Attribute der Kernentitäten

Der Entitätstyp *Customer-Journey* hat das Attribut *Customer-Journey-ID (*siehe Abbildung 6-6). Das Schlüsselattribut *Customer-Journey-ID* weist einer Customer-Journey einen einzigartigen Identifikator zu.

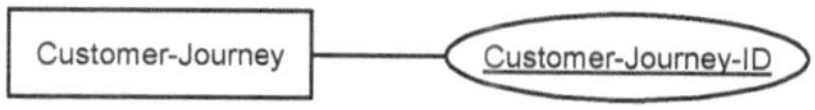

Abbildung 6-6 Attribute des Entitätstyps *Customer-Journey* (eigene Darstellung)

Der Entitätstyp *Customer-Journey-Phase* hat das Attribut *Phasenkategorie (*siehe Abbildung 6-7). Das Attribut *Phasenkategorie* bestimmt, in welcher Phase der Customer-Journey eine Kundeninteraktion stattfindet. Mögliche Ausprägungen sind damit die in Kapitel 5.1.3 hergeleiteten acht Phasen der Customer-Journey. Da nicht mehrere Phasen gleicher Ausprägung einer Customer-Journey zugeordnet werden, sondern jede Phase genau einmal zugeordnet wird, bedarf es keines einzigartigen Identifikators.

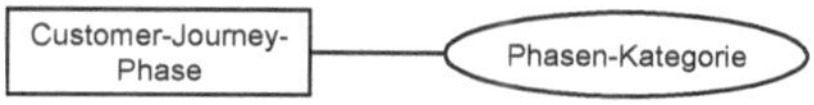

Abbildung 6-7 Attribute des Entitätstyps *Customer-Journey-Phase* (eigene Darstellung)

Der Entitätstyp *Kundenkontaktpunkt* hat das Attribut *Kontaktpunktkategorie (*siehe Abbildung 6-8). Das Attribut *Kontaktpunktkategorie* bestimmt, an welchem potenziellen Kontaktpunkt der Customer-Journey eine Kundeninteraktion stattfindet. Mögliche Ausprägungen sind damit die in Kapitel 5.3.1 hergeleiteten 29 Funktionen. Je nachdem, in welcher Phase der Customer-Journey die Kundeninteraktion stattfindet, sind zwischen zwei und fünf verschiedene Ausprägungen möglich. Da nicht mehrere Kundenkontaktpunkte gleicher Ausprägungen einer Phase zugeordnet werden, sondern jeder Kontaktpunkt genau einmal zugeordnet wird, bedarf es keines einzigartigen Identifikators.

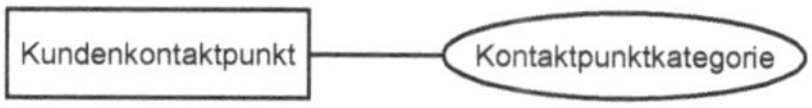

Abbildung 6-8 Attribute des Entitätstyps *Kundenkontaktpunkt* (eigene Darstellung)

Der Entitätstyp *Kundeninteraktion* hat die Attribute *Interaktions-ID*, *Beginn* und *Ende (*siehe Abbildung 6-9). Das Schlüsselattribut *Interaktions-ID* weist jeder Kundeninteraktion einen einzigartigen Identifikator zu. Jede Kundeninteraktion von produzierenden Unternehmen wird im Rahmen des digitalen Schattens also erfasst und kann in einer Datenbank gespeichert werden. Damit ist die Interaktions-ID auch der wesentliche Identifikator jedes Tupels in der Datenbank. Die Attribute *Beginn* und *Ende* stellen Zeitstempel dar, die entsprechend den Beginn und das Ende der Kundeninteraktion anzeigen. Zeitstempel sollten dabei sowohl die genaue Uhrzeit als auch das Datum erfassen (s. CONFORTI ET AL. 2020, S. 327).

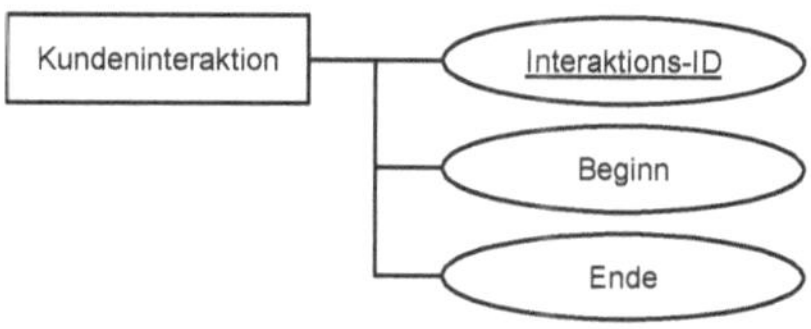

Abbildung 6-9 Attribute des Entitätstyps *Kundeninteraktion* (eigene Darstellung)

6.3.2 Attribute der abhängigen Entitäten

Der Entitätstyp *Kunde (Unternehmen)* hat die Attribute *Kunden-ID* und *Kundenstammdaten* (siehe Abbildung 6-10). Das Schlüsselattribut *Kunden-ID* weist jedem Kunden auf Unternehmensbasis einen einzigartigen Identifikator zu. Das Attribut *Kundenstammdaten* enthält Stammdaten über den Kunden. Stammdaten spiegeln dabei Charakteristika der Entität wider und unterliegen damit keinen kurzfristigen häufigen Änderungen (s. OTTO 2012, S. 338). Dies können etwa Attribute wie eine *Rechnungsadresse*, eine für den Kunden hinterlegte *Preisliste* oder geschlossene *Rahmenverträge* für z. B. Zahlungszielen sein.

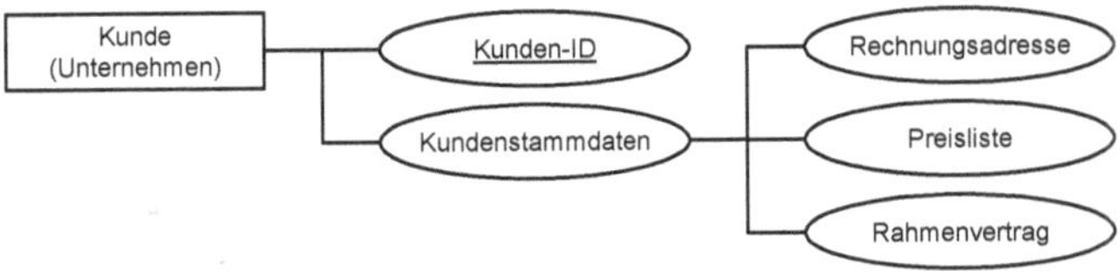

Abbildung 6-10 Attribute des Entitätstyps *Kunde (Unternehmen)* (eigene Darstellung)

Der Entitätstyp *Kunde (Person)* hat die Attribute *Kundenmitarbeiter-ID* und Personen*stammdaten* (siehe Abbildung 6-11). Das Schlüsselattribut *Kundenmitarbeiter-ID* weist jedem Mitarbeiter eines Kunden einen einzigartigen Identifikator zu. Das Attribut *Personenstammdaten* enthält dann Stammdaten zu diesen Mitarbeitern. Hierbei ist zu beachten, dass personenbezogene Daten im Rahmen der Datenschutzgrundverordnung der Europäischen Union einen besonderen Schutz genießen (s. ROßNAGEL 2017, S. 7). Für die Erfassung und Verarbeitung der personenbezogenen Daten ist daher unter Umständen eine Einwilligung seitens der betroffenen Person notwendig (s. ROßNAGEL 2017, S. 19). Beispielhafte Attribute können die *Position* und die *Abteilung* der Personen sein, der *Standort, an* dem sie arbeitet, die *Qualifikationen, die* sie nachweisen kann und *Kontaktdaten.* Die Position oder Abteilung kann sich dabei an dem in Kapitel 5.3.2 entwickelten Organigramm orientieren.

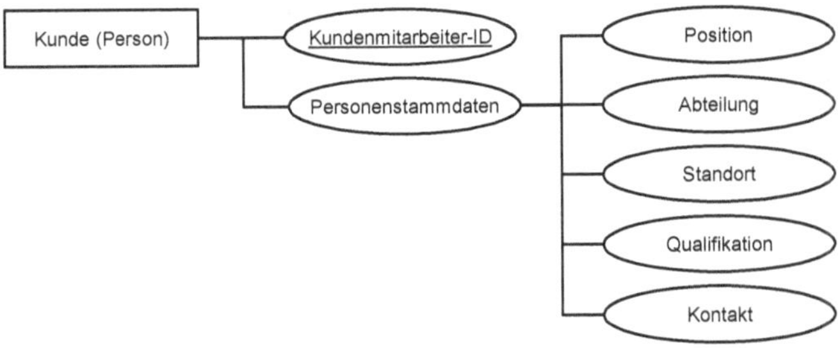

Abbildung 6-11 Attribute des Entitätstyps *Kunde (Person)* (eigene Darstellung)

Der Entitätstyp *Anbieter (Person)* hat die Attribute *Mitarbeiter-ID* und Personen*stammdaten* (siehe Abbildung 6-12). Analog zur Kundenmitarbeiter-ID weist das Schlüsselattribut M*itarbeiter-ID* jedem Mitarbeiter einen einzigartigen Identifikator zu, hier jedoch auf Seiten des Anbieters. Die Attribute der *Personenstammdaten* sind entsprechend vergleichbar. Auch bei Mitarbeitern ist auf den entsprechenden Schutz personenbezogener Daten zu achten. Diese Schutzinteressen werden bei Unternehmen häufig vom Betriebsrat vertreten (s. STOCKINGER ET AL. 2018, S. 3).

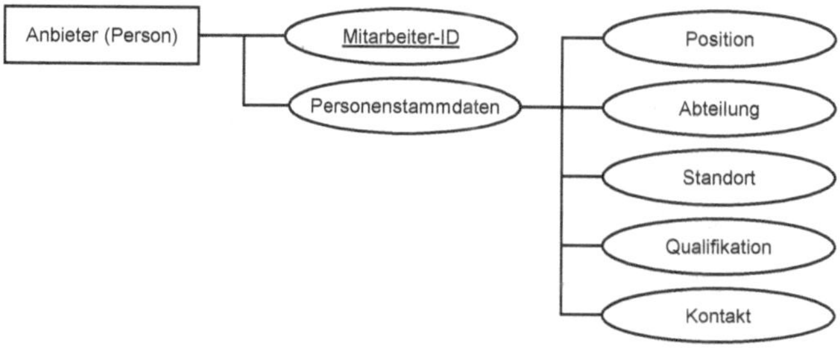

Abbildung 6-12 Attribute des Entitätstyps *Anbieter (Person)* (eigene Darstellung)

Der Entitätstyp *Leistung* hat das Attribut *Leistungsart* (siehe Abbildung 6-13). Das Attribut *Leistungsart* spezifiziert, welche Art Leistung bei der Kundeninteraktion erbracht wurde. Die möglichen Ausprägungen sind nach Kapitel 5.1.3 Sachleistung, Dienstleistung oder Informationsleistung.

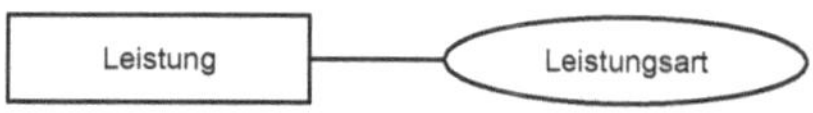

Abbildung 6-13 Attribute des Entitätstyps *Leistung* (eigene Darstellung)

6.3.3 Attribute der Bewegungsdaten

Der Entitätstyp *Sachleistung* hat die Attribute *Sachleistungs-ID*, *Sachleistungskategorie* und *Artikelnummer (Sachleistung)* (siehe Abbildung 6-14). Das Schlüsselattribut *Sachleistungs-ID* weist jeder Sachleistung einen einzigartigen Identifikator zu. Dies ist nicht nur für Gebrauchsgüter wichtig, die bei mehreren Kundeninteraktionen beteiligt sein können, sondern auch für Verbrauchsgüter. Während das eigentliche Verbrauchsgut bei einer Kundeninteraktion definitionsgemäß verbraucht wird, kann hier eine Abstraktion auf eine Chargennummer erfolgen. Bei späteren Problemen kann dann eine Nachverfolgung stattfinden (s. RUIZ-GARCIA ET AL. 2010, S. 114). Das Attribut *Sachleistungskategorie* spezifiziert, ob es sich bei der Sachleistung um ein Gebrauchs- oder Verbrauchsgut handelt. Zuletzt spezifiziert das Attribut *Artikelnummer (Sachleistung), welche* Art Produkt bei der Leistung involviert war. Hierüber werden die genauen Charakteristika der Sachleistung und ihre Funktionen festgehalten. Während in Kapitel 5.3.3 verschiedene Arten von Sachleistungen aufgezeigt wurden, geht es bei Artikeln um spezifische Konfigurationen respektive Ausprägungen von Produkten.

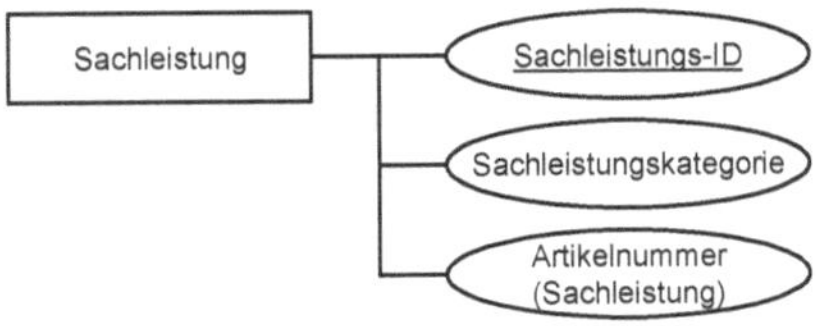

Abbildung 6-14 Attribute des Entitätstyps *Sachleistung* (eigene Darstellung)

Der Entitätstyp *Gebrauchsgut* hat das Attribut *Gebrauch* (siehe Abbildung 6-15). Neben den Attributen der dem Gebrauchsgut übergeordneten Entitätstypen *Sachleistung* und *Leistung* spezifiziert das Attribut *Gebrauch* die Nutzung des Gebrauchsguts. Neben historischen Laufzeitdaten können dies unter anderem Betriebsparameter oder Umweltdaten sein (s. VOET ET AL. 2019, S. 22).

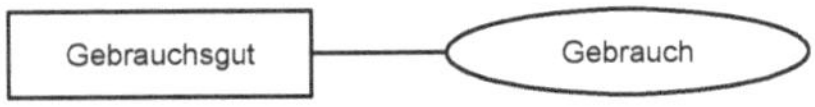

Abbildung 6-15 Attribute des Entitätstyps *Gebrauchsgut* (eigene Darstellung)

Der Entitätstyp *Verbrauchsgut* hat das Attribut *Verbrauch* (siehe Abbildung 6-16). Analog zum Gebrauchsgut gibt das Attribut *Verbrauch* den Verbrauch des Verbrauchsguts an. Dabei kann es je nach Art des Verbrauchsgutes um konkrete Stückzahlen gehen, aber auch um Gewicht oder andere Mengenangaben.

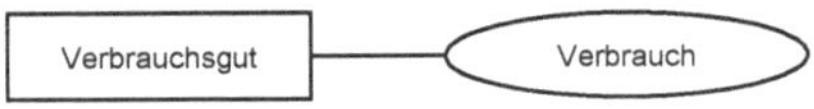

Abbildung 6-16 Attribute des Entitätstyps *Verbrauchsgut* (eigene Darstellung)

Der Entitätstyp *Dienstleistung* hat die Attribute *Dienstleistungs-ID*, *Dienstleistungskategorie*, *Artikelnummer (Dienstleistung)* und *erbrachte Dienstleistung* (siehe Abbildung 6-17). Das Schlüsselattribut *Dienstleistungs-ID* weist jeder Dienstleistung einen einzigartigen Identifikator zu. Das Attribut *Dienstleistungskategorie* spezifiziert, ob es sich bei der Dienstleistung um eine sporadische oder kontinuierliche Dienstleistung handelt. Weiterhin spezifiziert das Attribut *Artikelnummer (Dienstleistung), welche* Art Dienstleistung bei der Leistung involviert war. Hierüber wird der Leistungsumfang der Sachleistung festgehalten. In Kapitel 5.3.3 sind dafür beispielhafte Arten von Dienstleistungen angegeben. Das Attribut *Erbrachte Dienstleistung* zeichnet die tatsächlich durchgeführten Arbeiten auf.

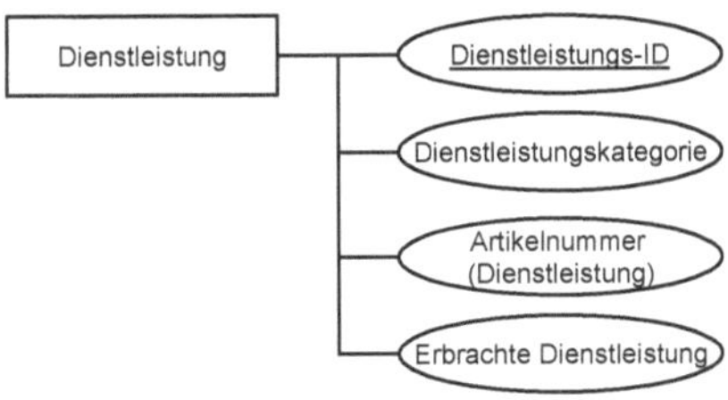

Abbildung 6-17 Attribute des Entitätstyps *Dienstleistung* (eigene Darstellung)

Der Entitätstyp *Sporadische Dienstleistung* hat das Attribut *Auslöser* (siehe Abbildung 6-18). Da sporadische Dienstleistungen nur gelegentlich stattfinden, zum Beispiel im Störfall, ist es wichtig, zu verstehen, warum diese Leistung erbracht werden musste (s. ALPERS ET AL. 2014, S. 57). Diese Information wird im Attribut *Auslöser* gespeichert.

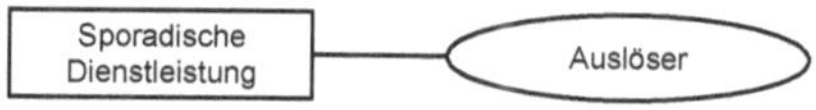

Abbildung 6-18 Attribute des Entitätstyps *Sporadische Dienstleistung* (eigene Darstellung)

Der Entitätstyp *Kontinuierliche Dienstleistung* hat das Attribut *Frequenz* (siehe Abbildung 6-19). Das Attribut *Frequenz* gibt die Regelmäßigkeit an, mit der die Dienstleistung erfolgt. Ausprägungen können entweder eine stetige Dienstleistung sein, wie z. B. die Fernüberwachung, oder die Frequenz wird über eine Laufleistung des Produktes oder einfach ein Zeitintervall bestimmt.

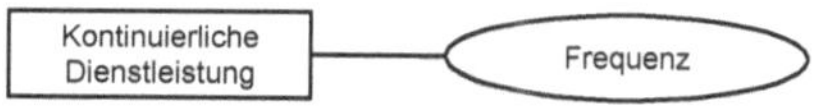

Abbildung 6-19 Attribute des Entitätstyps *Kontinuierliche Dienstleistung* (eigene Darstellung)

Der Entitätstyp *Informationsleistung* hat die Attribute *Informationsleistungs-ID*, *Informationsleistungskategorie* und *Erbrachte Informationsleistung* (siehe Abbildung 6-20). Das Schlüsselattribut *Informationsleistungs-ID* weist jeder Informationsleistung einen einzigartigen Identifikator zu. Das Attribut *Informationsleistungskategorie* spezifiziert, ob es sich bei der Informationsleistung um eine funktionale, soziale, Community- oder Unternehmensinformationsleistung handelt. Das Attribut *Erbrachte Informationsleistung* zeichnet die tatsächlich vermittelten Informationen auf. Eine potenzielle Auswahl findet sich in Kapitel 5.3.3. Im Gegensatz zu der Sach- und Dienstleistung entfällt hier ein Attribut für eine Artikelnummer. Da laut Definition in Kapitel 5.1.3 Informationsleistungen nicht fakturiert werden, erfolgt seitens der Unternehmen auch keine systematisierte Erfassung von Informationsleistungen im Sinne von verkäuflichen Produkten.

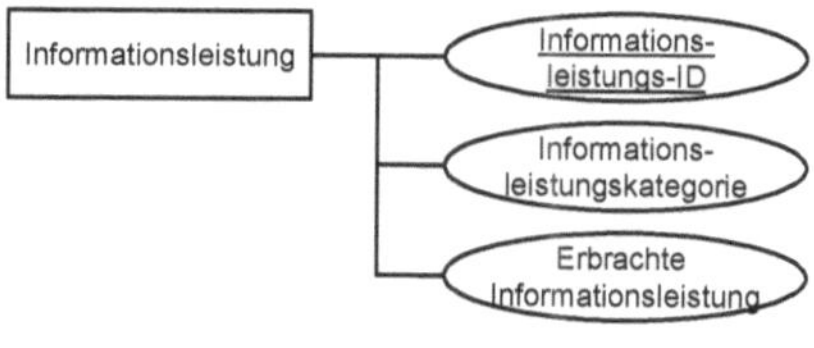

Abbildung 6-20 Attribute des Entitätstyps *Informationsleistung* (eigene Darstellung)

Der Entitätstyp *Funktionale Informationsleistung* hat das Attribut *Funktion* (siehe Abbildung 6-21). Das Attribut *Funktion* gibt die Funktion an, die durch die funktionale Informationsleistung ausgeführt werden soll. Ausprägungen können laut den Fallstudien zum Beispiel die Aufgabe einer Bestellung oder eine Anleitung für die Reparatur eines Produktes sein.

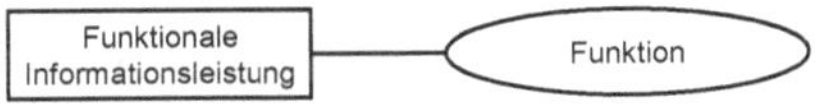

Abbildung 6-21 Attribute des Entitätstyps *Funktionale Informationsleistung* (eigene Darstellung)

Der Entitätstyp *Soziale Informationsleistung* hat das Attribut *Soziale Aktivität* (siehe Abbildung 6-22). Das Attribut *Soziale Aktivität* gibt an, welche Aktionen auf den Sozialen Medien im Rahmen der Informationsleistung stattgefunden haben. Ein Beispiel hierfür ist das Kommentieren oder Teilen von Beiträgen, welches auch im B2B-Bereich stattfindet (s. SUNDSTRÖM ET AL. 2021, S. 459).

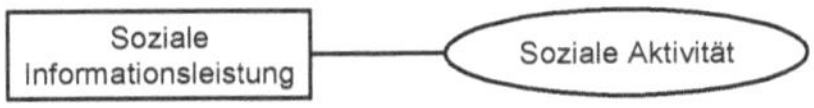

Abbildung 6-22 Attribute des Entitätstyps *Soziale Informationsleistung* (eigene Darstellung)

Der Entitätstyp *Community-Informationsleistung* hat das Attribut *Kommunikation* (siehe Abbildung 6-23Abbildung 6-22). Das Attribut *Kommunikation* beinhaltet Informationen über die Art der Kommunikation, die in einem Forum oder Blog auftritt. Beispielsweise kann bei der Teilnahme an einer Diskussion in einem Forum eine Person entweder als Experte auftreten und Informationen teilen oder gezielt nach diesen Informationen gefragt haben (s. KEINÄNEN U. KUIVALAINEN 2015, S. 722).

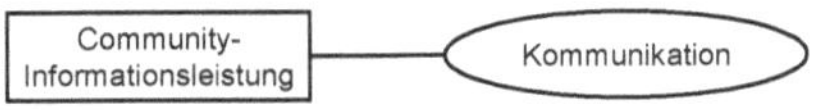

Abbildung 6-23 Attribute des Entitätstyps *Community-Informationsleistung* (eigene Darstellung)

Der Entitätstyp *Unternehmensinformationsleistung* hat das Attribut *Reaktion* (siehe Abbildung 6-24). Das Attribut *Reaktion* erfasst, welche Reaktion ein Kunde auf eine Unternehmensinformationsleistung gezeigt hat. Von großer Bedeutung ist hierbei, ob der Kunde die beabsichtigte Reaktion gezeigt hat und zum Beispiel nach Erhalt einer Werbung für eine Dienstleistung diese auch in Anspruch genommen hat (s. WANG ET AL. 2014, S. 163).

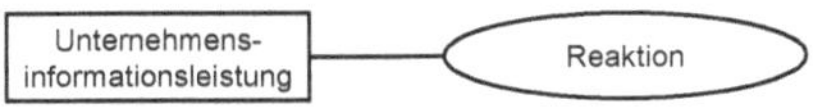

Abbildung 6-24 Attribute des Entitätstyps *Unternehmensinformationsleistung* (eigene Darstellung)

6.4 Reflexion und Zusammenfassung der Ergebnisse

Ziel dieses Kapitels war die Gestaltung eines Datenmodells des digitalen Schattens der Kundeninteraktion produzierender Unternehmen gemäß dem in Kapitel 4.2

eingeführten methodischen Aufbau des Forschungsmodells und auf Basis des in Kapitel 5 erarbeiteten Referenzprozessmodells der Kundeninteraktionen.

In diesem Kapitel wurde dafür zunächst der Aufbau des zu gestaltenden Datenmodells vorgestellt. Dieses gliedert sich dabei nach ARIS auf Ebene des Fachkonzeptes in ein Fachbegriffsmodell und in Attributszuordnungsdiagramme auf Ebene des DV-Konzeptes (s. SEIDLMEIER 2019, S. 71; 2019, S. 74). Ziel des Datenmodells ist die vollständige datentechnische Abbildung des Referenzprozesses der Kundeninteraktionen. Bei Sammlung und Vernetzung kundenbezogener Daten im Sinne des Datenmodells wird dann der digitale Schatten der Kundeninteraktionen gebildet. Entsprechend sind im Fachbegriffsmodell sämtliche Entitäten in Beziehung zur Kundeninteraktion gesetzt, die bei der Funktions-, Organisations- und Leistungssicht des Referenzprozessmodells in Kapitel 5 definiert wurden (siehe Abbildung 6-25).

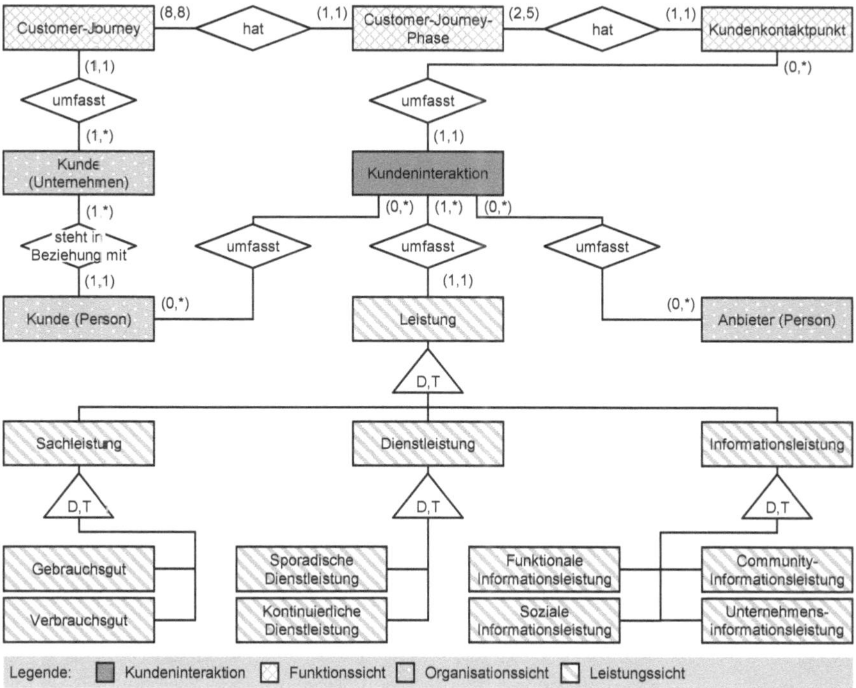

Abbildung 6-25 Verankerung der Funktions-, Organisations- und Leistungssicht im Fachbegriffsmodell

Im Rahmen des Fachbegriffsmodells fand die Beschreibung von insgesamt vier Kernentitäten, vier abhängigen Entitäten sowie elf Entitäten zur Abbildung von Bewegungsdaten statt. Das Fachbegriffsmodell bildet damit alle an einer Kundeninteraktion beteiligten Entitäten und deren Beziehungen ab. Für die Entitäten des Fachbegriffsmodells folgte dann eine Zuordnung von Attributen zur Ausgestaltung des Modells. Insgesamt wurden 44 Attribute benannt.

Da das Datenmodell primär die übergeordnete Ebene des Referenzprozesses der Kundeninteraktionen widerspiegelt, kann davon ausgegangen werden, dass es vollständig ist. Die Attribute stellen jedoch nur eine erste minimale Auswahl zur konkreten Beschreibung von Kundeninteraktionen dar. Bei einer konkreten Anwendung des Datenmodells sind im Rahmen des spezifischen Anwendungsfalls weitere Attribute zu bestimmen, um den Sachverhalt möglichst vollständig beschreiben zu können. In Kapitel 7 folgt deshalb die Gestaltung eines Vorgehensmodells zur konkreten Anwendung des Datenmodells für die Implementierung eines digitalen Schattens der Kundeninteraktionen bei produzierenden Unternehmen.

7 Vorgehensmodell zur Implementierung des digitalen Schattens

In Kapitel 7 wird ein Vorgehensmodell zur Implementierung des digitalen Schattens der Kundeninteraktionen ausgestaltet. Wesentliche Vorleistungen wurden dafür mit dem Referenzprozessmodell der Kundeninteraktionen in Kapitel 5 und dem Datenmodell des digitalen Schattens der Kundeninteraktionen in Kapitel 6 gelegt (siehe Abbildung 7-1).

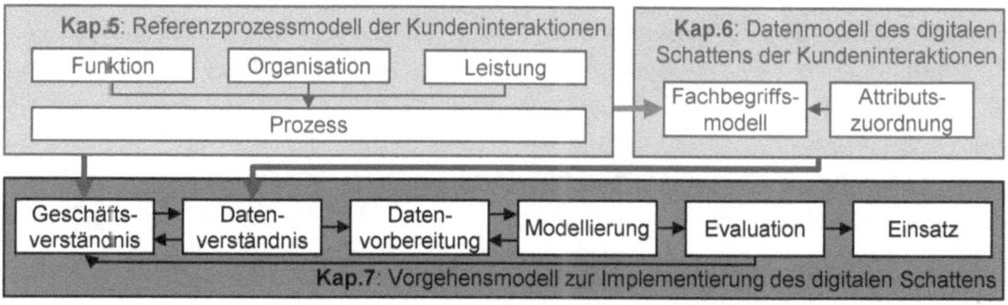

Abbildung 7-1 Einordnung von Kapitel 7 in das Forschungsmodell (eigene Darstellung)

In Kapitel 7.1 erfolgt die Auswahl eines Referenz-Vorgehensmodells über die Erläuterung verschiedener Modelle und ein Abgleich derer mit den Zielen des Dissertationsvorhabens. Die eigentliche Ausgestaltung des Vorgehens anhand einer Konkretisierung des gewählten Referenz-Vorgehensmodelles findet in Kapitel 7.2 statt. Abschließend folgen in Kapitel 7.3 die Reflexion und Zusammenfassung der Ergebnisse.

7.1 Auswahl eines Referenz-Vorgehensmodells

Die Implementierung informationstechnischer Systeme kann grundsätzlich über verschiedene Vorgehensweisen erfolgen. Bei einem *Top-down*-Vorgehen wird ein Hauptproblem in immer kleiner werdende Teilprobleme strukturiert, bis diese eine lösbare Einheit darstellen (s. LEHNER ET AL. 1995, S. 301). Im *Bottom-up*-Verfahren werden zunächst allgemein verwendbare Module gestaltet, die nach und nach aggregiert werden, um eine Gesamtfunktionalität zu erreichen (s. LEHNER ET AL. 1995, S. 302). Bei der *Funktionsorientierung* ist die Implementierung an der Gliederung der Funktionen in einem Funktionsbaum orientiert bis hinunter zu elementaren Grundfunktionen, die dann einzeln gelöst werden (s. LEHNER ET AL. 1995, S. 303). Basierend auf dem Datenmodell kann auch eine *Datenorientierung* bei der Implementierung von Funktionen im Vordergrund stehen (s. LEHNER ET AL. 1995, S. 304). Zuletzt ist auch eine *Objektorientierung* möglich, bei der Klassen und deren Objekte gestaltet werden, die später miteinander kommunizieren können (s. LEHNER ET AL. 1995, S. 305).

In diesem Dissertationsvorhaben wird mit der Implementierung des digitalen Schattens der Kundeninteraktionen ein klar definiertes Hauptproblem behandelt; entsprechend ist ein Top-down-Vorgehen geeignet, um das Vorgehensmodell zu gestalten. Im

Folgenden sollen entsprechend prozessbasierte Vorgehensmodelle vorgestellt und mit den Zielen des Vorhabens verglichen werden, die die Implementierung in verschiedene Schritte strukturieren und lösbare Einheiten bieten.

Zur Implementierung eines digitalen Schattens stehen potenziell mehrere Prozessmodelle zur Verfügung. Grundsätzlich kommen im Rahmen dieses Dissertationsvorhabens dabei drei verschiedene Ansätze infrage: erstens speziell für den digitalen Schatten entwickelte Modelle; zweitens für die Analyse von Kundendaten entwickelte Modelle; drittens allgemeine Modelle für die Analyse einer großen Menge an Daten. Die gewählten Ansätze sind von SCHUH ET AL. mit der „*Methodology for the derivation of a digital shadow for engineering management*" (s. SCHUH ET AL. 2018b, S. 3), von KITCHENS ET AL. mit einem „*System Diagramm for Advanced Analytics Instantiation*" (s. KITCHENS ET AL. 2018, S. 557) und zuletzt von CHAPMAN ET AL. mit dem „CRISP-DM 1.0" (s. CHAPMAN ET AL. 2000, S. 10) Alle drei Ansätze wurden bereits im Stand der Forschung in Kapitel 3 vorgestellt und besitzen eine hohe inhaltliche Relevanz für das Dissertationsvorhaben. Eine Übersicht über die drei Modelle ist in Abbildung 7-2 gegeben.

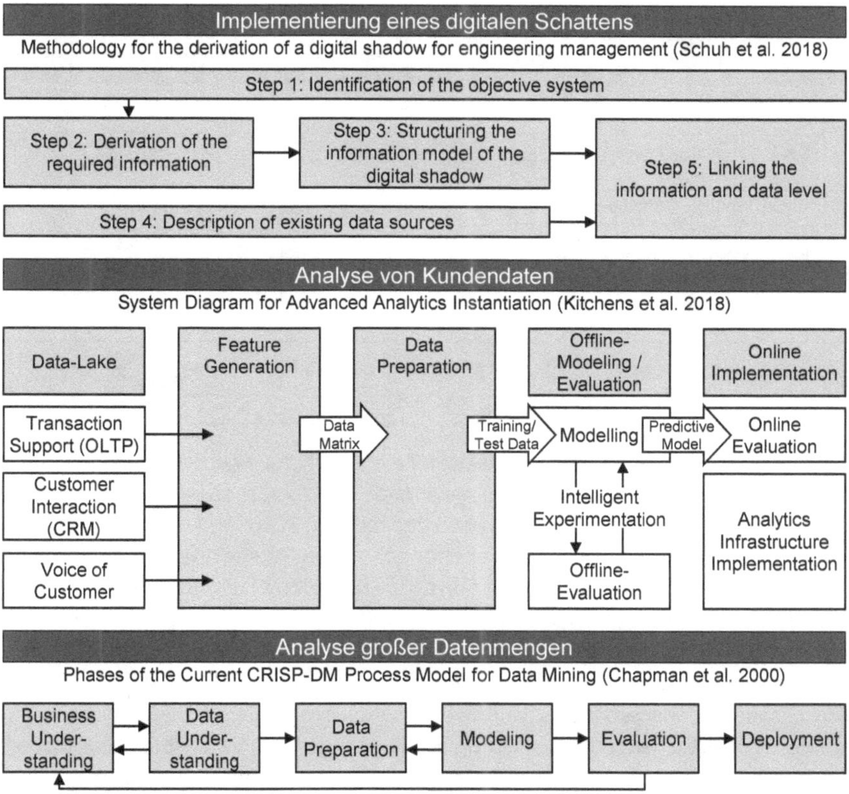

Abbildung 7-2 Gegenüberstellung von Prozessen zur Analyse von Daten (eigene Darstellung i. A. a. SCHUH ET AL. 2018b, S. 4; KITCHENS ET AL. 2018, S. 557; CHAPMAN ET AL. 2000, S. 10)

Die drei ausgewählten Modelle unterteilen den Prozess der Implementierung informationstechnischer Systeme in verschiedene Phasen, die in Tabelle 7-1 einander gegenübergestellt wurden. Grundsätzlich wäre jedes Modell geeignet, um als Referenz für die Ausgestaltung eines Vorgehensmodells zur Implementierung eines digitalen Schattens der Kundeninteraktionen zu dienen. Die tatsächliche Eignung und damit auch die finale Auswahl eines Modells finden im Folgenden statt.

Tabelle 7-1 Vergleich der Phasen der Vorgehensmodelle (eigene Darstellung)

<table>
<tr><th>Schuh et al. 2018b</th><th>Kitchens et al. 2018</th><th>Chapman et al. 2000</th></tr>
<tr><td>Identification of the objective system</td><td></td><td>Business Understanding</td></tr>
<tr><td rowspan="2">Derivation of the required information</td><td>Data-Lake</td><td rowspan="2">Data Understanding</td></tr>
<tr><td>Feature Generation</td></tr>
<tr><td>Structuring the information model of the digital shadow</td><td rowspan="3">Data Preparation</td><td rowspan="3">Data Preparation</td></tr>
<tr><td>Description of existing data sources</td></tr>
<tr><td>Linking the information and data level</td></tr>
<tr><td rowspan="3"></td><td rowspan="2">Offline-Modeling / Evaluation</td><td>Modeling</td></tr>
<tr><td>Evaluation</td></tr>
<tr><td>Online Implementation</td><td>Deployment</td></tr>
</table>

Schuh et al. legen einen starken Fokus auf die Schaffung einer verwertbaren Datenbasis. Für die Ziele solch einer Datenbasis werden verschiedene beispielhafte Anwendungen entlang des Produktlebenszyklus gegeben (s. Schuh et al. 2018b, S. 4). Daraus wird der Informationsbedarf über einzunehmende Perspektiven bei der Betrachtung des Produktes hergeleitet (s. Schuh et al. 2018b, S. 4). Die anderen Phasen befassen sich dann mit der konkreten Zusammenführung der Daten. Eine konkrete Auswertung wird nicht mehr betrachtet. Weiterhin ist hervorzuheben, dass innerhalb der Phasen kein iteratives Vorgehen zwischen den Phasen explizit erwähnt wird. Eine praktische oder wissenschaftliche Anwendung außerhalb der Universität des Autors wurde nicht dokumentiert, weshalb man auf eine geringe Verbreitung des Modells schließen kann (Google Scholar 2021b). Zuletzt ist die Detaillierung des Vorgehens über zwei Seiten eher gering (s. Schuh et al. 2018b, S. 3–5).

Das Vorgehensmodell von Kitchens et al. wurde speziell für die Analyse von Kundendaten entwickelt. Entsprechend wird am Anfang keine Phase zur Feststellung der Ziele verortet. Stattdessen wird das Vorgehen für einen konkreten Anwendungsfall erläutert und die Ergebnisse zweier weiterer im Anhang vorgestellt (s. Kitchens et al. 2018, S. 556). Anstatt einer allgemeinen Vorgehensbeschreibung werden dadurch konkrete Datenquellen und weitere Spezifika wiedergegeben. Eine allgemeine Detailbeschreibung bleibt aus. Eine konkrete Anwendung des Vorgehens durch Dritte konnte nicht ermittelt werden, jedoch wird der Artikel oft zitiert bezüglich der Bedeutung der Kundendatenanalyse (Google Scholar 2021a).

Im Gegensatz zu den anderen Ansätzen ist CRISP-DM deutlich iterativer gestaltet. Weiterhin deckt der Prozess sowohl die Zieldefinition als auch die Implementierung ab. Auch wenn CRISP-DM bereits 2000 erstmals vorgestellt wurde, ist es auch heute noch von großer Relevanz und kommt in zahlreichen Veröffentlichungen zur Anwendung (s. Martinez-Plumed et al. 2020, S. 3). Die breite Anwendung kann möglicherweise auch auf die ausführliche Beschreibung der Aktivitäten zurückgeführt werden (s. Chapman et al. 2000, S. 30–56). CRISP-DM ist auch heute noch, 20 Jahre nach der erstmaligen Veröffentlichung, besonders geeignet, wenn ein konkretes Ziel vorliegt und man bewerten kann, welcher Daten es dafür zur Analyse bedarf (s. MARTINEZ-PLUMED ET AL. 2020, S. 4).

Basierend auf diesen Ausführungen wird zur Gestaltung des Vorgehensmodells CRISP-DM als Grundlage gewählt. Die besondere Eignung bei klaren Zielen und bekannten Datenquellen stimmt mit dem Dissertationsvorhaben überein. Weiterhin sind über dieses Modell die meisten Informationen verfügbar und es sind zahlreiche Anwendungsfälle bekannt. Damit sollte das Modell auch am bekanntesten in der Industrie sein. Weiterhin kommt der iterative Charakter auch der explorativen Suche nach weiteren relevanten Datenquellen für Kundendaten zugute.

7.2 Ausgestaltung des Vorgehensmodells

Das Vorgehensmodell wird, wie im vorigen Abschnitt erläutert, auf Basis des CRISP-DM gestaltet. Das Modell kann dabei in vier Ebenen unterteilt werden: Auf der ersten Ebene befinden sich Phasen und darunter generische Aufgaben (s. CHAPMAN ET AL. 2000, S. 6). Diese Ebenen stellen das Prozessmodell dar und sind generisch auf verschiedene Anwendungsfälle zu applizieren. Auf der dritten Ebene, den speziellen Aufgaben, erfolgt eine situationsspezifische Ausgestaltung der Aufgaben und auf der vierten Ebene der Prozessinstanzen findet dann eine konkrete Handlung statt (s. CHAPMAN ET AL. 2000, S. 6). Für diesen damit stattfindenden Übertrag eines Prozessmodells in einen konkreten Prozess, das Mapping, ist der Kontext der Anwendung entscheidend (s. CHAPMAN ET AL. 2000, S. 7).

Das zu gestaltende Vorgehensmodell übernimmt zunächst die Phasen und allgemeinen Aufgaben aus dem CRISP-DM-Prozessmodell, da jene generisch anwendbar sind. Da das Dissertationsvorhaben als Ziel eine generelle Anwendbarkeit der Modelle hat, kann eigentlich keine Ausgestaltung der speziellen Aufgaben auf Ebene drei erfolgen, da dies bei jedem Unternehmen unterschiedlich zu gestalten wäre. Daher werden stattdessen für die dritte Ebene lediglich Betrachtungsobjekte für die allgemeinen Aufgaben gestaltet (siehe Abbildung 7-3). Diese Betrachtungsobjekte sollen bei Anwendung des CRISP-DM-Prozessmodells das Mapping im speziellen Kontext des digitalen Schattens der Kundeninteraktionen produzierender Unternehmen unterstützen.

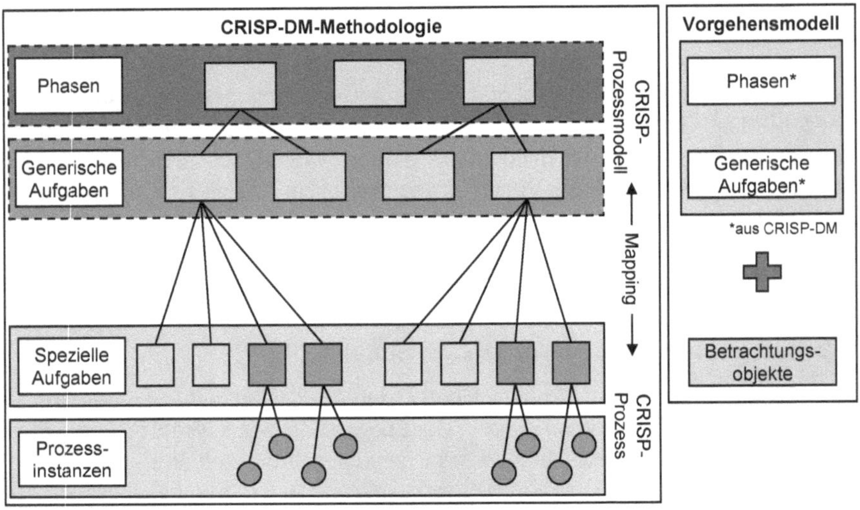

Abbildung 7-3 Ebenen von CRISP-DM in Gegenüberstellung zum Vorgehensmodell (eigene Darstellung i. A. a. CHAPMAN ET AL. 2000, S. 6)

Die Phasen und generischen Aufgaben sind in Abbildung 7-4 dargestellt. Im Folgenden sollen diese generischen Aufgaben für das Vorhaben der Implementierung eines digitalen Schattens von Kundeninteraktionen in produzierenden Unternehmen durch Betrachtungsobjekte spezifiziert werden. Insbesondere sollen dabei die Anwendungen des Referenzprozessmodells aus Kapitel 5 und des Datenmodells aus Kapitel 6 aufgezeigt werden.

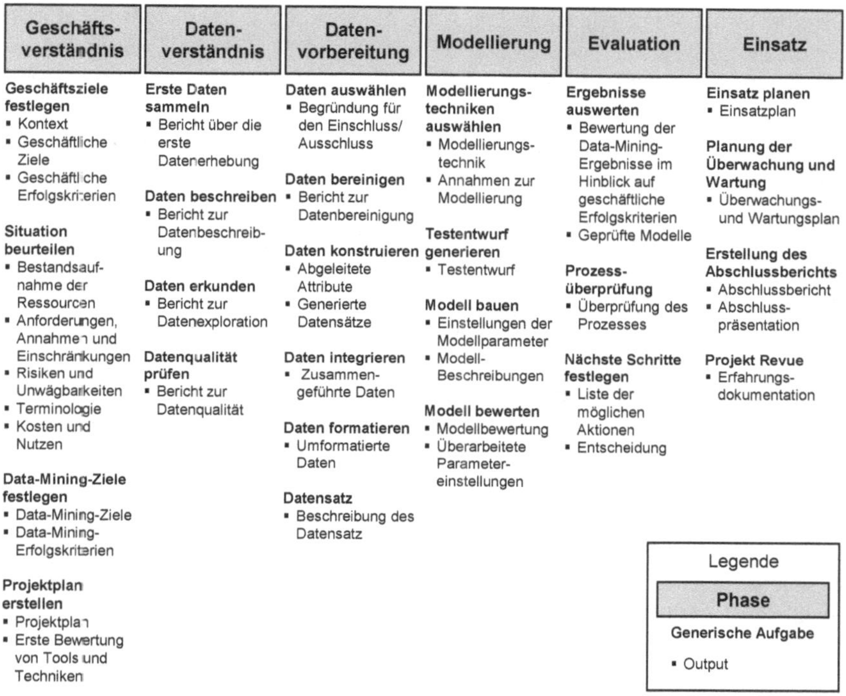

Abbildung 7-4 CRISP-DM-Phasen, allgemeine Aufgaben und Ergebnisse (eigene Darstellung i. A. a. CHAPMAN ET AL. 2000, S. 12)

7.2.1 Geschäftsverständnis

Erste Aufgabe in der Phase *Geschäftsverständnis* ist es, Geschäftsziele *festzulegen*. Konkrete Ergebnisse sind Informationen zum Kontext des Vorhabens sowie Geschäftsziele und Erfolgskriterien (s. CHAPMAN ET AL. 2000, S. 14). Der digitale Schatten als hinreichend genaues digitales Abbild eines Prozesses in dieser Arbeit, konkret der Prozess der Kundeninteraktionen produzierender Unternehmen, bietet zunächst einmal die Grundlage zur Auswertung von Daten (s. SCHUH ET AL. 2016a, S. 25). Im Rahmen der Aufgabe muss also definiert werden, welche Geschäftsziele mit der Auswertung der Daten aus Kundeninteraktionen erreicht werden sollen, unabhängig vom digitalen Schatten. Typischerweise beziehen sich Ziele der Auswertung großer Datenmengen, des sogenannten Data-Minings, in produzierenden Unternehmen vordergründig auf die Produktion und dort auf die Themen der Planung, Überwachung, Qualität und Fehlererkennung (s. DOGAN U. BIRANT 2021, S. 5). Allgemeinere Ziele können aber das *Erkennen von Trends*, die *Erstellung von Prognosen*, das *bessere Verstehen von Kundenbedürfnissen*, das *Überprüfen von Hypothesen* und die *Vorbereitung von Entscheidungsfindungen* sein (s. SCHICK 2017).

Sind die Geschäftsziele festgelegt, folgt die Aufgabe *Situation beurteilen*. Ziel ist es, ein detailliertes Verständnis über den durch die Geschäftsziele festgelegten Betrachtungsraum zu erlangen (s. CHAPMAN ET AL. 2000, S. 14). Unabhängig vom zu verstehenden Prozess wird mit der Aufgabe der Situationsbeurteilung auch die Auseinandersetzung bezüglich Kosten und Nutzen eines digitalen Schattens sowie der Verfügbarkeit von Ressourcen für dessen Implementierung betrachtet (s. CHAPMAN ET AL. 2000, S. 15). Der Betrachtungsraum ist für den digitalen Schatten von Kundeninteraktionen produzierender Unternehmen genau durch ebenjene Kundeninteraktionen definiert. Um Unternehmen bei der Erlangung eines detaillierteren Verständnisses über die Kundeninteraktionen zu unterstützen, wurde in Kapitel 5 ein Referenzprozessmodell entwickelt. Bei der Anwendung des Referenzprozessmodells kann damit auf die vorgegebenen Komponenten zurückgegriffen werden, um den konkreten *Prozess* im Anwendungsfall zu gestalten (s. SCHÜTTE 1998, S. 188). Dabei werden im Rahmen des Prozesses die durchgeführten *Funktionen*, die involvierten *Organisationseinheiten* sowie die in Anspruch genommenen *Leistungen* modelliert (s. Kapitel 5.3). Der Betrachtung dieser verschiedenen Sichten liegt dabei jeweils eine elementare Fragestellung zugrunde, deren Beantwortung einen konkreten Zweck erfüllt (siehe Tabelle 7-2). Die Funktionen im Sinne der Customer-Journey werden betrachtet, um Kundeninteraktionen und damit auch potenzielle Datenquellen zu identifizieren. Über die Feststellung, wer dann auf Kundenseite involviert ist, kann eine Zuordnung zu bestimmten Kunden, respektive auch Rollen oder Personen, innerhalb des Unternehmens erfolgen. Über die involvierten Rollen oder Personen beim Anbieter kann festgestellt werden, wer für die Erfassung kundenbezogener Daten bei der Interaktion mit dem Kunden zuständig sein könnte. Zuletzt kann durch die bei der Kundeninteraktion erbrachten Leistungen auch abgeleitet werden, welchen Informationsgehalt diese Daten hätten.

Tabelle 7-2 Zweck und zugrundeliegende Fragestellung der Situationsbeurteilung gemäß den Sichten des Referenzprozessmodells (eigene Darstellung)

Sicht	Fragestellung	Zweck
Funktionssicht	Welche Kontaktpunkte entlang der Customer-Journey hat der Kunde mit dem Unternehmen?	Holistische Erfassung potenzieller Datenquellen
Organisationssicht	Wer ist bei einer konkreten Interaktion auf Kunden- und Anbieterseite beteiligt?	Zuordnung der Daten (Kunde) bzw. Erfassung der Daten (Anbieter)
Leistungssicht	Welche Leistung erbringt das Unternehmen für den Kunden bei der Interaktion?	Informationsgehalt kundenbezogener Daten

Die nächste Aufgabe ist es, Data-Mining-Ziele *festzulegen*. Ausgehend von den Geschäftszielen, die mit dem digitalen Schatten der Kundeninteraktionen erreicht werden sollen, ist festzulegen, welche technischen Ziele im Rahmen der Datenanalyse erfüllt sein müssen, um diese zu erreichen (s. CHAPMAN ET AL. 2000, S. 16). Diese technischen Ziele können dabei unterschiedliche Komplexitätslevel haben, welche durch verschiedene Typen der Datenanalytik klassifiziert werden (siehe Abbildung 7-5). Ziel der *deskriptiven Analytik* ist es, unbekannte Muster in den Daten zu finden, die das bisherige Wissen erweitern (s. WILLIAMS 2011, S. 175). Die *diagnostische Analytik* erweitert diesen Ansatz und beschäftigt sich mit den Gründen, warum etwas passiert ist (s. BANERJEE ET AL. 2013, S. 2). Die *prädiktive Analytik* extrapoliert Erkenntnisse aus historischen Daten in die Zukunft und wendet diese auf neue Situationen an, um zukünftige Ereignisse vorherzusagen (s. WILLIAMS 2011, S. 175). Die *präskriptive Analytik* erweitert diese Vorhersage und sucht nach optimalen Reaktionen auf die zukünftigen Ereignisse (s. BANERJEE ET AL. 2013, S. 2).

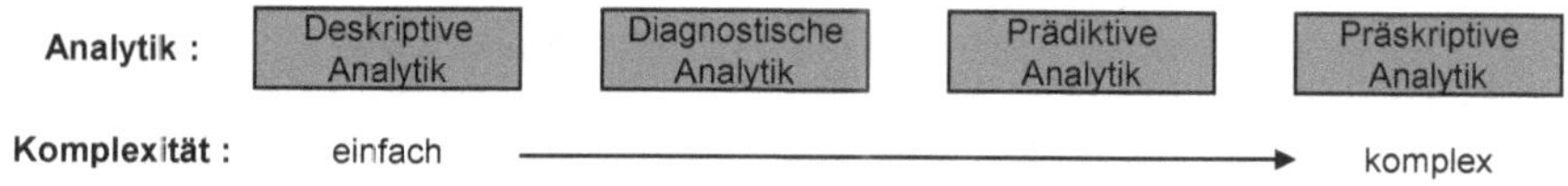

Abbildung 7-5 Komplexität von verschiedenen Typen der Datenanalyse (eigene Darstellung i. A. a. SHI-NASH U. HARDOON 2017, S. 331)

Letzte Aufgabe in der Phase *Geschäftsverständnis* ist es, einen *Projektplan zu erstellen*. Generell lassen sich drei Typen im Projektmanagement unterscheiden. Dabei ist das *agile Projektmanagement* besonders für Softwareprojekte geeignet (s. KUSTER ET AL. 2019, S. 19). Hierbei wird mit einem definierten Budget innerhalb eines festen Zeitrahmens ein Ergebnis angestrebt, welches in seinem genauen Umfang flexibel ist (s. KUSTER ET AL. 2019, S. 20). Im Gegensatz dazu ist im *klassischen Projektmanagement* das Ergebnis fix und der Prozess in einzelne logisch und zeitliche voneinander zu trennende Arbeitspakete aufgeteilt (s. KUSTER ET AL. 2019, S. 22). Beim *hybriden Projektmanagement* folgt eine Kombination der klassischen und agilen Projektmanagementansätze, beispielsweise durch unterschiedliche Abwicklung einzelner Teilprojekte (s. KUSTER ET AL. 2019, S. 28).

Damit ergeben sich zusammenfassend die in Abbildung 7-6 dargestellten Betrachtungsobjekte für die vier Aufgaben in der Phase *Geschäftsverständnis*.

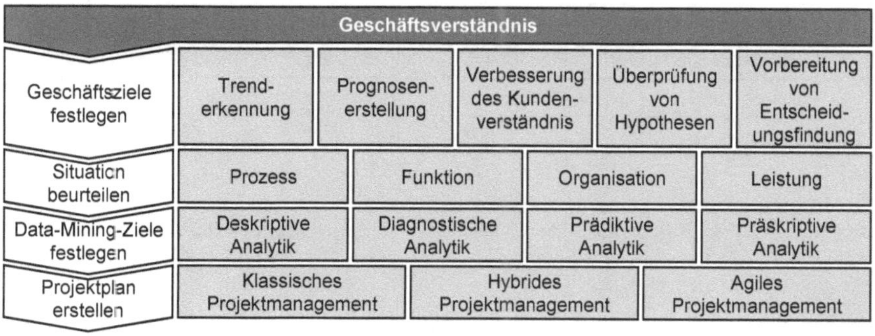

Abbildung 7-6 Betrachtungsobjekte im Rahmen der Aufgaben der Phase *Geschäftsverständnis* (eigene Darstellung)

7.2.2 Datenverständnis

Die erste Aufgabe in der Phase *Datenverständnis* ist das *Sammeln erster Daten*. Um potenzielle Daten für den digitalen Schatten der Kundeninteraktionen produzierender Unternehmen zu identifizieren, können der in Kapitel 5 gestaltete Referenzprozess der Kundeninteraktionen und das in Kapitel 6 erstellte Datenmodell genutzt werden (siehe Abbildung 7-7). Basierend auf den Erkenntnissen der Aufgabe *Situation beurteilen* in der Phase *Geschäftsverständnis* können dazu Datenquellen über die Customer-Journey identifiziert werden. Ist eine Datenquelle identifiziert, kann die Sammlung der Daten starten. Anschließend erfolgen dann die Zuordnung zu einem Kunden und die Erfassung über den Anbieter. Zuletzt kann eine Anreicherung der Daten über Informationen über die erbrachte Leistung erfolgen, sollten Daten über den Prozess der Kundeninteraktionen inklusive der durchgeführten Funktionen der involvierten Organisationseinheit auf Kunden- und Anbieterseite sowie der in Anspruch genommenen Leistungen zusammengetragen werden. Die Beziehung der so identifizierten Daten ist dann im Datenmodell des digitalen Schattens der Kundeninteraktionen produzierender Unternehmen aus Kapitel 6 gegeben.

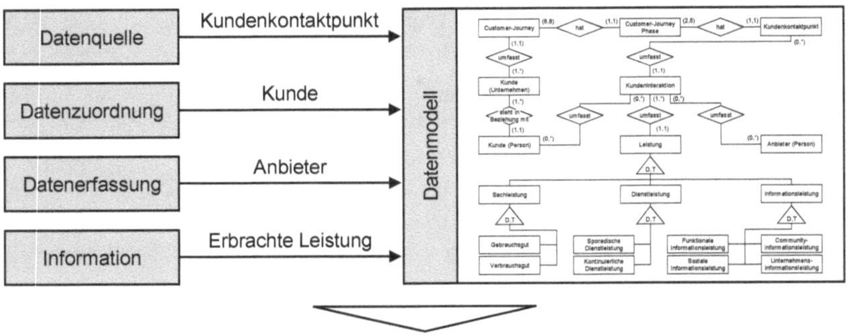

Nr.	Kundenkontaktpunkt	Kunde (Person)	Anbieter (Person)	Leistung
1	Mitarbeiter qualifizieren	Instandhaltung	Referent	Weiterbildung
2	Mitarbeiter qualifizieren	Produktion	Referent	Weiterbildung
3	Lösung Kaufen	Einkäufer	Vertriebsinnendienst	E-Commerce
...	...	...	...	...

Abbildung 7-7 Sammlung von Daten über den Referenzprozess der Kundeninteraktionen aus Kapitel 5 und das Datenmodell aus Kapitel 6

Es folgt die Aufgabe *Daten beschreiben*. Dabei soll eine grobe Beschreibung der Daten erfolgen, um bewerten zu können, ob diese die Anforderungen erfüllen, die sich durch die Ziele des Vorhabens ergeben (s. CHAPMAN ET AL. 2000, S. 18). Diese Beschreibung erfolgt über sogenannte Metadaten, die der Definition nach Informationen über die Herkunft von Daten enthalten (s. RAT FÜR INFORMATIONSINFRASTRUKTUREN 2016, A-18). Metadaten können dabei entweder Informationen administrativer oder beschreibender Art enthalten (s. KOVACIC ET AL. 2017, S. 5). Zu den *administrativen Metadaten* zählen Informationen über technische Aspekte, Qualität und Herkunft der Daten. Unter die technischen Aspekte fallen das Datenformat, die Codierung, das Datenvolumen, der Speicherort sowie eine Integritätsprüfung (s. KOVACIC ET AL. 2017, S. 5). Nach KOVACIC ET AL. gehören zur Qualität Informationen über die Vollständigkeit, Relevanz und Aktualität (s. KOVACIC ET AL. 2017, S. 5). Der Qualitätsaspekt wird aber nochmals separat in einer späteren Aufgabe geprüft. Zuletzt sind noch Informationen über die Herkunft der Daten Teil der administrativen Metadaten. Die Herkunft beinhaltet nicht nur den Ursprung der Daten, sondern auch Prozessschritte zur Verarbeitung der Daten (s. KOVACIC ET AL. 2017, S. 6). *Beschreibende Metadaten* enthalten Informationen zu semantischen, zeitlichen und räumlichen Aspekten der betrachteten Daten (s. KOVACIC ET AL. 2017, S. 6).

Die nächste Aufgabe ist die *Erkundung der Daten*. Diese erfolgt über Abfragen, Visualisierungen und Berichte (s. CHAPMAN ET AL. 2000, S. 18). Dazu müssen auf verschiedenen Ebenen Voraussetzungen geschaffen werden (s. IDREOS ET AL. 2015, S. 277). Die erste Ebene der Datenerkundung ist die *Nutzerinteraktion*. Ziel ist es dabei, Nutzern, die keine Experten im Bereich der Datenverarbeitung sind, die Möglichkeit zu geben, selbstständig große Sets an Daten zu erkunden (s. IDREOS ET AL. 2015, S. 278). Auf der nächsten Ebene wird die *Middleware* betrachtet. Hier geht es vor allem um eine Beschleunigung der Abfragen. Dies kann entweder durch einen vorigen Abruf von Daten aus ihren Quellen geschehen oder durch die Präsentation näherungsweiser Ergebnisse (s. IDREOS ET AL. 2015, S. 278). Die letzte Ebene ist die der *Datenbankschicht*. Hier wird vor allem die Architektur der Datenbanken betrachtet und wie in diesen die Speicherung und der Abruf von Daten zur Erkundung optimiert werden kann (s. IDREOS ET AL. 2015, S. 279)

Zuletzt folgt die Aufgabe *Datenqualität prüfen* in der Phase *Datenverständnis*. Die Bewertung der Datenqualität kann dabei sowohl objektiven als auch subjektiven Kriterien unterliegen (s. PIPINO ET AL. 2002, S. 211). Entsprechend viele potenzielle Dimensionen kommen infrage, um die Datenqualität zu prüfen (s. BATINI ET AL. 2009, S. 18). Im Rahmen der Arbeit sollen die Dimensionen der Datenqualität nach SCANNAPIECO ET AL. angewandt werden (siehe Abbildung 7-8). Diese eignen sich besonders bei der Verbesserung der Datenqualität zur Verknüpfung verschiedener Datenquellen, wie es im Rahmen des digitalen Schattens der Fall ist (s. BATINI ET AL. 2009, S. 28–29). Damit sind diese Dimensionen von einer guten Datenqualität in der Datenquelle abhängig. Die *Genauigkeit* bezieht sich auf eine akkurate Wiedergabe eines korrekten Wertes (s. SCANNAPIECO ET AL. 2004, S. 556). Die Vollständigkeit drückt den Grad aus, zu dem Werte eines Elementes erfasst werden (s. SCANNAPIECO ET AL. 2004, S. 556). Die Aktualität ist der Zeitversatz zwischen einer Änderung eines Wertes in der echten Welt und die daraufhin folgende Aktualisierung der Daten (s. SCANNAPIECO ET AL. 2004, S. 557). Zuletzt ist die *Konsistenz* die Bedingung einer eineindeutigen Wahrheit der Daten (s. SCANNAPIECO ET AL. 2004, S. 557).

Abbildung 7-8 Dimensionen der Datenqualität (eigene Darstellung i. A. a. SCANNAPIECO ET AL. 2004, S. 556–557)

Damit ergeben sich zusammenfassend die in Abbildung 7-9 dargestellten Betrachtungsobjekte für die vier Aufgaben in der Phase *Datenverständnis*.

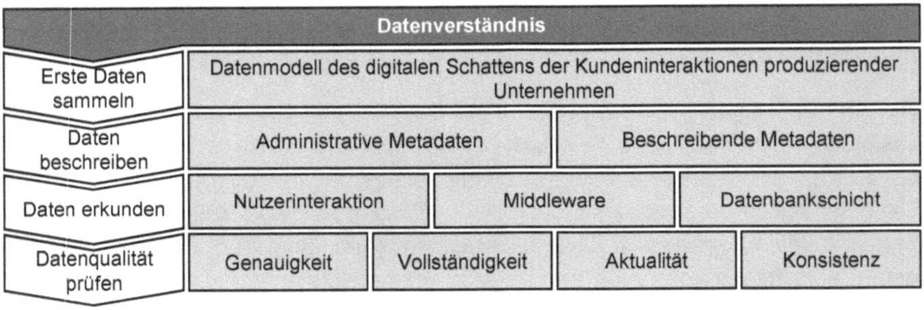

Abbildung 7-9 Betrachtungsobjekte im Rahmen der Aufgaben der Phase *Datenverständnis* (eigene Darstellung)

7.2.3 Datenvorbereitung

Ein digitaler Schatten soll im Allgemeinen die Informationsverfügbarkeit, -reliabilität und -schnelligkeit sicherstellen (s. SCHUH ET AL. 2016a, S. 24). Entsprechend ist die Phase der Datenvorbereitung damit der Hauptzweck, den ein digitaler Schatten erfüllt. Anstatt für einzelne Auswertungen individuelle Datensets zu erstellen, soll ein gesamtheitliches Datenset für eine Vielzahl potenzieller Auswertungen zur Verfügung stehen. Dies entspricht damit einer Customer-Data-Platform, auf der alle relevanten kundenbezogenen Daten vereinigt sind (s. EARLEY 2018, S. 69). Für das einheitliche Datenset infrage kommende Daten wurden in der vorigen Phase *Datenverständnis* identifiziert. Darauf aufbauend erfolgt in der Phase *Datenvorbereitung* nun die systematische Zusammenführung dieser Daten.

Erste Aufgabe ist hierbei die *Auswahl von Daten*. Hierbei ist entscheidend, das sogenannte Rauschen durch die Selektion relevanter Daten zu reduzieren. Das Rauschen ist das Vorhandensein von Informationen, die für die durchzuführende Analyse nicht von *Relevanz* sind und somit zu einer unnötigen Komplexität führen (s. GARCÍA-GIL ET AL. 2019, S. 136). Neben der Auswahl der richtigen Daten sollten die gewählten Daten auch *Qualitätsansprüchen* genügen, um eine korrekte Auswertung sicherzustellen. Auch wenn in der vorigen Phase eine Prüfung der Datenqualität bereits erfolgt, sollte hier eine Entscheidung fallen, ob die Qualität der Daten tatsächlich für den Zweck der Nutzung ausreichend ist. Dabei sollte neben den zuvor erwähnten Datenqualitätskriterien nach SCANNAPIECO ET AL. inhaltlich auch auf starke Ausreißer in den Werten geachtet werden, um die Validität zu erhöhen (s. CORRALES ET AL. 2015, 401). Zuletzt sind noch *technische Beschränkungen* zu berücksichtigen. Zum einen können diese rechtliche Regelungen wie der Datenschutz oder der besondere Schutz personenbezogener Daten sein (s. WU ET AL. 2014, S. 104), zum anderen aber auch technische Herausforderungen, wie sie bei der Verarbeitung großer Datenmengen entstehen (s. JACOBS 2009, S. 8).

Die zweite Aufgabe ist die *Datenbereinigung*. Dafür können zunächst aus großen Datensätzen lediglich *Teilmengen* ausgewählt werden. Diese Teilmengen können bereits ausreichen, um sinnvolle Aussagen über die Gesamtmenge zu treffen (s. MALL ET AL. 2014, S. 39). Enthalten Datensätze Lücken bei einzelnen Werten, besteht die Möglichkeit, diese mit *Standardwerten* zu füllen (s. ALI U. WARRAICH 2010, S. 3). Dies kann primär dann sinnvoll sein, wenn das Fehlen von Daten einen bestimmten Grund haben kann. Zum Beispiel könnten fehlende Daten zu Käufen eines Kunden in einem bestimmten Zeitraum bedeuten, dass keine Käufe stattgefunden haben. Ein einzusetzender Standardwert wäre dann „null Käufe". Ebenso ist es auch möglich, durch Algorithmen den Wert *fehlender Daten zu schätzen*, was aber entsprechend mit Aufwand verbunden ist (s. SIMOLO ET AL. 2010, S. 1574).

Die nächste Aufgabe ist die *Konstruktion von Daten*. Ziel ist es, aus den bestehenden Daten heraus neue Daten oder auch Attribute zu generieren, die die Auswertung vereinfachen. Dafür können zunächst *Attribute abgeleitet* werden. Basierend auf der Zugehörigkeit zu Gruppen können insbesondere Informationen in Form von Attributen an Daten angehangen werden (s. KNEUPER 2021, S. 145). Es ist auch möglich, durch die Verknüpfung von mehreren Attributen neue Attribute zu erschaffen. Zum Beispiel kann durch die Attribute *Länge* und *Breite* ein neues Attribut *Fläche* erschaffen werden (s. CHAPMAN ET AL. 2000, S. 44). Gerade über die Verknüpfung verschiedener Datensätze können aber auch komplett *neue Datensätze erstellt* werden (s. DROSSEL ET AL. 2018, S. 212). Zuletzt können auch bestehende *Werte transformiert* werden. Dies kann unter anderem erforderlich sein, um Ortsangaben in eindeutige ZIP-Codes zu überführen (s. MORCOS ET AL. 2015, S. 883).

Es folgt die Aufgabe der *Datenintegration*. Dabei erfolgt die *Zusammenführung von Tabellen* aus verschiedenen Datenbanken. Optimalerweise hat jeder Datenpunkt mindestens eine einzigartige Kennung, einen sogenannten *unique identifier*, anhand dessen dieser Datenpunkt mit anderen verknüpft werden kann (s. ENAMORADO ET AL. 2019, S. 353). Der Bedeutung dieser einzigartigen Kennungen wurde durch die Definition von Schlüsselattributen in Kapitel 6.3 für das Datenmodell des digitalen Schattens der Kundeninteraktionen Rechnung getragen. Neben der Zusammenführung verschiedener Tabellen kann auch eine *Aggregation von Daten* notwendig sein, wenn ein Datenbankschema in mehreren Instanzen existiert. Dies ist der Fall, wenn die gleichen Daten in lokalen Servern über ein verteiltes Datenbanksystem gespeichert werden (s. ABADI 2012, S. 37). Es ist etwa möglich, dass lokale Niederlassungen eines Unternehmens Kundendaten auf eigenen Servern speichern, deren Struktur aber zentral vorgegeben ist.

Vorletzte Aufgabe ist die *Formatierung der Daten*. Dies geschieht vorrangig, um spätere Auswertungen zu vereinfachen. Ein Handlungsfeld ist dabei die *Sortierung der Attribute*. Gerade bei komplexen Auswertungen, wie sie typisch im Data-Mining sind, kann die Reihenfolge der Attribute Auswirkungen auf die Ergebnisse haben (s. LI ET AL. 2013, S. 108). Dasselbe gilt auch für die *Reihenfolge der Datensätze*. Werden im Machine Learning Algorithmen antrainiert, kann die Qualität des Ergebnisses von der Sortierung der Daten abhängen (s. MANGE 2019, S. 406). Größtes Handlungsfeld sind aber *syntaktische Änderungen*. Hier geht es um die korrekte Darstellung der Daten auf Ebene der Zeichen (s. THOMMEN 2018a). Die Daten sollten stets einheitlich formatiert sein, was bedeutet, dass die gleiche Art von Daten auch stets dem gleichen Schema in der Darstellung folgt. So gibt es viele Standards, z. B., wie nach DIN 5008 Telefonnummern richtig zu schreiben sind (s. DIN 5008 2020).

Letzte Aufgabe in der Phase der Datenvorbereitung ist die Erstellung eines auswertbaren *Datensatzes*. Im Sinne eines digitalen Schattens soll es sich hierbei nicht um einen statischen Datensatz handeln, sondern um ein aktuelles Abbild sämtlicher Kundeninteraktionen. Damit liegen stets Informationen in Echtzeit zur Auswertung vor (s. BAUERNHANSL ET AL. 2018, S. 70). Somit ist das Ergebnis dieser Aufgabe ein *digitaler Schatten der Kundeninteraktionen produzierender Unternehmen*. In Abbildung 7-10 ist die Funktionsweise des digitalen Schattens dargestellt. Die fortlaufenden Kundeninteraktionen entlang der Customer-Journey können als Datenquellen gesehen werden. Die involvierte Rolle auf Anbieterseite indiziert, wer die Daten erfassen kann und die involvierte Rolle auf Kundenseite, wem dieser Datensatz zugeordnet werden kann. Über die erbrachte Leistung können dann Informationen gesammelt werden. Grundlage dafür ist das in Kapitel 5 gestaltete Referenzprozessmodell der Kundeninteraktionen. So kann dann für jede Kundeninteraktion ein Datensatz generiert werden. Diese Kundeninteraktionsdaten werden dann im digitalen Schatten zusammengeführt. Grundlage dafür ist das in Kapitel 6 definierte Datenmodell. Die genaue Umsetzung hängt dabei von den jeweiligen Unternehmen ab. Um dem Anspruch gerecht zu werden, viele verschiedene Datenquellen zusammenzuführen, wie auch, dies fortlaufend zu machen, kann dabei eine Customer-Data-Platform (CDP) eingesetzt werden. Solch eine Plattform ist dann nativ so gestaltet, dass eine Vielzahl an Systemen angeschlossen werden kann; sie unterscheidet sich so von herkömmlichen Marketing-Systemen (s. EARLEY 2018, S. 70). Die konkret generierten Daten der Kundeninteraktionen hängen stark von der erbrachten Leistung ab. In der CDP sind auch die Stammdaten hinterlegt. Darin sind nicht volatile Daten über die an den Kundeninteraktionen beteiligten Objekte eingetragen. Ein Minimalinhalt der Attribute der Stammdaten ist in Kapitel 6.3 aufgeführt. Die CDP kann also fortlaufend die Daten der Kundeninteraktionen erfassen und stellt diese für die in Kapitel 7.2.1 definierten Analysen und die darauf basierenden Anwendungen zur Verfügung.

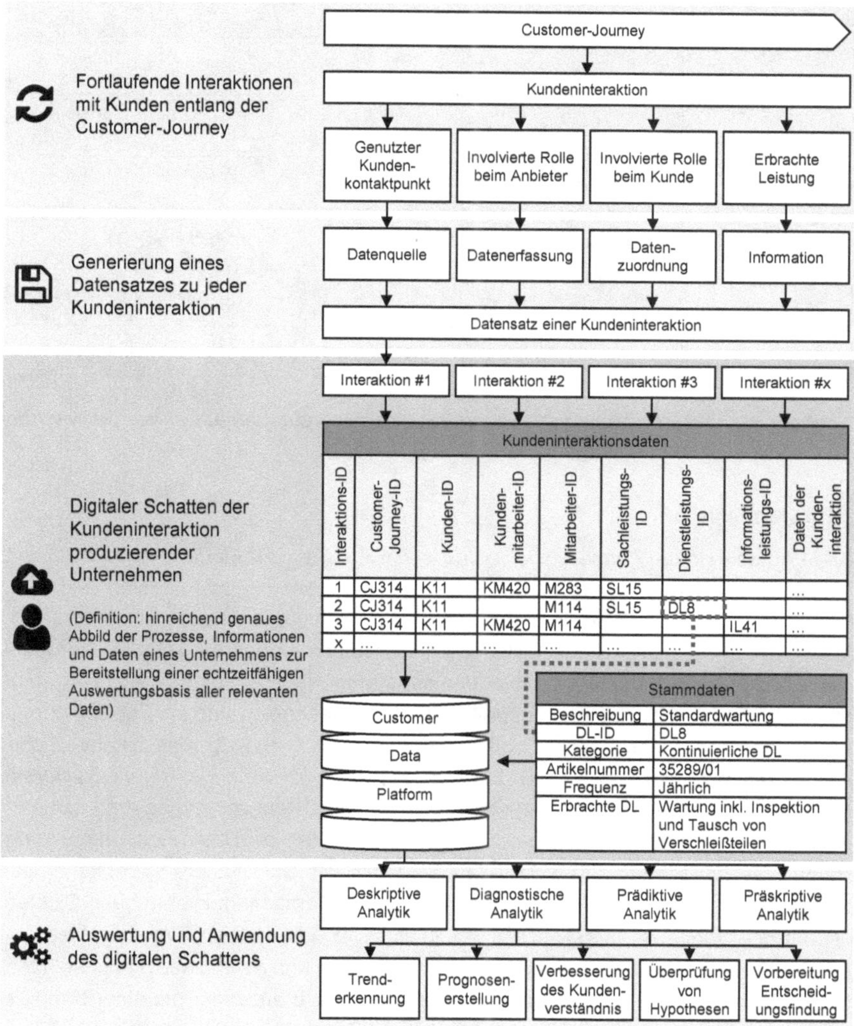

Abbildung 7-10 Der digitale Schatten der Kundeninteraktion produzierender Unternehmen (eigene Darstellung)

Damit ergeben sich zusammenfassend die in Abbildung 7-11 dargestellten Betrachtungsobjekte für die vier Aufgaben in der Phase *Datenvorbereitung*.

Datenvorbereitung			
Daten auswählen	Relevanz	Qualität	Technische Beschränkung
Daten bereinigen	Auswahl von Teilmengen	Einfügen von Standardwerten	Schätzung fehlender Daten
Daten konstruieren	Ableitung von Attributen	Erstellung neuer Datensätze	Transformation von Werten
Daten integrieren	Zusammenführung von Tabellen	Aggregation von Daten	
Daten formatieren	Sortierung der Attribute	Reihenfolge der Datensätze	Syntaktische Änderungen
Datensatz generieren	Digitaler Schatten der Kundeninteraktion produzierender Unternehmen		

Abbildung 7-11 Betrachtungsobjekte im Rahmen der Aufgaben der Phase *Datenvorbereitung* (eigene Darstellung)

7.2.4 Modellierung

Erste Aufgabe in der Phase *Modellierung* ist die *Auswahl der Modellierungstechniken*. Es gibt verschiedene Typen von Modellierungstechniken, die verbreitetsten sind dabei die Klassifikation, das Clustering, die Assoziationsregeln und die Regression (s. MARTÍN ET AL. 2014, S. 612). Bei der *Klassifikation* ist das zu gestaltende Modell dabei in der Lage, Daten in verschiedene separate Klassen zu unterteilen (s. GORADE ET AL. 2017, S. 3112). Entsprechende Modellierungstechniken sind ein Entscheidungsbaum, k-nächster Nachbar, Support-Vektor-Maschinen, naive g Klassifikatoren oder neuronale Netze (s. GORADE ET AL. 2017, S. 3113). Der nächste Typ ist das *Clustering*. Im Gegensatz zur Klassifizierung werden dabei keine Klassen vorgegeben, sondern ein Algorithmus schlägt auf Basis von Gemeinsamkeiten der Daten Gruppen mit ähnlichen Eigenschaften vor (s. SAJANA ET AL. 2016, S. 1). Die Clusterung erfolgt je nach Modellierungstechnik dabei anders und basiert auf Partitionen, Hierarchien, Dichten, Gittern oder Modellen (s. SAJANA ET AL. 2016, S. 2). Ein weiterer Typ sind *Assoziationsregeln*. Dabei werden Assoziationen und gehäufte Muster in einem Datenset identifiziert (s. YUAN 2017, S. 1). Algorithmen arbeiten dazu entweder mit einer Kandidatengenerierung oder einem Musterwachstum (s. BORGELT 2012, S. 449–450). Zuletzt gibt es noch Algorithmen im Bereich der *Regression*. Eine Regression drückt die genaue Abhängigkeit zwischen Daten aus (s. RUNKLER 2015, S. 67). Dabei kann entweder ein linearer Zusammenhang bestehen, der also durch einen einzelnen Parameter bestimmbar ist, oder auch komplexere nicht-lineare Zusammenhänge, die durch mehrere Parameter bestimmt sind (s. RUNKLER 2015, S. 68). Gerade Algorithmen im Bereich Machine Learning sind in der Lage, diese komplexen Zusammenhänge aufzuzeigen (s. STOETZER 2020, 3).

Die nächste Aufgabe ist es, einen *Testentwurf zu generieren,* um die ausgewählte Modellierungstechnik bei Bedarf zu trainieren, vor allem aber auch zu testen. Es wird ein Modell erstellt und dann mit Anwendung an einem *Trainingsdatensatz* nach den richtiger Parametern gesucht (s. RUNKLER 2015, S. 79). Ist das Modell trainiert, sollte es auf einem *Testdatensatz* validiert werden (s. AGGARWAL 2015, S. 196). Hierbei wird überprüft, inwiefern das Modell die Daten des Testdatensatzes im Vergleich zum Trainingsdatensatz auswerten konnte. Ist es dabei zu stark in Bezug auf die Trainingsdaten optimiert und kann die Testdaten nur schlecht auswerten, kommt es zum Over-Fitting (s. AGGARWAL 2015, S. 177). In diesem Fall ist ein größerer Trainingsdatensatz notwendig.

Nächste Aufgabe ist es, das *Modell zu bauen*. Für die ausgewählte Modellierungstechnik, die bereits getestet wurde, wird nun das finale Modell gestaltet. Zunächst sind dafür die endgültigen *Parameter* zu bestimmen. Jeder Algorithmus nutzt eine gewisse Anzahl solcher *Parameter*, welche die Güte des Modells beeinflussen (s. AGGARWAL 2015, S. 198). Das *Modell* selbst wendet dann den Algorithmus auf einen Datensatz als Input an und generiert ein von der Modellierungstechnik abhängiges Ergebnis als Output (s. BROWNLEE 2020). Zuletzt sind die Parameter und das *Modell zu beschreiben*. Dabei sollten auch Aussagen über die Genauigkeit, Robustheit und potenzielle Mängel getroffen werden (s. CHAPMAN ET AL. 2000, S. 50).

Die letzte Aufgabe in der Phase der Modellierung ist die *Bewertung des Modells*. Dabei soll überprüft werden, ob die Ziele der Datenanalyse erreicht werden konnten und ob es gewisse Testkriterien erfüllt (s. CHAPMAN ET AL. 2000, S. 50). Bei der Anwendung des Modells spricht man von der Generalisierung, in dem Rahmen, in dem man das Modell auf seine generelle Anwendbarkeit hin prüfen kann (s. BELKIN ET AL. 2018, S. 2). Ein wesentliches Risiko im Data-Mining bei diesem Schritt ist es, dass das Modell zu stark an den Trainingsdatensatz angepasst wurde. Durch dieses sogenannte Over-Fitting kann die Performance im echten Einsatz deutlich unter der beobachteten Performance im Test liegen, was eine Bewertung nach der Anwendung mit neuen echten Daten erforderlich macht (s. XUE YING 2019, S. 2). Je nach Art des Modells können bei der Bewertung verschiedene Methoden zum Einsatz kommen. Beim Clustering kann dies beispielsweise über die mathematische Bestimmung der Homogenitätswerte erfolgen (s. GLUCHOWSKI ET AL. 2021, S. 43). Bei der Klassifizierung wiederum kann die Fehlklassifikationsquote im Testdatensatz als Gütekriterium herangezogen werden (s. GLUCHOWSKI ET AL. 2021, S. 32). Auf Basis der Bewertung des Modells kann dann anschließend eine *Überarbeitung der Parametereinstellungen* erfolgen. Diese Adaptierung kann auch dynamisch bei der späteren Anwendung des Modells erfolgen (s. MELIN ET AL. 2013, S. 3200).

Damit ergeben sich zusammenfassend die in Abbildung 7-12 dargestellten Betrachtungsobjekte für die vier Aufgaben in der Phase *Modellierung*.

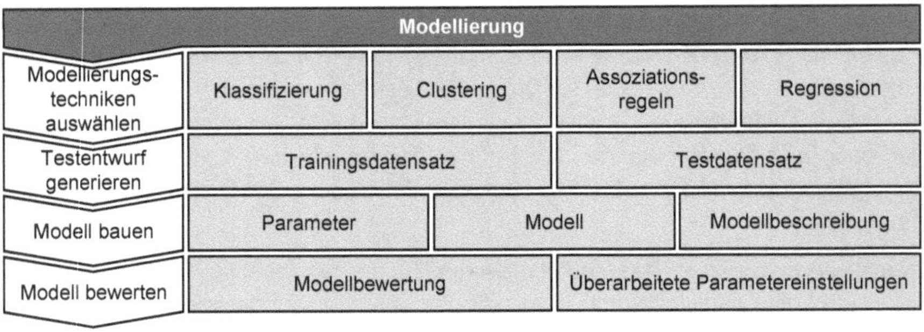

Abbildung 7-12 Betrachtungsobjekte im Rahmen der Aufgaben der Phase *Modellierung* (eigene Darstellung)

7.2.5 Evaluation

Bei der Phase *Evaluation* ist die erste Aufgabe die *Auswertung der Ergebnisse*. Dafür sollte zunächst ein *Abgleich* der Ergebnisse mit den in der Phase *Geschäftsverständnis* gesteckten *Geschäftszielen* erfolgen. Diese Ziele waren das Erkennen von Trends, die Erstellung von Prognosen, das bessere Verstehen von Kundenbedürfnissen, das Überprüfen von Hypothesen und die Vorbereitung von Entscheidungsfindungen (s. SCHICK 2017). Hierbei ist der Erfüllungsgrad der Geschäftsziele entscheidend, also inwieweit die Ergebnisse der Modelle mit den gesetzten Zielen übereinstimmen. Darüber kann dann eine Rangfolge der nützlichsten Modelle erstellt werden (s. CHAPMAN ET AL. 2000, S. 52). Für Modelle mit nachgewiesenem Nutzen bezüglich der Geschäftsziele kann dann eine *Freigabe* zur Anwendung erfolgen.

Anschließend erfolgt eine *Prozessüberprüfung*. Im Sinne einer Qualitätskontrolle soll hierbei sichergestellt werden, dass die Erstellung der Data-Mining-Modelle korrekt erfolgt ist (s. CHAPMAN ET AL. 2000, S. 53). Dafür erfolgt zunächst eine *Prozessanalyse*, bei der die Erstellung der Modelle betrachtet wird. Hier gilt es zu verifizieren, dass im Prozess alle gesetzten Anforderungen berücksichtigt wurden und dass die Ergebnisse des Modells hinsichtlich Richtigkeit, Zuverlässigkeit und Genauigkeit Leistung zeigen (s. DAGNINO 2021, S. 117). Ein besonderer Fokus liegt dabei auf der *Identifikation von Schwachstellen*. Die im Rahmen der Modelle genutzten Methoden der Datenauswertung weisen für sie typische Schwächen auf, wie etwa der hohe Trainingsaufwand von Machine-Learning-Algorithmen (s. CHOI ET AL. 2018, S. 1870). Auch aufgrund einer verzerrten Auswahl von Daten, die z. B. für das Problem relevante Informationen ausschließen, können Modelle zu falschen oder irreführenden Ergebnissen führen (s. RAJARAMAN 2016, S. 715).

Ist der Prozess analysiert, gilt es, *nächste Schritte festzulegen*. Basierend auf den Ergebnissen der Überprüfung müssen *Handlungsoptionen aufgezeigt* werden. Sind signifikante Schwachstellen identifiziert worden, so muss unter anderem die Überarbeitung des Modells oder sogar der Neustart des kompletten Prozesses in Betracht gezogen werden (s. CHAPMAN ET AL. 2000, S. 53). Diese Optionen sollten mitsamt Argumenten für oder gegen deren Durchführung ausgeführt werden, um im finalen Schritt der Evaluation eine fundierte *Implementierungsentscheidung* treffen zu können. Je nach Art des Modells muss dabei bedacht werden, inwiefern die Organisation, Kultur und aktuelle Rollen bereit für die Implementierung sind oder ob hier noch zusätzlicher Aufwand notwendig ist (s. GADATSCH 2017b, S. 20–26).

Damit ergeben sich zusammenfassend die in Abbildung 7-13 dargestellten Betrachtungsobjekte für die drei Aufgaben in der Phase *Evaluation*.

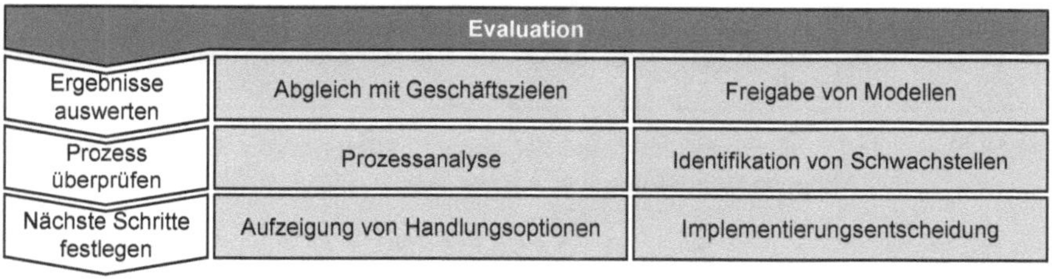

Abbildung 7-13 Betrachtungsobjekte im Rahmen der Aufgaben der Phase *Evaluation* (eigene Darstellung)

7.2.6 Einsatz

In der Phase *Einsatz* ist die erste Aufgabe, den *Einsatz* zu *planen*. Dafür ist zunächst eine *Implementierungsstrategie* zu entwerfen. Grundlage hierfür ist eine Übersicht der einsetzbaren Ergebnisse (s. CHAPMAN ET AL. 2000, S. 54). Neben diesen technischen Ergebnissen müssen bei der Implementierung weitere Aspekte wie die Unterstützung des Top-Managements, die organisatorische Verankerung, die notwendige Infrastruktur, benötigte Kompetenzen sowie Regelungen zum Datenschutz und Schutz der Privatsphäre berücksichtigt werden (s. HALAWEH U. MASSRY 2015, S. 29). Besondere Herausforderungen stellen dabei technologische und kulturelle Hürden dar (siehe Abbildung 7-14). Ist das grundlegende Vorgehen geklärt und sind Handlungsfelder identifiziert, sollten daraus stammende Aktivitäten im Rahmen eines *Implementierungsprojektes* in einen zeitlichen Ablauf inklusive Abhängigkeiten gebracht und umgesetzt werden. Eine Projektform ist hier angebracht, da die Implementierung einer zeitliche Begrenzung unterliegt und eine klare Zielstellung aufweist. Gleich der Gestaltung des Projektplans in Kapitel 7.2.1 können hierzu auch verschiedene Projektmanagementmethoden zum Einsatz kommen.

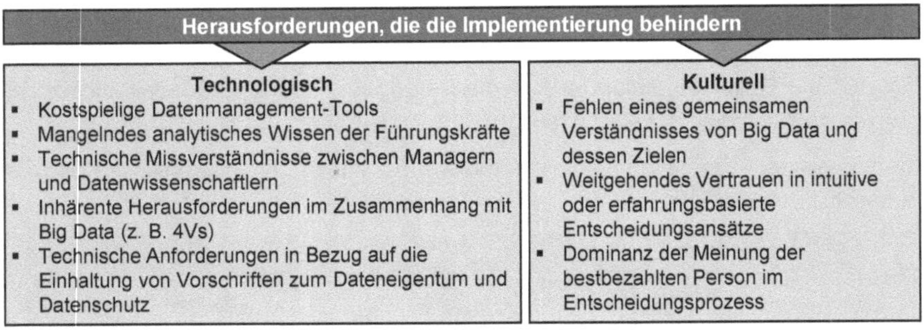

Abbildung 7-14 Herausforderungen bei der Implementierung von Big-Data-Strategien (eigene Darstellung i. A. a. TABESH ET AL. 2019, S. 353)

Ist das Modell im Einsatz, gilt es, als nächste Aktivität die *Überwachung und Wartung zu planen*. Dies ist notwendig, da nach der Implementierung Fehler in den Modellen ersichtlich werden können und sich beim digitalen Schatten der Kundeninteraktionen als Plattform für Kundendaten diese Daten über Zeit so stark ändern, dass die ursprünglich erstellten Modelle nicht mehr passen (s. KOU U. CHEN 2018, S. 106). Man spricht hierbei von einem *Model Drift*, wenn die Daten, auf denen ein Modell läuft, über Zeit dynamischen Einflüssen ausgesetzt sind und irgendwann eine wesentliche Differenz zu den Daten, auf denen das Modell trainiert wurde, aufweisen (s. NELSON ET AL. 2015 - 2015, S. 2). Ist dieser *Model Drift* aufgetreten oder sind Fehler entdeckt, wird ein *Retraining des Modells* notwendig. Dazu kann ein eigenes Data-Mining-Operations-Team instituiert werden, um Feedback von Anwendern zu den Modellen einzuholen und fortlaufend Anpassungen vorzunehmen (s. APPEN 2021).

Bei der vorletzten Aufgabe des Abschlussbericht-Erstellens werden primär die Verschriftlichung des Prozesses und der Ergebnisse sowie deren Kommunikation notwendig. Dabei ist anhand der „W-Fragen“ zunächst festzustellen, wer Empfänger ist, was Inhalte sind, wo und wann die Veröffentlichung stattfindet (s. KUSTER ET AL. 2019, S. 192). Der *Schlussbericht* sollte neben den Ergebnissen und dem Projektprozess auch eine Übersicht über die Kosten des Projektes sowie ein Abnahmeprotokoll enthalten (s. KUSTER ET AL. 2019, S. 231). Die *Managementpräsentation* sollte eine Kurzfassung des Berichtes darstellen, um relevanten Stakeholdern des Projektes relevante Informationen mitzuteilen und eine Möglichkeit zur Diskussion gewährleisten. Entsprechend sollte man sich hierbei auf wenige Kernbotschaften konzentrieren (s. ENGELFRIED U. ZAHN 2012, S. 36).

Am Ende des Projektes wird das *Projekt bewertet*. Diese Bewertung erfolgt in Form einer *Retrospektive*, deren Ziel es ist, aus dem abgeschlossenen Projekt gelerntes Wissen explizit zu formulieren, um die Organisation und die Beteiligten für zukünftige Projekte besser aufzustellen (s. KUSTER ET AL. 2019, S. 408). Gleichzeitig sollte hierbei kritisch auf den Prozess geschaut und auch ein Urteil gefällt werden, inwiefern die Projektziele schlussendlich erreicht werden konnten (s. KUSTER ET AL. 2019, S. 217). Ein digitaler Schatten der Kundeninteraktionen muss sich entsprechend daran messen lassen, ob es dem Unternehmen nun gelingt, zusätzliches datenbasiertes Wissen über den Kunden zu erlangen und dieses Wissen auch effizient in bessere Produkte und Dienstleistungen zu übertragen.

Damit ergeben sich zusammenfassend die in Abbildung 7-15 dargestellten Betrachtungsobjekte für die vier Aufgaben in der Phase *Einsatz*.

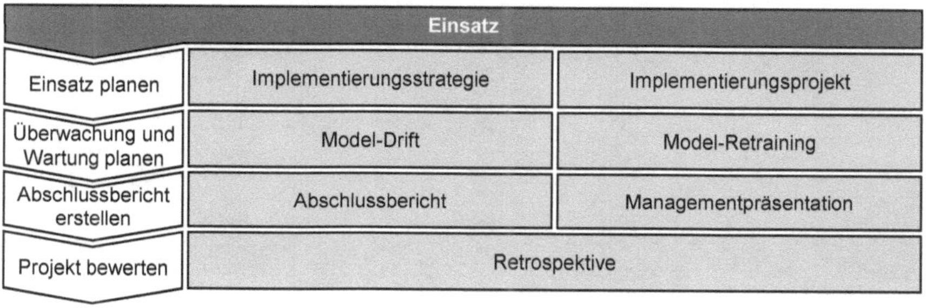

Abbildung 7-15 Betrachtungsobjekte im Rahmen der Aufgaben der Phase *Einsatz* (eigene Darstellung)

7.2.7 Übersicht der Betrachtungsobjekte

Im Rahmen des Vorgehensmodells wurden basierend auf dem Prozessmodell CRISP-DM in sechs Phasen und vorgegebenen 25 Aufgaben insgesamt 65 Betrachtungsobjekte identifiziert und erläutert. Eine Übersicht über diese Betrachtungsobjekte findet sich in Abbildung 7-16. Hier zeigt sich auch die Hauptkontribution der Dissertationsschrift im Sinne eines Innovationssprunges. Für die Implementierung des digitalen Schattens kann das in Kapitel 5 gestaltete Referenzprozessmodell der Kundeninteraktionen genutzt werden, um im Rahmen des Geschäftsverständnisses die Situation zu beurteilen. Für die Sammlung erster Daten ist das Datenmodell aus Kapitel 6 zu nutzen. Diese Modelle werden final in der Datenvorbereitung zusammengeführt, um die konkrete Ausgestaltung des digitalen Schattens zu fundieren. Ferner zeigt das Vorgehensmodell auf Basis des etablierten CRISP-DM weitere Betrachtungsobjekte auf.

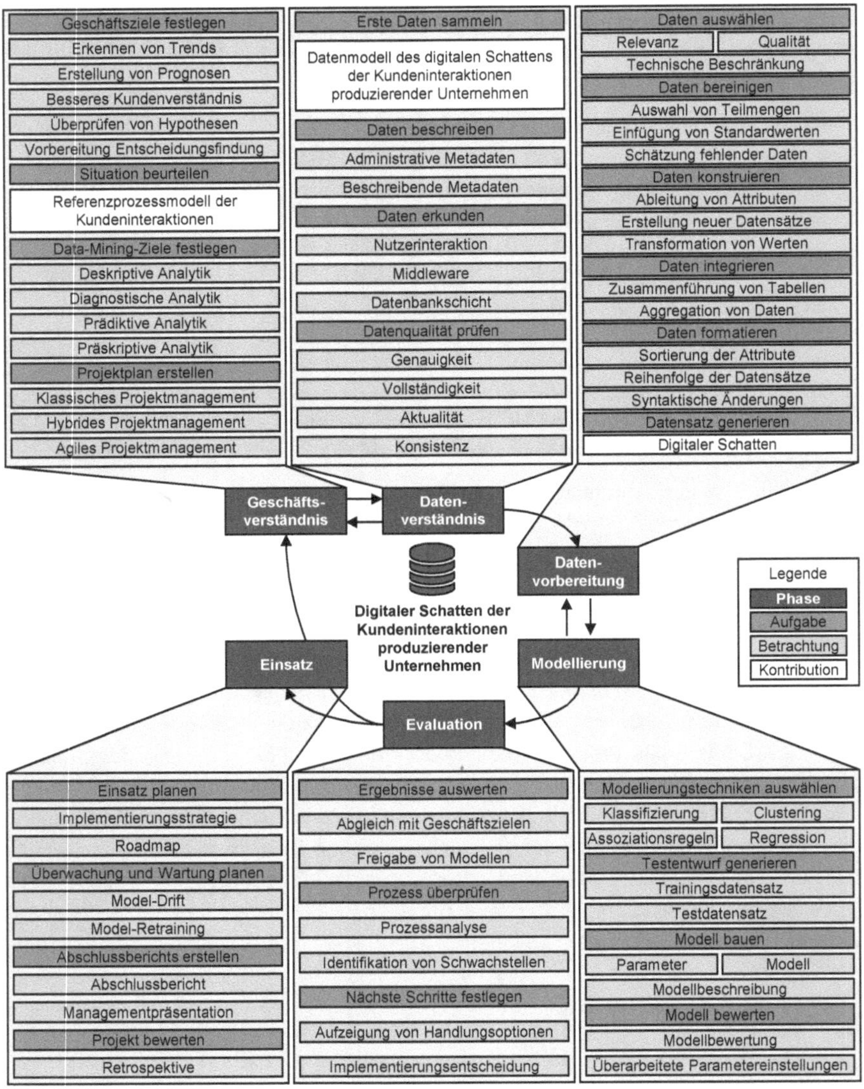

Abbildung 7-16 Vorgehensmodell zur Implementierung des digitalen Schattens der Kundeninteraktionen in produzierenden Unternehmen (eigene Darstellung i. A. a. CHAPMAN ET AL. 2000, S. 10)

7.3 Reflexion und Zusammenfassung der Ergebnisse

In diesem Kapitel wurde ein Vorgehensmodell zur Implementierung des digitalen Schattens der Kundeninteraktionen gestaltet. Nach Auswahl von CRISP-DM, einem Standardprozessmodell für Data-Mining, als Entwicklungsschema, wurden in dessen sechs Phasen verschiedene Betrachtungsobjekte innerhalb von Aufgaben identifiziert und erläutert. Da es sich hier um ein generisches Modell handelt, ist eine Konkretisierung der einzelnen Aufgaben in der Anwendung notwendig (s. FISCHER ET AL. 1998, S. 29). Insbesondere sind bei der Anwendung auch Rollen, Methoden und Werkzeuge zu definieren, die die vorgegebenen Tätigkeiten durchführen oder unterstützen (s. FISCHER ET AL. 1998, S. 17).

Im Rahmen des Vorgehensmodells konnte auch aufgezeigt werden, inwiefern die Vorarbeiten aus Kapitel 5 und Kapitel 6 zur Gestaltung eines digitalen Schattens der Kundeninteraktionen produzierender Unternehmen im Sinne einer Datenvorbereitung notwendig sind (siehe Abbildung 7-17). Das Referenzprozessmodell der Kundeninteraktionen ist relevant in der Phase des Geschäftsverständnisses zur Situationsbeurteilung (s. Kapitel 7.2.1). Das Datenmodell unterstützt dann in der Phase des Datenverständnisses, um erste Daten sammeln zu können (s. Kapitel 7.2.2). Die Modelle dienen damit nicht direkt der Implementierung, sondern unterstützen diese lediglich konzeptionell. Dies war auch die Intention, da bei der Ausgestaltung der Modelle nur auf Ebene des Fachkonzeptes, beim Datenmodell auch auf der des Datenverarbeitungskonzeptes, gearbeitet wurde (vgl. Kapitel 5.1.1 und 6.1.1). Eine konkrete Implementierung in eine zu bestimmende Infrastruktur bei Unternehmen wurde explizit nicht betrachtet, da die Modelle allgemein anwendbar sein sollen. Das Vorgehensmodell hat den Autor in dieser Wahl bestärkt, da gerade in der Datenvorbereitung und Modellierung viel von dem Unternehmen, welches einen digitalen Schatten der Kundeninteraktionen implementieren möchte, und seinen Zielen abhängt.

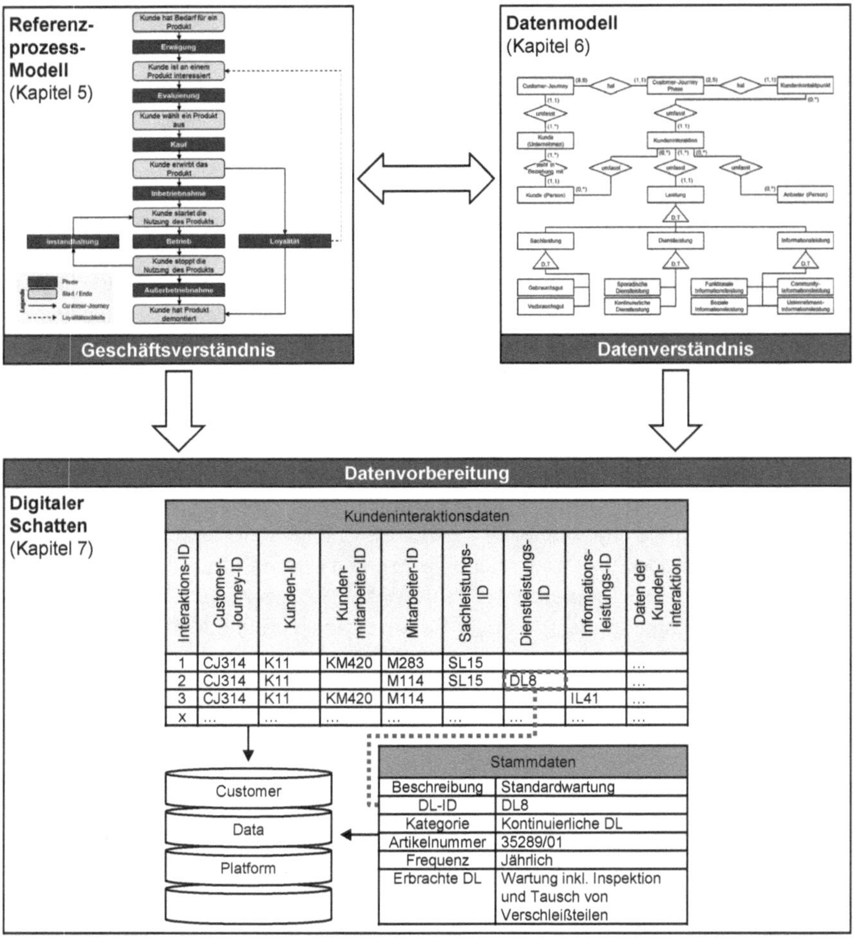

Abbildung 7-17 Zusammenspiel der in Kapitel 5 und 6 geschaffenen Modelle für die Gestaltung des digitalen Schattens der Kundeninteraktionen produzierender Unternehmen (eigene Darstellung)

8 Validierung

Die Validierung ist ein wesentlicher Teil der Design-Science-Research (DSR). In der Validierung soll nachgewiesen werden, dass die geschaffenen Artefakte die identifizierten geschäftlichen Bedürfnisse erfüllen (s. HEVNER ET AL. 2004, S. 79). Konkret sind der Nutzen, die Qualität und die Wirksamkeit durch sorgfältig durchgeführte Validierungsmethoden zu belegen (s. HEVNER ET AL. 2004, S. 83). Um im Rahmen der DSR Artefakte zu evaluieren, steht eine Vielzahl an Methoden zur Verfügung (siehe Tabelle 8-1). Die Auswahl der Methoden basiert dabei auf Anforderungen des Geschäftsumfeldes, für welches die Artefakte gestaltet wurden (s. HEVNER ET AL. 2004, S. 85).

Tabelle 8-1 Methoden der Evaluation in der DSR (eigene Darstellung i. A. a. HEVNER ET AL. 2004, S. 86)

1. Beobachtend	Fallstudie: Studie über Artefakte im Unternehmensumfeld
	Feldstudie: Überwachung der Verwendung von Artefakten in mehreren Projekten
2. Analytisch	Statische Analyse: Untersuchung der Struktur eines Artefakts auf statische Eigenschaften (z. B. Komplexität)
	Architektur-Analyse: Untersuchung der Integration von Artefakten in die technische IS-Architektur
	Optimierung: Demonstration inhärenter optimaler Eigenschaften des Artefakts oder Bereitstellung von Optimalitätsschranken für das Verhalten des Artefakts
	Dynamische Analyse: Untersuchung von Artefakten im Gebrauch auf dynamische Eigenschaften (z. B. Leistung)
3. Experimentell	Kontrolliertes Experiment: Untersuchung eines Artefakts in einer kontrollierten Umgebung auf seine Eigenschaften (z. B. Benutzerfreundlichkeit)
	Simulation: Artefakt mit künstlichen Daten ausführen
4. Testend	Funktionale (Black Box) Tests: Ausführen von Artefaktschnittstellen zur Entdeckung von Fehlern und zur Identifizierung von Mängeln
	Strukturelle (White Box) Tests: Durchführung von Abdeckungsprüfungen einiger Metriken (z. B. Ausführungspfade) in der Artefaktimplementierung
5. Beschreibend	Informiertes Argument: Verwendung von Informationen aus der Wissensbasis (z.B. relevante Forschung), um ein überzeugendes Argument für den Nutzen des Artefakts zu entwickeln
	Szenarien: Entwicklung detaillierter Szenarien rund um das Artefakt, um seinen Nutzen zu demonstrieren.

Die Artefakte, das Referenzprozessmodell der Kundeninteraktionen, das Datenmodell des digitalen Schattens der Kundeninteraktionen und das Vorgehensmodell zur Implementierung des digitalen Schattens, wurden mit dem Anspruch einer allgemeinen Anwendbarkeit als Modelle entworfen, die wissenschaftlich fundiert hergeleitet wurden. Entsprechend sollten die Validierungsmethoden diesen beiden Ansprüchen Genüge tun. Für den Nachweis der wissenschaftlichen Rigorosität ist daher die beschreibende Methode des informierten Argumentes zu wählen. Hierbei werden Informationen aus bestehendem Wissen genutzt, um über eine Argumentation den Nutzen der Artefakte nachzuweisen. Bereits in Kapitel 4.3.4 wurde ein Katalog an Anforderungen erstellt, welchen die Artefakte zu erfüllen haben, um als nützlich zu gelten. Diese Prüfung findet in Kapitel 8.1 im Rahmen der beschreibenden Validierung statt. Die allgemeine Anwendbarkeit der Modelle soll über Fallstudien nachgewiesen werden. Hierbei sollen die Artefakte in der vorgesehenen Geschäftsumgebung studiert werden. Entsprechend wird in Kapitel 8.2 die Anwendbarkeit durch Fallstudien mit Repräsentanten der vorgesehenen Anwendergruppe demonstriert.

8.1 Beschreibende Validierung

In Kapitel 4.3 wurden im Rahmen der Forschungsmethodik in drei Themenfeldern Anforderungen an die Forschung gestellt. Erstens soll das Forschungsvorhaben die gesetzte Zielstellung erfüllen. Zweitens hat der Forschungsprozess gemäß den Richtlinien der DSR abzulaufen. Drittens sind die Modelle gemäß den Grundsätzen ordnungsmäßiger Modellierung zu gestalten. In diesem Kapitel soll der argumentative Nachweis erfolgen, dass sämtliche Anforderungen in den Themenfeldern erfüllt wurden.

8.1.1 Evaluation der Zielstellung

Zunächst ist nachzuweisen, dass die geschaffenen Modelle der Zielstellung gerecht werden. Diese Ziele entstammen den Forschungsfragen und den begrifflichen Grundlagen und wurden definiert, um das Forschungsvorhaben von existierendem Wissen abzugrenzen.

Erstes Ziel war ein Branchenbezug über die Betrachtung der produzierenden Industrie und Smarter Produkt-Service-Systeme. Dieser Branchenbezug wurde primär durch die Auswahl der Fallstudienunternehmen erreicht. In Kapitel 5.2.1 wurde erläutert, dass für die Fallstudien nur Unternehmen untersucht wurden, die historisch gesehen den Großteil ihres Umsatzes mit Produkten erwirtschaften. Um eine Gültigkeit der Aussagen für die Allgemeinheit *der produzierenden Industrie* zu gewährleisten, wurde bei der Auswahl auf Hersteller von Produkten mit unterschiedlicher Komplexität, auf verschieden große Unternehmen sowie auf unterschiedliche Produkte Wert gelegt. Grundvoraussetzung für die Auswahl der Unternehmen war dabei, dass sie *Smarte Produkt-Service-Systeme* anbieten, ihre Produkte also mit Sensorik ausgestattet sind, an ein Netzwerk angebunden sind und so Daten übermitteln können, die für zusätzliche Dienstleistungen und digitale Produkte genutzt werden können.

Zweites Ziel war der Kontext der Untersuchung mit Betrachtung von Kundeninteraktionen, der Customer-Journey sowie Kundendaten. Die *Kundeninteraktionen* sind zentraler Fokus des Datenmodells. Im Fachbegriffsmodell in Kapitel 6.2.3 wird aufgezeigt, inwiefern Kundeninteraktionen Kundenkontaktpunkten zugeordnet werden können, welche Rollen auf Kunden- und Anbieterseite dabei involviert sind und welche Leistungen in Anspruch genommen werden. Das gesamte Datenmodell basiert wiederum auf dem Referenzprozessmodell einer *Customer-Journey*, das in Kapitel 5 gestaltet wurde. Durch die Nutzung der Customer-Journey als Grundlage für die Identifikation von am Prozess beteiligten Entitäten konnte eine holistische Betrachtung gewährleistet werden. Damit wurde auch sichergestellt, dass Unternehmen in der Lage sind, konkrete *Kundendaten* aus dem Datenmodell abzuleiten. In Kapitel 6.3. wurden dafür allgemeingültige Attribute den Entitäten zugeordnet.

Drittes Ziel war die Gestaltung von Modellen, genauer eines Referenzprozessmodells der Kundeninteraktionen, eines Datenmodells des digitalen Schattens sowie eines Vorgehensmodells zur Implementierung des digitalen Schattens. Diese Ziele wurden innerhalb der drei inhaltlichen Hauptkapitel 5 bis 7 erreicht. In Kapitel 5 wurde das *Referenzprozessmodell der Kundeninteraktionen* gestaltet. Die Kreation des *Datenmodells des digitalen Schattens* der Kundeninteraktionen fand in Kapitel 6 statt. Zuletzt wurde ein *Vorgehen zur Implementierung des digitalen Schattens* in Kapitel 7 modelliert.

Das Erreichen der gesetzten Zielstellung ist damit validiert.

8.1.2 Evaluation der Richtlinien der Design-Science-Research

Die DSR gibt sieben konkrete Richtlinien für den Forschungsprozess vor, die in Kapitel 4.3.2 vorgestellt wurden. Im Folgenden werden die einzelnen Richtlinien kurz genannt und danach erläutert, wie diesen Folge geleistet wurde.

Laut der ersten Richtlinie sind in der DSR Artefakte in Form von Informationssystemen, Modellen oder Methoden zu gestalten (s. HEVNER ET AL. 2004, 82). Mit der Gestaltung eines Referenzprozessmodells, eines Datenmodells und eines Vorgehensmodells wurden im Rahmen des Dissertationsvorhabens praktisch anwendbare Artefakte geschaffen.

Die zweite Richtlinie verlangt eine Problemrelevanz, aus der eine Zielstellung abgeleitet werden kann (s. HEVNER ET AL. 2004, 85). Die Relevanz wurde einerseits praxisorientiert aus der Ausgangssituation in Kapitel 1.1.1 wie andererseits auch wissenschaftsorientiert aus dem Stand der Forschung und dem daraus resultierenden Forschungsbedarf in Kapitel 3.3 abgeleitet. Eine konkrete Zielstellung wurde in Kapitel 1.2 über die gestellten Forschungsfragen sowie den formulierten Zielen entworfen.

Des Weiteren stellt die dritte Richtlinie die Anforderung, dass die Artefakte hinsichtlich Nützlichkeit, Qualität und Wirksamkeit anhand fundierter Methodik zu bewerten sind (s. HEVNER ET AL. 2004, 85). Diese Bewertung erfolgt in der Validierung in Kapitel 8. Dazu wurde zum einen eine informierte Argumentation als beschreibende Methode in Kapitel 8.1 und eine Fallstudie als beobachtende Methode in Kapitel 8.2 gewählt.

Die vierte Richtlinie fordert die Herausstellung eines Forschungsbeitrages in den Bereichen der Artefakte, der Grundlagen und der Methoden (s. HEVNER ET AL. 2004, 87). Der Forschungsbeitrag der Artefakte wird über die beobachtende Validierung in Kapitel 8.2 nachgewiesen. Hier wird aufgezeigt, dass die gestalteten Artefakte einen realen Nutzen für Unternehmen haben und damit einen Beitrag zur Lösung eines Problems liefern. Geschaffene Grundlagen sind die Modelle, die in den Kapiteln 5-7 gestaltet wurden. Neue Methoden als Forschungsbeitrag liegen in der Gestaltung der

Customer-Journey auf Basis des ARIS-Hauses und der damit möglichen Ableitung von Kundendaten, basierend auf der Prozesssicht, was dem aus dem Produktionskontext bekannten Prinzip des digitalen Schattens entspricht.

Die Rigorosität der Forschung wird als fünfte Richtlinie aufgeführt. Hierzu muss bei der Gestaltung der Artefakte auf eine Anwendbarkeit geachtet werden und es sind geeignete Methoden und Theorien anzuwenden (s. HEVNER ET AL. 2004, 88). Dieser Richtlinie wurde Folge geleistet, durch die Erläuterung der theoretischen Grundlagen und der Forschungsmethodik in Kapitel 4 sowie in Kapitel 5.1, 6.1 und 7.1 durch einen logisch hergeleiteten Ordnungsrahmen für die zu erstellenden Modelle. Die korrekte Modellierung und damit auch die Anwendbarkeit wird in Kapitel 8.1.3 bei der Evaluation der ordnungsmäßigen Modellierung nachgewiesen.

Die sechste Richtlinie verlangt nach dem Design als Suchprozess, bei dem iterativ nach effektiven Lösungen gesucht wird (s. HEVNER ET AL. 2004, 88). Diesem iterativen Prozess wurde durch den Fallstudienansatz gefolgt, bei der nach jeder durchgeführten Fallstudie das Modell anzupassen ist, bis eine Sättigung eintritt. Des Weiteren soll der Forscher eine Expertise sowohl im Anwendungskontext als auch im Lösungsbereich besitzen, um einen effektiven Designprozess zu befähigen (s. HEVNER ET AL. 2004, S. 88). Der Autor konnte diese Expertise neben der Arbeit an diesem Dissertationsvorhaben auch über themenverwandte Forschungs- und Industrieprojekte während seiner Arbeit als Projektmanager mit Promotionsabsicht erlangen.

Siebte und letzte Richtlinie ist die Kommunikation der Forschung. Hierbei sind aus Management-Sicht der Aufwand und Nutzen und aus technischer Sicht die Implementierung und Nutzung der Artefakte zu beschreiben (s. HEVNER ET AL. 2004, S. 90). Aus Management-Sicht sind insbesondere die Kapitel 1.1, um die Problemstellung und damit auch den Nutzen der Artefakte zu verstehen, sowie Kapitel 9, um einen Überblick über die Forschung und den damit verbundenen Aufwand zu erhalten, relevant. Die Implementierung und Nutzung der Artefakte werden vor allem im Vorgehensmodell in Kapitel 7 beschrieben. Zur Kommunikation der Ergebnisse wird neben der Veröffentlichung der Dissertationsschrift auch die wissenschaftliche Veröffentlichung von Teilergebnissen angestrebt. So wurde bereits das grundlegende Vorgehen der Nutzung des ARIS-Hauses zur Strukturierung der Customer-Journey und der Ableitung von Kundendaten während der *Swiss Conference on Data Science* publiziert (SCHACHT ET AL. 2021).

Die Befolgung der Richtlinien der DSR im Dissertationsvorhaben ist somit validiert.

8.1.3 Evaluation der ordnungsmäßigen Modellierung

Zuletzt soll in der beschreibenden Validierung noch der Erstellungsprozess der Modelle evaluiert werden, welcher zentraler Inhalt dieses Dissertationsvorhabens ist und in Kapitel 5, 6 und 7 erfolgt ist. Diese Validierung kann anhand der sechs Grundsätze ordnungsmäßiger Modellierung erfolgen (s. BECKER ET AL. 2012, S. 32).

Erster Grundsatz ist der der Richtigkeit. Die Modelle müssen syntaktisch und semantisch richtig sein (s. BECKER ET AL. 2012, S. 32). Die syntaktische Richtigkeit wurde durch die Auswahl etablierter Modellierungssprachen, wie des eERMs für das Datenmodell (s. Kapitel 6.1.3) sowie des ARIS-Hauses für das Referenzprozessmodell (s. Kapitel 5.1.2), sichergestellt. Die semantische Richtigkeit wurde über die Einbindung von Experten im Rahmen der Fallstudien bei Erstellung und Validierung der Modelle erreicht.

Der Grundsatz der Relevanz ist der zweite. Dieser fordert eine konkrete Zielstellung, um Umfang und Abstraktionsgrad der Modelle bestimmen zu können (s. BECKER ET AL. 2012, S. 33). Die Ziele wurden in Kapitel 1.2 explizit formuliert und dienten im Rahmen des Dissertationsvorhabens als Leitlinie zur Gestaltung der Modelle. So wurde bewusst ein hoher Abstraktionsgrad auf Ebene des Fachkonzeptes bei der Prozessmodellierung gewählt, um eine allgemeine Anwendbarkeit zu erreichen (s. Kapitel 5.1.1). Für das Datenmodell wurde eine tiefere Ebene mit dem Datenverarbeitungskonzept gewählt, um die im digitalen Schatten der Kundeninteraktionen betrachteten Daten verständlicher beschreiben zu können (s. Kapitel 6.1.1). Beim Vorgehensmodell wurden ebenso nur generische Aufgaben betrachtet, zur Beibehaltung der allgemeinen Anwendbarkeit (s. Kapitel 7.2).

Der Grundsatz der Wirtschaftlichkeit verlangt, ein Modellierungsziel mit minimalem Aufwand zu erreichen (s. BECKER ET AL. 2012, S. 34). Der Aufwand wurde durch die Wahl des Abstraktionsniveaus eingeschränkt und der Input für die Modellierung des Referenzprozesses wurde über die Sättigung in den Fallstudien beschränkt. Gleichzeitig entspricht die Gestaltung der Modelle als allgemein anwendbare Referenzmodelle dem Ziel der Wirtschaftlichkeit bei der Anwendung in Unternehmen, da so der dortige Aufwand verringert werden kann.

Vierter Grundsatz ist der Grundsatz der Klarheit. Die Modelle sollen leicht lesbar, anschaulich und verständlich sein (s. BECKER ET AL. 2012, S. 35). Angesichts dessen wurden für die Ausgestaltung der Modelle auf etablierte Konzepte wie das ARIS-Haus (s. Kapitel 5.1.1) oder CRISP-DM (s. Kapitel 7.1.2) zurückgegriffen. Des Weiteren wurde auf eine saubere Darstellung ohne Abkürzungen in den Beschreibungen der Modellbestandteile geachtet. Weiterhin wurden die Modelle schrittweise aufgebaut, womit ein Nutzer auch auf nur für ihn relevante Teilmodelle zurückgreifen kann.

Nächster Grundsatz ist der der Vergleichbarkeit, der die Gleichheit von realer Welt und den Modellen fordert (s. BECKER ET AL. 2012, S. 36). Dies konnte ebenfalls durch die Verwendung von in der realen Welt etablierten Konzepten bei der Modellierung sowie durch die aktive Einbindung von Experten in den Fallstudien erreicht werden.

Letzter Grundsatz ist der Grundsatz des systematischen Aufbaus, der eine Kongruenz gleicher Objekte in verschiedenen Modellen fordert (s. BECKER ET AL. 2012, S. 36). Diese verschiedenen Sichten auf den Prozess der Kundeninteraktionen wurden in Kapitel 5.1.1 erläutert und in Kapitel 5.3.4 erfolgte eine Synthese verschiedener Modelle zu einem Prozessmodell, das die Begrifflichkeiten entsprechend übernimmt. Beim stufenweisen Aufbau des Datenmodells sowie des Vorgehensmodells wurde ebenfalls konsistent die gleichen Bezeichnungen bei Objekten verwendet, die bereits eingeführt wurden.

Die ordnungsmäßige Modellierung der Modelle des Dissertationsvorhabens ist somit validiert.

8.2 Beobachtende Validierung

Bei der beobachtenden Validierung wurde in Bezug zum digitalen Schatten der Kundeninteraktionen sowohl ein anwendendes Unternehmen, also ein Unternehmen, das diesen bei sich nutzen würde, um die Bedürfnisse der Kunden zu analysieren, als auch ein anbietendes Unternehmen, also ein Unternehmen, welches andere bei der Implementierung eines digitalen Schattens unterstützt, ausgewählt. Um hier Einblicke in die sensiblen Kundenkontakte zu bekommen, wurden wie in den Fallstudien auch in der Validierung die Unternehmen anonymisiert. Der Deckname ist dabei Indikator für die Branche, in der die Unternehmen tätig sind. Der Fokus der beobachtenden Validierung lag zum einen auf der Bestätigung der Relevanz der Teilmodelle für die Unternehmen und zum anderen auf deren Anwendbarkeit.

8.2.1 Anwendendes Unternehmen: Recycling GmbH

Die Recycling GmbH ist ein Produzent von Maschinen im Bereich Recycling. Konkret werden die Produkte des Unternehmens zur Sammlung und Sortierung von Wertstoffen genutzt. Die Größe des Unternehmens ist *mittel* mit der Komplexität des Produktes auf der Ebene *Maschine.* Damit ergänzt die Recycling GmbH die Fallstudienunternehmen hinsichtlich der Größe und Komplexität des Produktes ohne Überschneidungen (siehe Abbildung 8-1). Auch wenn das Unternehmen autonom nutzbare Produkte herstellt, wurde die Validierung mit einer Sparte durchgeführt, die ihre Produkte in größere Anlagen integriert. Dadurch erfolgt gerade im Neugeschäft der Kontakt zu Kunden zusammen mit Integratoren. Mit der Inbetriebnahme werden aber selbstständig Leistungen für die Kunden erbracht.

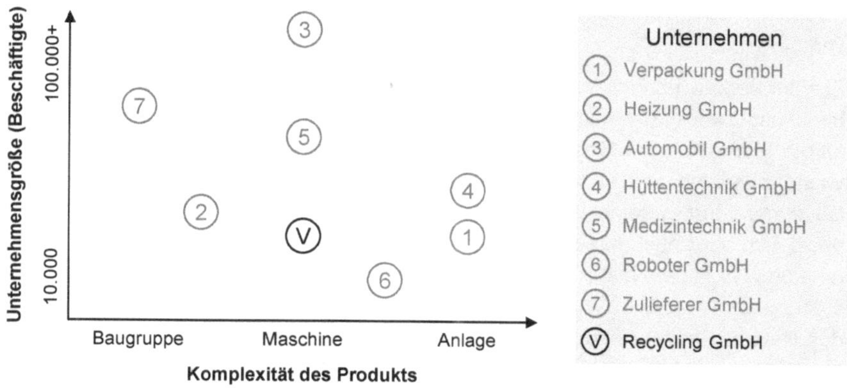

Abbildung 8-1 Einordnung der Recycling GmbH in die Unternehmen der Fallstudie (eigene Darstellung)

Problemvalidierung

Die Validierung wurde in Form eines Experteninterviews am 07.01.2022 durchgeführt. Der Gesprächspartner ist als Produktmanager für digitale Lösungen tätig. Damit hat er Einblicke sowohl in das Produkt- als auch in das Dienstleistungsgeschäft der Recycling GmbH und ist als Experte für die Validierung der Modelle geeignet. Die grundsätzliche Prämisse, die dem Dissertationsvorhaben zugrunde liegt, nämlich dass produzierende Unternehmen oft nicht in der Lage sind, kundenbezogene Daten über verschiedene Systeme hinweg zusammenzuführen, wurde bestätigt. Der Recycling GmbH stehen Daten aus der Produktnutzung zur Verfügung, diese werden aber nur zur Optimierung des Betriebes genutzt. Somit stehen die Nutzungsdaten weder dem Vertrieb noch dem Service zur Verfügung. Gleichzeitig werden auch keine Daten zwischen diesen beiden Abteilungen ausgetauscht. Somit findet keine systematische Zusammenführung von kundenbezogenen Daten aus verschiedenen Systemen heraus statt. Die Recycling GmbH würde also von einem digitalen Schatten der Kundeninteraktionen profitieren.

Modellvalidierung

Als Experte aus dem Bereich Produktmanagement betrachtet der Validierungspartner die Ergebnisse des Dissertationsvorhabens aus Anwendersicht. Für die konkrete Umsetzung müsste dann entweder die interne IT oder ein Anbieterunternehmen hinzugezogen werden. Die Aufgaben als Anwender bestehen hauptsächlich in der Identifikation relevanter Kundeninteraktionen und in der Vorgabe von Zielen. Entsprechend sind aus Sicht des Experten für die Recycling GmbH vorrangig das Referenzprozessmodell der Kundeninteraktionen sowie das Geschäftsverständnis und die Evaluation bei der Implementierung von hoher Relevanz. Das Fachbegriffsmodell als Teilmodell des Datenmodells sowie die Phasen des Datenverständnisses und des Einsatzes bei der Implementierung sind teilweise von Relevanz. Der Experte würde hier einem IT-Experten unterstützend zur Seite stehen. Die Attributszuordnung im Datenmodell sowie die

Phase der Datenvorbereitung und der Modellierung sind für den Experten nicht relevant.

Ziel der beobachtenden Validierung war es, zu prüfen, ob ein potenzieller Anwender Inhalt und Zweck der verschiedenen Modelle versteht. Der Experte stellte im Interview für die Teilmodelle des Referenzprozessmodelles fest, dass diese alle anwendbar und verständlich sind. Lediglich für die Funktion *ab Werk abnehmen* im Funktionsbaum der Customer-Journey kommentierte er, dass dies nur in Ausnahmefällen geschehe. Dies deckt sich aber auch mit den Beobachtungen aus den Fallstudien. Eine weitere Anmerkung lag in der Notwendigkeit einer höheren Detailtiefe bei der konkreten Ausgestaltung der Modelle im Anwendungsfall, bei gleichzeitiger Betonung der Nützlichkeit des Referenzprozessmodelles als Ordnungsrahmens. Die Teilmodelle erfüllen damit ihren Zweck, da sie, wie in Kapitel 5.1.1 beschrieben, auf der Ebene des Fachkonzeptes bewusst generischer Natur sind, um eine breite Anwendung zu ermöglichen. Das Fachbegriffsmodell wurde im Aufbau verstanden, allerdings nur für bedingt relevant für die eigene Tätigkeit gehalten. Nach Aussage des Experten wäre hier aber eine Einbindung seiner Rolle zur Identifizierung der Bewegungsdaten sinnvoll. Das Vorgehensmodell war ebenfalls verständlich. Während der Implementierung eines digitalen Schattens der Kundeninteraktionen würde der Experte selbst bei den Aufgaben der Festlegung von Geschäftszielen, der Beurteilung der Situation sowie der Auswertung des Ergebnisses tätig werden. In der Phase *Einsatz und Datenverständnis* könnte er unterstützend eingreifen. Die Anwendbarkeit konnte damit für sämtliche relevanten Teilmodelle vom Experten bestätigt werden.

Eine Übersicht über die Relevanz der Teilmodelle und deren Anwendbarkeit für die Recycling GmbH aus Anwendersicht eines digitalen Schattens der Kundeninteraktionen ist in Tabelle 8-2 gegeben.

Tabelle 8-2 Prüfung der Relevanz und Anwendbarkeit der Teilmodelle für die Recycling GmbH (eigene Darstellung)

Teilmodelle	Relevanz	Anwendbarkeit
Referenzprozessmodell der Kundeninteraktionen		
Funktionsbaum der Customer-Journey	●	✓
Organigramm der am Prozess beteiligten Rollen	●	✓
Leistungsbaum produzierender Unternehmen	●	✓
Funktionszuordnungsdiagramm der Kundeninteraktionen	●	✓
Datenmodell des digitalen Schattens der Kundeninteraktionen		
Fachbegriffsmodell	◑	✓
Attributszuordnung	○	-
Vorgehensmodells zur Implementierung des digitalen Schattens		
CRISP-DM Geschäftsverständnis	●	✓
CRISP-DM Datenverständnis	◑	✓
CRISP-DM Datenvorbereitung	○	-
CRISP-DM Modellierung	○	-
CRISP-DM Evaluation	●	✓
CRISP-DM Einsatz	◑	✓

8.2.2 Anbietendes Unternehmen: Plattform GmbH

Die Plattform GmbH ist ein international agierender Anbieter von Unternehmenssoftware auf einer cloudbasierten Plattform. Die Plattform bietet eine Vielzahl unterschiedlicher Anwendungen und Schnittstellen, insbesondere auch für das Management von Kundenkontakten und die Analyse von Daten. Entsprechend ist die Plattform GmbH oder ein Implementierungspartner des Unternehmens ein potenzieller Anbieter bei der Einführung eines digitalen Schattens der Kundeninteraktion bei produzierenden Unternehmen.

Problemvalidierung

Für die beobachtende Validierung aus Sicht eines Anbieters wurde ein Experteninterview am 12.01.2022 durchgeführt. Der Experte ist Senior Director und Regional Vice President im Produktmanagement für Lösungen der Plattform GmbH im Bereich des industriellen Service und war davor Leiter des Kundendienstes in einem produzierenden Unternehmen. Die Problemstellung, nämlich dass produzierende Unternehmen nicht in der Lage sind, kundenbezogene Daten aus verschiedenen Systemen ordentlich zusammenzuführen und auszuwerten, wurde bestätigt. Die Hauptursache darin sieht er in Datensilos in einzelnen Abteilungen. In produzierenden Unternehmen, so der Experte, hätte die Kundensicht keine hohe Priorität bei der Gestaltung von Systemen. So zähle beispielsweise bei der Vernetzung von Produkten im Feld die Fähigkeit, mehr über das eigene Produkt zu lernen, wesentlich mehr als die Betrachtung des Kunden und dessen Nutzerverhaltens. Entsprechend werde nicht auf eine eineindeutige Erfassung kundenbezogener Daten im gesamten Unternehmen geachtet. Dadurch entstünden sogenannte Dubletten, also redundante Datensätze, die aufgrund unterschiedlicher Schreibweisen von Identifikatoren einander nicht zugeordnet werden könnten. Ein Beispiel sei die Schreibweise von Namen. Hier könnten Vornamen abgekürzt werden, die Reihenfolge von Vor- und Nachnamen unterschiedlich sein oder akademische Grade mit aufgenommen werden oder nicht. Jede Abteilung würde sich bei der Gestaltung ihrer Systeme selbst optimieren und in der produktfokussierten Industrie fehle das Bewusstsein für die Notwendigkeit, eineindeutige Identifikatoren von Kundeninteraktionen zu nutzen. Mit diesen Aussagen konnte die Problemstellung des Dissertationsvorhabens validiert werden.

Modellvalidierung

Der Validierungspartner betrachtet die im Rahmen des Dissertationsvorhabens gestalteten Modelle aus Anbietersicht. Die Plattform GmbH würde also die Einführung und den Betrieb eines digitalen Schattens der Kundeninteraktion bei produzierenden Unternehmen anbieten und dafür mit der internen IT des Unternehmens und mit den beteiligten Fachabteilungen eng zusammenarbeiten. Dies könnte auch von einem dezidierten Implementierungspartner übernommen werden und die Plattform GmbH würde entsprechende Vorgehen und passende Softwareprodukte anbieten. Die Aufgaben als Anbieter lägen in der Erlangung eines Verständnisses für das Kundenproblem und der darauf aufbauenden Ausgestaltung und Anpassung der eigenen Plattform oder auch Software. Dementsprechend sind für die Plattform GmbH das Referenzprozessmodell der Kundeninteraktion nur bedingt relevant, da es lediglich dem Verständnis der Ausgangssituation dient, nicht jedoch selbst aktiv gestaltet werden würde. Dementgegen sind sowohl das Datenmodell des digitalen Schattens als auch das Vorgehensmodell zur Implementierung von hoher Relevanz. Das Fachbegriffsmodell ist zur Entwicklung einer grundsätzlichen Logik notwendig, wie kundenbezogene Daten auf der Plattform miteinander zu verknüpfen sind. Die Attributszuordnung wird dann bestimmen, welche Attribute bei den kundenbezogenen Daten von Bedeutung sind und über welche Identifikatoren diese miteinander verknüpft werden können. Als Hauptverantwortlicher für die Implementierung würde dann die Plattform GmbH ein Implementierungsprojekt gemeinsam mit dem Unternehmen aufsetzen und könnte dann das Vorgehensmodell nutzen.

Im Validierungsgespräch wurde das Ziel verfolgt, die Anwendbarkeit der Modelle zu bestimmen. Grundsätzlich bestätigte der Experte diese Anwendbarkeit sämtlicher Modelle und stellte deren Nützlichkeit für produzierende Unternehmen heraus, insbesondere das Referenzprozessmodell der Kundeninteraktionen zur Förderung eines Verständnisses, an welchen Punkten ein Unternehmen auf welche Art und Weise mit Kunden interagiert. Im Funktionsbaum der Customer-Journey wies er auf die Bedeutung neuer Geschäftsmodelle, vordergründig Subskriptionsgeschäftsmodelle, und eine dementsprechend notwendige Berücksichtigung umfassender Lösungen und nicht nur des Produktes bei der *Evaluierung* hin. Des Weiteren sei eine eindeutige Unterscheidung zwischen den Funktionen *Produkt optimieren* und *Produkt verbessern* notwendig. Diese war zwar bereits in der Detailbeschreibung dieses Dissertationsvorhabens gegeben, aber auf diesen Hinweis hin erfolgte die Umbenennung von *Produkt optimieren* in *Produktnutzung* zur Verdeutlichung. Diese Anpassung im Modell entspricht dem geforderten iterativen Forschungsvorgehen in der Design-Science-Research. Weiterhin wurde für das Organigramm der Einwand gebracht, dass das genannte *Callcenter* eher einer Organisationseinheit denn einer Rolle entspräche und eher allgemein ein *Serviceinnendienst* eingeführt werden solle. Diese Anmerkung wurde umgesetzt.

Für das Fachbegriffsmodell wurde auf eine notwendige klare Definition der Customer-Journey hingewiesen. Diese könne je nach Unternehmen andere Bedeutungen haben und zum Beispiel auch für die Inanspruchnahme einzelner Leistungen betrachtet werden. Diese Abgrenzung wurde in Kapitel 2.1.2 über die Differenzierung zwischen einer übergeordneten Customer-Journey und Sub-Journeys vollzogen. Im Vorgehensmodell wurde in der Aufgabe *Daten integrieren* die *Zusammenführung von Tabellen* genannt. Diese Begrifflichkeit wurde vom Experten als praxisfremd eingestuft und die Betrachtung der IT-Architektur als passender an dieser Stelle bewertet. Deshalb wurde das Betrachtungsobjekt in *Gestaltung der IT-Architektur* geändert. Dies inkludiert damit auch die Verknüpfung verschiedener Systeme über Schnittstellen.

Eine Übersicht über die Relevanz der Teilmodelle und deren Anwendbarkeit für die Plattform GmbH aus Anbietersicht eines digitalen Schattens der Kundeninteraktionen ist in Tabelle 8-3 gegeben.

Tabelle 8-3 Prüfung der Relevanz und Anwendbarkeit für die Plattform GmbH (eigene Darstellung)

Teilmodelle	Relevanz	Anwendbarkeit
Referenzprozessmodell der Kundeninteraktionen		
Funktionsbaum der Customer-Journey	◑	✓
Organigramm der am Prozess beteiligten Rollen	◑	✓
Leistungsbaum produzierender Unternehmen	◑	✓
Funktionszuordnungsdiagramm der Kundeninteraktionen	◑	✓
Datenmodell des digitalen Schattens der Kundeninteraktionen		
Fachbegriffsmodell	●	✓
Attributszuordnung	●	✓
Vorgehensmodells zur Implementierung des digitalen Schattens		
CRISP-DM Geschäftsverständnis	●	✓
CRISP-DM Datenverständnis	●	✓
CRISP-DM Datenvorbereitung	●	✓
CRISP-DM Modellierung	●	✓
CRISP-DM Evaluation	●	✓
CRISP-DM Einsatz	●	✓

8.3 Zusammenfassung der Validierung

Im Rahmen der beschreibenden Validierung konnte aufgezeigt werden, dass alle gestellten Anforderungen aus der gesetzten Zielstellung, der verwendeten Forschungsmethodik und der Modellierung erfüllt werden konnten. In der beobachtenden Validierung wurden die Relevanz und Anwendbarkeit der Modelle bestätigt. Eine zentrale Erkenntnis dabei war, dass die Relevanz der Teilmodelle sich unterscheidet, je nachdem, ob man den digitalen Schatten der Kundeninteraktionen produzierender Unternehmen anwenden oder implementieren möchte. Damit können die im Dissertationsvorhaben gestalteten Modelle als hinreichend valide in dem in Kapitel 2.3 definierten Untersuchungsbereich angesehen werden.

9 Zusammenfassung und Ausblick

In diesem Kapitel werden die zentralen Ergebnisse der Arbeit zusammengefasst und anschließend ein Ausblick hinsichtlich des wirtschaftlichen und wissenschaftlichen Beitrages sowie des weiteren Forschungsbedarfes gegeben.

9.1 Zusammenfassung

Kunden kaufen den Nutzen, den Produkte, Dienstleistungen und digitale Lösungen stiften. Um als Unternehmen erfolgreich zu sein, müssen daher die Bedürfnisse der Kunden klar sein, die diesem Verlangen nach einem Nutzen zugrunde liegen. Oft sind diese jedoch dem Kunden selbst nicht explizit bewusst. Über die Analyse von Kundendaten kann jedoch eine Identifikation latenter Kundenbedürfnisse erfolgen. Beispiele aus dem B2C-Bereich belegen hierbei, wie die konsequente Weiterentwicklung des Leistungsangebotes auf Basis der Analyse von Kundendaten zu einem wirtschaftlichen Erfolg führen kann. Auch die produzierende Industrie könnte von der Analyse von Kundendaten profitieren. Gerade durch die zunehmende Ausrüstung von Produkten mit Sensorik und deren Vernetzung im Internet der Dinge und das damit einhergehende Angebot von Smart-Product-Service-Systemen besteht das Potenzial der Erhebung von Nutzungsdaten. Zusammen mit anderen Kundendaten könnte so ein digitales Abbild der Kunden geschaffen werden. Diese Fähigkeit der Verknüpfung verschiedener Kundendaten besitzen viele produzierende Unternehmen allerdings nicht. Dies liegt zum einen an der Komplexität der Kundenprozesse, bei denen die Verantwortlichkeiten für Kundenkontaktpunkte über die Customer-Journey bei verschiedenen Abteilungen liegen. Zum anderen sind die Kundenbeziehungen an sich im B2B-Bereich auch vielfältiger und schwieriger zu managen.

Aus dieser Ausgangssituation heraus war es das Ziel der Arbeit, ein Modell zu entwickeln, das es produzierenden Unternehmen erlaubt, Kundendaten entlang der Customer-Journey systematisch erheben und verknüpfen zu können. Dazu sollte der digitale Schatten der Kundeninteraktionen produzierender Unternehmen gestaltet werden. Zunächst war dafür ein Referenzprozessmodell der Kundeninteraktionen auszuarbeiten, um einen Überblick über sämtliche Kontaktpunkte zwischen produzierenden Unternehmen und ihren Kunden zu erhalten. Über ein Datenmodell, welches die an einer Kundeninteraktion beteiligten Entitäten aufzeigt, wurde dann das Ziel verfolgt, den digitalen Schatten der Kundeninteraktionen zu gestalten. Um Unternehmen die Anwendung der Modelle zu ermöglichen, sollte zuletzt noch ein Vorgehen zur Implementierung gestaltet werden.

Die Arbeit wurde gemäß der Design-Science-Research aufgebaut. Diese Forschungsmethodik ist besonders für die Gestaltung informationstechnischer Systeme, wie es der digitale Schatten der Kundeninteraktionen produzierender Unternehmen ist, geeignet. In diesem Gestaltungsprozess sind dabei stets die Relevanz für die Praxis und die Rigorosität der Forschung zu beachten. In Kapitel 2 wurden zur Herausstellung der Relevanz und der Einordnung des Forschungsvorhabens in die Umwelt die begrifflichen Grundlagen gelegt und der Untersuchungsbereich eingegrenzt. Dazu wurden die aus der Forschungsfrage stammenden Begriffe *Digitaler Schatten*, *Kundeninteraktionen* und *Produzierende Unternehmen* im Detail erläutert. Nach einer fachlichen Einordnung in die Dienstleistungsforschung und Wirtschaftsinformatik fand dann eine Eingrenzung über zu betrachtende Aspekte innerhalb der zuvor genannten Begrifflichkeiten statt.

In Kapitel 3 wurde der Stand der Forschung geschildert. Auf Basis der erfolgten Abgrenzung des Forschungsvorhabens folgte die Ausarbeitung von Anforderungen an potenzielle Quellen in Bezug auf die betrachtete Branche, den Kontext der Untersuchung und das Ziel des Vorhabens. Insgesamt 16 Studien in den Kategorien Kundeninteraktion, Kundendaten und Digitaler Schatten wurden daraufhin analysiert. Es zeigte sich, dass noch keine explizite Betrachtung der Customer-Journey als Referenzprozess für *Kundeninteraktionen* im Hinblick auf Smarte Produkt-Service-Systeme stattfand. Des Weiteren fand sich im Bereich der *Kundendaten* kein Vorgehen zur systematischen Erfassung dieser Daten entlang der Customer-Journey. Die Sammlung von Daten entlang eines Prozesses, um ein digitales Abbild zu erhalten, entspricht dem Konzept des *digitalen Schattens*. Hier fand sich keine Anwendung auf Kundenprozesse, wie es die Customer-Journey ist. Stattdessen liegt der Fokus in diesem Bereich primär auf der Produktion. Damit konnte Forschungsbedarf für einen Referenzprozess der Customer-Journey festgestellt werden, entlang dessen Daten im Sinne eines digitalen Schattens erhoben und zusammengeführt werden. Dieses Dissertationsvorhaben hat somit ein konkretes Forschungsdefizit adressiert.

Kapitel 4 diente der Schilderung theoretischer Grundlagen und der Ausarbeitung der Forschungsmethodik. Die theoretischen Grundlagen dienten dabei der Rechtfertigung, warum das Dissertationsvorhaben geeignet ist, das aufgeworfene Forschungsdefizit zu lösen. Die *System- und Modelltheorie* begründeten dabei die Betrachtung einer komplexen Fragestellung im abgegrenzten System eines Unternehmens und unter Betrachtung eines Modells als vereinfachtes Abbild der Realität. Die *Theory of planned behavior* bestätigte, dass sich das Verhalten von Kunden auf Basis vergangener Entscheidungen vorhersagen lässt, was den Sinn des digitalen Schattens als Analysemethode von Kundenverhalten belegte. Zuletzt wurde über den *Knowledge-based View* dargelegt, dass das datenbasierte Wissen über Kunden eine wertvolle Ressource für Unternehmen ist. Für den methodischen Aufbau wurde das Dissertationsvorhaben in drei Teilmodelle separiert: ein Referenzprozessmodell der Kundeninteraktionen, ein Datenmodell des digitalen Schattens der Kundeninteraktionen und ein Vorgehensmodell zur Implementierung des digitalen Schattens. Zur Ausgestaltung dieser Modelle wurden die Desk-Research, Experteninterviews und Workshops als Informationserhebungsverfahren erläutert. Zuletzt erfolgte die Ausgestaltung von Anforderungen an das Forschungsvorhaben durch den Bezug zum Objektbereich und Ziel aus Kapitel 3 sowie zu den Richtlinien der DSR und den Grundsätzen ordnungsmäßiger Modellierung.

Die Ausgestaltung des Referenzprozessmodells der Kundeninteraktionen fand in Kapitel 5 statt. Dafür wurde zunächst die Architektur des Referenzprozessmodells auf Basis der Architektur integrierter Informationssysteme (ARIS) vorgestellt. ARIS teilt den Referenzprozess in verschiedene Sichten auf, für die dann jeweils eigene Modelle gestaltet werden können, wodurch eine Verringerung der Komplexität erreicht wird. Die Erhebung des Referenzprozesses erfolgte in Fallstudien, deren Auswahl und Aufnahme in diesem Kapitel vorgestellt wurden. Zuerst erfolgte die Gestaltung der Funktionssicht als Funktionsbaum der Customer-Journey mit den Phasen Erwägung, Evaluierung, Kauf, Loyalität, Inbetriebnahme, Betrieb, Instandhaltung und Außerbetriebnahme. Insgesamt wurden 29 Funktionen definiert. Danach wurde die Organisationssicht als Organigramm der am Prozess beteiligten Rollen geschildert. Aus Anbieter- und Kundensicht betrachtete die Arbeit die Kategorien Eingangslogistik, Betrieb, Ausgangslogistik, Marketing und Vertrieb, Kundendienst, Unternehmensinfrastruktur, Technologieentwicklung und Beschaffung. Insgesamt wurden 18 Rollen identifiziert. Für die Leistungssicht wurde ein Leistungsbaum mit den Kategorien der Sach-, Dienst- und Informationsleistungen mit 38 Leistungsarten gestaltet. Diese verschiedenen Modelle wurden in einem Funktionszuordnungsdiagramm vereinigt. Dabei fand eine Zuordnung der Rollen und Leistungsarten zu den einzelnen Funktionen statt.

Kapitel 6 beinhaltete die Gestaltung des Datenmodells des digitalen Schattens der Kundeninteraktionen. Dafür wurde zunächst der Aufbau des Datenmodells durch Wahl der inhaltlichen Ebene sowie Auswahl und Notation des Modelltyps beschrieben. Anschließend erfolgte die Gestaltung des Fachbegriffsmodells. Dies geschah in drei Schritten: Zunächst wurden die Kernentitäten bestimmt, die den Hauptsachverhalt des Zusammenhanges von Kundeninteraktionen und der Customer-Journey beschreiben. Diese wurden durch abhängige Entitäten erweitert. Hierzu wurde die Betrachtung auf die an den Kundeninteraktionen beteiligten Entitäten erweitert. Zuletzt erfolgte die Erfassung der Bewegungsdaten, welche die konkret erbrachten Leistungen im Rahmen einer Kundeninteraktion spezifizieren. Diesen Entitäten wurden noch Attribute zugeordnet, um einen höheren Detaillierungsgrad zu erreichen.

In Kapitel 7 erfolgte die Erstellung des Vorgehensmodelles zur Implementierung des digitalen Schattens. Um eine hohe Anwendbarkeit in der Industrie zu gewährleisten, sollte dabei auf etablierte Referenzmodelle zurückgegriffen werden. Die Auswahl fiel auf den *Cross Industry Standard Process for Data-Mining* (CRISP-DM). Für das Modell sprechen neben der weiten Verbreitung auch das Vorhandensein einer detaillierten Beschreibung der einzelnen Phasen. Für diese sechs Phasen, Geschäftsverständnis, Datenverständnis, Datenvorbereitung, Modellierung, Evaluation und Einsatz, wurden im Rahmen des Dissertationsvorhabens dann Betrachtungsobjekte definiert. Diese Betrachtungsobjekte sind im Rahmen generisch definierter Phasen bei der Anwendung von CRISP-DM zur Implementierung eines digitalen Schattens der Kundeninteraktionen zu beachten. Insbesondere wurde auch der Beitrag des Referenzprozessmodells der Kundeninteraktionen aus Kapitel 5 zur Phase des Geschäftsverständnisses und der des Datenmodells des digitalen Schattens aus Kapitel 6 zur Phase des Datenverständnisses aufgezeigt.

Eine Validierung der Modelle fand in Kapitel 8 statt. Laut der DSR stehen dafür verschiedene Methoden zur Verfügung, die auf Grundlage der Umstände des Forschungsvorhabens und der gewonnenen Artefakte zu wählen sind. Die erste

Validierungsmethode dieses Dissertationsvorhabens war die beschreibende Validierung in Form eines informierten Arguments. Durch den Abgleich der in Kapitel 4.3 gestellten Anforderungen mit den konkreten Ergebnissen konnte die Validität des Dissertationsvorhabens aus theoretischer Sicht gezeigt werden. Die zweite Validierungsmethode bestand aus zwei Fallstudien als beobachtende Validierung. Hierzu wurden mit zwei Experten die Modelle auf ihre Anwendbarkeit in der Industrie hin überprüft. Der Fokus lag dabei auf der Perspektive der Kundeninteraktionen eines potenziellen Anwenderunternehmens und aus Datensicht eines potenziellen Anbieterunternehmens. Hierüber konnten die Ergebnisse auch praktisch validiert werden.

9.2 Kritische Reflexion und Ausblick

Im Rahmen der DSR geschaffene Artefakte, wie es die in den Kapiteln 5,6 und 7 gestalteten Modelle darstellen, definieren Probleme und Lösungen für Anwendungsfälle von Informationssystemen in der Praxis (s. HEVNER ET AL. 2004, 83). Entsprechend liefert die vorliegende Arbeit einen wesentlichen wirtschaftlichen Beitrag, in dem sie mit dem digitalen Schatten der Kundeninteraktionen eine für produzierende Unternehmen konkret anwendbare Systematik zur ganzheitlichen Erfassung von Kundendaten zur Verbesserung des Kundenverständnisses liefert. Unternehmen können über das Referenzprozessmodell der Kundeninteraktionen konkret konstruieren, wo und wie sie mit ihren Kunden in Kontakt treten und mit dem Datenmodell des digitalen Schattens der Kundeninteraktionen potenzielle Daten aus diesen Kundeninteraktionen identifizieren und zusammenführen. Auch werden produzierende Unternehmen bei der initialen Gestaltung und Weiterentwicklung des digitalen Schattens der Kundeninteraktionen mit dem Vorgehensmodell zur Implementierung unterstützt. Auf Basis des etablierten CRISP-DM werden dafür konkret zu betrachtende Aspekte aufgezeigt.

Des Weiteren liefern die Artefakte in der DSR stets auch einen wissenschaftlichen Beitrag zur Wissensgrundlage, auf deren Basis sie gestaltet wurden (s. HEVNER ET AL. 2004, 81). Der Erkenntnisgewinn dieser Arbeit wurde durch eine Exaptation erreicht, bei der bekannte Lösungen auf eine neue Problemstellung angewandt werden (s. GREGOR U. HEVNER 2013, 345). Hierfür wurde das Prinzip des digitalen Schattens, bisher primär in produktionsnahen Anwendungsfällen genutzt, für produzierende Unternehmen auf Kundeninteraktionen übertragen. Die Beiträge zur Wissensgrundlage dieser Arbeit sind dementsprechend das Referenzprozessmodell zur Beschreibung der Kundeninteraktionen produzierender Unternehmen, das Datenmodell zur Erklärung der Zusammenhänge von Kundendaten im Sinne des digitalen Schattens sowie das Vorgehensmodell zur Gestaltung der Implementierung.

Die Forschungsergebnisse unterliegen allerdings auch Limitierungen. Zunächst sind die Ergebnisse gemäß Kapitel 2.3 lediglich für den eingegrenzten Untersuchungsgegenstand für gültig zu erachten, da nur in diesem Rahmen die Forschung stattfand. Die gewählte Methodik der Fallstudienforschung ist in mehrerer Hinsicht kritisch zu betrachten. Die Wahl der Fallstudienunternehmen hat direkten Einfluss auf die Ergebnisse und hätte, trotz rigoroser Forschung bis zum Erreichen einer Sättigung, bei anderen Unternehmen zu anderen Ergebnissen führen können. Da teilweise nur mit einzelnen Personen interagiert wurde, können die Ergebnisse auch nicht als allgemeingültig für ein Fallstudienunternehmen betrachtet werden, sondern geben nur die persönliche Perspektive des Einzelnen wieder. Damit geht einher, dass der Referenzprozess der Kundeninteraktionen aus Sicht des Anbieters definiert wurde. Die Betrachtung der Kundensicht auf den Anbieter könnte zu einem anderen Ergebnis führen. Eine weitere Limitierung ist die geringe Detailtiefe der einzelnen Modelle, welche bei der Breite des Untersuchungsgegenstandes nicht erreicht werden konnte. Entsprechend beinhaltet die vorliegende Arbeit bei dem in Kapitel 5.1.1. vorgestellten ARIS-Modell nicht die Implementierungsebene und, die Datensicht ausgenommen, auch nicht die Datenverarbeitungsebene. Auch im Vorgehensmodell werden, wie in Kapitel 7.2 erwähnt, keine speziellen Aufgaben definiert, sondern lediglich Betrachtungsobjekte vorgeschlagen. Zuletzt wurde für die Erarbeitung der Ergebnisse auf etablierten Modellen aufgebaut, deren Validität bereits vielfach nachgewiesen wurde. Für den vorliegenden Anwendungsfall könnten aber komplett neue Modelle eine höhere Passgenauigkeit besitzen. Dann hätte aber auch die Validierung deutlich aufwendiger gestaltet werden müssen, um neben den Inhalten auch die Modelle an sich zu validieren.

Aus diesen Aspekten heraus ergeben sich als Ausblick Potenziale für zukünftige Forschungsaktivitäten. Zunächst wurde der Referenzprozess der Kundeninteraktionen auf einem hohen Abstraktionsgrad gestaltet, um eine generelle Anwendbarkeit für produzierende Unternehmen zu gewährleisten. Eine Erhöhung des Detailgrades war daher im Rahmen des Untersuchungsgegenstandes dieses Dissertationsvorhabens nicht möglich. Allerdings könnte eine stärkere Eingrenzung des Untersuchungsgegenstandes eine größere Detailtiefe ermöglichen. Solch eine Eingrenzung könnte beispielsweise durch die Fokussierung einer spezifischen Branche anstatt der gesamten produzierenden Industrie oder durch die Auswahl lediglich einer Phase der Customer-Journey erfolgen, anstatt diese in Gänze zu betrachten.

Ebenfalls besteht noch Forschungsbedarf im Bereich des Datenmodells. Die beschriebenen Attribute stellen lediglich ein Minimum dar, um den Zweck des digitalen Schattens erfüllen zu können. Eine Maximalversion sämtlicher potenzieller Kundendaten und beschreibender Attribute würde einen großen Mehrwert hauptsächlich für praktische Anwendungen bieten. Dieser Katalog könnte von Unternehmen genutzt werden, um eine Übersicht über bereits erfasste Kundendaten, nicht erfasste Daten mit wirtschaftlichem Potenzial und nicht zu erfassende Daten zu erlangen. Des Weiteren wäre eine Betrachtung der direkten Beziehungen zwischen den Bewegungsdaten interessant. Anstatt nur die Kundeninteraktionen zu beschreiben, wären dann auch komplexere Analysen des Leistungsangebotes möglich.

Zuletzt wurde für das Vorgehensmodell ein etabliertes Modell an den Anwendungsfall angepasst. Für die Implementierung könnte aber auch ein komplett neues Vorgehensmodell gestaltet werden. Insbesondere hat sich in den Fallstudien bei der Aufnahme gezeigt, dass Unternehmen verschiedene Systeme und Logiken nutzen, um Kundendaten zu speichern. Ein Vorgehensmodell könnte entsprechend abhängig von den Voraussetzungen und Zielen der Anwendung individuelle Implementierungspfade für den digitalen Schatten der Kundeninteraktionen aufzeigen. Ferner könnten für das auf CRISP-DM basierende Vorgehensmodell spezielle Aufgaben ausgestaltet werden, anstatt nur Betrachtungsobjekte vorzuschlagen. Besonders in der Phase des Geschäftsverständnisses könnte dafür eine Bestimmung von konkreten Anwendungszielen und der daraus abzuleitenden Data-Mining-Ziele erfolgen.

Literaturverzeichnis

ABADI, D.: Consistency Tradeoffs in Modern Distributed Database System Design: CAP is Only Part of the Story. In: Computer 45 (2012) 2, S. 37–42.

ABTS, D.; MÜLDER, W.: Grundbegriffe. In: Grundkurs Wirtschaftsinformatik. Springer, Wiesbaden [u. a.] 2017, S. 1–23.

ADHIKARI, D.: Exploring the differences between social and behavioral science. In: Behavioral Development Bulletin 21 (2016) 2, S. 128–135.

AGGARWAL, C. C.: Data mining. The textbook. Springer, Cham [u. a.] 2015.

AICHNER, T.; GRUBER, B.: Managing customer touchpoints and customer satisfaction in b2b mass customization: A case study. In: International journal of industrial engineering and management 8 (2017) 3, S. 131–140.

AJZEN, I.: The theory of planned behavior. In: Organizational behavior and human decision processes 50 (1991) 2, S. 179–211.

AKSIN, Z.; ARMONY, M.; MEHROTRA, V.: The Modern Call Center: A Multi-Disciplinary Perspective on Operations Management Research. In: Production and Operations Management 16 (2007) 6, S. 665–688.

ALI, K.; WARRAICH, M. A.: A framework to implement data cleaning in enterprise data warehouse for robust data quality. In: 2010 International Conference on Information and Emerging Technologies (ICIET 2010). Karachi, Pakistan, 14 – 16 June 2010. IEEE, Piscataway, NJ, 2010, S. 1–6.

ALMQUIST, E.; CLEGHORN, J.; SHERER, L.: The B2B Elements of Value. Harvard Business Review online (2018)3-4, S. 72 – 81. https://hbr.org/2018/03/the-b2b-elements-of-value (Link zuletzt geprüft: 19.03.2022)

ALPERS, S.; HUBER, M.; SCHEIDECKER, P.; SCHUSTER, T.: Prozessorientierte Bedrohungsanalyse für IT-gestützte mobile Aufgabenerfüllung. In: HMD – Praxis der Wirtschaftsinformatik 51 (2014) 1, S. 56–63.

ANNARELLI, A.; BATTISTELLA, C.; NONINO, F.: Product service system: A conceptual framework from a systematic review. In: Journal of Cleaner Production 139 (2016) Dec., S. 1011–1032.

ANTONS, D.; BREIDBACH, C. F.: Big Data, Big Insights? Advancing Service Innovation and Design With Machine Learning. In: Journal of Service Research 21 (2018) 1, S. 17–39.

ANTONS, D.; PIENING, E.; SALGE, T.-O.: Führung und Innovation in Zeiten der Digitalisierung. VDMA online, 04.10.2018. https://www.vdma.org/viewer/-/v2article/render/1157797 (Link zuletzt geprüft: 19.03.2022)

APPEN (Hrsg.): AI Model Maintenance. A Guide to Managing a Model Post-Production. Appen online, 26.02.2021. https://appen.com/blog/ai-model-maintenance-guide-to-managing-model/ (Link zuletzt geprüft: 19.03.2022)

ASCHENBRENNER, D.; SITTNER, F.; FRITSCHER, M.; KRAUß, M.; SCHILLING, K.: Cooperative Remote Repair Task in an Active Production Line For Industrial Internet Telemaintenance**funded by the Bavarian Ministry of Economic Affairs, Infrastructure, Transport and Technology in its R&D program 'Information and Communication Technology'. In: IFAC-PapersOnLine 49 (2016) 30, S. 18–23.

ASCI (Hrsg.): ACSI Telecommunications Report 2018 – 2019. Colorado Springs (CO) 2019. [in Bibliothek des FIR an der RWTH Aachen verfügbar]

AVRAMIDIS, A. N.; CHAN, W.; GENDREAU, M.; L'ECUYER, P.; PISACANE, O.: Optimizing daily agent scheduling in a multiskill call center. In: European Journal of Operational Research 200 (2010) 3, S. 822–832.

BAINES, T. S.; LIGHTFOOT, H. W.; BENEDETTINI, O.; KAY, J. M.: The servitization of manufacturing. In: Journal of Manufacturing Technology Management 20 (2009) 5, S. 547–567.

BAKER, O.; THIEN, C. N.: A New Approach to Use Big Data Tools to Substitute Unstructured Data Warehouse. In: [Proceedings] IEEE Conference on Big Data and Analytics. IEEE, 2020, S. 26–31.

BALLIAUW, M.; VERLINDEN, T.; CROOCQ, L. de; FOBE, A.; VAN DEN SPIEGEL, T.: A strategic managerial approach to corporate sports hospitality: the case of Belgian football. In: Journal of Business & Industrial Marketing 35 (2020) 1, S. 61–75.

BANERJEE, A.; BANDYOPADHYAY, T.; ACHARYA, P.: Data Analytics: Hyped Up Aspirations or True Potential? In: Vikalpa: The Journal for Decision Makers 38 (2013) 4, S. 1–12.

BANSE, G.: Technikwissenschaften – Wissenschaften vom Machen. In: Wissenschaft und Technik in theoretischer Reflexion. Hrsg.: H. Parthey; G. Spur. Jahrbuch Wissenschaftsforschung (2006), S. 131–150. http://www.wissenschaftsforschung.de/Jb06_Banse.pdf (Link zuletzt geprüft: 19.03.2022)

BARNES, H.: Personalities trump personas in B2B. Gartner online, 31.10.2017. https://blogs.gartner.com/hank-barnes/2017/10/31/personalties-trump-personas/ (Link zuletzt geprüft: 19.03.2022).

BARNEY, J.: Firm Resources and Sustained Competitive Advantage. In: Journal of Management 17 (1991) 1, S. 99–120.

BARTH, W.; MANITZ, M.; STOLLETZ, R.: Analysis of Two-Level Support Systems with Time-Dependent Overflow-A Banking Application. In: Production and Operations Management 19 (2010) 6, S. 757–768.

BASKERVILLE, R.; BAIYERE, A.; GREGOR, S.; HEVNER, A.; ROSSI, M.: Design Science Research Contributions: Finding a Balance between Artifact and Theory. In: Journal of the Association for Information Systems 19 (2018) 5, 358-376.

BATINI, C.; CAPPIELLO, C.; FRANCALANCI, C.; MAURINO, A.: Methodologies for data quality assessment and improvement. In: ACM Computing Surveys 41 (2009) 3, S. 1–52.

BAUER, J.: Finanzierung. In: Handbuch Maschinenbau. Grundlagen und Anwendungen der Maschinenbau-Technik. 23., überarb. Auflage. Springer Vieweg, Wiesbaden [u. a.] 2016, S. 1687–1689.

BAUERNHANSL, T.; HARTLEIF, S.; FELIX, T.: The Digital Shadow of production – A concept for the effective and efficient information supply in dynamic industrial environments. In: Procedia CIRP 72 (2018), S. 69–74.

BAUERNHANSL, T.; KRÜGER, J.; REINHART, G.; SCHUH, G.: WGP-Standpunkt Industrie 4.0. Darmstadt 2016. https://wgp.de/wp-content/uploads/WGP-Standpunkt_Industrie_4-0.pdf (Link zuletzt geprüft: 19.03.2022)

BAXTER, P.; JACK, S.: Qualitative case study methodology: Study design and implementation for novice researchers. In: The qualitative report 13 (2008) 4, S. 544–559.

BECK, B.: Volkswirtschaft verstehen. 9., überarb. u. aktualis. Auflage. vdf Hochschulvlg. Zürich, 2017.

BECKER, J.; PROBANDT, W.; VERING, O.: Grundsätze ordnungsmäßiger Modellierung: Konzeption und Praxisbeispiel für ein effizientes Prozessmanagement. Springer, Berlin [u. a.]2012.

BECKER, J.; SCHMID, J.; KLENK, J.: [Definition] Berufliche Fortbildung. Gabler Wirtschaftslexikon online, 11.01.2021. https://wirtschaftslexikon.gabler.de/definition/berufliche-fortbildung-31219/version-382508 (Link zuletzt geprüft: 19.03.2022)

BELKIN, M.; HSU, D.; MITRA, P.: Overfitting or perfect fitting? Risk bounds for classification and regression rules that interpolate. arXiv:1806.05161. arXiv online, 13.06.2018. https://arxiv.org/abs/1806.05161 (Link zuletzt geprüft: 19.03.2022)

BELZ, C.: Kundenevents auf steinigem Boden. In: Marketingforum Universität St. Gallen (2012) January, S. 888–894. https://www.researchgate.net/profile/Christian-Belz/publication/227994384_Kundenevents_auf_steinigem_Boden/links/5506cb780cf231de0778a0ab/Kundenevents-auf-steinigem-Boden.pdf (Link zuletzt geprüft: 19.03.2022)

BELZ, C.; SCHÖGEL, M.; RUTSCHMANN, M.: » Customer Touchpoint Management «— eine Diskussion. In: Marketing Review St. Gallen 27 (2010) 2, S. 4–7.

BELZ, C.; SCHUH, G.; GROOS, S. A.; REINECKE, S.: Industrie als Dienstleister. Thexis, St. Gallen 1997.

BENBASAT, I.; ZMUD, R. W.: Empirical research in information systems: the practice of relevance. In: MIS Quarterly (1999), S. 3–16.

BENTLEY, F. R.; DASKALOVA, N.; WHITE, B.: Comparing the Reliability of Amazon Mechanical Turk and Survey Monkey to Traditional Market Research Surveys. In: Proceedings of the 2017 CHI Conference Extended Abstracts on Human Factors in Computing Systems. ACM, New York 2017, S. 1092–1099.

BERGER, P. D.; NASR, N. I.: Customer lifetime value: Marketing models and applications. In: Journal of Interactive Marketing 12 (1998) 1, S. 17–30.

BERTALANFFY, L. von: The History and Status of General Systems Theory. In: Academy of Management Journal 15 (1972) 4, S. 407–426.

BEVERUNGEN, D.; BARTELHEIMER, C.; WOLF, V.: Smart Service Systems als Handlungsfeld einer konvergierenden Dienstleistungsforschung. In: Digitale Dienstleistungsinnovationen. Smart Services agil und kundenorientiert entwickeln. Springer, Berlin [u. a.] 2019, S. 227–243.

BIEGER, T.: Dienstleistungsmanagement: Einführung in die Strategien und Prozesse bei persönlichen Dienstleistungen. Haupt, Bern [u. a.] 2007.

BIEGER, T.; REINHOLD, S.: Das wertbasierte Geschäftsmodell – Ein aktualisierter Strukturierungsansatz. In: Innovative Geschäftsmodelle. Academic Network. Springer, Berlin [u. a.] 2011, S. 13–70.

BIEHL, M.; PRATER, E.; MCINTYRE, J. R.: Remote repair, diagnostics, and maintenance. In: Communications of the ACM 47 (2004) 11, S. 100–106.

BIGGS, M. A. R.; BÜCHLER, D.: Rigor and Practice-based Research. In: Design Issues 23 (2007) 3, S. 62–69.

BLEY, S.; GUDAT, J.; STÜBINGER, V.: Industrie 4.0: Wettbewerbsvorteile durch digitale Transformation. Bitkom Research Online, 2019. https://www.marktmeinung-mensch.de/studien/industrie-4-0-wettbewerbsvorteile-durch-digitale-t/ (Link zuletzt geprüft: 19.03.2022)

BOGNER, A.; MENZ, W.: Das theoriegenerierende Experteninterview. Erkenntnisinteresse, Wissensformen, Interaktion. In: Das Experteninterview. Theorie, Methode, Anwendung. Hrsg.: A. Bogner; B. Littig; W. Menz. Springer, Berlin [u. a.] 2002, S. 33–70.

BOLLHÖFER, E.; BUSCHAK, D.; LERCH, C.; GOTSCH, M.: B2B-Dienstleistungen im Kontext von Industrie 4.0 – Neue Formen der Interaktion im Maschinen- und Anlagenbau. In: Interaktive Wertschöpfung durch Dienstleistungen. Springer, Wiesbaden [u. a.] 2015, S. 517–539.

BORGELT, C.: Frequent item set mining. In: Wiley Interdisciplinary Reviews: Data Mining and Knowledge Discovery 2 (2012) 6, S. 437–456.

BOUDET, J.; GREGG, B.; HELLER, J.; TUFFT, C.: The heartbeat of modern marketing: data activation and personalization. McKinsey online, 23.03.2017. [in Bibliothek des FIR an der RWTH Aachen verfügbar]

BPB (Hrsg.): [Definition] Verarbeitendes Gewerbe. 2016. https://www.bpb.de/nachschlagen/lexika/lexikon-der-wirtschaft/21094/verarbeitendes-gewerbe (Link zuletzt geprüft: 19.03.2022)

BRAUN, S.; TURNER, R. A.: Attitudes and company practices as predictors of managers intentions to hire, develop, and promote women in science, engineering, and technology professions. In: Consulting Psychology Journal: Practice and Research 66 (2014) 2, S. 93–117.

BREITNER, M. H.: [Definition] Vorgehensmodell. Enzyklopädie der Wirtschaftsinformatik online, 31.10.2012. https://www.enzyklopaedie-der-wirtschaftsinformatik.de/lexikon/is-management/Systementwicklung/Vorgehensmodell/index.html (Link zuletzt geprüft: 19.03.2022)

BREMER, C.: Lessons learned: Moderation und Gestaltung netzbasierter Diskussionsprozesse in Foren. In: Digitaler Campus: Vom Medienprojekt zur nachhaltigen Mediennutzung auf dem Digitalen Campus. Medien in der Wissenschaft; Bd. 24. Hrsg.: M. Kerres; B. Voß. Waxmann, Berlin 2003, S. 191–201. https://www.pedocs.de/volltexte/2016/12252/pdf/Bremer_2003_Lessons_learned.pdf (Link zuletzt geprüft: 19.03.2022)

BRIELE, K.; LINDEMANN, M.; KIESEL, R.; SCHMITT, R. H.: Generating Customer Insights Using the Digital Shadow of the Customer. In: Towards Sustainable Customization: Bridging Smart Products and Manufacturing Systems. Proceedings of the 8th Changeable, Agile, Reconfigurable and Virtual Production Conference (CARV2021) and the 10th World Mass Customization & Personalization Conference (MCPC2021), Aalborg, Denmark, October/November 2021. Springer, Cham [u. a.] 2022, S. 322–329.

BROWNLEE, J.: Difference Between Algorithm and Model in Machine Learning. 29.04.2020. https://machinelearningmastery.com/difference-between-algorithm-and-model-in-machine-learning/ (Link zuletzt geprüft: 19.03.2022)

BRUHN, M.; MEFFERT, H.; HADWICH, K.: Handbuch Dienstleistungsmarketing. Planung – Umsetzung – Kontrolle. 2. Auflage. Springer Gabler, Wiesbaden [u. a.] 2018.

BUHL, H. U.; WEINHARDT, C.: Die Aufgabe der Wirtschaftsinformatik in der Dienstleistungsforschung. In: Wirtschaftsinformatik 51 (2009) 6, S. 469–471.

BUNDESZENTRALE FÜR POLITISCHE BILDUNG (Hrsg.): Güter. Freie Güter, wirtschaftliche Güter, Sachgüter, Produktionsgüter. 2016. https://www.bpb.de/nachschlagen/lexika/lexikon-der-wirtschaft/19579/gueter (Link zuletzt geprüft: 19.03.2022)

BUSCH, I.: Der strategische Einsatz produktbegleitender Dienstleistungen in Abhängigkeit der Kaufphasen bei der Automobil-Kaufentscheidung. Trier, Univ., Diss., 2016. https://ubt.opus.hbz-nrw.de/files/756/Dokument.pdf (Link zuletzt geprüft: 19.03.2022)

BÜSCH, M.: Praxishandbuch Strategischer Einkauf. Methoden, Verfahren, Arbeitsblätter für professionelles Beschaffungsmanagement. 3., korr. Auflage. Springer, Dordrecht [u. a.] 2013.

BUTTLE, F. A.; MAKLAN, S.: Customer relationship management. Concepts and technologies. Routledge, London 2019.

CAMBRIDGE DICTIONARY (Hrsg.): [Definition] Workshop. 2022. https://dictionary.cambridge.org/dictionary/english/workshop (Link zuletzt geprüft: 19.03.2022)

CANNAN, J.; HU, H.: Human-machine interaction (HMI): A survey. Technical Report: CES-508. School of Computer Science & Electronic Engineering, University of Essex 2011. https://citeseerx.ist.psu.edu/viewdoc/download?doi=10.1.1.186.1644&rep=rep1&type=pdf (Link zuletzt geprüft: 19.03.2022)

CAPELLO, F.; TOJA, M.; TRAPANI, N.: A real-time monitoring service based on industrial internet of things to manage agrifood logistics. In: 6th International Conference on Information Systems, Logistics and Supply Chain. ILS Conference 2016, June 1 – 4, Bordeaux, France, 9 S. https://www.researchgate.net/profile/Natalia-Trapani/publication/313770425_A_Real-Time_Monitoring_Service_based_on_Industrial_Internet_of_Things_to_manage_agrifood_logistics/links/58a5768ba6fdcc0e0765576b/A-Real-Time-Monitoring-Service-based-on-Industrial-Internet-of-Things-to-manage-agrifood-logistics.pdf (Link zuletzt geprüft: 19.03.2022)

CARTER, N.; BRYANT-LUKOSIUS, D.; DICENSO, A.; BLYTHE, J.; NEVILLE, A. J.: The use of triangulation in qualitative research. In: Oncology nursing forum 41 (2014) 5, S. 545–547.

CDP INSTITUTE (HRSG.): [Whitepaper] Finding the right customer data platform for financial services. Swarthmore (PA) 2018. [in Bibliothek des FIR an der RWTH Aachen verfügbar]

CHANDRASHEKAR, A.; AMAT, F.; BASILICO, J.; JEBARA, T.: Artwork Personalization at Netflix. Netflix Technology Blog, 07.12.2017. https://medium.com/netflix-techblog/artwork-personalization-c589f074ad76 (Link zuletzt geprüft: 19.03.2022)

CHAPMAN, P.; CLINTON, J.; KERBER, R.; KHABAZA, T.; REINARTZ, T.; SHEARER, C.; WIRTH, R.: CRISP-DM 1.0: Step-by-step data mining guide. SPSS, 2000. https://www.kde.cs.uni-kassel.de/lehre/ws2012-13/kdd/files/CRISPWP-0800.pdf (Link zuletzt geprüft: 19.03.2022)

CHAUDHURI, S.; DAYAL, U.; NARASAYYA, V.: An overview of business intelligence technology. In: Communications of the ACM 54 (2011) 8, S. 88–98.

CHEN, P. P.-S.: The entity-relationship model – toward a unified view of data. In: ACM transactions on database systems (TODS) 1 (1976) 1, S. 9–36.

CHOI, T.-M.; WALLACE, S. W.; WANG, Y.: Big Data Analytics in Operations Management. In: Production and Operations Management 27 (2018) 10, S. 1868–1883.

CHOUDHARY, K.; PANDEY, U.; NAYAK, M. K.; MISHRA, D. K.: Electronic Data Interchange: A Review. In: 2011 Third International Conference on Computational Intelligence, Communication Systems and Networks (CICSyN 2011). Kuta], Bali, Indonesia, 26 – 28 July 2011 ; [proceedings. IEEE, Piscataway (NJ) 2011, S. 323–327.

CHOWDHURY, S.; HAFTOR, D.; PASHKEVICH, N.: Smart Product-Service Systems (Smart PSS) in Industrial Firms: A Literature Review. In: 10th CIRP Conference on Industrial Product-Service Systems (2018), S. 26–31.

CHRISTENSEN, C. M.; HALL, T.; DILLON, K.; DUNCAN, D. S.: Know your customers' "jobs to be done". In: Harvard Business Review 94 (2016) 9, S. 54–62.

CONFORTI, R.; LA ROSA, M.; TER HOFSTEDE, ARTHUR H.M., AUGUSTO, ADRIANO: Automatic Repair of Same-Timestamp Errors in Business Process Event Logs. In: Business Process Management. 18th International Conference, BPM 2020, Seville, Spain, September 13–18, 2020, Proceedings; 12168. Springer, Cham [u. a.] 2020, S. 327–345.

COOKE, A. D. J.; ZUBCSEK, P. P.: The connected consumer: Connected devices and the evolution of customer intelligence. In: Journal of the Association for Consumer Research 2 (2017) 2, S. 164–178.

CORRALES, D. C.; LEDEZMA, A.; CORRALES, J. C.: A Conceptual Framework for Data Quality in Knowledge Discovery Tasks (FDQ-KDT): A Proposal. In: Journal of Computers 10 (2015) 6, S. 396–405.

CORSTEN, H.; GÖSSINGER, R.: Dienstleistungsmanagement. 5., vollst. überarb. u. wes. erw. Auflage. Oldenbourg, München [u. a.] 2007.

DAGNINO, A.: Data Analytics in the Era of the Industrial Internet of Things. Springer, Cham [u. a.] 2021.

DAVENPORT, T. H.: Big data at work: dispelling the myths, uncovering the opportunities. Harvard Business School, Boston (MA) 2014.

DAVIES, I. A.; RYALS, L. J.: The effectiveness of Key Account Management practices. In: Industrial marketing management 43 (2014) 7, S. 1182–1194.

DENZIN, N. K.: Triangulation. In: The Blackwell encyclopedia of sociology. Hrsg.: G. Ritzer. John Wiley & Sons, Blackwell, Malden (MA) 2007, 6 S. [in Bibliothek des FIR an der RWTH Aachen verfügbar]

DI TRIA, F.; LEFONS, E.; TANGORRA, F.: Evaluation of Data Warehouse Design Methodologies in the Context of Big Data. In: Big data analytics and knowledge discovery. 19th International Conference, DaWaK 2017: Lyon, France, August 28–31, 2017: proceedings. Lecture Notes in Computer Science; Nr. 10440. Springer, Cham [u. a.] 2017, S. 3–18.

DIN PAS 1082:2008-05: Standardisierter Prozess zur Entwicklung industrieller Dienstleistungen in Netzwerken. Beuth, Berlin, Mai 2008. https://www.beuth.de/de/technische-regel/pas-1082/109734512 (Link zuletzt geprüft: 19.03.2022)

DIN 31051:2019-06: : Grundlagen der Instandhaltung. Beuth, Berlin, Juni 2019. https://www.beuth.de/de/norm/din-31051/303020440 (Link zuletzt geprüft: 19.03.2022)

DIN 5008: Schreib- und Gestaltungsregeln für die Text- und Informationsverarbeitung. Beuth, Berlin, März 2020. https://www.din.de/de/mitwirken/normenausschuesse/nia/veroeffentlichungen/wdc-beuth:din21:318422674 (Link zuletzt geprüft: 19.03.2022)

DOGAN, A.; BIRANT, D.: Machine learning and data mining in manufacturing. In: Expert Systems with Applications 166 (2021), S. 114060; 42 S. [in Bibliothek des FIR an der RWTH Aachen verfügbar]

DOMBROWSKI, U.; MALORNY, C.: Methodological approach for a process-orientated Lean Service implementation. In: Procedia CIRP 73 (2018), S. 235–240.

DONG, X. L.; SRIVASTAVA, D.: Big data integration. In: Proceedings of the VLDB Endowment; Bd. 6. ICDE Conference 2013, S. 1245–1248. [in Bibliothek des FIR an der RWTH Aachen verfügbar]

DREMEL, C.; WULF, J.; HERTERICH, M. M.; WAIZMANN, J.-C.; BRENNER, W.: How AUDI AG Established Big Data Analytics in Its Digital Transformation. In: MIS Quarterly Executive 16 (2017) 2, S. 81–100.

DROSSEL, W.-G.; IHLENFELDT, S.; LANGER, T.; DUMITRESCU, R.: Cyber-Physische Systeme. In: Digitalisierung. Schlüsseltechnologien für Wirtschaft & Gesellschaft. Hrsg.: R. Neugebauer. Springer Vieweg, Berlin [u. a.] 2018, S. 197–222.

DRUCKER, P. F.: Management. Harper Business, New York 2008.

DUDEN (Hrsg.): [Definition] Interaktion. Duden online, 2020. https://www.duden.de/rechtschreibung/Interaktion (Link zuletzt geprüft: 19.03.2022)

DUDEN (Hrsg.): [Definition] Komponente. Duden online, 2021. https://www.duden.de/rechtschreibung/Komponente (Link zuletzt geprüft: 19.03.2022)

EARLEY, S.: The Role of a Customer Data Platform. In: IT Professional 20 (2018) 1, S. 69–76.

EDELMAN, D.; SINGER, M.: Competing on Customer Journeys. You have to create new value at every step. Harvard Business Review 93 (2015) 11, S. 88–94, 96, 98, 100. Harvard Business Review online, November 2015. https://hbr.org/2015/11/competing-on-customer-journeys (Link zuletzt geprüft: 19.03.2022)

EDELMAN, D. C.: Branding in the digital age. In: Harvard Business Review 88 (2010) 12, S. 62–69.

EISENHARDT, K. M.: Building Theories from Case Study Research. In: The Academy of Management Review 14 (1989) 4, S. 532–550.

EISENHARDT, K. M.; GRAEBNER, M. E.: Theory Building From Cases: Opportunities And Challenges. In: Academy of Management Journal 50 (2007) 1, S. 25–32.

ENAMORADO, T. E.; FIFIELD, B.; IMAI, K.: Using a Probabilistic Model to Assist Merging of Large-Scale Administrative Records. In: American Political Science Review 113 (2019) 2, S. 353–371.

ENGELFRIED, J.; ZAHN, S.: Der Ablauf einer Präsentation – eine Präsentation als Projekt. In: Wirkungsvolle Präsentationen von und in Projekten. Springer, Wiesbaden [u. a.] 2012, S. 34–41.

ENGELSTÄTTER, B.: It is not all about performance gains – enterprise software and innovations. In: Economics of Innovation and New Technology 21 (2012) 3, S. 223–245.

ERNST, H.: Grundlagen und Konzepte der Informatik: Eine Einführung in die Informatik ausgehend von den fundamentalen Grundlagen. Springer, Berlin [u. a.] 2013.

ESCH, F.-R.; BRUNNER, C.; GAWLOWSKI, D.; KNÖRLE, C.; KRIEGER, K. H.: Customer Touchpoints marken- und kundenspezifisch managen. In: Marketing Review St. Gallen 27 (2010) 2, S. 8–13.

ESCH, F.-R.; KNÖRLE, C.: Omni-Channel-Strategien durch Customer-Touchpoint-Management erfolgreich realisieren. In: Digitalisierung im Vertrieb. Strategien zum Einsatz neuer Technologien in Vertriebsorganisationen. Hrsg.: L. Binckebanck; R. Elste. Springer Gabler, Wiesbaden [u. a.] 2016, S. 123–137.

FETTKE, P.; VOM BROCKE, J.: [Definition] Referenzmodell., Enzyklopädie der Wirtschaftsinformatik online, 2016. https://www.enzyklopaedie-der-wirtschaftsinformatik.de/lexikon/is-management/Systementwicklung/Softwarearchitektur/Wiederverwendung-von-Softwarebausteinen/Referenzmodell (Link zuletzt geprüft: 19.03.2022)

FIEDLER, L.; GROßMAß, T.; ROTH, M.; VETVIK, O. J.: Why customer analytics matter. McKinsey online, 26.05.2016. https://www.mckinsey.com/business-functions/marketing-and-sales/our-insights/why-customer-analytics-matter (Link zuletzt geprüft: 19.03.2022)

FISCHER, T.; BISKUP, H.; MÜLLER-LUSCHNAT, G.: Begriffliche Grundlagen für Vorgehensmodelle. In: Vorgehensmodelle für die betriebliche Anwendungsentwicklung. Hrsg.: R. Kneuper; G. Müller-Luschnat; A. Oberweis. Teubner, Stuttgart 1998, S. 13–31.

FORSTER, C.: Referenzmodell zur Gestaltung der Serviceorganisation in Unternehmen der Raumfahrtbranche zum Betrieb bemannter Raumfahrtsysteme. Stuttgarter Beiträge zur Produktionsforschung; Bd. 10. Fraunhofer Verlag, Stuttgart 2013. – Zugl.: Stuttgart, Univ., Diss., 2013.

FOSS, B.; STONE, M.; EKINCI, Y.: What makes for CRM system success – Or failure? In: Journal of Database Marketing & Customer Strategy Management 15 (2008) 2, S. 68–78.

FRANK, T.; GRIMM, C.: [Methodenbericht] Beschäftigungsstatistik: Umstellung der Klassifikation der Wirtschaftszweige von WZ 2003 auf WZ 2008. Bundesagentur für Arbeit, Nürnberg, Januar 2010. https://statistik.arbeitsagentur.de/DE/Statischer-Content/Grundlagen/Methodik-Qualitaet/Methodenberichte/Beschaeftigungsstatistik/Generische-Publikationen/Methodenbericht-Beschaeftigungsstatistik-Umstellung-Klassifikation.pdf?__blob=publicationFile (Link zuletzt geprüft: 19.03.2022)

FRANKEN, S.: Führung und Verhaltenswissenschaft. In: Verhaltensorientierte Führung. Handeln, Lernen und Diversity in Unternehmen. 4., vollst. überarb. Auflage. Springer, Wiesbaden [u. a.] 2019, S. 3–24.

GABLER WIRTSCHAFTSLEXIKON (Hrsg.): [Definition] White Paper. Gabler Wirtschaftslexikon online, 19.02.2018. https://wirtschaftslexikon.gabler.de/definition/white-paper-52679/version-275797 (Link zuletzt geprüft: 19.03.2022)

GADATSCH, A.: Datenmodellierung für Einsteiger. Einführung in die Entity-Relationship-Modellierung und das Relationenmodell. Springer Vieweg, Wiesbaden [u. a.] 2017. [=2017a}

GADATSCH, A.: Einführung und Implementierung von Big Data. In: Big Data für Entscheider. Entwicklung und Umsetzung datengetriebener Geschäftsmodelle. Hrsg.: A. Gadatsch; H. Landrock. Springer, Wiesbaden [u. a.] 2017, S. 17–27. [=2017b]

GARCÍA MÁRQUEZ, F. P.; TOBIAS, A. M.; PINAR PÉREZ, J. M.; PAPAELIAS, M.: Condition monitoring of wind turbines: Techniques and methods. In: Renewable Energy 46 (2012), S. 169–178.

GARCÍA-GIL, D.; LUENGO, J.; GARCÍA, S.; HERRERA, F.: Enabling Smart Data: Noise filtering in Big Data classification. In: Information Sciences 479 (2019), S. 135–152.

GARREL, J. von; TACKENBERG, S.; SEIDEL, H.; GRANDT, C.: Dienstleistungen produktiv erbringen. Eine empirische Analyse wissensintensiver Unternehmen in Deutschland. Springer Gabler, Wiesbaden [u. a.] 2014.

GENTNER, D.; BRECHT, L.; STELZER, B.: Potenziale der Erfassung und Analyse von Kundendaten in der verarbeitenden Industrie. In: ERP Management 4 (2017) 13, S. 35–37.

GIRCHENKO, T.; OVSIANNIKOVA, Y.; GIRCHENKO, L.: CRM system as a keystone of successful business activity. In: Knowledge-Economy Society: Management in the Face of Contemporary Challenges and Dilemmas (2017), S. 251–261.

GLAESSGEN, E.; STARGEL, D.: The Digital Twin Paradigm for Future NASA and U.S. Air Force Vehicles. In: Structures, Structural Dynamics, and Materials and Co-located Conferences. 53rd AIAA/ASME/ASCE/AHS/ASC Structures, Structural Dynamics and Materials Conference. 2012, 14 S.

GLOPPEN, J.: The customer journey as a tool for business innovation and transformation. In: International perspectives on business innovation and disruption in design. Edward Elgar Publishing, Cheltenham 2016, S. 118–136.

GLUCHOWSKI, P.; SCHIEDER, C.; CHAMONI, P.: Methoden des Data Mining für Big Data Analytics. In: Big Data Analytics. Grundlagen, Fallbeispiele und Nutzungspotenziale. Hrsg.: S. D'Onofrio; A. Meier. Springer, Wiesbaden [u. a.] 2021, S. 25–48.

GOLSHAN, B.; HALEVY, A.; MIHAILA, G.; TAN, W.-C.: Data Integration. In: Proceedings of the 36th ACM SIGMOD-SIGACT-SIGAI Symposium on Principles of Database Systems (2017), S. 101–106.

GOOGLE SCHOLAR (Hrsg.): Google-Scholar-Suche: Advanced Customer Analytics Kitchens. 2021. https://scholar.google.de/scholar?start=0&hl=en&as_sdt=2005&sciodt=0,5&cites=15641021681344000031&scipsc= (Link zuletzt geprüft: 19.02.2022) [=2021a]

GOOGLE SCHOLAR (Hrsg.): Google-Scholar-Suche: Methodology for the derivation of a digital shadow for engineering management. 2021. https://scholar.google.de/scholar?cites=7374858095432299285&as_sdt=2005&sciodt=0,5&hl=en (Link zuletzt geprüft: 19.03.2022) [=2021b]

GORADE, S. M.; DEO, A.; PUROHIT, P.: A study of some data mining classification techniques. In: International Research Journal of Engineering and Technology 4 (2017) 4, S. 3112–3115.

GRANT, R. M.: Toward a knowledge-based theory of the firm. In: Strategic Management Journal 17 (1996) S2, S. 109–122.

GREGOR, S.; HEVNER, A. R.: Positioning and Presenting Design Science Research for Maximum Impact. In: MIS Quarterly 37 (2013) 2, S. 337–355.

GRIMM-CURTIUS, H. : Finanzbuchhaltung nach dem GKR und IKR: Lehrbuch mit Buchhaltungs-Software (Hauptbd.). 7., vollst. überarb. Auflage. DeGruyter Oldenbourg, Berlin [u. a.] 2018.

GRÖGER, C.; SILCHER, S.; WESTKÄMPER, E.; MITSCHANG, B.: Leveraging Apps in Manufacturing. A Framework for App Technology in the Enterprise. In: Procedia CIRP 7 (2013), S. 664–669.

GRONHOLDT, L.; MARTENSEN, A.; KRISTENSEN, K.: The relationship between customer satisfaction and loyalty: cross-industry differences. In: Total quality management 11 (2000) 4-6, S. 509–514.

GRUBIC, T.; PEPPARD, J.: Servitized manufacturing firms competing through remote monitoring technology. In: Journal of Manufacturing Technology Management 27 (2016) 2, S. 154–184.

GUBA, E. G.; LINCOLN, Y. S.: Competing paradigms in qualitative research. In: Handbook of qualitative research. Hrsg.: N. K. Denzin; Y. S. Lincoln. Sage, London1994, S. 105–117.

GUO, C.; WANG, Y.: How manufacturer market orientation influences B2B customer satisfaction and retention: empirical investigation of the three market orientation components. In: Journal of Business & Industrial Marketing 30 (2015) 2, S. 182–193.

GUTENBERG, E.: Grundlagen der Betriebswirtschaftslehre; Bd. 1: Die Produktion. 18., neu überarb. Auflage. Springer, Berlin [u. a.] 1971.

GUTENBERG, E.: Grundlagen der Betriebswirtschaftslehre; Bd. 1: Die Produktion. 24., unveränd. Auflage. Springer, Berlin [u. a.] 1983.

HABERFELLNER, R.; WECK, O. de; FRICKE, E.; VÖSSNER, S. (Hrsg.): Systems Engineering. Grundlagen und Anwendung. 13. Auflage. Orell Füssli, Zürich 2012.

HACKATHORN, R.: Current practices in active data warehousing. Bolder Technology, Boulder 2002. https://www.researchgate.net/profile/Richard-Hackathorn/publication/228815719_Current_practices_in_active_data_warehousing/links/546b65ae0cf20dedafd52eb2/Current-practices-in-active-data-warehousing.pdf (Link zuletzt geprüft: 19.03.2022)

HADJIKHANI, A.; LAPLACA, P.: Development of B2B marketing theory. In: Industrial marketing management 42 (2013) 3, S. 294–305.

HADWICH, K.: Dienstleistungsmarketing weiterdenken. In: Marketing weiterdenken. Zukunftspfade für eine marktorientierte Unternehmensführung. Hrsg.: M. Bruhn; C. Burmann; M. Kirchgeorg. 2., vollst. überarb. u. erw. Auflage. Springer Gabler, Wiesbaden [u. a.] 2020, S. 163–181.

HALAWEH, M.; MASSRY, A. E.: Conceptual model for successful implementation of big data in organizations. In: Journal of International Technology and Information Management 24 (2015) 2, S. 2.

HALCHAK, M.: 2017 B2B Buyer's Survey Report. Risk-Averse Buyers Expect Consistent, Personalized Experiences Throughout Complex Journey. San Ramon (CA) 2017. [in Bibliothek des FIR an der RWTH Aachen verfügbar]

HALLIKAINEN, H.; SAVIMÄKI, E.; LAUKKANEN, T.: Fostering B2B sales with customer big data analytics. In: Industrial marketing management 86 (2020), S. 90–98.

HALVORSRUD, R.; KVALE, K.; FØLSTAD, A.: Improving service quality through customer journey analysis. In: Journal of Service Theory and Practice 26 (2016) 6, S. 840–867.

HÄRDLER, J.: Betrieb und Unternehmung. In: Betriebswirtschaftslehre für Ingenieure. Lehr- und Praxisbuch für Ingenieure und Wirtschaftsingenieure; mit 20 Tabellen, 40 Übungsaufgaben, 78 Demonstrations- und Fallbeispielen sowie 233 Kontrollfragen sowie einer Testklausur auf CD-ROM. 5., aktualis. Auflage. Hanser, München [u. a.] 2012, S. 57–107.

HARIC, P.: [Definition] Management. Gabler Wirtschaftslexikon online, 14.02.2018. https://wirtschaftslexikon.gabler.de/definition/management-37609/version-261043 (Link zuletzt geprüft: 19.02.2022).

HARLAND, T.: Gestaltung des Digitalen Schattens für Instandhaltungsdienstleistungen im Maschinen- und Anlagenbau. Schriftenreihe Rationalisierung; Bd. 160. RHrsg.: G. Schuh. Apprimus. Aachen 2019. – Zugl.: Aachen, Techn. Hochsch., Diss., 2018.

HARRELL, M. C.; BRADLEY, M. A.: Data collection methods. Semi-structured interviews and focus groups. Technical Reports, TR-718-USG. Rand Corporation, Santa Monica (CA) 2009. https://www.rand.org/pubs/technical_reports/TR718.html (Link zuletzt geprüft: 19.03.2022)

HEINEMANN, G.: B2B eCommerce. Grundlagen, Geschäftsmodelle und Best Practices im Business-to-Business Online-Handel. Springer Gabler, Wiesbaden [u. a.] 2020.

HEINEN, B.: Der Data Scientist muss Aufgaben abgeben. Computerwoche online, 24.10.2019. https://www.computerwoche.de/a/wo-sich-automatisierung-wirklich-lohnt,3547883 (Link zuletzt geprüft: 19.03.2022)

HEINRICH, L. J.; HEINZL, A.; RIEDL, R.: Wirtschaftsinformatik – Einführung und Grundlegung. 4., überarb. u. erw. Auflage. Springer, Berlin [u. a.] 2011.

HELMKE, S.; UEBEL, M.; DANGELMAIER, W.: Grundlagen und Ziele des CRM-Ansatzes. In: Effektives Customer Relationship Management. Instrumente – Einführungskonzepte – Organisation. Hrsg.: S. Helmke; M. Uebel; W. Dangelmaier. 6., überarb. Auflage. Springer Gabler, Wiesbaden [u. a.] 2017, S. 5–21.

HERNÁNDEZ, B.; JIMÉNEZ, J.; MARTÍN, M. J.: Key website factors in e-business strategy. In: International Journal of Information Management 29 (2009) 5, S. 362–371.

HERTERICH, M.; UEBERNICKEL, F.; BRENNER, W.: Nutzenpotentiale cyber-physischer Systeme für industrielle Dienstleistungen 4.0. In: HMD – Praxis der Wirtschaftsinformatik 52 (2015) 5, S. 665–680.

HEUCHERT, M.; BARANN, B.; CORDES, A.-K.; BECKER, J.: An IS perspective on omni-channel management along the customer journey: Development of an entity-relationship-model and a linkage concept. In: [Proceedings] MKWI 2018 – Multikonferenz Wirtschaftsinformatik, March 06–09, 2018, Lüneburg, Germany, S. 435–446. https://www.researchgate.net/profile/Benjamin-Barann/publication/323695569_An_IS_Perspective_on_Omni-Channel_Management_along_the_Customer_Journey_Development_of_an_Entity-Relationship-Model_and_a_Linkage_Concept/links/5b7d236a4585151fd126c1dc/An-IS-Perspective-on-Omni-Channel-Management-along-the-Customer-Journey-Development-of-an-Entity-Relationship-Model-and-a-Linkage-Concept.pdf (Link zuletzt geprüft: 19.03.2022)

HEUN, T.: Werbung. Springer Gabler, Wiesbaden [u. a.] 2017.

HEVNER, A. R.: A three cycle view of design science research. In: Scandinavian journal of information systems 19 (2007) 2, S. 4.

HEVNER, A. R.; MARCH, S. T.; PARK, J.; RAM, S.: Design science in information systems research. In: MIS Quarterly (2004), S. 75–105.

HILBERT, M.: Big data for development: A review of promises and challenges. In: Development Policy Review 34 (2016) 1, S. 135–174.

HIPPNER, H.; WILDE, K. D.: CRM – Ein Überblick. In: Effektives Customer Relationship Management. Instrumente – Einführungskonzepte – Organisation. Hrsg.: S. Helmke. 3., überarb. u. erw. Auflage. Gabler, Wiesbaden 2003, S. 3–37.

HIPPNER, H.; WILDE, K. D.: Data Mining im CRM. In: Effektives Customer Relationship Management. Instrumente – Einführungskonzepte – Organisation. Hrsg.: S. Helmke; M. Uebel; W. Dangelmaier. 6., überarb. Auflage. Springer Gabler, Wiesbaden [u. a.] 2017, S. 141–159.

HOGAN, S.; ALMQUIST, E.; GLYNN, S. E.: Brand-building: finding the touchpoints that count. In: Journal of Business Strategy (2005), S. 11–18.

HOMBURG, C.: Marketingmanagement. Strategie – Instrumente – Umsetzung – Unternehmensführung. 6., überarb. u. erw. Auflage. Springer Gabler, Wiesbaden [u. a.] 2017.

HOMBURG, C.; JOZIĆ, D.; KUEHNL, C.: Customer experience management: toward implementing an evolving marketing concept. In: Journal of the Academy of Marketing Science 45 (2017) 3, S. 377–401.

HOMPEL, M. ten; NETTSTRÄTER, A.; FELDHORST, S.; SCHIER, A.: Engineering von modularen Förderanlagen im Internet der Dinge. In: at – Automatisierungstechnik 59 (2011) 4, S. 248–256.

HUBER, D.; KAISER, T.: Wie das Internet der Dinge neue Geschäftsmodelle ermöglicht. In: Industrie 4.0. Herausforderungen, Konzepte und Praxisbeispiele. Hrsg.: S. Reinheimer. Springer Vieweg Wiesbaden [u. a.] 2017, S. 17–27.

IDREOS, S.; PAPAEMMANOUIL, O.; CHAUDHURI, S.: Overview of Data Exploration Techniques. In: Compilation proceedings of the 2015 ACM Symposium on Principles of Database Systems, ACM SIGMOD International Conference on Management of Data, and SIGMOD/PODS 2015 PhD symposium, May 31 – June 4, 2015, Melbourne, VIC, Australia. ACM, New York, 2015, S. 277–281.

IIVARI, J.: A paradigmatic analysis of contemporary schools of IS development. In: European Journal of Information Systems 1 (1991) 4, S. 249–272.

IIVARI, J.; VENABLE, J. R.: Action research and design science research-Seemingly similar but decisively dissimilar. In: [Proceedings] 17th European Conference on Information Systems, ECIS 2009, Verona, Italy, 2009, S. 1642–1653. https://www.researchgate.net/profile/Juhani-Iivari/publication/221407297_Action_research_and_design_science_research_-_Seemingly_similar_but_decisively_dissimilar/links/0912f50be3ec6144ad000000/Action-research-and-design-science-research-Seemingly-similar-but-decisively-dissimilar.pdf (Link zuletzt geprüft: 19.03.2022)

JACOBS, A.: The pathologies of big data. In: Communications of the ACM 52 (2009) 8, S. 36–44.

JUHL, D.; KÜSTENMACHER, W. T.: Technische Dokumentation. Praktische Anleitungen und Beispiele. 2., neu bearb. Auflage. Springer, Berlin [u. a.] 2005.

JÜNGST, J.: [Whitepaper] Kundeninteraktion. Formen des Kundenkontakts. Fraunhofer IAO, Stuttgart 17.11.2012. https://www.hci.iao.fraunhofer.de/content/dam/hci/de/documents/Kundeninteraktion_Formen%20des%20Kundenkontakts_final%2014%2012%2011.pdf (Link zuletzt geprüft: 19.03.2022)

JUSSEN, P.; KUNTZ, J.; SENDEREK, R.; MOSER, B.: Smart Service Engineering. In: Procedia CIRP 83 (2019), S. 384–388.

KAISER, A.; SCHRAMM, J. J.: Kooperationen innerhalb der Service-Chain. In: Dienstleistungsorientierte Geschäftsmodelle im Maschinen- und Anlagenbau. Vom Basisangebot bis zum Betreibermodell. Hrsg.: H. Meier. Springer, Berlin [u. a.] 2004, S. 191–205.

KALLIO, H.; PIETILÄ, A.-M.; JOHNSON, M.; KANGASNIEMI, M.: Systematic methodological review: developing a framework for a qualitative semi-structured interview guide. In: Journal of advanced nursing 72 (2016) 12, S. 2954–2965.

KEINÄNEN, H.; KUIVALAINEN, O.: Antecedents of social media B2B use in industrial marketing context: customers' view. In: Journal of Business & Industrial Marketing 30 (2015) 6, S. 711–722.

KELLY, J. E.: [Whitepaper] Computing, cognition and the future of knowing. How humans and machines are forging a new age of understanding. IBM, Somers 2015. http://publicservicesalliance.org/wp-content/uploads/2015/10/Computing_Cognition_WhitePaper.pdf (Link zuletzt geprüft: 19.03.2022)

KERSTEN, W.; KERN, E.-M.; ZINK, T.: Collaborative Service Engineering. In: Service engineering. Entwicklung und Gestaltung innovativer Dienstleistungen. Hrsg.: H.-J. Bullinger; A.-W. Scheer. 2., vollst. überarb. und erw. Auflage. Springer, Berlin [u. a.] 2006, S. 341–357.

KEYUR, K. P.; SUNIL, M. P.: Internet of Things-IOT : Definition, Characteristics, Architecture, Enabling Technologies, Application & Future Challenges. In: International Journal of Engineering Science and Computing (2016), 6122-6131.

KHINE, P. P.; WANG, Z. S.: Data lake: a new ideology in big data era. In: ITM Web of Conferences 17 (2018) 03025, S. 395–405.

KIRCHGEORG, M.: [Definition] Kunde. Gabler Wirtschaftslexikon online, 15.02.2018. https://wirtschaftslexikon.gabler.de/definition/kunde-37108/version-260551 (Link zuletzt geprüft: 19.03.2022)

KIRCHGEORG, M.; VOIGT, K.-I.: [Definition] Verbrauchsgüter. Gabler Wirtschaftslexikon online, 19.02.2018. https://wirtschaftslexikon.gabler.de/definition/verbrauchs-gueter-49202/version-272442 (Link zuletzt geprüft: 19.03.2022)

KITAZAWA, T.: Zero-Coding UMAP in Marketing. In: Adjunct Publication of the 27th Conference on User Modeling, Adaptation and Personalization. ACM Digital Library. Association for Computing Machinery, New York, 2019, S. 107–108.

KITCHENS, B.; DOBOLYI, D.; LI, J.; ABBASI, A.: Advanced Customer Analytics: Strategic Value Through Integration of Relationship-Oriented Big Data. In: Journal of Management Information Systems 35 (2018) 2, S. 540–574.

KLEMM, M.: Bloggen, Twittern, Posten und Co. In: Rhetorik 36 (2017) 1, S. 5–30.

KLODT, H.: [Definition] Sekundärer Sektor. Gabler Wirtschaftslexikon online, 19.02.2018. https://wirtschaftslexikon.gabler.de/definition/sekundaerer-sektor-43072/version-266407 (Link zuletzt geprüft: 19.03.2022)

KNEUPER, R.: Datenschutz für Softwareentwicklung und IT. Eine praxisorientierte Einführung. Springer Vieweg, Berlin [u. a.] 2021.

KOCH, V.: Interaktionsarbeit bei produktbegleitenden Dienstleistungen. Am Beispiel des technischen Services im Maschinenbau. Gabler, Wiesbaden 2010. – Zugl.: Augsburg, Univ., Diss., 2009.

KOTOROV, R.: Customer relationship management: strategic lessons and future directions. In: Business Process Management Journal 9 (2003) 5, S. 566–571.

KOU, H.; CHEN, P.: An Ensemble Signature-Based Approach for Performance Diagnosis in Big Data Platform. In: 2018 IEEE Symposium on Service-Oriented System Engineering (SOSE). IEEE, März 2018, S. 106–115.

KOVACIC, I.; STEINER, D.; SCHUETZ, C.; NEUMAYR, B.; BURGSTALLER, F.; SCHREFL, M.; WILSON, S.: Ontology-based data description and discovery in a SWIM environment. In: 2017 ICNS, April 18–20, 2017, Westin Washington Dulles Airport, Herndon, VA. IEEE, Piscataway (NJ) 2017, 5A4-1-5A4-13, 13 S. [in Bibliothek des FIR an der RWTH Aachen verfügbar]

KOWALKOWSKI, C.; GEBAUER, H.; KAMP, B.; PARRY, G.: Servitization and deservitization: Overview, concepts, and definitions. In: Industrial marketing management 60 (2017), S. 4–10.

KRCMAR, H.: Informationsmanagement. 6., überarb. Auflage. Springer Gabler, Berlin [u. a.] 2015.

KRIEGER, W.: [Definition] Beschaffung. Gabler Wirtschaftslexikon online, 15.02.2018. https://wirtschaftslexikon.gabler.de/definition/beschaffung-30913/version-254486 (Link zuletzt geprüft: 19.02.2022).

KRITZINGER, W.; KARNER, M.; TRAAR, G.; HENJES, J.; SIHN, W.: Digital Twin in manufacturing: A categorical literature review and classification. In: IFAC-PapersOnLine 51 (2018) 11, S. 1016–1022.

KROMREY, H.: Empirische Sozialforschung. Modelle und Methoden der standardisierten Datenerhebung und Datenauswertung. 10., vollst. überarb. Auflage. Leske + Budrich, Opladen 2002.

KRULL, C.: [Vortragsfolien] Wissenschaftliches Arbeiten. Abschlussarbeiten in den MINT-Fächern. Otto von Guericke Universität Magdeburg, Magdeburg 2019, 35 Folien. http://open-science.ub.ovgu.de/xmlui/handle/684882692/39 (Link zuletzt geprüft: 19.03.2022)

KUMAR, V.: Managing customers for profit: Strategies to increase profits and build loyalty. Prentice Hall, Upper Saddle River (NJ) 2008.

KUNZ, W.; AKSOY, L.; BART, Y.; HEINONEN, K.; KABADAYI, S.; ORDENES, F. V.; SIGALA, M.; DIAZ, D.; THEODOULIDIS, B.: Customer engagement in a big data world. In: Journal of Services Marketing 31 (2017) 2, S. 161–171.

KURT, A.; GLAUSER, O. J.; WEISS, E.: Optimierung des Customer Relationship Managements in B2B-Märkten. In: Strategische Organisation. Aktuelle Grundfragen der Organisationsgestaltung. Hrsg.: K. O. Tokarski; J. Schellinger; P. Berchtold. Springer Gabler, Wiesbaden [u. a.] 2018, S. 207–224.

KUSAY-MERKLE, U.: Die Gestaltung von Meetings und Workshops. In: Agiles Projektmanagement im Berufsalltag: für mittlere und kleine Projekte. Hrsg.: U. Kusay-Merkle. Springer Gabler, Berlin [u. a.] 2018, S. 279–309.

KUSTER, J.; BACHMANN, C.; HUBER, E.; HUBMANN, M.; LIPPMANN, R.; SCHNEIDER, E.; SCHNEIDER, P.; WITSCHI, U.; WÜST, R.: Handbuch Projektmanagement. Agil – klassisch – hybrid. 4., vollst. überarb. u. erw. Auflage. Springer Gabler, Berlin [u. a.] 2019.

KYKALOVÁ, D.; BRUCKER-KLEY, E.; NÄPFLIN, S.: Ergebnisse der Umfrage: «Status quo: Kundennutzen durch digitale Transformation?». In: Kundennutzen durch digitale Transformation. Business-Process-Management-Studie – Status quo und Erfolgsmuster. Hrsg.: E. Brucker-Kley; D. Kykalová; T. Keller. Springer Gabler, Berlin 2018, S. 21–44.

LACEY, R.; MORGAN, R. M.: Customer advocacy and the impact of B2B loyalty programs. In: Journal of Business & Industrial Marketing 24 (2008) 1, S. 3–13.

LACKES, R.; SIEPERMANN, M.; MAIER, G. W.: [Definition] Kommunikation. Gabler Wirtschaftslexikon online, 19.02.2018. https://wirtschaftslexikon.gabler.de/definition/kommunikation-37167/version-260610 (Link zuletzt geprüft: 19.03.2022)

LEE, C.; LV, Y.; NG, K.; HO, W.; CHOY, K. L.: Design and application of Internet of things-based warehouse management system for smart logistics. In: International Journal of Production Research 56 (2018) 8, S. 2753–2768.

LEGNER, C.; OTTO, B.: Stammdaten-Management. In: Das Wirtschaftsstudium (WISU) 236 (2007) 4, S. 562–568.

LEHNER, F.; HILDEBRAND, K.; MAIER, R.: Wirtschaftsinformatik: Theoretische Grundlagen. Hanser, München [u. a.] 1995.

LEMON, K. N.; VERHOEF, P. C.: Understanding Customer Experience Throughout the Customer Journey. In: Journal of Marketing 80 (2016) 6, S. 69–96.

LENZERINI, M.: Data integration. In: ACM PODS (2002), S. 233–246.

LEUßER, W.; HIPPNER, H.; WILDE, K. D.: CRM – Grundlagen, Konzepte und Prozesse. In: Grundlagen des CRM. Strategie, Geschäftsprozesse und IT-Unterstützung. Hrsg.: H. Hippner; B. Hubrich; K. D. Wilde. 3., vollst. überarb. und erw. Auflage. Gabler, Wiesbaden [u. a.] 2011, S. 15–57.

LI, K.; LIN, M.; LIN, Z.; XING, B.: Running and Chasing – The Competition between Paid Search Marketing and Search Engine Optimization. In: 47th Hawaii International Conference on System Sciences (HICSS), 2014. 6 – 9 Jan. 2014, Waikoloa (HI); proceedings. IEEE, Piscataway (NJ) 2014, S. 3110–3119.

LI, S.; SUN, B.; MONTGOMERY, A. L.: Cross-Selling the Right Product to the Right Customer at the Right Time. In: Journal of Marketing Research 48 (2011) 4, S. 683–700.

LI, X.-F.; LUO, J.; an SHI: An improved data mining algorithm based on concept lattice. In: Proceedings of the 2nd International Conference on Computer Science and Electronics Engineering (2013), S. 108–110.

LI, Y.; LI, B.; ZHENG, W.; CHEN, X.: Reveal or hide? Impact of demonstration on pricing decisions considering showrooming behavior. In: Omega 102 (2021), S. 102329.

LIM, C.; KIM, M.-J.; KIM, K.-H.; KIM, K.-J.; MAGLIO, P.: Customer process management : A framework for using customer-related data to create customer value. In: Journal of Service Management 30 (2019) 1, S. 105–131.

LOSTAKOVA, H.; PECINOVA, Z.: The Role of Partnership and Flexibility in Strengthening Customer Relationships in the B2B Market. In: Procedia – Social and Behavioral Sciences 150 (2014), S. 563–575.

LORCA, P.; ANDRÉS, J. de; GARCÍA-DIEZ, J.: Impact of E-Commerce Sales on Profitability and Revenue. The Case of the Manufacturing Industry. In: Engineering Economics 30 (2019) 5, S. 544–555.

LOSTAKOVA, H.; PECINOVA, Z.: The Role of Partnership and Flexibility in Strengthening Customer Relationships in the B2B Market. In: Procedia – Social and Behavioral Sciences 150 (2014), S. 563–575.

LUCAS-NÜLLE, T.: Digital Leadership. In: Strategie und Transformation im digitalen Zeitalter. Inspirationen für Management und Leadership. Hrsg.: M. H. Dahm; S. Thode. Springer Gabler, Berlin [u. a.] 2019, S. 119–134.

LUDWIG, T.; WANG, X.; KOTTHAUS, C.; HARHUES, S.; PIPEK, V.: User Narratives in Experience Design for a B2B Customer Journey Mapping. In: Mensch und Computer 2017, Tagungsband, Hrsg.: M. Burghardt; R. Wimmer; C. Wolff; C. Womser-Hacker. Gesellschaft für Informatik e. V., Regensburg 2017, S. 193–202.

LUGMAYR, A.; STOCKLEBEN, B.; SCHEIB, C.; MAILAPARAMPIL, M. A.: Cognitive big data: survey and review on big data research and its implications. What is really "new" in big data? In: Journal of Knowledge Management 21 (2017) 1, S. 197–212.

MADDAH-ALI, M. A.; NIESEN, U.: Fundamental Limits of Caching. In: IEEE Transactions on Information Theory 60 (2014) 5, S. 2856–2867.

MAECHLER, N.; POENARU, A.; RÜDT VON COLLENBERG, T.; SCHULZE, P.: Finding the right digital balance in B2B customer experience. McKinsey online, 28.04.2017. https://www.mckinsey.com/business-functions/marketing-and-sales/our-insights/finding-the-right-digital-balance-in-b2b-customer-experience (Link zuletzt geprüft: 19.03.2022)

MAGATEF, S. G.; TOMALIEH, E. F.: The impact of customer loyalty programs on customer retention. In: International Journal of Business and Social Science 6 (2015) 8, S. 78–93.

MAGLIO, P. P.; SPOHRER, J.: Fundamentals of service science. In: Journal of the Academy of Marketing Science 36 (2008) 1, S. 18–20.

MALL, R.; JUMUTC, V.; LANGONE, R.; SUYKENS, J. A.: Representative Subsets For Big Data Learning using k-NN Graphs. In: IEEE International Conference on Big Data (Big Data), 2014. 27 - 30 Oct. 2014, Washington, DC, USA. IEEE, Piscataway, NJ, 2014, S. 37–42.

MALMS, O.; SCHMITZ, C.: Cross-Selling-Potenziale – Nachhaltiges Wachstum realisieren. In: Marketing Review St. Gallen 25 (2008) 3, S. 30–37. https://www.alexandria.unisg.ch/55968/1/Cross-Selling-Potentiale_MRSG_2008_3.pdf (Link zuletzt geprüft: 19.03.2022)

MANGE, J.: Effect of Training Data Order for Machine Learning. In: 6th Annual Conference on Computational Science and Computational Intelligence. CSCI 2019 : 5-7 December 2019, Las Vegas (NV): Proceedings. IEEE, Piscataway (NJ) 2019, S. 406–407.

MARCH, S. T.; SMITH, G. F.: Design and natural science research on information technology. In: Decision support systems 15 (1995) 4, S. 251–266.

MARKMAN, J.: Netflix Harnesses Big Data To Profit From Your Tastes. Forbes online, 25.02.2019. https://www.forbes.com/sites/jonmarkman/2019/02/25/netflix-harnesses-big-data-to-profit-from-your-tastes/#6633ee7a66fd (Link zuletzt geprüft: 19.03.2022)

MARTÍN, L.; BAENA, L.; GARACH, L.; LÓPEZ, G.; OÑA, J. de: Using Data Mining Techniques to Road Safety Improvement in Spanish Roads. In: Procedia – Social and Behavioral Sciences 160 (2014), S. 607–614.

MARTINEZ-PLUMED, F.; CONTRERAS-OCHANDO, L.; FERRI, C.; HERNANDEZ ORALLO, J.; KULL, M.; LACHICHE, N.; RAMIREZ QUINTANA, M. J.; FLACH, P. A.: CRISP-DM Twenty Years Later: From Data Mining Processes to Data Science Trajectories. In: IEEE Transactions on Knowledge and Data Engineering (2020), S. 1.

MATTHIAS, O.; FOUWEATHER, I.; GREGORY, I.; VERNON, A.: Making sense of Big Data – can it transform operations management? In: International Journal of Operations & Production Management 37 (2017) 1, S. 37–55.

MCAFEE, A.; BRYNJOLFSSON, E.; DAVENPORT, T. H.; PATIL, D. J.; BARTON, D.: Big data: the management revolution. In: Harvard Business Review 90 (2012) 10, S. 60–68.

MEFFERT, H.; BURMANN, C.; KIRCHGEORG, M.; EISENBEIß, M.: Marketing. Grundlagen marktorientierter Unternehmensführung Konzepte – Instrumente – Praxisbeispiele. 13., überarb. u. erw. Auflage. Springer Gabler, Wiesbaden [u. a.] 2019.

MEIER, A.: Werkzeuge der digitalen Wirtschaft: Big Data, NoSQL & Co. Springer, Wiesbaden [u. a.] 2018.

MEIER, H.; UHLMANN, E.: Integrierte industrielle Sach- und Dienstleistungen. Vermarktung, Entwicklung und Erbringung hybrider Leistungsbündel. Springer Vieweg. Berlin [u. a.] 2012.

MELIN, P.; OLIVAS, F.; CASTILLO, O.; VALDEZ, F.; SORIA, J.; VALDEZ, M.: Optimal design of fuzzy classification systems using PSO with dynamic parameter adaptation through fuzzy logic. In: Expert Systems with Applications 40 (2013) 8, S. 3196–3206.

MERTENS, P.: [Definition] Wirtschaftsinformatik. Enzyklopädie der Wirtschaftsinformatik online, 27.02.2019. https://www.enzyklopaedie-der-wirtschaftsinformatik.de/lexikon/uebergreifendes/Disziplinen%20der%20WI/Wirtschaftsinformatik/index.html (Link zuletzt geprüft: 19.03.2022)

METZGER, J.; VOIGT, K.-I.; ESCH, F.-R.: [Definition] Callcenter. Gabler Wirtschaftslexikon online, 19.02.2018. https://wirtschaftslexikon.gabler.de/definition/callcenter-30332/version-253917 (Link zuletzt geprüft: 19.03.2022)

MIDDERHOFF, S.: CRM in der Praxis – die Auswahl des passenden CRM ist gar nicht so einfach. In: Effektives Customer Relationship Management. Instrumente – Einführungskonzepte – Organisation. Hrsg.: S. Helmke; M. Uebel; W. Dangelmaier. 6., überarb. Auflage. Springer Gabler, Wiesbaden 2017, S. 259–277.

MILOSLAVSKAYA, N.; TOLSTOY, A.: Big data, fast data and data lake concepts. In: Procedia Computer Science 88 (2016) S. 300–305.

MIORANDI, D.; SICARI, S.; PELLEGRINI, F. de; CHLAMTAC, I.: Internet of things: Vision, applications and research challenges. In: Ad Hoc Networks 10 (2012) 7, S. 1497–1516.

MIRWALD, T.: Die Customer Experience als Erfolgsfaktor von morgen. Key Findings für den Maschinen- und Anlagenbau. IDG, München 2018. [in Bibliothek des FIR an der RWTH Aachen verfügbar]

MORCOS, J.; ABEDJAN, Z.; ILYAS, I. F.; OUZZANI, M.; PAPOTTI, P.; STONEBRAKER, M.: DataXFormer. In: Compilation proceedings of the 2015 ACM Symposium on Principles of Database Systems, ACM SIGMOD International Conference on Management of Data, and SIGMOD/PODS 2015 PhD symposium, May 31 – June 4, 2015, Melbourne, VIC, Australia. ACM, New York, 2015, S. 883–888.

MOREY, T.; FORBATH, T.; SCHOOP, A.: Customer data: Designing for transparency and trust. In: Harvard Business Review 93 (2015) 5, S. 96–105.

MÜHLHÄUSER, M.: Smart Products: An Introduction. In: Constructing Ambient Intelligence. AmI 2007 Workshops Darmstadt, Germany, November 7-10, 2007 Revised Papers. Hrsg.: M. Mühlhäuser; A. Ferscha; E. Aitenbichler. Communications in Computer and Information Science; Bd. 11. Hrsg.: Springer, Berlin [u. a.] 2008, S. 158–164.

MYRACH, T.: [Definition] Funktionsmodellierung. Enzyklopädie der Wirtschaftsinformatik online, 25.10.2012. https://enzyklopaedie-der-wirtschaftsinformatik.de/lexikon/is-management/Systementwicklung/Hauptaktivitaten-der-Systementwicklung/Problemanalyse-/Funktionsmodellierung/ (Link zuletzt geprüft: 19.03.2022)

NELSON, K.; CORBIN, G.; ANANIA, M.; KOVACS, M.; TOBIAS, J.; BLOWERS, M.: Evaluating model drift in machine learning algorithms. In: 2015 IEEE Symposium on Computational Intelligence for Security and Defense Applications (CISDA). IEEE, 5/26/2015 - 5/28/2015, S. 1–8.

NEUBERGER, C.: Soziale Netzwerke im Internet. In: StudiVZ. Diffusion, Nutzung und Wirkung eines sozialen Netzwerks im Internet. Hrsg.: C. Neuberger; V. Gehrau. VS Verl. für Sozialwiss, Wiesbaden 2011, S. 33–96.

NIEHAVES, B.: On episemological diversity in design science: New vistas for a design-oriented IS research? In: ICIS 2007 Proceedings (2007), S. 133.

NIEMANN, J.; EVERSHEIM, W.; RÖPKE, M.; WEBER, P.; WARSCHAT, J.; STOLZ, M.; STEINHILPER, R.; EIGNER, M. C.; HIEBER, M.: Management des Produktlebenslaufs. In: Neue Organisationsformen im Unternehmen. Ein Handbuch für das moderne Management. 2. Auflage. Springer, Berlin [u. a.] 2003, S. 813–923.

OLIVEIRA, S. F.; K. FÜRLINGER; D. KRANZLMÜLLER: Trends in Computation, Communication and Storage and the Consequences for Data-intensive Science. In: IEEE 14th International Conference on High Performance Computing and Communications (2012), S. 572–579.

OTTO, B.: How to design the master data architecture: Findings from a case study at Bosch. In: International Journal of Information Management 32 (2012) 4, S. 337–346.

OTTO, B.; KOKEMÜLLER, J.; WEISBECKER, A.; GIZANIS, D.: Stammdatenmanagement: Datenqualität für Geschäftsprozesse. In: HMD – Praxis der Wirtschaftsinformatik 48 (2011) 3, S. 5–16.

OTTO, B.; LEGNER, C.: Master Data erfolgreich managen. In: Controlling & Management Review 60 (2016) 3, S. 6–17.

OUSSOUS, A.; BENJELLOUN, F.-Z.; AIT LAHCEN, A.; BELFKIH, S.: Big Data technologies: A survey. In: Journal of King Saud University – Computer and Information Sciences 30 (2018) 4, S. 431–448.

PAHL, G.; BEITZ, W.; FELDHUSEN, J.; GROTE, K.-H.: Engineering design: a systematic approach. Springer, Berlin [u. a.] 2013. [in Bibliothek des FIR verfügbar]

PALMATIER, R. W.; MARTIN, K. D.: The Intelligent Marketer's Guide to Data Privacy. The Impact of Big Data on Customer Trust. Springer, Cham [u. a.] 2019.

PALMER, A.: Customer experience management: a critical review of an emerging idea. In: Journal of Services Marketing (2010), S. 196–208.

PELSMACKER, P. de; GEUENS, M.; VAN DEN BERGH, J.: Marketing communications. A European perspective. 5. Auflage. Pearson, Harlow 2013.

PELTIER, J. W.; ZAHAY, D.; LEHMANN, D. R.: Organizational Learning and CRM Success: A Model for Linking Organizational Practices, Customer Data Quality, and Performance. In: Journal of Interactive Marketing 27 (2013) 1, S. 1–13.

PIEKENBROCK, D.; KIRCHGEORG, M.: [Definition] Konsumgüter. Gabler Wirtschaftslexikon online, 19.02.2018. https://wirtschaftslexikon.gabler.de/definition/konsumgueter-37920/version-261349 (Link zuletzt geprüft: 19.03.2022)

PILLER, F.; SALVADOR, F.; AGGARWAL, S.: Surviving on the long tail: An empirical investigation of business model elements for mass customization. In: Long Range Planning 53 (2020) 4, 50 S.

PINÇE, Ç.; FERGUSON, M.; TOKTAY, B.: Extracting Maximum Value from Consumer Returns: Allocating Between Remarketing and Refurbishing for Warranty Claims. In: Manufacturing & Service Operations Management 18 (2016) 4, S. 475–492.

PIPINO, L. L.; LEE, Y. W.; WANG, R. Y.: Data quality assessment. In: Communications of the ACM 45 (2002) 4, S. 211–218.

PORTER, M. E.: The Value Chain and Competitive advantage: creating and sustaining superior performance. Free Press, New York 1985.

PORTER, M. E.: Competitive advantage. Creating and sustaining superior performance; with a new introduction. Free Press, New York 1998.

RAJARAMAN, V.: Big data analytics. In: Resonance 21 (2016) 8, S. 695–716.

RAT FÜR INFORMATIONSINFRASTRUKTUREN (Hrsg.): Leistung aus Vielfalt. Empfehlungen zu Strukturen, Prozessen und Finanzierung des Forschungsdatenmanagements in Deutschland. Rat für Informationsinfrastrukturen (RfII), Göttingen 2016. https://rfii.de/download/rfii-empfehlungen-2016/ (Link zuletzt geprüft: 19.03.2022)

RAWSON, A.; DUNCAN, E.; JONES, C.: The truth about customer experience. In: Harvard Business Review 91 (2013) 9, S. 90–98.

REMEIKIENE, R.; GASPARENIENE, L.; SCHNEIDER, F. G.: The Definition of Digital Shadow Economy. In: Technological and Economic Development of Economy 24 (2018) 2, S. 696–717.

RESCH, O.: [Definition] IT-Management. Gabler Wirtschaftslexikon online, 19.02.2018. https://wirtschaftslexikon.gabler.de/definition/it-management-52753/version-275868 (Link zuletzt geprüft: 19.03.2022)

RETANA, G. F.; FORMAN, C.; WU, D. J.: Proactive Customer Education, Customer Retention, and Demand for Technology Support: Evidence from a Field Experiment. In: Manufacturing & Service Operations Management 18 (2016) 1, S. 34–50.

RHEINGOLD, H.: The virtual community: Homesteading on the electronic frontier. Addison-Wesley, Boston (MA) 1993.

RICHARDSON, A.: What You Can and Should Be Doing with Your Customer Journeys. Harvard Business Review online, 25.03.2016. https://hbr.org/2016/03/what-you-can-and-should-be-doing-with-your-customer-journeys (Link zuletzt geprüft: 19.03.2022)

ROBRA-BISSANTZ, S.: [Definition] Forschungsparadigma. Enzyklopädie der Wirtschaftsinformatik online, 25.10.2012. https://www.enzyklopaedie-der-wirtschaftsinformatik.de/wi-enzyklopaedie/lexikon/uebergreifendes/Forschung-in-WI/Forschungsparadigma/index.html (Link zuletzt geprüft: 19.03.2022)

ROLLINS, M.: Customer information usage and its effect on seller company's customer performance in business-to-business markets: an empirical study. Sarja/Series A-6:2008. Turku School of Economics, Turku 2008. https://www.researchgate.net/profile/Minna-Rollins/publication/265987791_CUSTOMER_INFORMATION_USAGE_AND_ITS_EFFECT_ON_SELLER_COMPANY'S_CUSTOMER_PERFORMANCE_IN_BUSINESS-TO-BUSINESS_MARKETS_-_AN_EMPIRICAL_STUDY/links/544d6a650cf2bcc9b1d8eaa5/CUSTOMER-INFORMATION-USAGE-AND-ITS-EFFECT-ON-SELLER-COMPANYS-CUSTOMER-PERFORMANCE-IN-BUSINESS-TO-BUSINESS-MARKETS-AN-EMPIRICAL-STUDY.pdf (Link zuletzt geprüft: 19.03.2022)

ROSEMANN, M.; EGGERT, M.; VOIGT, M.; BEVERUNGEN, D.: Leveraging social network data for analytical CRM strategies – The introduction of social BI. In: ECIS 2012 Proceedings, 12 S. [in Bibliothek des FIR e. V. an der RWTH Aachen verfügbar]

ROßNAGEL, A.: Datenschutzaufsicht nach der EU-Datenschutz-Grundverordnung. Neue Aufgaben und Befugnisse der Aufsichtsbehörden. Springer Vieweg, Wiesbaden [u. a.] 2017.

RUDNICKA, J.: Umsatz der rechtlichen Einheiten/ Unternehmen[1] in Deutschland nach Wirtschaftszweigen im Jahr 2020, 24.01.2022. https://de.statista.com/statistik/daten/studie/242084/umfrage/umsatz-der-unternehmen-in-deutschland-nach-wirtschaftszweigen/#professional (Link zuletzt geprüft: 19.03.2022)

RUIZ-GARCIA, L.; STEINBERGER, G.; ROTHMUND, M.: A model and prototype implementation for tracking and tracing agricultural batch products along the food chain. In: Food Control 21 (2010) 2, S. 112–121.

RUNKLER, T. A.: Data mining. Modelle und Algorithmen intelligenter Datenanalyse. 2., aktualis. Auflage. Springer Vieweg, Wiesbaden [u. a.] 2015.

SAJANA, T.; RANI, C. S.; NARAYANA, K. V.: A survey on clustering techniques for big data mining. In: Indian journal of Science and Technology 9 (2016) 3, S. 1–12.

SALDANHA, T. J. V.; MITHAS, S.; KRISHNAN, M. S.: Leveraging Customer Involvement for Fueling Innovation: The Role of Relational and Analytical Information Processing Capabilities. In: MIS Quarterly 41 (2017) 1, S. 267–286.

SCANNAPIECO, M.; VIRGILLITO, A.; MARCHETTI, C.; MECELLA, M.; BALDONI, R.: The DaQuinCIS architecture: a platform for exchanging and improving data quality in cooperative information systems. In: Information Systems 29 (2004) 7, S. 551–582.

SCHACHT, M.; SCHUH, G.; FRANK, J.: The digital shadow of customers in the manufacturing industry. In: 8th Swiss Conference on Data Science (SDS) (2021), S. 52–53.

SCHEED, B.; SCHERER, P.: Strategisches Vertriebsmanagement. Springer, Wiesbaden [u. a.] 2019.

SCHEER, A.-W.: ARIS – Vom Geschäftsprozess zum Anwendungssystem. 4., durchges. Auflage. Springer, Berlin [u. a.] 2002.

SCHEER, A.-W.: Wirtschaftsinformatik zwischen Wissenschaft und Unternehmertum. In: Wirtschaftsinformatik 51 (2009) 1, S. 88–93.

SCHEER, A.-W.; GRIEBLE, O.; KLEIN, R.: Modellbasiertes Dienstleistungsmanagement. In: Service engineering. Entwicklung und Gestaltung innovativer Dienstleistungen; mit 24 Tabellen. 2., vollst. überarb. u. erw. Auflage. Springer, Berlin [u. a.] 2006, S. 19–51.

SCHEER, A.-W.; THOMAS, O.: Verfahren und Werkzeuge der Informationsmodellierung. In: Handbuch Unternehmensorganisation. Strategien, Planung, Umsetzung. Hrsg.: H.-J. Bullinger; D. Spath; H.-J. Warnecke; E. Westkämper. 3., neu bearb. Auflage. Springer, Berlin [u. a.] 2009, S. 544–568.

SCHERER, A.; WÜNDERLICH, N. V.; WANGENHEIM, F. von: The Value of Self-Service. Long-Term Effects of Technology-Based Self-Service Usage on Customer Retention. In: MIS Quarterly 39 (2015) 1, S. 177–200.

SCHEWE, G.: [Definition] Organigramm. Gabler Wirtschaftslexikon online, 14.02.2018. https://wirtschaftslexikon.gabler.de/definition/organigramm-44460/version-267771 (Link zuletzt geprüft: 19.03.2022)

SCHICK, U.: Data Mining. Warum sich die Investition lohnt. SAP online, 19.10.2017. https://news.sap.com/germany/2017/10/data-mining/ (Link zuletzt geprüft: 19.03.2022)

SCHMIDT, C.; MEIER, C.; KOMPA, S.: Informationssysteme für das Produktionsmanagement. In: Produktionsmanagement. Reihe Handbuch Produktion und Management; Bd. 5. Springer, Berlin [u. a.] 2014, S. 281–378.

SCHRÖER, C.; KRUSE, F.; GÓMEZ, J. M.: A Systematic Literature Review on Applying CRISP-DM Process Model. In: Procedia Computer Science 181 (2021), S. 526–534.

SCHUH, G.; BASSE, F.; STICH, V.; FRANZKOCH, B.; HARZENETTER, F.; LUCKERT, M.; PROTE, J.-P.; RESCHKE, J.; SCHMITZ, S.; TÜCKS, G.; WEIßKOPF, J.: Change Request im Produktionsbetrieb. In: AWK – Aachener Werkzeugmaschinen-Kolloquium 2017. Internet of Production für agile Unternehmen. Apprimus, Aachen 2017, S. 109–131.

SCHUH, G.; BAUERNHANSL, T.; KRÜGER, J.; REINHART, G.: WGP-Standpunkt Industrie 4.0., 2016. https://wgp.de/de/wgp-standpunktpapier-fuehrt-durchs-schluessel-loch-zu-industrie-4-0/ (Link zuletzt geprüft: 19.03.2022) [=2016a]

SCHUH, G.; BOOS, W.; KELZENBERG, C.; LANGE, J. de; STRACKE, F.; HELBIG, J.; BOSHOF, J.; EBBECKE, C.: Industrie 4.0: Implement it. Aachen 2018. https://werkzeugbau-akademie.de/wp-content/uploads/sites/17/2015/06/WZL_I4.0_Studie_Webversion.pdf (Link zuletzt geprüft: 19.03.2022) [=2018a]

SCHUH, G.; BREMER, D.; DRESCHER, T.; ESSIG, J.: Beschaffungsmarktforschung. In: Einkaufsmanagement. Reihe Handbuch Produktion und Management; Bd. 7. Springer, Berlin [u. a.] 2014, S. 147–181. [=2014a]

SCHUH, G.; DOLLE, C.; TONNES, C.: Methodology for the derivation of a digital shadow for engineering management. In: 2018 IEEE Technology and Engineering Management Conference (TEMSCON). 28 June–1 July 2018. IEEE, Piscataway (NJ) 2018, 6 S. [=2018b]

SCHUH, G.; GUDERGAN, G.: Einführung und Grundlagen des Managements industrieller Dienstleistungen. In: Management industrieller Dienstleistungen. Reihe Handbuch Produktion und Management; Bd. 8. Springer, Berlin [u. a.] 2016, S. 1–20.

SCHUH, G.; GUDERGAN, G.; GREFRATH, C.: Geschäftsmodelle für industrielle Dienstleistungen. In: Management industrieller Dienstleistungen. Reihe Handbuch Produktion und Management; Bd. 8. Springer, Berlin [u. a.], 2016, S. 65–104. [=2016b]

SCHUH, G.; GUDERGAN, G.; SENDEREK, R.; FROMBACH, R.: Service Engineering. In: Management industrieller Dienstleistungen. Reihe Handbuch Produktion und Management; Bd. 8. Springer, Berlin [u. a,] 2016, S. 169–200. [=2016c]

SCHUH, G.; GUDERGAN, G.; SENDEREK, R.; WAGNER, D.: Leistungssysteme. In: Management industrieller Dienstleistungen. Reihe Handbuch Produktion und Management; Bd. 8. Springer, Berlin [u. a.] 2016, S. 105–139. [=2016d]

SCHUH, G.; GUO, D.: Grundlagen des Einkaufsmanagements. In: Einkaufsmanagement. Reihe Handbuch Produktion und Management; Bd. 7. Springer, Berlin [u. a.] 2014, S. 17–24.

SCHUH, G.; HOPPE, M.; SCHUBERT, J.; MANGOLDT, J. von: Lieferantenauswahl. In: Einkaufsmanagement. Reihe Handbuch Produktion und Management; Bd. 7. Springer, Berlin [u. a.] 2014, S. 183–253. [=2014b]

SCHUH, G.; JUSSEN, P.; HARLAND, T.: The Digital Shadow of Services: A Reference Model for Comprehensive Data Collection in MRO Services of Machine Manufacturers. In: Procedia CIRP; Bd. 73. CIRP, 2018, S. 271–277. [=2018c]

SCHUH, G.; STICH, V.; WIENHOLDT, H.: Ersatzteilmanagement. In: Logistikmanagement. Handbuch Produktion und Management; Bd. 6. Springer, Berlin [u. a.] 2013, S. 165–208.

SCHUH, G.; WALENDZIK, P.; LUCKERT, M.; BIRKMEIER, M.; WEBER, A.; BLUM, M.: Keine Industrie 4.0 ohne den Digitalen Schatten. In: ZWF – Zeitschrift für wirtschaftlichen Fabrikbetrieb 111 (2016) 11, S. 745–748. [=2016e]

SCHÜTTE, R.: Grundsätze ordnungsmäßiger Referenzmodellierung. Konstruktion konfigurations- und anpassungsorientierter Modelle. Neue betriebswirtschaftliche Forschung; Bd. 233. Gabler, Wiesbaden 1998. – Zugl.: Münster (Westfalen), Univ., Diss., 1997.

SCHWAGER, A.; MEYER, C.: Understanding Customer Experience 2007. In: Harvard Business Review 85 (2007) 2, S. 116 – 126, 157. https://hbr.org/2007/02/understanding-customer-experience (Link zuletzt geprüft: 19.03.2022)

SEIDLMEIER, H.: Prozessmodellierung mit ARIS®. Eine beispielorientierte Einführung für Studium und Praxis in ARIS 10. 5., aktualis. Auflage. Springer Vieweg, Wiesbaden [u. a.] 2019.

SEITER, M.: Industrielle Dienstleistungen. Wie produzierende Unternehmen ihr Dienstleistungsgeschäft aufbauen und steuern. 2., aktualis. u. erw. Auflage. Springer Gabler, Wiesbaden [u. a.] 2016.

SELIGER, G.: Montage und Demontage. In: Taschenbuch für den Maschinenbau. 24., aktualis. u. erw. Auflage. Springer Vieweg, Berlin [u. a.] 2014, S. 1461–1467.

SHAHBAZ UL HAQ, Q.: Data Models. In: Data mapping for data warehouse design. Elsevier, Amsterdam [u. a.] 2016, S. 7–16.

SHEETZ, M.: Most Netflix subscribers won't leave for Disney's or Apple's services, survey finds. CNBC online, 02.10.2019. https://www.cnbc.com/2019/10/02/most-netflix-subscribers-wont-leave-for-disney-or-apple-survey-finds.html (Link zuletzt geprüft: 19.03.2022)

SHETH, J. N.; NEWMAN, B. I.; GROSS, B. L.: Why we buy what we buy: A theory of consumption values. In: Journal of Business Research 22 (1991) 2, S. 159–170.

SHI-NASH, A.; HARDOON, D. R.: Data Analytics and Predictive Analytics in the Era of Big Data. In: The internet of things and data analytics handbook. John Wiley & Sons, Hoboken (NJ) 2017, S. 329–345.

SIDDIQA, A.; KARIM, A.; GANI, A.: Big data storage technologies: a survey. In: Frontiers of Information Technology & Electronic Engineering 18 (2017) 8, S. 1040–1070.

SIEPERMANN, M.; LACKES, R.: [Definition] Datenmodell. Gabler Wirtschaftslexikon online, 19.02.2018. https://wirtschaftslexikon.gabler.de/definition/datenmodell-28093/version-251730 (Link zuletzt geprüft: 19.03.2022)

SIEPERMANN, M.; LACKES, R.: [Definition] Konzeptionelles Datenmodell. Gabler WIrtschaftslexikon online, 2020. https://wirtschaftslexikon.gabler.de/definition/konzeptionelles-datenmodell-40932 (Link zuletzt geprüft: 19.03.2022)

SIFA, R.; RUNGE, J.; BAUCKHAGE, C.; KLAPPER, D.: Customer Lifetime Value Prediction in Non-Contractual Freemium Settings. Chasing High-Value Users Using Deep Neural Networks and SMOTE. In: Proceedings of the 51st Hawaii International Conference on System Sciences (2018), S. 923–932.

SILVA, B. N.; DIYAN, M.; HAN, K.: Big Data Analytics. In: Deep Learning: Convergence to Big Data Analytics. Springer, Singapore [u. a.] 2019, S. 13–30.

SIMOLO, C.; BRUNETTI, M.; MAUGERI, M.; NANNI, T.: Improving estimation of missing values in daily precipitation series by a probability density function-preserving approach. In: International Journal of Climatology 30 (2010) 10, S. 1564–1576.

SINHA, S.: State of IoT 2021: Number of connected IoT devices growing 9% to 12.3 billion globally, cellular IoT now surpassing 2 billion 2021. https://iot-analytics.com/wp/wp-content/uploads/2021/09/Global-IoT-market-forecast-in-billion-connected-iot-devices-min.png (Link zuletzt geprüft: 19.03.2022)

SMPAROUNIS, K.; MAVRIKIOS, D.; PAPPAS, M.; XANTHAKIS, V.; VIGANÒ, G. P.; PENTENRIEDER, K.: A virtual and augmented reality approach to collaborative product design and demonstration. In: ICE 2008. Proceedings of the 14th International Conference on Concurrent Enterprising ; a new wave of innovation in collaborative networks ; Lisbon, Portugal 23 - 25 June 2008. Centre for Concurrent Enterprising Univ. of Nottingham, Nottingham, 2008, 8 S.

SOFTWARE AG (Hrsg.): ARIS Methodenhandbuch. Version 10.0. Service Release 9. Juli 2019. https://documentation.softwareag.com/aris/Designer/10-0sr9/yad10-0sr9d/10-0sr9_Method_Manual.pdf (Link zuletzt geprüft: 19.03.2022)

SPANGLER, T.: Netflix Original Content Outscores HBO, Hulu, Amazon on Customer-Satisfaction Survey. Variety online, 21.02.2019. https://variety.com/2019/digital/news/netflix-original-content-consumer-survey-ratings-acsi-1203144795/ (Link zuletzt geprüft: 19.03.2022)

STACHOWIAK, H.: Allgemeine Modelltheorie. Springer, Wien [u. a.] 1973.

STÅHLE, M.; AHOLA, T.; MARTINSUO, M.: Cross-functional integration for managing customer information flows in a project-based firm. In: International Journal of Project Management 37 (2019) 1, S. 145–160.

STARK, R.; KIND, S.; NEUMEYER, S.: Innovations in digital modelling for next generation manufacturing system design. In: Cirp Annals 66 (2017) 1, S. 169–172.

STATISTISCHES BUNDESAMT (Hrsg.): Klassifikation der Wirtschaftszweige, Ausgabe 2008 (WZ 2008). Dezember 2008. https://www.destatis.de/static/DE/dokumente/klassifikation-wz-2008-3100100089004.pdf (Link zuletzt geprüft: 19.03.2022)

STECKEN, J.; EBEL, M.; BARTELT, M.; POEPPELBUSS, J.; KUHLENKÖTTER, B.: Digital Shadow Platform as an Innovative Business Model. In: Procedia CIRP 83 (2019), S. 204–209.

STECKLER, A.; MCLEROY, K. R.; GOODMAN, R. M.; BIRD, S. T.; MCCORMICK, L.: Toward integrating qualitative and quantitative methods: an introduction. In: Health Education Quarterly 19 (1992) 1, 8 S.

STEINER, R.: Grundkurs Relationale Datenbanken. Einführung in die Praxis der Datenbankentwicklung für Ausbildung, Studium und IT-Beruf. 8., erw. u. überarb. Auflage. Springer Vieweg. Wiesbaden [u. a.] 2014.

STEINHOFF, L.; PALMATIER, R. W.: Understanding loyalty program effectiveness: managing target and bystander effects. In: Journal of the Academy of Marketing Science 44 (2016) 1, S. 88–107.

STEVEN, M.; WICHERT, J.: [Definition] Betriebsstilllegung. Gabler Wirtschaftslexikon online, 2018. https://wirtschaftslexikon.gabler.de/definition/betriebsstilllegung-27263?redirectedfrom=45567 (Link zuletzt geprüft: 19.03.2022)

STOCKINGER, C.; RÖNICK, K.; KÖNIG, C.: Annäherung an den Begriff „sensible Mitarbeiterdaten" im Kontext Industrie 4.0. In: ARBEIT(s).WISSEN.SCHAF(f)T (2018), Frühjahrskongress 2018, Beitrag A.1.6. Hrsg.: GfA, Dortmund. Frankfurt am Main 2018. [in Bibliothek des FIR e. V. an der RWTH Aachen verfügbar]

STOETZER, M.-W.: Regressionsanalyse in der empirischen Wirtschafts- und Sozialforschung; Bd. 2: Komplexe Verfahren. Springer, Berlin [u. a.] 2020.

STRAKER, K.; WRIGLEY, C.; ROSEMANN, M.: Typologies and touchpoints: designing multi-channel digital strategies. In: Journal of Research in Interactive Marketing (2015), S. 110–128.

SUNDSTRÖM, M.; ALM, K. H.; LARSSON, N.; DAHLIN, O.: B2B social media content: engagement on LinkedIn. In: Journal of Business & Industrial Marketing 36 (2021) 3, S. 454–468.

SWALES, J.: Create a research space (CARS) model of research introductions. In: Writing about writing: A college reader (2014), S. 12–15.

TABESH, P.; MOUSAVIDIN, E.; HASANI, S.: Implementing big data strategies: A managerial perspective. In: Business Horizons 62 (2019) 3, S. 347–358.

TAIMINEN, K.; RANAWEERA, C.: Fostering brand engagement and value-laden trusted B2B relationships through digital content marketing. In: European Journal of Marketing 53 (2019) 9, S. 1759–1781.

TAO, F.; CHENG, J.; QI, Q.; ZHANG, M.; ZHANG, H.; SUI, F.: Digital twin-driven product design, manufacturing and service with big data. In: The International Journal of Advanced Manufacturing Technology 94 (2018) 9-12, S. 3563–3576.

TAVAKOLI, M.; MOLAVI, M.; MASOUMI, V.; MOBINI, M.; ETEMAD, S.; RAHMANI, R. Customer segmentation and strategy development based on user behavior analysis, RFM model and data mining techniques: a case study. IEEE. Xi'an 2018. [in Bibliothek des FIR e. V. an der RWTH Aachen verfügbar]

TEMKIN, B. D.: Mapping the customer journey. Imagine Service Design online, 05.02.2010. http://www.iimagineservicedesign.com/wp-content/uploads/2015/09/Mapping-Customer-Journeys.pdf (Link zuletzt geprüft: 19.03.2022)

THOMMEN, J.-P.: [Definition] Syntaktik. Gabler Wirtschaftslexikon online, 14.02.2018. https://wirtschaftslexikon.gabler.de/definition/syntaktik-50850/version-274064 (Link zuletzt geprüft: 19.03.2022) [=2018a]

THOMMEN, J.-P.: [Definition] Wirtschaftlichkeitsprinzip. Gabler Wirtschaftslexikon online, 14.02.2018. https://wirtschaftslexikon.gabler.de/definition/wirtschaftlichkeitsprinzip-48143/version-271401 (Link zuletzt geprüft: 19.03.2022) [=2018b]

TINCHER, J.: Defining Scope: Should You Map an End-to-End Journey or a Specific Sub-Journey? 29.03.2019. https://customerthink.com/defining-scope-should-you-map-an-end-to-end-journey-or-a-specific-sub-journey/ (Link zuletzt geprüft: 19.03.2022)

TRONVOLL, B.; EDVARDSSON, B.; MÖLLERSKOV-JONZON, M.; INNLANDET, H.: From Customer Feedback to Innovation: The IKEA Innovation Journey from Screws to Click. Stimulating, Realizing and Capturing the Value from Service Innovation. In: Service Innovation For Sustainable Business: Stimulating, Realizing And Capturing The Value From Service Innovation (2019), S. 75–93.

UEBEL, M.; HELMKE, S.: Systematische Kosten- und Nutzenbewertung für CRM-Systeme. In: Effektives Customer Relationship Management. Instrumente – Einführungskonzepte – Organisation. 6., überarb. Auflage. Springer Gabler, Wiesbaden 2017, S. 229–242.

ULRICH, H.; PROBST, G. J.: Anleitung zum ganzheitlichen Denken und Handeln. Haupt, Bern [u. a.] 1990.

ULRICH, P.; HILL, W.: Wissenschaftstheoretische Grundlagen der Betriebswirtschaftslehre, Teil I. In: WiSt – Wirtschaftswissenschaftliches Studium: Zeitschrift für Ausbildung und Hochschulkontakt 5 (1976) 7+ 8, S. 304–309. https://www.alexandria.unisg.ch/17331/1/Wissenschaftstheoretische%20Grundlagen%20der%20BWL_Ulrich%26Hill_WiSt_1976.pdf (Link zuletzt geprüft: 19.03.2022)

URBAS, L.; KRAUSE, A.: [Vortragsfolien] Virtuelle Inbetriebnahme. Dresden, 01.07.2014, 39 Folien. http://www.et.tu-dresden.de/typo3-2009/ifa/uploads/media/CAE-PA_012-Virtuelle_Inbetriebnahme.pdf (Link zuletzt geprüft: 19.03.2022)

VAISHNAVI, V.; KUECHLER, W.: Design Research in Information Systems. In: MIS Quarterly (2004), S. 75–105.

VAN AUKEN, S.: Observations on latent need revelation through problem detection analysis. In: Journal of Marketing Analytics 4 (2016) 4, S. 147–158.

VAN HORN, D.; OLEWNIK, A.; LEWIS, K.: Design Analytics: Capturing, Understanding, and Meeting Customer Needs Using Big Data. In: Volume 7: 9th International Conference on Design Education; 24th International Conference on Design Theory and Methodology. American Society of Mechanical Engineers, 2012, S. 863–875.

VANNETTE, D. L.; MAICHER, M.; WINDON, A.; RENGADE, B.; KREUTER, F.; SCHAER, A.; ROISKO, V.; MONARI, L.: A New Approach for B2B Customer Experience Management. September 2018. https://whataboutthecustomer.com/wp-content/uploads/2018/09/WATC_Customer_Experience_B2B_NPS_ebook_.pdf (Link zuletzt geprüft: 19.03.2022)

VENKATESAN, R.; KUMAR, V.; BOHLING, T.: Optimal Customer Relationship Management Using Bayesian Decision Theory: An Application for Customer Selection. In: Journal of Marketing Research 44 (2007) 4, S. 579–594.

VERSCHUREN, P.; DOOREWAARD, H.; MELLION, M.: Designing a research project. Eleven International Publishing, The Hague, 2010. https://www.boomhogeronderwijs.nl/media/6/9789059315723_inkijkexemplaar.pdf (Link zuletzt geprüft: 19.03.2022)

VISSER, M.: Learn Customer Journey Mapping. Medium online, 07.07.2017. https://medium.com/@azviss4/customer-journey-mapping-in-7-bookmarks-d116da67a0c2 (Link zuletzt geprüft: 19.03.2022)

VOET, H.; ALTENHOF, M.; ELLERICH, M.; SCHMITT, R. H.; LINKE, B.: A Framework for the Capture and Analysis of Product Usage Data for Continuous Improvement. In: Journal of Manufacturing Science and Engineering 141 (2019) 2, S. 21010.

VOIGT, K.-I.; KIRCHGEORG, M.: [Definition] Gebrauchsgüter. Gabler Wirtschaftslexikon online, 19.02.2018. https://wirtschaftslexikon.gabler.de/definition/gebrauchsgueter-35637/version-259115 (Link zuletzt geprüft: 19.03.2022)

VOIGT, K.-I.: [Definition] Instandhaltungsplanung. Gabler Wirtschaftslexikon online, 19.02.2018. https://wirtschaftslexikon.gabler.de/definition/instandhaltungsplanung-38459/version-261882 (Link zuletzt geprüft: 19.03.2022) [=2018a]

VOIGT, K.-I.: [Definition] Qualitätssicherung. Gabler Wirtschaftslexikon online, 19.02.2018. https://wirtschaftslexikon.gabler.de/definition/qualitaetssicherung-44396/version-267707 (Link zuletzt geprüft: 19.03.2022) [=2018b]

VOIGT, K.-I.; MÜLLER-STEWENS, G.; MÖHRLE, M.; SPECHT, D.: [Definition] Forschung und Entwicklung. Gabler Wirtschaftslexikon online, 19.02.2018. https://wirtschaftslexikon.gabler.de/definition/forschung-und-entwicklung-fe-36421/version-259874 (Link zuletzt geprüft: 19.03.2022) [=2018a]

VOIGT, K.-I.; STEVEN, M.; PIEKENBROCK, D.: [Definition] Produktion. Gabler Wirtschaftslexikon online, 2018. https://wirtschaftslexikon.gabler.de/definition/produktion-42040 (Link zuletzt geprüft: 19.03.2022)

WALKER, C.; ALREHAMY, H.: Personal Data Lake with Data Gravity Pull. In: 2015 IEEE Fifth International Conference on Big Data and Cloud Computing (BDCloud). 26 – 28 Aug. 2015, Dalian, China: Proceedings: [including workshops. IEEE, Piscataway (NJ) 2015, S. 160–167.

WAMBA, S. F.; GUNASEKARAN, A.; AKTER, S.; REN, S. J.; DUBEY, R.; CHILDE, S. J.: Big data analytics and firm performance: Effects of dynamic capabilities. In: Journal of Business Research 70 (2017), S. 356–365.

WANG, P.; LIU, Y.; MEYTLIS, M.; TSAO, H.-Y.; YANG, J.; HUANG, P.: An efficient framework for online advertising effectiveness measurement and comparison. In: Proceedings of the 7th ACM International Conference on Web Search and Data Mining. February 24 – 28, 2014, New York. ACM, New York 2014, S. 163–172.

WANG, R. Y.; STRONG, D. M.: Beyond accuracy: What data quality means to data consumers. In: Journal of Management Information Systems 12 (1996) 4, S. 5–33.

WEBER, W.; KABST, R.; BAUM, M.: Gegenstand der Betriebswirtschaftslehre. In: Einführung in die Betriebswirtschaftslehre. Springer, Wiesbaden [u. a.] 2018, S. 1–37.

WEBSTER, J.; WATSON, R. T.: Analyzing the past to prepare for the future: Writing a literature review. In: MIS Quarterly (2002), S. xiii–xxiii.

WEDEL, M.; KANNAN, P. K.: Marketing analytics for data-rich environments. In: Journal of Marketing 80 (2016) 6, S. 97–121.

WELLENER, P.; MILLAR, K.; BENDIG, O.; HUSSAIN, A.: Aftermarket Services. Transforming manufacturing in the wake of the COVID-19 pandemic. Deloitte online, 14.05.2020. https://www2.deloitte.com/us/en/insights/industry/manufacturing/aftermarket-services-digital-differentiator-beyond-COVID-19.html (Link zuletzt geprüft: 19.03.2022)

WELLS, M.; BROUGHTON, R.; MEYERS, D.; KHAN, K.: 2020 Global Customer Experience Benchmarking Report. The connected customer: delivering an effortless experience. 2020. [in Bibliothek des FIR e. V. an der RWTH Aachen verfügbar]

WEST, M.: Developing high quality data models. Elsevier, Amsterdam [u. a.] 2011.

WEYRICH, C.: Wissensbasierte Unternehmen – Ziele und Herausforderungen. In: Real-Time Enterprise in der Praxis: Fakten und Ausblick. Hrsg.: B. Kuhlin; H. Thielmann. Springer, Berlin [u. a.] 2005, S. 533–549.

WILDE, T.; HESS, T.: Forschungsmethoden der Wirtschaftsinformatik. In: Wirtschaftsinformatik 49 (2007) 4, S. 280–287.

WILLIAMS, G.: Descriptive and Predictive Analytics. In: Data mining with Rattle and R. The art of excavating data for knowledge discovery. Use R! Springer, New York [u. a.] 2011, S. 171–177.

WIRTH, R.; HIPP, J.: CRISP-DM: Towards a standard process model for data mining. In: Proceedings of the 4th international conference on the practical applications of knowledge discovery and data mining (2000), S. 29–39.

WISCHERMANN, B.: [Definition] Warenausgang. Gabler Wirtschaftslexikon online, 14.02.2018. https://wirtschaftslexikon.gabler.de/definition/warenausgang-48421/version-271674 (Link zuletzt geprüft: 19.03.2022)

WISCHERMANN, B.; BÖCKING, H.-J.; OSER, P.; PFITZER, N.: [Definition] Grundsätze ordnungsmäßiger Buchführung. Gabler Wirtschaftslexikon online, 14.02.2018. https://wirtschaftslexikon.gabler.de/definition/grundsaetze-ordnungsmaessiger-buchfuehrung-gob-32782/version-256318 (Link zuletzt geprüft: 19.03.2022)

WKWI (HRSG.): [Definition] Profil der Wirtschaftsinformatik. Enzyklopädie der Wirtschaftsinformatik, 29.03.2011. https://www.enzyklopaedie-der-wirtschaftsinformatik.de/wi-enzyklopaedie/lexikon/uebergreifendes/Disziplinen%20der%20WI/Wirtschaftsinformatik/profil-der-wirtschaftsinformatik (Link zuletzt geprüft: 19.03.2022)

WOLF, T.; STROHSCHEN, J.-H.: Digitalisierung: Definition und Reife. In: Informatik-Spektrum 41 (2018) 1, S. 56–64.

WU, X.; ZHU, X.; WU, G.-Q.; DING, W.: Data mining with big data. In: IEEE Transactions on Knowledge and Data Engineering 26 (2014) 1, S. 97–107.

WUENDERLICH, N. V.; HEINONEN, K.; OSTROM, A. L.; PATRICIO, L.; SOUSA, R.; VOSS, C.; LEMMINK, J. G.: “Futurizing” smart service: implications for service researchers and managers. In: Journal of Services Marketing 29 (2015) 6/7, S. 442–447.

XUE YING: An Overview of Overfitting and its Solutions. In: Journal of Physics: Conference Series 1168 (2019), 6 S. 22022. https://iopscience.iop.org/article/10.1088/1742-6596/1168/2/022022/pdf (Link zuletzt geprüft: 19.03.2022)

YANG, W.; TAVNER, P. J.; CRABTREE, C. J.; WILKINSON, M.: Cost-Effective Condition Monitoring for Wind Turbines. In: IEEE Transactions on Industrial Electronics 57 (2010) 1, S. 263–271.

YIN, R. K.: Case study research. Design and methods. 3. Auflage. Sage, Thousand Oaks (CA) 2003.

YUAN, X.: An improved Apriori algorithm for mining association rules. In: AIP Conference Proceedings (2017), S. 80005. https://aip.scitation.org/doi/pdf/10.1063/1.4977361 (Link zuletzt geprüft: 19.03.2022)

ZACHMAN, J. A.: Conceptual, logical, physical: It is simple. 2000. https://www.zachman.com/ea-articles-reference/58-conceptual-logical-physical-it-is-simple-by-john-a-zachman (Link zuletzt geprüft: 19.03.2022)

ZELEWSKI, S.: Grundlagen. In: Betriebswirtschaftslehre; Bd. 1. 4., vollst. überarb. u. wes. erw. Auflage. Hrsg.: H. Corsten; M. Reiß. Oldenbourg, München [u. a.] 2008, S. 1–98.

ZHENG, P.; WANG, Z.; CHEN, C.-H.; PHENG KHOO, L.: A survey of smart product-service systems: Key aspects, challenges and future perspectives. In: Advanced Engineering Informatics 42 (2019), 33 S. 100973. https://www.researchgate.net/profile/Pai-Zheng-5/publication/334895772_A_Survey_of_Smart_Product-Service_Systems_Key_Aspects_Challenges_and_Future_Perspectives/links/5f09c30a45851550509c8845/A-Survey-of-Smart-Product-Service-Systems-Key-Aspects-Challenges-and-Future-Perspectives.pdf (Link zuletzt geprüft: 19.03.2022)

Anhang

Anhang A Fallstudienprotokolle und -unterlagen

Sämtliche Fallstudien werden im Rahmen der Dissertationsschrift nur anonymisiert und abstrahiert veröffentlicht. Kundenprozesse und insbesondere die Informationen darüber, welche Rolle an welcher Stelle wie involviert wird und welche Leistungen geboten werden, sind von besonderer Vertraulichkeit. In den folgenden Beschreibungen der Fallstudien werden die durchgeführten Experteninterviews und Workshops sowie die im Rahmen der Desk-Research untersuchten Dokumente aufgeführt. Des Weiteren werden die erfassten Objekte in der Funktions-, Organisations- und Leistungssicht aufgezählt. Zuletzt werden Bemerkungen über die Wahl der Fallstudie gemacht sowie auf Besonderheiten des untersuchten Unternehmens eingegangen.

Anhang A.1 Verpackung GmbH

Experteninterviews

- 26.02.2021: Senior Global Product Manager Service (3h)

Workshops

- -

Desk-Research

- Website des Unternehmens (öffentlich)

Erfasste Objekte

Tabelle A-1 In der Fallstudie erfasste Objekte der Verpackung GmbH (eigene Darstellung)

Funktionssicht			Organisationssicht (Kunde)			Organisationssicht (Anbieter)			Leistungssicht		
Erwägung	0	2	Eingangslogistik	1	1	Ausgangslogistik	1	1	Gebrauchsgut	2	3
Beachtung	0	3	Betrieb	2	2	Marketing/Vertrieb	3	3	Verbrauchsgut	2	4
Kauf	0	5	Beschaffung	1	1	Kundendienst	5	5	Sporadische DL	8	9
Loyalität	2	4	Technologie	1	2	Technologie	2	3	Kontinuierliche DL	3	4
Inbetriebnahme	4	5	Infrastruktur	1	2	Infrastruktur	0	2	Funktionaler KP	4	9
Betrieb	3	3							Sozialer KP	0	1
Instandhaltung	2	4							Community KP	0	2
Außerbetriebnahme	0	3							Unternehmens-KP	3	6

Legende: ☐ Aufgenommene Objekte ☐ Max. aufzunehmende Objekte, DL = Dienstleistung, KP=Kontaktpunkt

Bemerkungen

Die erste Fallstudie wurde vor allem durchgeführt, um das Vorgehen zu validieren. Entsprechend wurden mit einem Fokus auf den Service hauptsächlich die Funktionen der Inbetriebnahme, des Betriebs und der Instandhaltung betrachtet.

Besonderheiten

Die Verpackung GmbH als Anlagenbauer produziert hochkomplexe Anlagen, deren Entwicklung und Produktion eine intensive Abstimmung mit dem Kunden erfordern. Entsprechend hoch ist die Integration der Forschung & Entwicklung sowie des Qualitätsmanagements in die Kundeninteraktionen. Eine weitere Besonderheit ist die standardmäßige Belieferung der Kunden mit Rohstoffen für den Betrieb der Verpackungsmaschinen respektive zur Herstellung der Verpackungen.

Anhang A.2 Heizung GmbH

Experteninterviews

- 08.04.2021: Project Manager Service (2h)

Workshops

- -

Desk-Research

- Kontaktpunktanalyse inkl. Customer-Journey Framework
- Prozesslandkarte Service
- Website des Unternehmens (öffentlich)

Erfasste Objekte

Tabelle A-2 In der Fallstudie erfasste Objekte der Heizung GmbH (eigene Darstellung)

Funktionssicht			Organisationssicht (Kunde)			Organisationssicht (Anbieter)			Leistungssicht		
Erwägung	2	2	Eingangslogistik	0	1	Ausgangslogistik	0	1	Gebrauchsgut	2	3
Beachtung	2	3	Betrieb	1	2	Marketing/Vertrieb	3	3	Verbrauchsgut	1	4
Kauf	4	5	Beschaffung	0	1	Kundendienst	4	5	Sporadische DL	7	9
Loyalität	1	4	Technologie	0	2	Technologie	2	3	Kontinuierliche DL	1	4
Inbetriebnahme	1	5	Infrastruktur	0	2	Infrastruktur	0	2	Funktionaler KP	6	9
Betrieb	3	3							Sozialer KP	1	1
Instandhaltung	4	4							Community KP	2	2
Außerbetriebnahme	0	3							Unternehmens-KP	5	6

Legende: □ Aufgenommene Objekte ■ Max. aufzunehmende Objekte, DL = Dienstleistung, KP=Kontaktpunkt

Bemerkungen

Die Fallstudie bei der Heizung GmbH konnte auf einer ausführlichen Kontaktpunktanalyse, die über eine Customer-Journey gegliedert wurde, aufbauen. Nach einer ausführlichen Analyse derselben und einer Prozesslandkarte wurden im Rahmen eines Experteninterviews die Ergebnisse validiert.

Besonderheiten

Die Heizung GmbH vertreibt ihre Produkte indirekt. Geschäfte laufen damit immer über Heizungsinstallateure. Da diese meist selbst nur kleinere Betriebe führen und vornehmlich Privathaushalte bedienen, ist die Anzahl an involvierten Rollen auf Kundenseite nur gering.

Anhang A.3 Automobil GmbH

Experteninterviews

- 09.04.2021: Global Head of Customer Journey (1h)

Workshops

- -

Desk-Research

- Customer-Journey-Framework
- Beispielhafte Customer-Journey für eine Persona
- Kundenkontaktpunktanalyse inkl. kritischer Kontaktpunkte

Erfasste Objekte

Tabelle A-3 In der Fallstudie erfasste Objekte der Automobil GmbH (eigene Darstellung)

Funktionssicht			Organisationssicht (Kunde)			Organisationssicht (Anbieter)			Leistungssicht		
Erwägung	1	2	Eingangslogistik	0	1	Ausgangslogistik	0	1	Gebrauchsgut	1	3
Beachtung	3	3	Betrieb	0	2	Marketing/Vertrieb	0	3	Verbrauchsgut	1	4
Kauf	3	5	Beschaffung	0	1	Kundendienst	0	5	Sporadische DL	1	9
Loyalität	3	4	Technologie	0	2	Technologie	0	3	Kontinuierliche DL	2	4
Inbetriebnahme	4	5	Infrastruktur	0	2	Infrastruktur	0	2	Funktionaler KP	3	9
Betrieb	1	3							Sozialer KP	1	1
Instandhaltung	2	4							Community KP	2	2
Außerbetriebnahme	0	3							Unternehmens-KP	4	6

Legende: □ Aufgenommene Objekte □ Max. aufzunehmende Objekte, DL = Dienstleistung, KP=Kontaktpunkt

Bemerkungen

Ähnlich der Fallstudie bei der Heizung GmbH konnte auch bei der Automobil GmbH auf ausführliches Material zurückgegriffen werden. Nach Einarbeitung der Unterlagen in das Prozessmodell fand eine Validierung im Rahmen eines Experteninterviews statt.

Besonderheiten

Die Automobil GmbH bedient primär Privatpersonen. Da damit die Organisation auf Kundensicht ähnlich der Heizung GmbH und auch auf Anbietersicht mit dem Autohaus als Kundenschnittstelle gering ausfällt, wurde die Organisationssicht explizit nicht betrachtet.

Anhang A.4 Hüttentechnik GmbH

Experteninterviews

- 27.04.2021: Head of Global Commercial Functions

Workshops

- 17.06.2021: Head of Global Commercial Functions, Vice President Product Division, Vice President Technical Service, Senior Manager Business Development (6h)

Desk-Research

- Website des Unternehmens (öffentlich)
- Vertriebshandbuch
- Leitfaden Abwicklung
- Produktübersicht

Erfasste Objekte

Tabelle A-4 In der Fallstudie erfasste Objekte der Verpackung GmbH (eigene Darstellung)

Funktionssicht			Organisationssicht (Kunde)			Organisationssicht (Anbieter)			Leistungssicht		
Erwägung	2	2	Eingangslogistik	1	1	Ausgangslogistik	1	1	Gebrauchsgut	2	3
Beachtung	3	3	Betrieb	2	2	Marketing/Vertrieb	2	3	Verbrauchsgut	1	4
Kauf	5	5	Beschaffung	1	1	Kundendienst	1	5	Sporadische DL	7	9
Loyalität	4	4	Technologie	1	2	Technologie	1	3	Kontinuierliche DL	4	4
Inbetriebnahme	5	5	Infrastruktur	2	2	Infrastruktur	2	2	Funktionaler KP	3	9
Betrieb	3	3							Sozialer KP	1	1
Instandhaltung	4	4							Community KP	2	2
Außerbetriebnahme	3	3							Unternehmens-KP	2	6

Legende: □ Aufgenommene Objekte □ Max. aufzunehmende Objekte, DL = Dienstleistung, KP=Kontaktpunkt

Bemerkungen

Die Fallstudie der Hüttentechnik GmbH war die zeitlich aufwändigste. Die Funktionssicht und die Organisationssicht des Kunden sollten vervollständigt werden. Neben verschiedenen schriftlichen Dokumenten wurden im Rahmen eines Workshops auch mehrere Senior-Manager involviert, wodurch ein umfassender Blick auf den Kundenprozess beim Unternehmen möglich wurde.

Besonderheiten

Die Hüttentechnik GmbH produziert komplexe Anlagen in enger Abstimmung mit Kunden. Entsprechend ist jeder Verkauf ein eigenes Projekt. Es zeigte sich, dass das Unternehmen die Kunden über die komplette Customer-Journey begleiten kann.

Anhang A.5 Medizintechnik GmbH

Experteninterviews

- 01.07.2021: Business Development Manager (1h)

- 10.08.2021: Business Development Manager (1h)
- 20.08.2021: Business Development Manager, Global Partner Manager (1h)

Workshops

- -

Desk-Research

- Website des Unternehmens (öffentlich)

Erfasste Objekte

Tabelle A-5 In der Fallstudie erfasste Objekte der Medizintechnik GmbH (eigene Darstellung)

Funktionssicht			Organisationssicht (Kunde)			Organisationssicht (Anbieter)			Leistungssicht		
Erwägung	2	2	Eingangslogistik	0	1	Ausgangslogistik	0	1	Gebrauchsgut	3	3
Beachtung	3	3	Betrieb	0	2	Marketing/Vertrieb	0	3	Verbrauchsgut	2	4
Kauf	4	5	Beschaffung	0	1	Kundendienst	0	5	Sporadische DL	6	9
Loyalität	4	4	Technologie	0	2	Technologie	0	3	Kontinuierliche DL	1	4
Inbetriebnahme	4	5	Infrastruktur	0	2	Infrastruktur	0	2	Funktionaler KP	7	9
Betrieb	3	3							Sozialer KP	0	1
Instandhaltung	4	4							Community KP	0	2
Außerbetriebnahme	0	3							Unternehmens-KP	3	6

Legende: ☐ Aufgenommene Objekte ☐ Max. aufzunehmende Objekte, DL = Dienstleistung, KP=Kontaktpunkt

Bemerkungen

Nach der ausführlichen Fallstudie mit der Hüttentechnik GmbH war es das Ziel der Fallstudie, mit der Medizintechnik GmbH neue Objekte zu identifizieren, die nicht in den bestehenden Ordnungsrahmen der verschiedenen Sichten passen. Der Ordnungsrahmen erwies sich jedoch als umfassend, was das erste Indiz einer einsetzenden Sättigung war.

Besonderheiten

Die Medizintechnik GmbH bewegt sich in einem stark regulierten Markt. Entsprechend strenge Vorgaben finden sich in der Erwägungs- und Kaufphase wieder. Des Weiteren liegt eine Besonderheit in der Beteiligung von Krankenkassen. Kliniken rechnen nicht direkt mit Patienten ab, sondern mit ebenjenen. Entsprechend müssen neue Funktionen primär attraktiv für Krankenkassen sein, damit diese die Kosten übernehmen. Der Patient wird so nur indirekt adressiert.

Anhang A.6 Roboter GmbH

Experteninterviews

- 20.08.2021: Business Development Manager (2h)

Workshops

- -

Desk-Research

- Website des Unternehmens (öffentlich)
- Interner Überblick Service-Portfolio

Erfasste Objekte

Tabelle A-6 In der Fallstudie erfasste Objekte der Roboter GmbH (eigene Darstellung)

Funktionssicht			Organisationssicht (Kunde)			Organisationssicht (Anbieter)			Leistungssicht		
Erwägung	2	2	Eingangslogistik	1	1	Ausgangslogistik	1	1	Gebrauchsgut	2	3
Beachtung	3	3	Betrieb	2	2	Marketing/Vertrieb	1	3	Verbrauchsgut	2	4
Kauf	5	5	Beschaffung	1	1	Kundendienst	3	5	Sporadische DL	9	9
Loyalität	4	4	Technologie	1	2	Technologie	1	3	Kontinuierliche DL	3	4
Inbetriebnahme	4	5	Infrastruktur	2	2	Infrastruktur	2	2	Funktionaler KP	6	9
Betrieb	3	3							Sozialer KP	1	1
Instandhaltung	4	4							Community KP	0	2
Außerbetriebnahme	3	3							Unternehmens-KP	4	6

Legende: ☐ Aufgenommene Objekte ☐ Max. aufzunehmende Objekte, DL = Dienstleistung, KP=Kontaktpunkt

Bemerkungen

Nach dem ersten Indiz einer Sättigung in der Fallstudie der Medizintechnik GmbH diente diese Fallstudie der Prüfung, ob wirklich eine Sättigung erreicht wurde. Auch in dieser Fallstudie konnten keine neuen Objekte identifiziert werden, weshalb von einer Sättigung ausgegangen wurde.

Besonderheiten

Die Roboter GmbH ist ein klassischer Maschinenbauer, der sich als Premiumanbieter auch über seinen Service vom Wettbewerb differenzieren will. Dazu werden auch digitale Produkte angeboten, deren Nutzungsrate allerdings noch gering ist.

Anhang A.7 Zulieferer GmbH

Experteninterviews

- 07.09.2021: Head of Industry 4.0, Service Solution Manager, Produktmanager Condition Monitoring (0,5h)

Workshops

- 08.10.2021: Head of Industry 4.0, Head of Product Management Service Solutions (3h)

Desk-Research

- Website des Unternehmens (öffentlich)

Erfasste Objekte

Tabelle A-7 In der Fallstudie erfasste Objekte der Verpackung GmbH (eigene Darstellung)

Funktionssicht			Organisationssicht (Kunde)			Organisationssicht (Anbieter)			Leistungssicht		
Erwägung	2	2	Eingangslogistik	0	1	Ausgangslogistik	1	1	Gebrauchsgut	1	3
Beachtung	3	3	Betrieb	2	2	Marketing/Vertrieb	3	3	Verbrauchsgut	0	4
Kauf	4	5	Beschaffung	1	1	Kundendienst	1	5	Sporadische DL	4	9
Loyalität	4	4	Technologie	1	2	Technologie	2	3	Kontinuierliche DL	1	4
Inbetriebnahme	4	5	Infrastruktur	1	2	Infrastruktur	1	2	Funktionaler KP	6	9
Betrieb	3	3							Sozialer KP	1	1
Instandhaltung	4	4							Community KP	0	2
Außerbetriebnahme	0	3							Unternehmens-KP	4	6

Legende: ☐ Aufgenommene Objekte ☐ Max. aufzunehmende Objekte, DL = Dienstleistung, KP=Kontaktpunkt

Bemerkungen

In der letzten Fallstudie ging es um die Bestätigung der Sättigung. Hierzu wurde mit der Zulieferer GmbH bewusst ein Komponentenhersteller gewählt, um zu schauen, ob das Prozessmodell auch bei geringerer Komplexität der Produkte weiterhin gültig ist. Die Sättigung konnte auch hier bestätigt werden und die Fallstudien wurden für beendet erklärt, da ein Erkenntnisgewinn bei Weiteren unwahrscheinlich ist.

Besonderheiten

Bei der Zulieferer GmbH handelt es sich um ein Zulieferunternehmen, dessen Produkte in Produkten anderer Hersteller als Komponenten eingebaut werden. Um diese Komponenten zu überwachen, bietet das Unternehmen IoT-basierte Sensorik an, die im Rahmen der Customer-Journey im Fokus standen.

Anhang B Funktionszuordnungsdiagramme

Anhang B.1 Prozesskategorie Erwägung

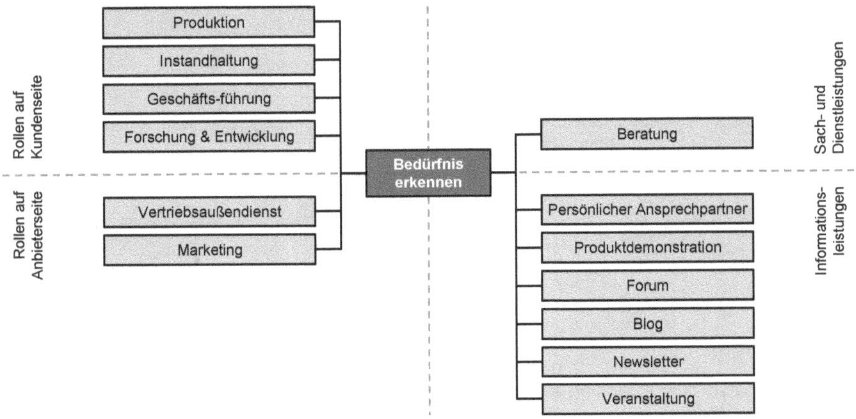

Abbildung A-1 Funktionszuordnungsdiagramm des Referenz-Prozessbausteins *Bedürfnis erkennen* (eigene Darstellung)

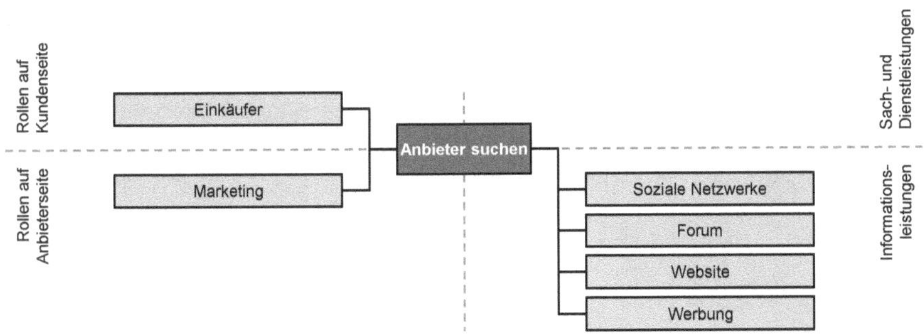

Abbildung A-2 Funktionszuordnungsdiagramm des Referenz-Bausteins *Anbieter suchen* (eigene Darstellung)

Anhang B.2 Prozesskategorie Evaluierung

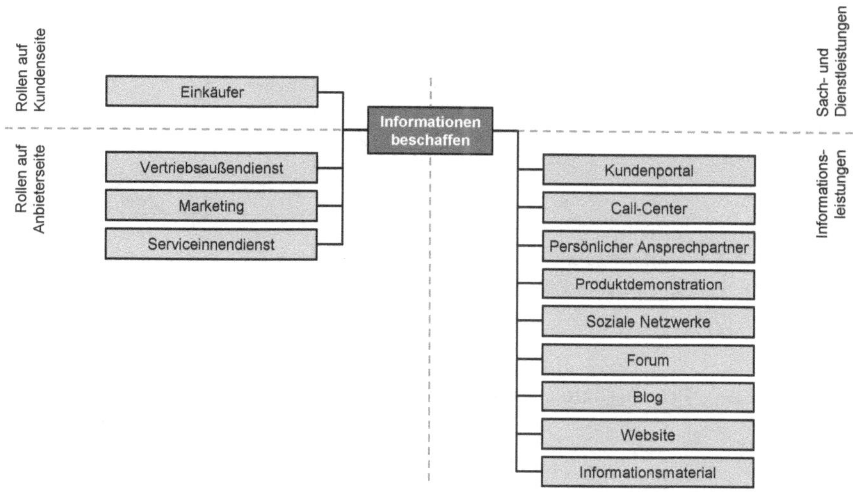

Abbildung A-3 Funktionszuordnungsdiagramm des Referenz-Bausteins *Informationen beschaffen* (eigene Darstellung)

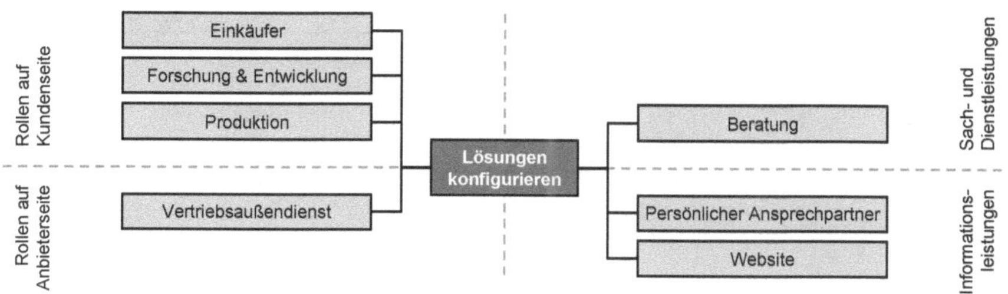

Abbildung A-4 Funktionszuordnungsdiagramm des Referenz-Prozessbausteins *Lösungen konfigurieren* (eigene Darstellung)

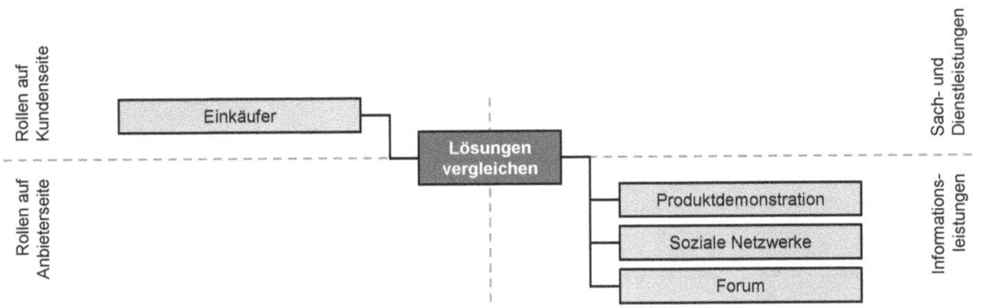

Abbildung A-5 Funktionszuordnungsdiagramm des Referenz-Prozessbausteins *Lösungen vergleichen* (eigene Darstellung)

Anhang B.3 Prozesskategorie Kauf

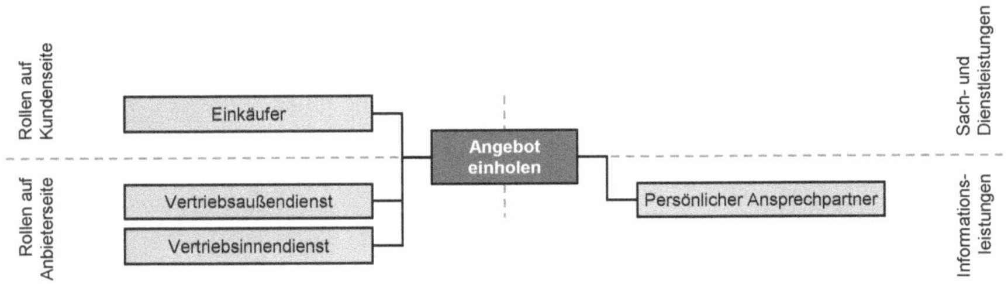

Abbildung A-6 Funktionszuordnungsdiagramm des Referenz-Prozessbausteins *Angebot einholen* (eigene Darstellung)

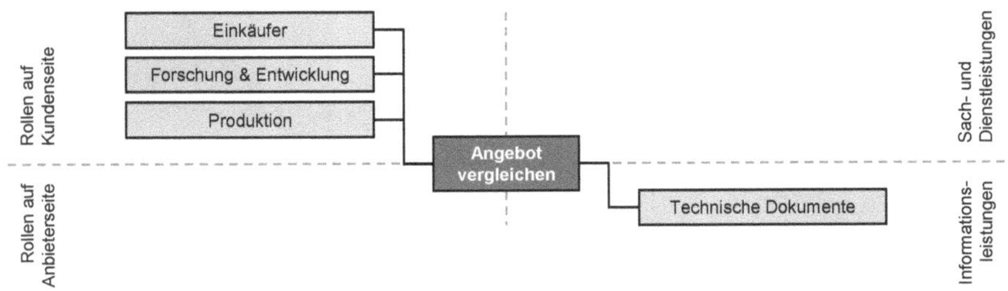

Abbildung A-7 Funktionszuordnungsdiagramm des Referenz-Prozessbausteins *Angebot vergleichen* (eigene Darstellung)

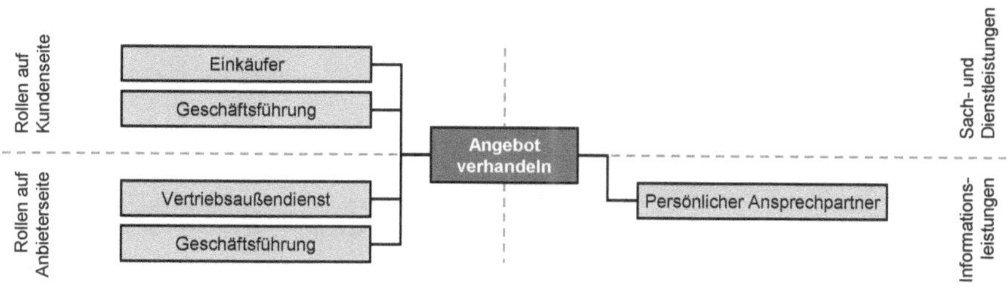

Abbildung A-8 Funktionszuordnungsdiagramm des Referenz-Prozessbausteins *Angebot verhandeln* (eigene Darstellung)

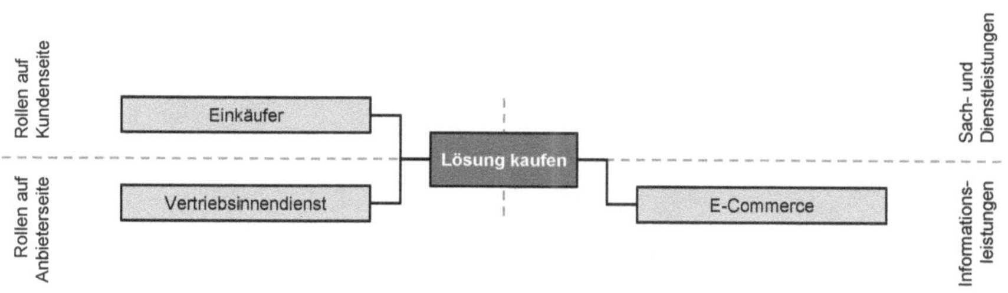

Abbildung A-9 Funktionszuordnungsdiagramm des Referenz-Prozessbausteins *Lösung kaufen* (eigene Darstellung)

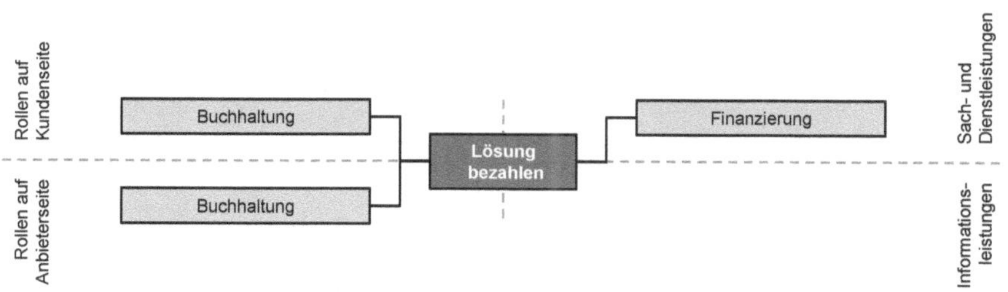

Abbildung A-10 Funktionszuordnungsdiagramm des Referenz-Prozessbausteins *Lösung bezahlen* (eigene Darstellung)

Anhang B.4 Prozesskategorie Loyalität

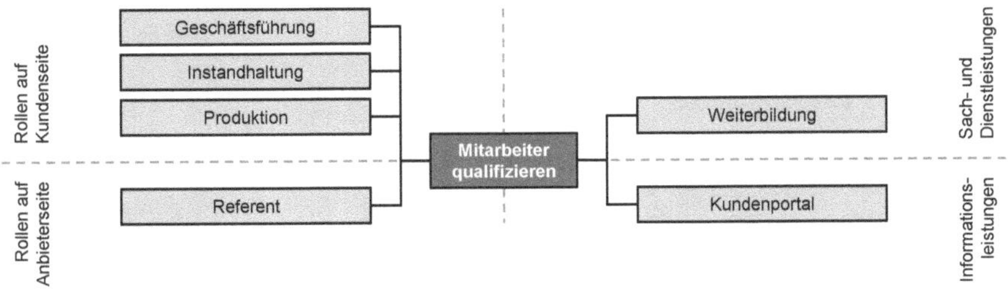

Abbildung A-11 Funktionszuordnungsdiagramm des Referenz-Prozessbausteins *Mitarbeiter qualifizieren* (eigene Darstellung)

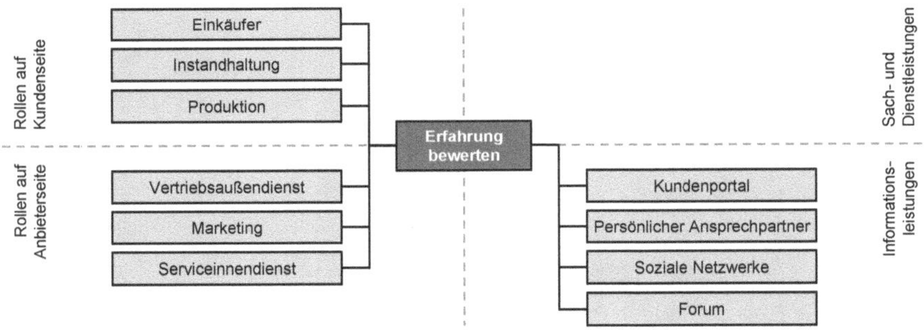

Abbildung A-12 Funktionszuordnungsdiagramm des Referenz-Prozessbausteins *Erfahrung bewerten* (eigene Darstellung)

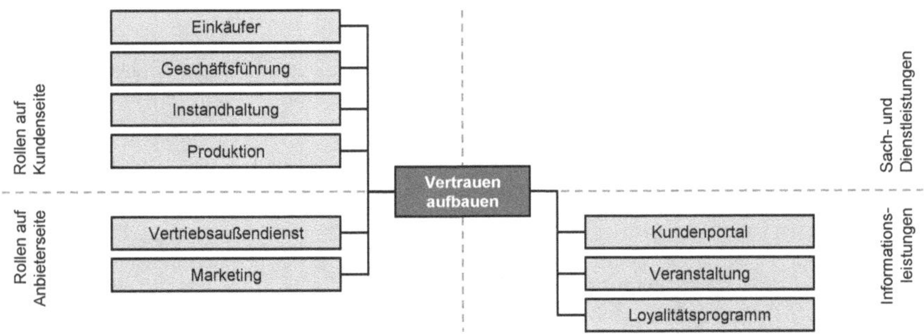

Abbildung A-13 Funktionszuordnungsdiagramm des Referenz-Prozessbausteins *Vertrauen aufbauen* (eigene Darstellung)

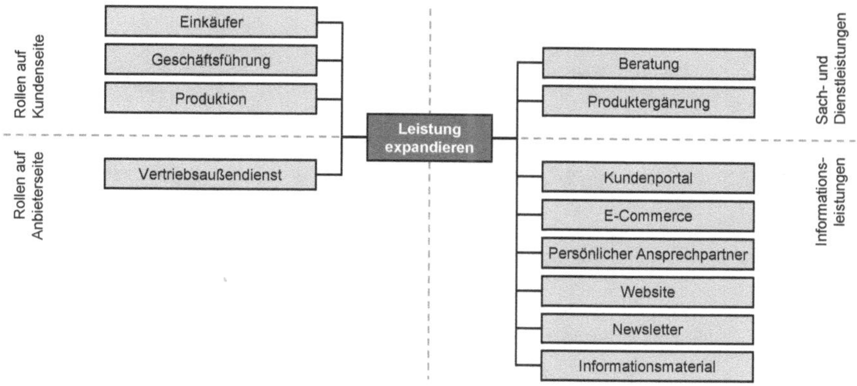

Abbildung A-14 Funktionszuordnungsdiagramm des Referenz-Prozessbausteins *Leistung expandieren* (eigene Darstellung)

Anhang B.5 Prozesskategorie Inbetriebnahme

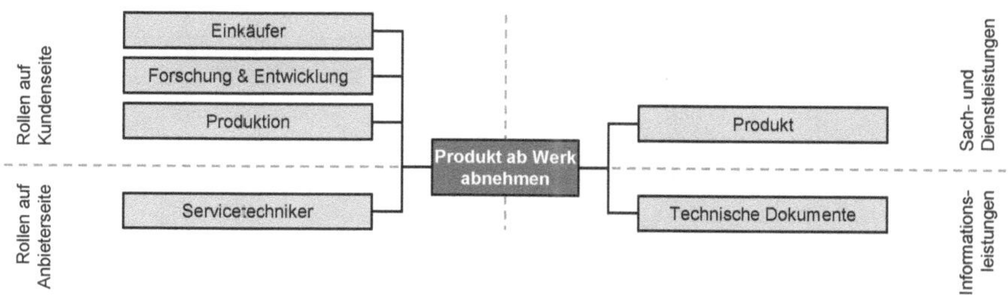

Abbildung A-15 Funktionszuordnungsdiagramm des Referenz-Prozessbausteins *Produkt ab Werk abnehmen* (eigene Darstellung)

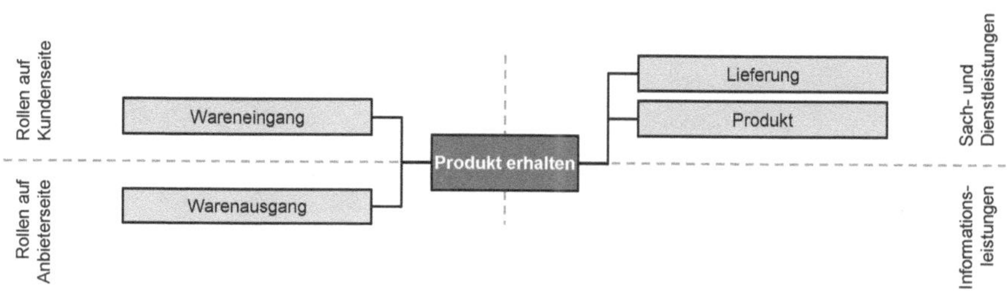

Abbildung A-16 Funktionszuordnungsdiagramm des Referenz-Prozessbausteins *Produkt erhalten* (eigene Darstellung)

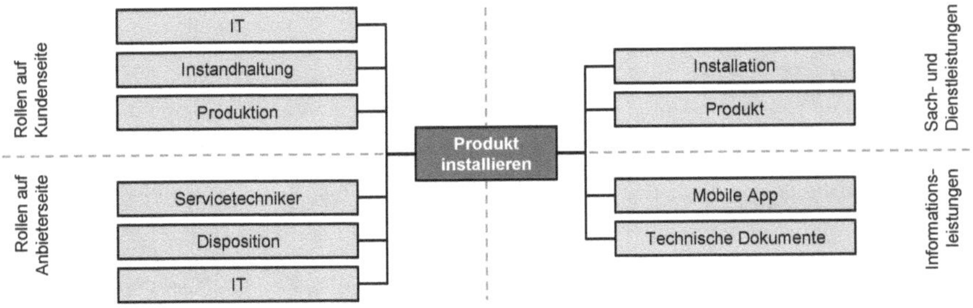

Abbildung A-17 Funktionszuordnungsdiagramm des Referenz-Prozessbausteins *Produkt installieren* (eigene Darstellung)

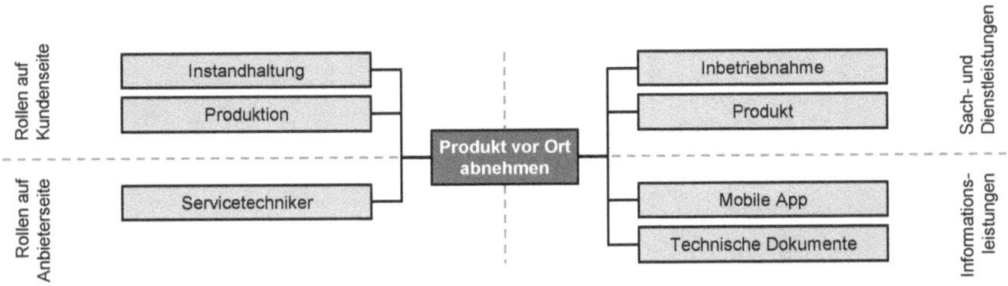

Abbildung A-18 Funktionszuordnungsdiagramm des Referenz-Prozessbausteins *Produkt vor Ort abnehmen* (eigene Darstellung)

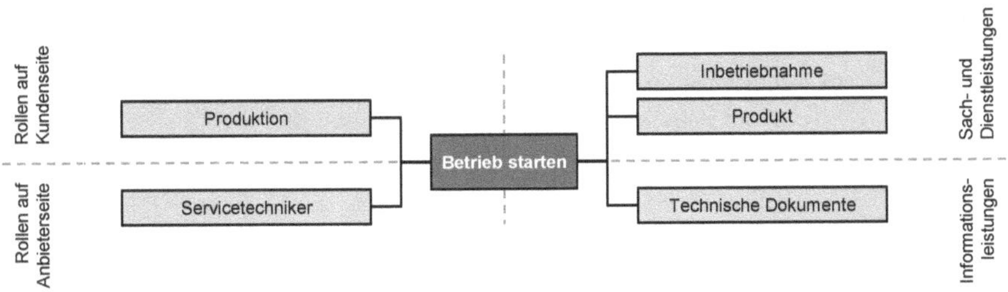

Abbildung A-19 Funktionszuordnungsdiagramm des Referenz-Prozessbausteins *Betrieb starten* (eigene Darstellung)

Anhang B.6 Prozesskategorie Betrieb

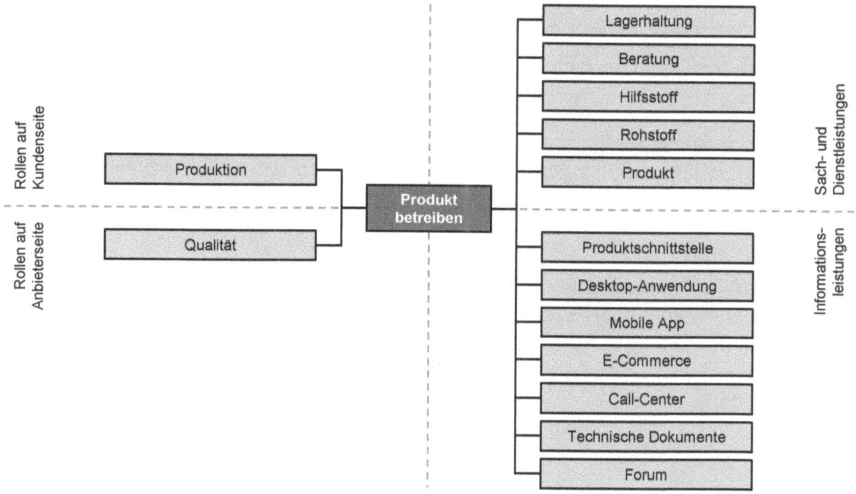

Abbildung A-20 Funktionszuordnungsdiagramm des Referenz-Prozessbausteins *Produkt betreiben* (eigene Darstellung)

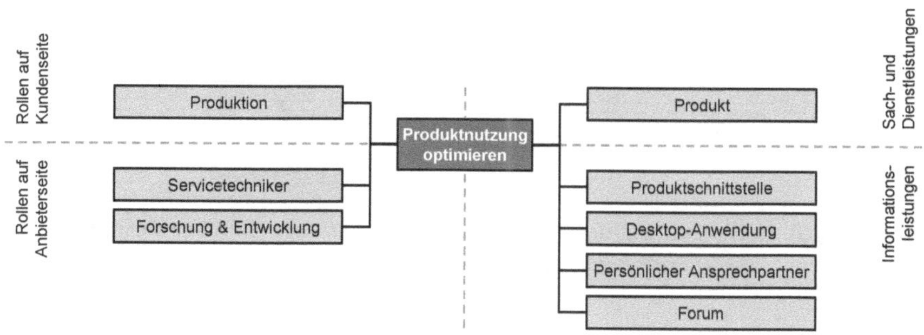

Abbildung A-21 Funktionszuordnungsdiagramm des Referenz-Prozessbausteins *Produktnutzung optimieren* (eigene Darstellung)

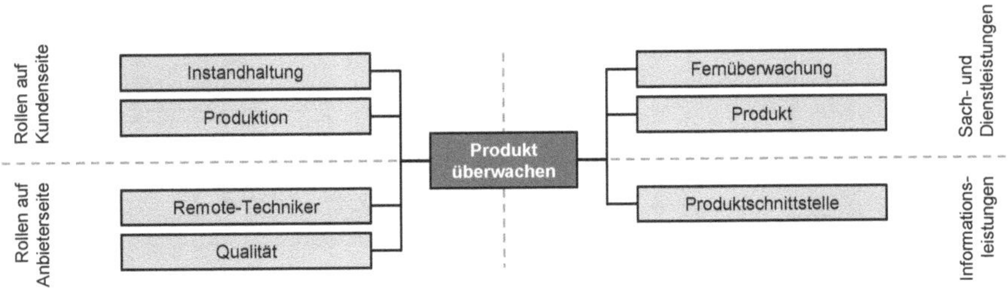

Abbildung A-22 Funktionszuordnungsdiagramm des Referenz-Prozessbausteins *Produkt überwachen* (eigene Darstellung)

Anhang B.7 Prozesskategorie Instandhaltung

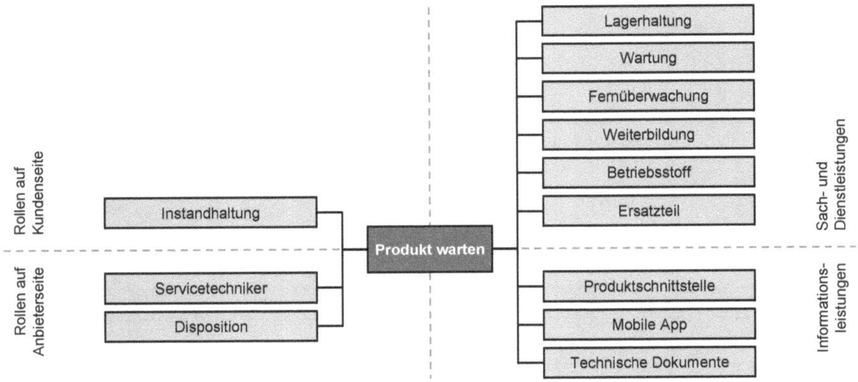

Abbildung A-23 Funktionszuordnungsdiagramm des Referenz-Prozessbausteins *Produkt warten* (eigene Darstellung)

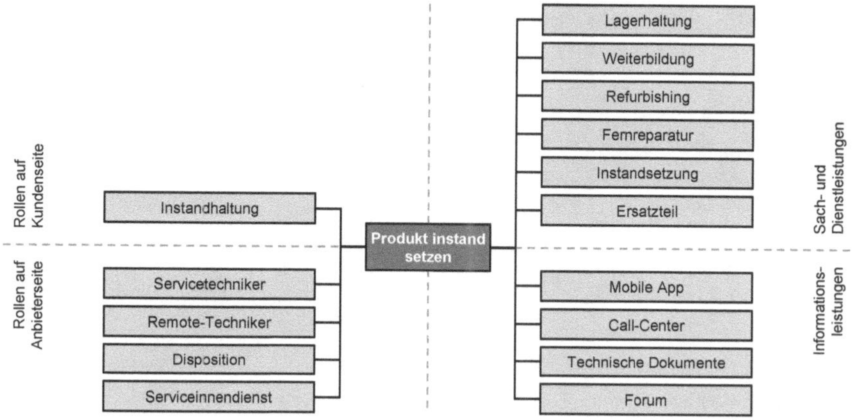

Abbildung A-24 Funktionszuordnungsdiagramm des Referenz-Prozessbausteins *Produkt instand setzen* (eigene Darstellung)

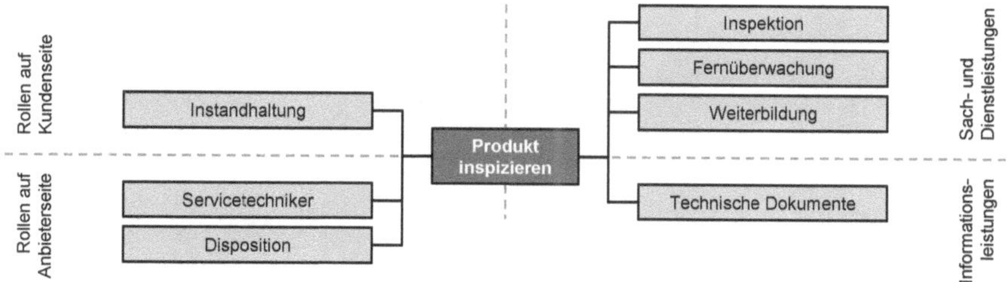

Abbildung A-25 Funktionszuordnungsdiagramm des Referenz-Prozessbausteins *Produkt inspizieren* (eigene Darstellung)

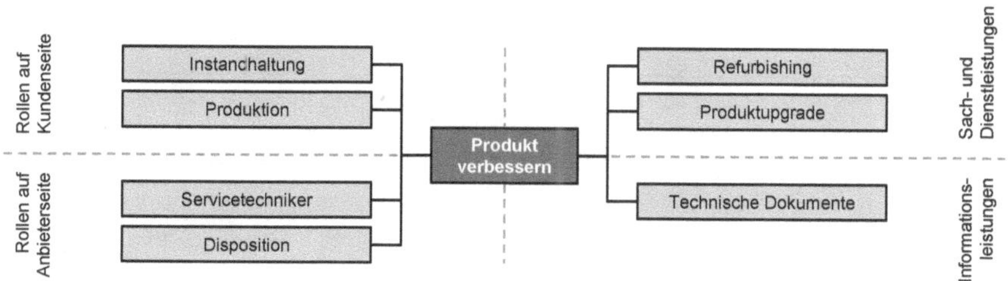

Abbildung A-26 Funktionszuordnungsdiagramm des Referenz-Prozessbausteins *Produkt verbessern* (eigene Darstellung)

Anhang B.8 Prozesskategorie Außerbetriebnahme

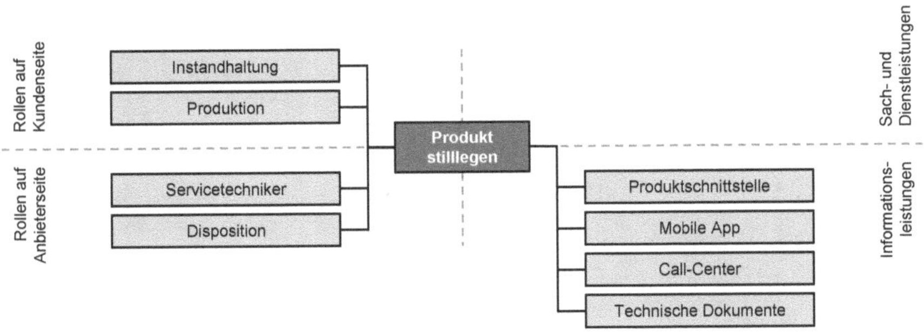

Abbildung A-27 Funktionszuordnungsdiagramm des Referenz-Prozessbausteins *Produkt stilllegen* (eigene Darstellung)

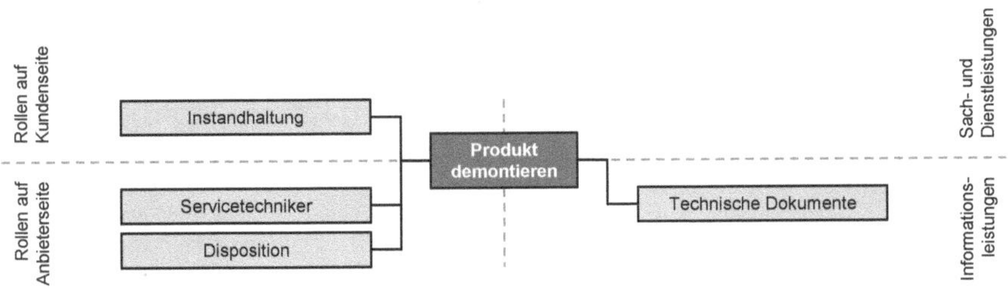

Abbildung A-28 Funktionszuordnungsdiagramm des Referenz-Prozessbausteins *Produkt demontieren* (eigene Darstellung)

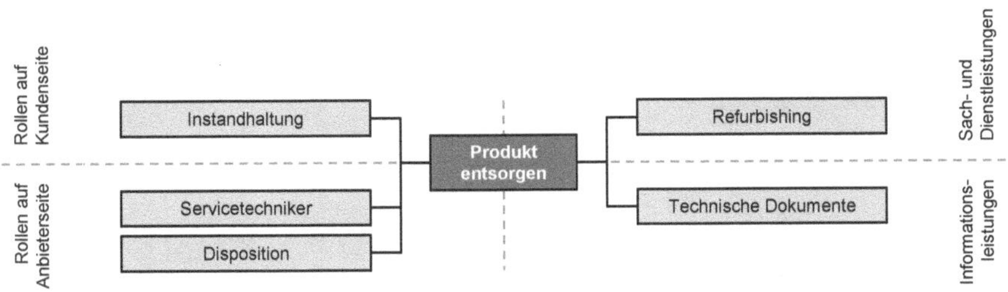

Abbildung A-29 Funktionszuordnungsdiagramm des Referenz-Prozessbausteins *Produkt entsorgen* (eigene Darstellung)

In der Reihe **Schriftenreihe Rationalisierung** zuletzt erschienen:

Schacht, Maximilian:
Digitaler Schatten der Kundeninteraktionen produzierender Unternehmen
ISBN 978-3-98555-132-3
Erscheinungsdatum: 09.01.2023

Defèr, Florian:
Datenbasierte zuverlässigkeitsorientierte Instandhaltung von Produktionsanlagen
ISBN 978-3-98555- 137-8
Erscheinungsdatum: 09.01.2023

Bach, Thies:
Gestaltungsmodell zur lernunterstützenden Erweiterung von Produktionsplanungs- und -steuerungssystemen
ISBN 978-3-98555-127-9
Erscheinungsdatum: 14.12.2022

Götzen, Rafael Frank:
Ordnungsrahmen für die softwarebasierte Automatisierung administrativer Prozesse
ISBN: 978-3-98555-103-3
Erscheinungsdatum: 25.08.2022

Scholz, Svenja:
Bewertungsmetrik leistungsbestimmender Faktoren von Supply-Chains in Industriebetrieben
ISBN: 978-3-98555-049-4
Erscheinungsdatum: 11.04.2022

Fischer, Markus:
Implementierung von Manufacturing Execution Systems basierend auf Industrie-4.0-Reifegradmodellen
ISBN: 978-3-98555-048-7
Erscheinungsdatum: 22.03.2022

Holst, Lennard:
Referenzmodell für das Customer-Success-Management im Subskriptionsgeschäft des Maschinen- und Anlagenbaus
ISBN: 978-3-98555-033-3
Erscheinungsdatum: 21.02.2022

Külschbach, Andreas:
Systematische Bewertung von Änderungsanfragen in der Produktion
ISBN: 978-3-98555-024-1
Erscheinungsdatum: 20.12.2021

Voswinckel, Carl Themo:
Blockchainbasierte Maschinen- und Anlagenanbindungen für datenbasierte Dienstleistungen
ISBN: 978-3-86359-990-4
Erscheinungsdatum: 12.08.2021

Schröter, Moritz:
Konfiguration der Reihenfolgeplanung für die Variantenfließfertigung
ISBN: 978-3-86359-940-9
Erscheinungsdatum: 19.02.2021

Edition Wissenschaft
Apprimus

Frey, Dominik:
Simulationsbasierte Bewertung der Häufigkeit von Planungsläufen in der Produktionsplanung und -steuerung
ISBN: 978-3-86359-937-9
Erscheinungsdatum: 11.02.2021

Hicking, Jan:
Spezifikation von intelligenten Produkten im Maschinenbau
ISBN: 978-3-86359-904-1
Erscheinungsdatum: 20.10.2020

Birkmeier, Martin:
Messung und Darstellung der Qualität von betrieblichen Informationsflüssen
ISBN: 978-3-86359-866-2
Erscheinungsdatum: 01.07.2020

Feige, Boris Alexander:
Präferenzstrukturen von neuen Fahrzeug- und Mobilitätsangeboten für latente Bedürfnisse privater Nutzer
ISBN: 978-3-86359-857-0
Erscheinungsdatum: 02.06.2020

Husmann, Marco:
Erfolgsfaktoren bei der Markteinführung von datenbasierten Dienstleistungen im Maschinen- und Anlagenbau
ISBN: 978-3-86359-839-6
Erscheinungsdatum: 27.04.2020

Kolz, Dominik:
Komponenten industrieller, datenbasierter Dienstleistungen
ISBN: 978-3-86359-830-3
Erscheinungsdatum: 25.03.2020

Frank, Jana:
Reifegradbasierte Gestaltung der Unternehmenskultur am Beispiel der Instandhaltung
ISBN: 978-3-86359-928-7
Erscheinungsdatum: 28.01.2021

Wieninger, Simon:
Vertrauen in Unternehmensnetzwerken durch Blockchain-Technologie
ISBN: 978-3-86359-880-8
Erscheinungsdatum: 24.08.2020

Krechting, Denis:
Methodennavigator für Business-Analytics produzierender Unternehmen
ISBN: 978-3-86359-860-0
Erscheinungsdatum: 02.06.2020

Holtkemper, David:
Blockchain-Applikation für das Supply-Chain-Management
ISBN: 978-3-86359-854-9
Erscheinungsdatum: 18.05.2020

Wetzchewald, Philipp:
Gestaltungsmodell zur Steigerung der Regelbarkeit von Produktionsplanungs- und -steuerungssystemen
ISBN: 978-3-86359-849-5
Erscheinungsdatum: 15.04.2020

Optehostert, Felix:
Kostenprognose von Instandhaltungsleistungen parallel zur Produktentwicklung
ISBN: 978-3-86359-824-2
Erscheinungsdatum: 19.03.2020

Edition Wissenschaft
Apprimus

MIX
Papier | Fördert gute Waldnutzung
FSC® C083411

Zeitfracht Medien GmbH
Ferdinand-Jühlke-Straße 7
99095 Erfurt, Deutschland
produktsicherheit@kolibri360.de